“十三五”国家重点图书出版规划项目
体系工程与装备论证系列丛书

装备需求论证理论与方法

郭齐胜　樊延平　穆歌　董志明　李亮　吴坚　著

電子工業出版社
Publishing House of Electronics Industry
北京·BEIJING

内 容 简 介

本书是作者团队装备需求论证部分研究成果的系统总结，共 11 章，分为理论、方法和应用 3 篇。其中理论篇包括装备需求论证基础理论和装备需求论证工程化理论；方法篇由装备需求论证方法体系、业务流程环节共用的装备需求映射方法，以及面向业务流程的任务需求分析、能力需求分析、体系和型号需求分析与评估、技术需求分析与优化等方法构成；应用篇介绍装备需求论证工具与配套资源，以及装备体系和型号需求论证示例。

本书可用作军事装备学学科研究生的教材或参考书，也可供装备论证有关人员参考。

图书在版编目（CIP）数据

装备需求论证理论与方法 / 郭齐胜等著. —北京：电子工业出版社，2017.6
（体系工程与装备论证系列丛书）
ISBN 978-7-121-29883-7

Ⅰ. ①装… Ⅱ. ①郭… Ⅲ. ①武器装备－军需生产－研究 Ⅳ. ①E075

中国版本图书馆 CIP 数据核字（2016）第 217951 号

策划编辑：陈韦凯
责任编辑：陈韦凯
印　　刷：北京盛通数码印刷有限公司
装　　订：北京盛通数码印刷有限公司
出版发行：电子工业出版社
　　　　　北京市海淀区万寿路 173 信箱　邮编 100036
开　　本：787×1 092　1/16　印张：19　字数：486 千字
版　　次：2017 年 6 月第 1 版
印　　次：2025 年 1 月第 7 次印刷
定　　价：89.00 元

凡所购买电子工业出版社图书有缺损问题，请向购买书店调换。若书店售缺，请与本社发行部联系，联系及邮购电话：（010）88254888，88258888。

质量投诉请发邮件至 zlts@phei.com.cn，盗版侵权举报请发邮件至 dbqq@phei.com.cn。

本书咨询联系方式：chenwk@phei.com.cn，（010）88254441。

体系工程与装备论证系列丛书
编委会

主　编　王维平　　国防科学技术大学

副主编　游光荣　　武器装备论证研究中心

　　　　　郭齐胜　　装甲兵工程学院

编委会成员：（按拼音排序）

陈春良　樊延平　荆　涛　李　群　雷永林

穆　歌　王铁宁　王延章　熊　伟　杨　峰

杨宇彬　张东俊　朱一凡

体系工程与装备论证系列丛书

总序

1990 年，我国著名科学家和系统工程创始人钱学森先生发表了《一个科学新领域——开放的复杂巨系统及其方法论》一文。他认为，复杂系统组分数量众多，使得系统的整体行为相对于简单系统来说可能涌现出显著不同的性质。如果系统的组分种类繁多，并具有层次结构，它们之间的关联方式又很复杂，就成了复杂巨系统；再如果复杂巨系统与环境进行物质、能量、信息的交换，接受环境的输入、干扰并向环境提供输出，而且还具有主动适应和演化的能力，就要作为开放复杂巨系统对待了。在研究解决开放复杂巨系统问题时，钱学森先生提出了从定性到定量的综合集成方法，这是系统工程思想的重大发展，也可以看作对体系问题的先期探讨。

从系统研究到体系研究涉及很多问题，其中有三个问题应该首先予以回答：一个是体系和系统的区别，二是平台化发展和体系化发展的区别，三是系统工程与体系工程的区别。下面，我引用国内两位学者的研究成果讨论对前面两个问题的看法，然后再谈谈我自己对后面一个问题的看法。

关于系统和体系的区别。有学者认为，体系是由系统组成的，系统是由组元组成的。不是任何系统都是体系，但是只要由两个组元构成且相互之间具有联系就是系统。系统的内涵包括组元、结构、运行、功能、环境，体系的内涵包括目标、能力、标准、服务、数据、信息等。系统最核心的要素是结构，体系最核心的要素是能力。系统的分析从功能开始，体系的分析从目标开始。系统分析的表现形式是多要素分析，体系分析的表现形式是不同角度的视图。对系统发展影响最大的是环境，对体系形成影响最大的是目标要求。系统强调组元的紧密联系，体系强调要素的松散联系。

关于平台化发展和体系化发展的区别。有学者认为，由于先进信息化技术的应用，现代作战模式和战场环境已经发生了根本性的转变。受此影响，以美国为首的西方国家在新一代装备发展思路上也发生了根本性转变，逐渐实现了装备发展由平台化向体系化的过渡。武器装备体系化的重要性已为众所知，起始于 35 年前的一场战役。1982 年 6 月在入侵黎巴嫩战争中，以色列和叙利亚在贝卡谷地展开了激烈空战，这次战役的悬殊战果对现代空战战法研究和空战武器装备发展有着多方面的借鉴意义，因为通过任何基于武器平台分析的指标进行衡量，都无法解释如此悬殊的战果。以色列空军各参战装备之间分工明确，形成了协调有效的进攻体系，是取胜的关键。自此以后，空战武器装备对抗由“平台对平台”向“体系对体系”进行转变，为世界周知。同时一种全新的武器装备发展思路——“武器装备体系化发展思路”逐渐浮出水面。这里需要强调的是，武器装备体系概念并非始于贝卡谷地空战，当各种武器共同出现在同一场战争中，执行不同的作战任务，原始的武器装备体系就已形成，但是这种武器装备体系的形成是被动的；而武器装备体系化发展思路应该是一种以武器装备体系为研究对象和发展目标的武器装备发展建设思路，是一种现代装备体系建设的主动化发展思路。因此，武器装备体系化发展思路是相对于一直以来武器装备发展主要以装备平台更新为主的发展模式而言的。以空战装备为例，人们一般常说的三代战斗机、四代战斗机都是基于平台化思路的发展和研究模式，是就单一装备的技术水平和作战性能进行评价的。可以说，传统的武器装备平台化发展思路是针对某类型武器平台，通过开发、应用各项新技术，研究制造新型同类产品以期各项性能指标超越过去同类产品的发展模式。而武器装备体系化发展的思路则是通过对未来战场环境和作战任务的分析，并对现有武器装备和相关领域新技术进行梳理，开创性地设计构建在未来一定时间内最易形成战场优势的作战装备体系，并通过对比现有武器装备的优势和缺陷确定要研发的武器装备和技术。也就是说，其研究的目标不再是基于单一装备更新，而是基于作战任务判断和战法研究的装备体系构建与更新，是将武器装备发展与战法研究充分融合的全新的装备发展思路，这也是美军近三十多年装备发展的主要思路。

关于系统工程和体系工程的区别。我感到，系统工程和体系工程之间存在着一种类似“一分为二、合二为一”的关系，具体体现为分析与综合的关系。数学分析中的微分法（分析）和积分法（综合），二者对立统一的关系是牛顿-莱布尼兹公式。它们构成数学分析中的主脉，解决了变量中的许多问题。系统工程中的“需求工程”（相当于数学分析中的微分法）和“体系工程”（相当于数学分析中的积分法），二者对立统一的关系就是钱学森的“从定性到定量综合集成研讨方法”（相当于数学分析中的牛顿-莱布尼兹公式）。它们构成系统工程中的主脉，解决和正在解决着大量巨型复杂开放系统的问题。我们称之为系统工程 Calculus。

总之，武器装备体系是一类具有典型体系特征的复杂系统，体系研究已经超出传统系统工程理论和方法的范畴，需要研究和发展体系工程，用以指导体系条件下的武器装备论证。

在系统工程理论方法中，系统被看作具有集中控制、全局可见、有层级结构的整体，而体系是一种松耦合的复杂大系统，已经脱离了原来以紧密的层级结构为特征的单一系统框架，表现为一种显著的网状结构。近年来含有大量无人自主系统的无人作战体系的出现，使得体系架构的分布、开放特征愈加明显，正在形成以即联配系、敏捷指控、协同编成为特点的体系架构。以复杂适应网络为理论特征的体系，可以比单纯递阶控制的层级化复杂大系统具有更丰富的功能配系、更复杂的相互关系、更广阔的地理分布和更开放的边界。以往的系统工程方法强调必须明确系统目标和系统边界，但体系论证不再限于刚性的系统目标和边界，而是强调装备体系的能力演化，以及对未来作战样式的适应性。因此，体系条件下装备论证关注的焦点，在于作战体系架构对体系作战对抗过程和效能的影响，在于武器装备系统对整个作战体系的影响和贡献率。

回顾 40 年前，钱学森先生在国内大力倡导和积极践行复杂系统研究，并在国防科学技术大学亲自指导和创建了系统工程与数学系，开办了飞行器系统工程和信息系统工程两个本科专业。面对当前我军武器装备体系发展和建设中的重大军事需求，由国防科学技术大学王维平教授担任主编，集结国内在武器装备体系分析、设计、试验和评估等方面具有理论创新和实践经验的部分专家学者，编写出版了“体系工程与装备论证系列丛书”。该丛书以复杂系统理论和体系思想为指导，紧密结合武器装备论证和体系工程的实践活动，积极探索研究适合国情、军情的武器装备论证和体系工程方法，为武器装备体系论证、设计和评估提供理论方法和技术支撑，具有重要的理论价值和实践意义。我相信，该丛书的出版将为推动我军体系工程研究、提高我军体系条件下的武器装备论证水平做出重要贡献。

汪浩

2017 年 5 月

湖南长沙

前　　言

装备需求论证作为装备建设的首要环节，是促进武器装备发展的基本动力，是做好各项论证工作的前提和基础，直接决定着武器装备发展的方向，并在很大程度上影响着武器装备发展的水平、规模和质量，已成为理论研究和装备工作实践的焦点。

信息化武器装备体系化发展，要求创新装备需求论证理论方法。21世纪以来，美军逐步提出并完善了体系结构框架理论，开发完成了JCIDS等国防需求分析系统，形成了一套比较科学、完善的需求生成理论、方法和支撑平台，逐步适应了装备复杂化、体系化的要求。我军非常重视装备需求论证工作，装备需求论证标准制度正在建立和完善，装备需求论证理论方法研究正在深入。本书是作者所在的原总装备部装备需求论证与试验评估理论技术创新人才团队装备需求论证部分研究成果的系统总结。

本书共11章，按照理论、方法和应用三篇组织。其中，理论篇（第1章、第2章）系统阐述了装备需求论证的基础理论（基本概念、基本理论）和作者团队提出的装备需求论证应用理论——装备需求论证工程化理论；方法篇（第3章～第9章）分别阐述了装备需求论证方法体系、主要环节共用的需求映射方法和面向流程主要环节（任务需求分析、能力需求分析、体系需求分析与评估、型号需求分析与评估、技术需求分析与优化）的专用方法；应用篇（第10章、第11章）介绍了装备需求论证工具、配套资源与应用模式，以及装备体系需求和型号需求论证示例。

本书由郭齐胜设计结构框架和统稿，郭齐胜、樊延平、穆歌、董志明、李亮和吴坚共同编写。本书的出版得到了军队高层次科技创新人才工程和军队“2110工程”专项经费的资助，在此一并表示感谢。

本书可用作军事装备学学科研究生的教材或参考书，也可供装备论证人员参考。

水平所限，不到之处，欢迎批评指正！

作　者

2017年5月

目　　录

第1章 装备需求论证基础理论

装备需求论证是引领装备发展方向、提升装备建设质量的重要手段，贯穿于装备发展建设的全寿命周期，对于推动武器装备科学化、体系化发展具有重要意义。明确装备需求论证的概念、分类、特点、原则、内容、作用与发展趋势，完善装备需求论证基础理论，对于科学开展装备需求论证研究工作具有重要的理论指导作用。

1.1 装备需求论证的概念

装备需求论证应该从理清相关概念开始。

1.1.1 装备

武器装备是用以实施和保障作战行动的武器、武器系统和军事技术器材的统称，是作战所依托的物质基础和技术支撑，简称装备。

1.1.2 装备需求

装备需求是指为遂行军事任务或达到军事目标，对装备提出的要求。装备发展是一个由宏观到微观的递进过程，装备需求又是分层次的，包括任务需求、能力需求、系统需求和技术需求，其中，系统需求又分为体系需求、型号需求。

装备体系需求是指装备体系为了满足未来一体化未来联合作战需要必须符合的条件或具备的功能，是装备体系组织结构形式的描述。内容包括：一是为完成一定作战任务或具备一定能力的武器装备体系所需具备的功能；二是描述这些功能、性能或相关约束的条件和规则（装备体系结构）；三是构成装备体系的装备系统或子系统的数量规模。

装备型号需求是单个的武器装备系统为满足能力需求而应该具备的功能特性和性能指标。所关注的是系统功能方案，不涉及任何具体的装备结构设计方案。内容包括：一是为具备一定能力的单个武器装备系统所需具备的功能；二是单个装备系统各子系统结构组成；三是为具备要求功能的单个武器装备系统作战使用性能指标。

装备技术需求是为了实现武器装备的战术技术性能，从而形成核心作战能力，进而完成作战任务所必须采用的关键装备技术。其中，装备技术是直接用于装备领域的技术科学和应用技术的统称。包括武器装备研制、生产、使用、维修过程中所涉及的技术基础理论、基础技术、应用技术等。

1.1.3 装备需求论证

装备需求论证是装备需求的开发和验证过程，是为装备发展提供决策依据的研究工作。其研究对象是未来要发展的装备要求，输入是作战单元的使命任务，输出是满足使命任务需求的装备需求方案，其成果形式一般为论证报告，论证结论作为上级决策部门进行装备发展决策的基本依据。

作战需求是在一定时期内为完成可能担负的作战任务而对武装力量建设所提出的基本要求。这里“一定时期”是指未来的一个时间段以及特殊情况下的任务等；完成可能担负的作战任务是指为赢得未来作战而可能担负的各种作战任务，包括主要任务和辅助任务以及特殊情况下的任务等；武装力量建设是指围绕作战所涉及的各个方面，包括军事装备、作战理论、编制体制和指挥员素质等方面的建设；其中军事装备是重要的内容之一；基本要求可以理解成为完成可能承担任务的最低标准。

1.2 装备需求论证的分类

根据装备需求论证的层次关系，由宏观到微观依次展开包括装备发展战略、装备体制、规划计划和型号需求论证。整个过程就囊括了装备体系需求和装备型号需求的论证。

1.2.1 宏观综合需求论证

1. 装备发展战略需求论证

发展战略是全面谋划装备发展的方略，是围绕装备发展方向重大问题进行的高层次、超前性、整体性谋划研究。高层次是指从战略全局的高度，超前性一般应预测未来 15～20 年的时间范围，整体性是指提出装备发展的总体思路、方向重点、体系构成等。

发展战略需求论证的基本要素有：需求分析、威胁分析、作战任务和能力需求分析、装备现状分析、新型装备发展趋势、装备发展需求构想、装备发展战略目标、装备发展战略重点、发展战略综合评估。

2. 装备体制需求论证

装备体制主要规范列编装备的种类、型号、作战使命、主要性能指标、编配对象、配套和替代关系等。从某种意义上讲，装备体制就是装备体系的制度化、规范化，种类、型号代表体系要素，作战使命和主要性能指标表征水平和能力，编配和配套表征体系结构和内在联系，替代关系表明动态发展。

装备体制需求论证的基本要素有：作战需求分析、装备体制现状分析、装备体制发展需求构想、拟制装备体制方案、装备体制综合评估 。

3. 装备规划、计划需求论证

装备规划、计划是装备发展战略和装备体制的全面展开、深化和具体化，是在一定条件约束下，通过合理安排资源，使装备发展整体效果最佳。规划计划论证，就是运用科学手段与方法，依托现有条件，准确预测未来，确定装备建设的思路、目标和分阶段建设任务，提出具体的发展步骤、型号项目和经费投入需求方案。规划计划论证的核心是对所有型号项目的整体筹划，同时对每个项目的使命任务、功能定位、战术技术特征等有概括性描述，并安排项目实施的经费支撑和时间周期。

规划计划需求论证的基本要素有：需求分析、规划计划执行情况及现状分析、规划计划论证的指导思想、规划计划目标和重点、拟制规划计划方案、方案综合评估。

1.2.2 型号需求论证

装备型号需求论证是在装备宏观发展决策确定的前提下，对列入装备体制和规划计划的每一个型号项目进行的具体论证，论证成果成为项目研制的依据。根据型号管理规定，型号论证又包括装备研制立项综合论证和研制总要求论证，前者是项目立项的依据，后者是装备设计定型的依据。

装备型号需求论证的基本要素有：作战使用需求分析、现状分析、编配设想、主要作战使用性能要求、装备系统组成和技术方案、效能评估。

1.2.3 专题需求论证

专题需求论证包括的类型比较多，通常在上述包含不了的项目基本上都可归纳为这种类型的论证。例如，现代化改造论证，引进论证，报废、退役及降级使用论证，军选民品论证等。

1.2.4 不同需求论证间的关系

宏观论证从内容看大体类似，均包含需求分析（威胁、使命任务、现状等）、拟制需求方案和对方案进行综合评估三个组成部分。但层次不同、重点不同、成果形式不同。发展战略层次最高，看得更远，主要确定发展方向和重点；装备体制重点确定装备整体结构及关系；规划计划是具体执行方案。预测时间由远到近，约束条件逐步明确，认识逐步深化，思路逐步清晰。型号需求论证是对某个型号系统进行的专项论证，确定其战术技术指标和总体技术方案，作为研制定型的依据。由此说明需求论证是一个由笼统到具体、由模糊到清晰、由务虚到务实的反复迭代、逐次递进的过程。几种需求论证之间的关系如表 1-1 所列。

表 1-1　几种需求论证的比较表

比较点 / 论证层次	特点	作　用	内　容	论 证 方 法	论证模型
装备发展战略需求论证	前瞻性 预测性 全局性	是装备发展的总方略，是最高层次的顶层设计，具有宏观指导作用	战略思想和战略目标，发展方向重点	定性分析、预测法	低分辨率模型
装备体制需求论证	整体性 配套性 动态性	是装备体系的制度化和规范化，是装备发展的基本依据	装备整体结构、品种系列、编配配套关系、替代关系	定性定量相结合	低分辨率模型
规划计划需求论证	整体性 协调性 阶段性	是近期装备发展的总体安排，是在一定资源条件支撑下的实施方案	所有项目的具体任务、功能定位、战术技术特征等	定性定量相结合	低分辨率模型
装备型号需求论证	系统性 先进性 可行性	是军事需求物化为装备需求的落脚点，是战术与技术结合的统一体，是装备研制和定型的依据	主要作战使用性能和战术技术指标，装备系统组成和技术方案	定性定量相结合	高分辨率模型

1.3 装备需求论证的特点

从不同的视角出发，装备需求论证具有前瞻性、层次性、递进性、互动性、系统性、协调性与复杂性等特点。

1.3.1 前瞻性

装备需求是依据当前和未来一个时期陆军作战需要、技术发展提出的，需要着眼于未来的作战样式、作战环境、技术发展等因素。论证是一个从无到有的设计和孕育过程，所涉及的依据、对象、目标、约束条件等都要依托对未来的预测，准确预测未来才能作出科学的判断。因此需求论证具有很强的前瞻性，是牵引装备发展的直接动力。

1.3.2 层次性

装备发展是一个从宏观到微观的动态递进过程，因此装备需求论证必然有战略、战役、战术不同层次的作战需求，有装备体系、系统、型号等不同层次的功能需求，也有对预先研究、型号研制等不同层次的技术需求。不同层次需求对装备发展建设的不同方面提出不同内容、不同程度的要求。各层次之间是有机联系的，自上而下指导、自下而上支撑。

1.3.3 递进性

装备需求论证的结论随着战略调整、作战环境和科学技术的变化而不断演化；另一方面，人类对装备需求的认识是不断扩展和深化的过程，因此装备需求论证是一个持续研究的过程，具有一定递进性。越是宏观论证，不确定因素越多，递进性就越显著。以发展战略论证为例，一般发展战略要预测未来 20 年，但考虑到事物发展的复杂性和预测的有限性，往往对发展战略论证采用阶段性和持续性相结合的论证方法，即一定时期有相对固定的发展战略版本，同时对重大问题进行不间断地深化研究，持续性地修订和补充完善。

1.3.4 互动性

装备需求直接来自于国防和军队建设的整体军事需求，充分体现了国家安全战略、国防战略和军事战略的总体要求，直接决定了装备的发展方向和指标要求，对装备发展有强力的牵引作用。另一方面，高新技术的迅猛发展及其在军事上的广泛应用，引发了世界范围的新军事变革，催生了新的作战概念和装备，从而刺激产生新的军事需求和装备需求。因此需求牵引和技术推动的相互作用即是装备需求论证的基本遵循，又是装备需求具有可操作性的有效保证。

1.3.5 系统性

不论是装备发展宏观论证还是型号论证，论证对象均是以系统或系统之系统的方式出现，要解决的均是系统问题。这就决定了装备需求论证需要采用系统工程的理论与方法，以及发展到体系工程的理论与方法。需要以系统的观点定义主体系统和相关系统，划分系统层次关系，界定系统要素及其边界约束条件；以系统工程或体系工程的方法拟制解题流程，构建目标、关系模型、约束条件、寻优路线组成的要素集合，通过反复迭代、逐步逼近的动态方法寻求问题的可行解。

1.3.6 协调性

装备需求论证涉及领域广，学科跨度大，不定因素多，要素间关系复杂，论证结论风险大。需要处理的关系维数多、错综复杂，如宏观与微观、需要与可能、务虚与务实、近期与远期、重点与一般、战术与技术、继承与创新、先进性与可行性等各种矛盾交叉，技术、经济、周期多条线并行，需要通过科学统筹、综合权衡，才能得出协调一致、具有可操作性的装备需求方案。

1.3.7 复杂性

从上述前瞻性、层次性、递进性、互动性、系统性、协调性的几个特征，可以反映出装备需求论证具有很强的复杂性。据分析，装备论证阶段不仅可以决定装备的系统效能，而且可以决定装备全寿命周期费用的75%以上，对装备发展具有主导性。主导性和复杂性结合在一起，决定了装备需求论证本身就是一个复杂的、很难求解的大系统。其复杂性除本质内涵的因素外，还体现在论证对象、论证主体和论证方法的复杂性。

1. 论证对象

随着论证对象的复杂程度和环境变异性程度的提高，论证研究对象越来越多地呈现出多样化、时变性、不可测性的新特点。论证对象的多样化，主要是由于所涉及的论证对象千差万别，装备就包含了各兵种、专业不同层次、不同领域的装备需求；对于时变性，由于论证对象不是封闭的，其所处的环境是一个动态变化的过程，因而要用发展和辩证的眼光来认识装备需求，充分考虑其变化；对于不可测性，由于装备本身是一个复杂的系统问题，具有自身的规律性，反映其属性的各项特征指标构成一个庞大的体系，其中有许多需求指标很难确切描述或量化表达。

2. 论证主体

论证主体是指参加论证的个人或集体。论证主体的复杂性取决于主体自身的个性特点和所处的环境条件。尽管论证具有因人而异的特点，但由于论证主体的本身特性（主观性、价值观、效用观等）的形成是由历史决定的，需求是客观存在的，不同的论证主体对论证对象的差异主要是由其认识方式、认识水平来决定的。主要表现在以下两方面：一是论证主体的分析和评估带有很浓的主观色彩；二是论证的实施过程是论证主体的一种主观选择行为。

3. 论证方法

在装备需求论证中，论证方法的选择应用具有复杂性。论证方法的选择首先取决于论证的目的，其次是论证对象的特征及信息资料支撑程度，另外还受到论证主体的知识结构、水平和偏好的影响。虽然论证的方法种类比较多，可供选择的余地比较大，但是在以上因素的制约下选择论证方法，尤其是各种方法的综合应用问题，也不是件容易的事。特别是在经验型论证为主的情况下，论证主体的经验成分占有很大比重，方法不规范成为复杂性的重要因素。

综上所述，装备需求论证是一个复杂的系统工程，只有综合运用系统分析、量化评估等科学方法和工程手段，才能对装备发展问题更加深入、系统和客观的认识，最终为装备发展决策服务。

1.4 装备需求论证的作用

装备需求论证是搞好各项论证工作的前提和基础，直接决定和影响着装备发展的方向、性质、水平、规模和质量。装备需求论证在装备发展中的作用集中体现在需求牵引上，具体概括为以下4个方面。

1.4.1 从无到有的孕育作用

装备从无到有来源于需求论证，这个孕育过程体现在新概念装备的产生。笼统地讲军事需求牵引和技术进步推动，对于新概念装备是潜在的需求，由潜在需求变为现实需求要依靠需求论证。潜在的需求可以表述为更远、更快、更大、更准，技术进步也可以为射程更远、反应更快、威力更大、命中更精确提供支撑，但通过需求论证这个孕育过程才能形成新概念装备。以高速型两栖突击车的需求论证为例，大体可以说明孕育过程。东南方向军事斗争准备要求陆军具备两栖突击能力，完成开辟登陆场的任务，这是当时的需求背景。但现有的两栖类装备水上航速低，海况适应性差，只适用于内陆江河，不能适用于近海登岛作战。根据潜在的军事需求，论证方提出了发展高速型两栖突击车新思路，构成这种新概念装备的核心是实现高航速和高海况适应性。以这种新思路为出发点，探索了一条“车”与“船”相结合的技术途径，在水上像船，能发挥船的航行快速性和海况适应性，在陆地上像车，能发挥车对各种复杂路面的适应性，这种新概念的车船结合体正好适应了由水到陆的两栖突击使命任务。据此，论证方形成了发展高速型两栖突击车的一系列论证成果，完成了新概念装备从无到有的孕育过程，这个过程就是创造。研制方根据论证成果研制成功高速型两栖突击车，为两栖机械化部队建设提供了装备保障，有效扩展了装备体系功能。

1.4.2 从虚到实的谋划作用

2009 年的国庆 60 周年阅兵，前 8 个方队都是装甲装备，有坦克、步兵战车、装甲输送车、空降战车，有履带式，也有轮式，铁流滚滚驶过天安门，壮了国威军威。这些装备从虚到实的发展过程大约经历了 15～20 年，装备需求论证伴随并谋划了整个过程。这批装备的需求论证最早可追溯到上世纪 90 年代初期的装备发展战略论证，又经历了 2010 年前装备体制论证，“九五”、“十五”、“十一五”装备建设规划计划论证和每一个型号系统的综合论证，最后把军事需求物化为了装备实体，也就是大家看到的 8 个阅兵方队。其中，发展战略需求论证主要论述四个突击系统的装备体系结构和发展方向、重点，并对重点装备有发展目标、战术技术特征，基本轮廓的描述；装备体制需求论证描述装备型号的作战使命、主要性能指标、编配对象、配套关系等内容；规划计划需求论证要对列入规划的装备型号附有简要论证报告，内容包括必要性、使命任务、主要性能指标、技术途径等；型号研制综合论证主要论述型号系统的作战使命和任务、主要作战使用性能和作战效能、总体技术方案及可行性等。到此，相对较抽象的军事需求就转化为相对立体化的装备型号系统，按此进行物理样机研制，实现装备的物化。

1.4.3 由散到聚的集成作用

综合集成作用体现在通过大量零散素材的处理形成需求方案的过程。装备所包含的装备功能类别几十种，具体装备型号上千种，如此众多的要素形成一个结构优化、有机联系的装备体系，依赖于综合集成。尤其是当前正在发展的信息化装备体系，不是各个要素简单的排列与叠加，而是通过信息主导实现要素融合。一方面构建一体化信息系统，包括侦察情报、指挥控制、网络通信、敌我识别、导航定位等功能系统；另一方面，建设信息化的武器平台，使每一个装备单体融入信息网络。通过通用硬件和通用软件实现武器平台与一体化信息系统的无缝铰链，从而形成有机整体。同样，对于型号需求方案的生成，需要两个层面的集成，一是战术技术指标体系的构建，复杂武器系统的指标要素庞杂，把这些不同领域的指标要素整合成一个功能化的装备系统，需要综合集成；二是总体技术方案的生成，可以选择的技术途径多样，涉及领域广阔，把这些要素组成一个立体化的装备系统实体，仍需要综合集成。

1.4.4 由粗到精的催化作用

由粗到精的催化作用体现在对需求方案的全程评估检验，逐步优化。需求方案的生成是一个反复迭代、逐步优化的过程，整个过程的每个节点都要进行以效能最大化为准则的综合评估。在各国装备发展与建设中，曾出现过由于需求论证不充分致使发展的装备不能满足需求的现象，有的甚至中途夭折。为降低风险，在需求论证过程中普遍采用评估检验技术。评估一方面是对方案满足需求目标的程度进行检验和评估，另一方面是以指标要素或技术要素为变量进行灵敏度分析，或者对约束条件进行影响分析，找到促进方案优化的变化规律，逐步使需求方案精细化。以效能为目标进行综合评估检验，反映了装备使用价值在于作战效能这个本质，以指标要素或技术要素为变量逐步寻优，可以体现诸要素与效能之间的有机联系和规律性，也符合体系-系统-平台-技术自顶向下规划和技术-平台-系统-体系自下而上集成的装备建设模式。综合评估的方式包括静态评估和动态评估，静态评估反映系统的固有特性，动态评估更容易反映装备的战术使用价值。随着技术发展，采用体系对抗仿真技术，构建虚拟战场环境，设置红蓝双方对抗的作战流程，把装备置于虚拟的战场环境，通过流程推演进行仿真实验，可以检验系统的作战效能，同时也可以反馈各因素对作战效能的影响，促进需求方案的优化。综合评估贯穿需求论证的全过程，对于方案优化起到重要的催化作用。

1.4.5 从后向前的导向作用

装备发展从后向前推进的导向作用体现在需求形成过程中的转化和影射。装备需求的最高层是军事需求，然后需要经历作战需求、到能力需求、到装备需求、到技术需求的诸层转化或映射，才能完成需求方案的全过程。但这其中的每一个转化都不是自然转过来的，而是通过需求论证完成不同阶段的系统工程过程，逐步推进需求方案的演进。目前大家普遍采用的需求分析多视图方法，要描述作战视图、能力视图、系统视图、技术视图等，同样反映出需求在不同阶段的表征及其诸层转化和演进。以能力需求到装备需求的转化为例，陆军装甲装备的能力需求一般表述为战场感知能力、指挥控制能力、火力打击能力、全域机动能力，综合防护能力、光电对抗能力、持续作战能力，这种表述是从不同侧面反映武器系统所具有的功能。而某一装备系统的需求则直接体现为一组包含诸多要素的战术技术指标，从能力到指标的转化，需要进行能力需求列表诸层细化功能，然后把能力的表述转化为指标的表述和量纲，并给指标赋值。这个过程没有现成的公式，也没有现成的模型，需要论证人员运用工程方法进行分解转化。通过需求论证推进了需求方案的演进，充分体现需求对装备发展的导向作用。

1.5 装备需求论证的原则

装备需求论证应遵循下列 6 项基本原则。

1.5.1 科学性原则

论证服务于决策，科学的论证是科学决策的前提和依据。装备需求论证作为装备发展的起始点，地位重要，引领和导向作用突出，影响深远，论证的科学性是其特性使然。为确保论证的科学性，需贯穿论证过程的各个环节，主要包括：一是论证的依据具有权威性，装备需求论证要依据顶层需求，如军事战略方针、军队建设纲要、全军装备发展战略，以及基于信息系统的体系作战能力和战斗力生成模式转变总要求等。二是对未来战场环境、威胁及发展趋势的预测尽可能的准确，在大量占有资料的基础上，通过深入系统的研究，揭示规律，把握规律。三是论证的过程要规范化，论证是用论据证明论点的推理过程，同时又是一个系统工程过程，通过规范工作流程及其主要环节，使得从确定问题到获得论证结论的整个过程可控，形成闭环。四是论证所采用的支撑材料具有客观性，大部分素材属于间接资料，要认真甄别，反映客观性；

少部分资料属于直接资料，经过深化研究，反映自身的研究成果，增强支撑力度。五是论证结论具有可验证性，加强论证过程的节点评审和论证结论的综合评估，提升其可信性。

1.5.2 多方联合原则

装备需求是一个由军事需求、作战需求、能力需求、装备需求、技术需求的逐层转化与映射过程，也是一个作战使用要求、技术可行性、经费支撑能力和进度要求综合权衡的聚合体，需要组织军事理论研究人员、装备论证人员、作战使用和训练人员、工程技术人员等形成联合论证团队，分别从不同层次、不同角度进行论证，形成能指导装备发展的各类需求文件。如发展战略、建设规划纲要、装备发展战略、体制规划计划、预先研究规划计划、基础研究和新概念技术研究规划计划等，各类需求文件都会为装备需求的形成提供支撑。装备需求的论证宜采用开放式联合论证模式，充分利用各领域在专业、技术、方法手段上的特长，实现优势互补。尤其是面临一体化联合作战的大背景，能够与相关军兵种及专业密切协同，联合互动。同时，尽可能地借鉴相关领域的研究成果，增强成果共享和横向辐射作用。

1.5.3 反复迭代原则

装备需求论证具有前瞻性和预测性，需求着眼未来，而未来又是不确定性的，作战需求和技术发展变化快，任何预测都有局限性，面临较大风险。人们认识事物也有一个由浅入深、由感性到理性逐步深化的过程。因此装备需求的论证是一个反复迭代、逐步逼近的过程。实际上，装备发展从战略、体制、规划计划到型号本身就是逐步深化和具体化，装备需求论证也不可能一步到位，需要根据装备发展规律，在不同层面解决不同问题，持续性研究，螺旋式上升，渐进式获取。从方法论角度看，需求论证也是一个有目标、有约束条件、有方案集的寻优问题，需要多次迭代，求解可行域。美军“渐进式采办”的基本原则是接受80%的解决方案，然后在此基础上进行滚动开发和逐步完善。目前，随着新技术变革的持续深入，创新发展面临的挑战加剧，事先把需求问题全面准确搞清楚后再开展装备建设是不现实的，必然随着装备建设进程设置若干节点，每个节点又是决策点，需求论证不仅要持续全过程，而且在各个节点都要经历循环迭代、不断优化的过程。

1.5.4 全系统全寿命原则

装备需求论证中的全系统全寿命原则，实质上是系统工程的基本理论在装备需求论证中的应用。全系统原则，是从横的方向上通观装备的全局，就是把装备全部内在和外在的因素作为一个整体系统来研究和处理，把主装备及其配套的设施、设备、仪器、工具、器材、资料等技术保障部分进行通盘考虑，把作战性能与保障资源都作为战术技术性能指标和使用要求综合并优化到系统中，统一协调，同步发展。全寿命原则，是从纵的方向对装备寿命周期的各个阶段的问题实行统筹考虑。装备需求论证阶段的工作，对装备系统研制的成败关系甚大，该阶段的决策正确与否，将对武器系统的性能、费用和进度有着深远的影响，一旦进入生产及部署阶段，再要修改，不仅费时、费钱，有时甚至不可能，如果把问题遗留到作战使用阶段，将会造成严重的后果。所以，必须对装备寿命周期的各阶段实施科学的需求论证，才能充分发挥装备系统的功能，延长装备的使用寿命，降低装备寿命周期费用。

1.5.5 整体效能原则

装备的使用价值体现在效能，追求效能最大化是装备发展的落脚点。装备需求论证要以战斗力为标准，把提高装备的整体作战效能作为基本原则，统筹考虑装备性能、质量、规模、编配、运用、保障、费用等影响装备效能的各种要素。为追求效能最大化，一是把效能作为各个环节方案优化的顶层目标，通过多次迭代，寻求优化方案。二是深化对效能的认识，在不同层次不同阶段选择合适的效能表征。一般情况下，指标效能适合体现某一方面的功能特征，系统效能适宜反映装备系统的静态综合效能，作战效能是装备体系的最终效应，是在一定战术背景下装备使用价值的动态体现。三是通过优化体系结构实现效能倍增。信息化装备体系，由于其信息力的融入使得结构发生了根本转变，通过信息力倍增火力、机动力和防护力。虽然装备的总效能仍是通过所有子效能的递增和累积而成的，但各个子集不再是简单的累加关系，而变成倍增关系。此外，结构决定功能，装备体系不同要素之间的协调及配套关系同样影响总效能，需求论证不仅关注装备的质和量，同样也要关注各要素间的内在联系。做好全过程纵向递增和累积，横向协调与统筹，才能获得整个装备体系的最大效能。

1.5.6 定性定量相结合原则

定性与定量分析，是科学研究中普遍采用的方法，也是论证中解决问题的基本方法。定性分析是运用比较、综合、归纳和推理等逻辑思维方式，揭示和认识事物本质的研究方法。在装备需求论证中，定性分析是基础，通过对装备需求论证活动的各种问题进行定性分析，正确认识所论证问题的基本属性、特点及发展变化的规律，清晰界定为什么、要什么、是什么、干什么、怎么干等环节要素的本质特征，梳理出目标、约束条件、方案集、模型集等，为定量分析提供依据和条件。定量分析是对事物之间或事物组成部分的相互关系进行更精细化分析的研究方法，在定性分析的基础上能够进行量化分析，可以更准确地把握各要素的度及变化规律，以便在新的层次上更深刻的认识事物的本质。随着现代科学技术的发展，为论证活动提供了强大的量化分析方法手段，利用模型来设计和检验论题及方案，大大增强了定量分析研究的准确性和定性分析的科学性。可以预测，定量分析的范围和作用日益增大，促进论证活动由传统经验型向模型化、规范化的方向转变。定性与定量相结合，不断提升论证方法的科学性，就能提高论证研究的质量和效益，增强论证结论的可信性。

1.6 装备需求论证的依据

装备需求论证的发展，是一个充满了矛盾运动的过程。首先，装备需求论证自身就是一对需要和可能的矛盾。时代的发展和认识的深化，使得军事对系统发展产生了现实的需求，但这种需求又并非一定是必要的或是可行的，关键就在于如何提出科学、合理的需求。其次，装备需求又是相对的，其需求的侧重点在一定条件下可以互相转化。牵引、推动和制约装备发展的因素构成了装备需求论证的基本依据，也是获得需求论证结果正确、可靠、有效的重要前提。装备需求论证的基本依据主要包括军事战略方针、军队建设理论和作战理论、部队建设要求、科学技术的发展、经济基础这几个基本方面。

1.6.1 军事战略方针

军事战略方针是国家基本的军事政策，是统揽军事力量运用和建设的总纲，它根据国际形势和敌我双方政治、军事、经济、科学技术、地理等诸因素的分析判断，科学预测战争的发生与发展，对装备的发展产生很强的指导和牵引作用，是装备需求论证的基本依据。

1. 军事战略方针指明了装备发展的方向和目标

军事战略方针科学地回答了建设一支什么样的军队，怎样建设这支军队，以及未来打什么样的战争、怎样打赢这种战争这一根本问题。全面反映了军事发展的规律和客观要求，抓住了国防和军队建设的主要矛盾，具有深刻的思想性、鲜明的时代性和科学的指导性，对装备的发展方向目标有导向作用。

2. 军事战略方针明确了装备发展重点

军事战略方针的确定，指明了装备的发展重点，进而为军事战略的实施提供了物质技术保障。在不同的时期，在不同的军事战略方针的指导和要求下，装备有不同的发展重点。新军事战略方针指出在现代战争中，军队的数量和规模优势，已难以弥补装备的技术和质量差距，提出了“建设信息化军队，打赢信息化战争”的总要求，充分肯定了向信息化转型这一大趋势，也明确了装备信息化的发展重点。

3. 军事战略方针确立了装备的建设思路

一般来说，有什么样的军事战略方针，就要求有什么样的技术支撑，就需要什么样的装备建设思路。军事战略方针必须以相应的装备作为其实施的主要手段和工具。反过来，装备的发展也必须适应军事战略方针的需要，不同的军事战略方针会对装备的发展提出不同的要求。而军事战略方针的调整也就必然推动装备建设思路的变化。正如装备的发展必然会在一定程度上促进军事战略方针的变化一样，军事战略方针的调整和变化，也一定会对装备的建设思路提出新的要求，推动装备建设思路新的调整。军事战略方针着眼世界国防科技和装备的发展，以宽广的眼光分析判断形势，以敏锐的前瞻意识把握发展趋势，科学确立了装备的建设思路。

1.6.2 军队建设理论和作战理论

军队建设理论和作战理论是关于军队建设和作战问题的系统化的理性认识，理论是行动的指南，军队建设理论和作战理论是装备发展的牵动力，在与装备的适应与被适应的相互作用中，牵引装备体系、结构和性能的优化。在某种意义上说，军队建设理论和作战理论是军事需求的最高理论体现，它对军事实践起着巨大的指导作用，一旦军队建设理论和作战理论产生重大变革，必然推动军事实践产生巨大进步。

1. 军队建设理论牵动装备发展重点的改变和新需求的产生

军队建设理论是在深入了解国际、国内形势的发展变化，总结军队装备建设经验的基础上，以未来军事需求为牵引，以国家科技水平为支撑，按照体系建设、系统建设和配套建设的总要求，从国家建设大业、军队建设大局出发，通过科学论证，精心谋划，对军队建设问题作出的科学论断和重大决策。新的军队建设理论的提出，必将牵动装备发展重点的改变，启发激励装备新需求的产生。

2. 作战理论促进了装备体系结构的优化

作战理论是关于作战问题的理性认识，它来源于军事斗争实践，又指导军事斗争实践，它的发展和创新必须以装备发展为基础，但又会影响装备发展。作战理论是研究当代乃至未来一定时期军队作战及其指导规律的，通常包括战争、战役、战斗理论和研究作战指导规律的作战指挥理论。作战理论的直接作用对象就是装备的运用，只有创新作战理论，才能充分发挥装备的作战潜能。

1.6.3 部队建设要求

军队建设是实现未来“打得赢”的一项重要工作，主要涉及发展装备，进行军事训练，培养军事人才，完善编制体制，创新军事理论，进行国防科学技术研究，健全军事法规体系，以及加强军事、政治、后勤的建设等方面。陆军部队建设是国家武装力量建设的重要组成部分，也是国防建设的重要组成部分。装备发展既是陆军建设的一个重要基础，也是陆军建设的一项重要内容。陆军部队建设要求就是装备发展建设的直接依据。

1. 部队分类建设牵引装备体系建设

使命任务的多样化决定装备体系的多功能化。以陆军为例，重型机械化部队适应高强度对抗、重型打击等任务，要求发展高突击力、高打击力装备；轻型机械化部队适应快速部署、快速反应、全域机动作战任务，要求发展轻便型装备；两栖机械化部队适应岛屿进攻作战、登陆抗登陆作战，要求发展具有两栖性能的装备；空降机械化部队适应空降突击任务，要求发展超轻型、便于空降空投类装备；山地部队适应特殊地形的山地作战，要求发展便携、便于克服复杂地形的装备；反恐维稳、国际维和等特殊任务要求发展特种装备。装备体系要满足部队分类建设要求，功能覆盖面要宽，能适应不同战略方向、不同作战环境、不同对抗强度及非战争军事行动。

2. 部队军事训练是装备的直接运用

提高军队战斗力是军队建设中的核心任务。部队战斗力的强弱从根本上来说，取决于人、装备及二者的有机结合。因此装备是战斗力构成的一个重要因素，装备的发展和提高，是战斗力提高的一个关键环节。装备形成战斗力，是人与武器的和谐统一，其最终的实现，需要人与武器相互磨合。军事训练，是在新的作战理论指导下，在新的编制体制中所进行的人与装备结合的实践过程，也是对装备的检验过程。部队军事训练是评估和检验装备性能、完善其战术技术指标的最佳手段。

1.6.4 科学技术的发展

装备是科学技术直接物化的结果。科学技术不仅是装备最初产生的必要条件，也是装备不断发展的重要动力。所以，进行装备需求论证必须建立在一定的科学技术基础上，以科学技术作为依据之一，充分考虑技术上实现的可行性。

1. 科学技术是促使装备产生的直接动因

装备是军队在作战时直接凭借的物质手段，也是衡量部队发展水平的重要标志。科学技术对装备的影响最直接、最明显，反应也最快，科学技术对军事领域其他方面的影响，往往是通过装备的变化而促成的，几乎贯穿了整个装备的产生过程。离开了科学技术，装备就不可能出现，科学技术是促成装备产生的直接动因。在装备发展史上，由于新技术的突破引发新概念装备诞生的先例屡见不鲜。

2. 科学技术是保持装备发展的强大动力

任何装备都有一个从不成熟到成熟、从不完善到完善的发展过程。在装备系统的这种性能完善的过程中，科学技术起着决定性的作用。随着科学技术在军事上的应用越来越广泛，越来越多的新型装备相继产生，从总体上看，当今世界哪个国家的科技水平高，其装备的研制开发和生产水平也就高，科学技术成为保持装备发展的强大动力。

1.6.5　经济基础

装备的发展除了需要科技支撑外，还需要大量的经费投入，因而对经济有很大的依赖性，可以说经济实力从根本上决定着装备发展的潜力，经济水平决定着装备发展水平，经济规模决定着装备发展的规模，经济发展速度制约着装备的发展速度，这是不以人们意志为转移的客观规律。

1．经济基础是装备发展的强大支撑

装备的发展需要消耗大量人力、物力资源，必须以国家的经济实力为基础，经济实力显然是决定装备发展的又一个决定性的因素。社会经济是装备产生和发展的重要基础，为装备产生和发展提供物质条件。装备既来源于社会活动，也严重地依赖于社会经济，社会经济是装备发展不可或缺的客观条件。不论是在装备的研制中，还是在装备的生产中，都离不开社会经济所提供的经费支持、物质保障和技术支撑。

2．经济实力制约装备的发展水平

实践证明，装备发展是建立在国家经济发展基础之上的，它受国家经济发展水平和经济实力的制约极大。强大的、现代化的装备体系，必然有强大的国家经济基础作后盾；而国家的经济基础薄弱，就不可能建设强大的现代化装备体系。装备的发展，抛开其他因素的影响，很大程度上是依靠国家的经济基础和经济投入，经济实力越强，投入的越多，发展水平越快，质量越高，反之则不同。以信息化武器为代表的现代高技术装备技术含量高，研制、使用、维修费用高得惊人，即使几个主要军事大国仅靠有限的国防预算也难承受。装备的发展不能超过国家经济条件的许可，否则将造成国家经济不堪重负。“刺刀尖碰上了尖锐的经济问题就会像软绵绵的灯芯一样。”这是经济基础制约装备发展最形象的比喻。这充分说明，国家的经济状况从根本上影响和制约着军队装备的发展。

1.7　装备需求论证的内容

装备需求论证一般都遵循“提出问题、分析问题、提出方案、评审方案、结论与建议”的基本过程。虽然装备体系需求论证与装备型号需求论证的侧重点具有明显不同，但是由于武器装备的体系化发展要求装备型号需求论证必须在装备体系背景下开展论证，因此可以认为装备体系需求论证和装备型号需求论证在论证内容范围上具有高度的统一性，装备体系需求论证的内容包含装备型号需求论证的内容，但是装备型号需求论证的内容将比装备体系需求论证的内容更加详细和具体。而且，装备体系需求论证的内容，因装备论证类型的不同，在发展战略论证、体制论证、规划计划论证等中的侧重点也有明显不同。

装备需求论证要求装备论证人员不仅要提出装备需求方案，更要科学分析装备的多样化使命任务需求和作战能力需求，并建立装备需求与使命任务需求、作战能力需求的有机联系，实现使命任务需求、作战能力需求和装备体系需求的有机统一，并提出武器装备发展的技术要求。装备需求论证的主要内容包括任务需求分析、能力需求分析、装备体系需求分析与评估、装备型号需求分析与评估、装备技术需求分析与优化 5 个方面，如图 1-1 所示。

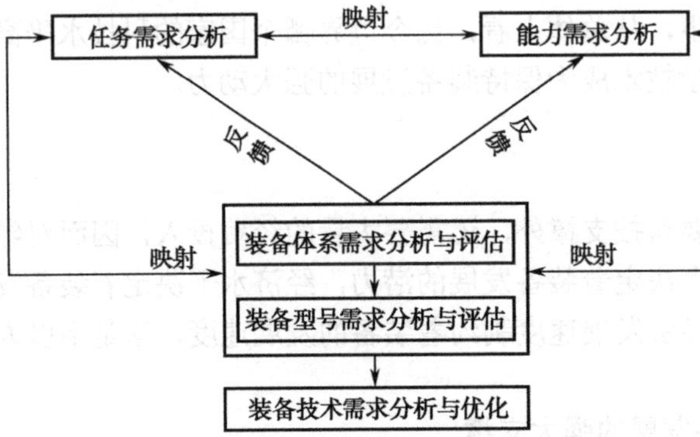

图 1-1　装备需求论证的内容及其关系

1.7.1　任务需求分析

任务需求分析以作战概念分析确定的作战任务为依据，从体系对抗出发，分析为实现军事目标所需的任务、条件和标准，并对任务的重要度进行分析和排序。由于对未来的预测有阶段性，在分析过程中可能会有 3 种情况：

（1）如果是依据应急作战概念分析确定的作战任务，由于是针对具体威胁产生的作战任务，应该重点研究敌军的情况即可能执行作战任务的活动和环境。

（2）如果是依据中期作战概念分析确定的多样化作战任务，应注重基于体系能力对抗及完成任务所需的条件和标准。

（3）如果是依据远期作战概念确定的作战能力构想进行任务需求分析，应重点分析实现能力构想的可能作战任务及完成任务所需的条件和标准。

1.7.2　能力需求分析

作战能力需求分析以作战任务需求分析中确定的任务为依据，在给定的条件和标准下，确定完成作战任务的能力需求。作战能力需求分析是对作战任务应对措施的细化，是装备体系功能总体设计的依据。装备体系需求生成的能力需求分析以全军联合作战能力清单为指导，以军种联合作战任务清单为主要依据，在给定的条件和标准下，确定陆军联合作战能力清单，将全军联合作战能力需求细化为陆军联合作战能力。

1.7.3　装备体系需求分析与评估

装备体系需求分析，以任务需求和能力需求为依据，以实现装备体系整体作战效能优化为目标，科学提出装备体系的要素组成、相互关系和质量水平，并对装备体系需求方案进行科学的评估。主要包括装备体系功能需求分析、装备体系结构需求分析和装备体系数量规模需求分析等内容。

（1）功能需求分析。通过作战任务需求与装备体系功能的映射分析、作战能力需求与装备体系功能的映射分析，提出满足任务需求与能力需求的装备体系功能构想，并进一步分析提出满足任务要求和能力要求的装备体系主要功能要求。

（2）结构需求分析。以装备体系功能需求为基础，以具体任务背景中的装备体系编组使用为依据，科学提出装备体系的装备种类组成及关系，并明确装备体系组成对装备体系功能的支撑作用。

（3）数量规模需求分析。以装备体系功能需求与结构需求为基础，以装备体系任务需求为依据，通过分析完成不同规模任务需求的力量构成要求，提出装备体系的数量规模需求方案，进而提出包括装备体系功能需求、结构需求与数量规模需求的装备体系需求方案。

（4）装备体系需求评估。以科学有效地评价装备体系需求方案为目标，综合采用多种方法，从多个维度对装备体系需求方案进行综合评估，给出装备体系需求方案的优劣排序。

1.7.4 装备型号需求分析与评估

装备型号需求分析，是在体系背景下，以装备型号担负的任务需求和能力需求为基础，在装备体系需求范围内，合理提出装备型号的功能需求和作战性能指标要求，并对装备型号需求方案进行科学的评估，为进一步开展装备型号研制总要求论证提供依据。

（1）功能需求分析。主要内容是为满足一定作战任务和能力，兼顾所属装备体系功能，单个装备系统应具备的功能要求，是定性需求描述。

（2）结构需求分析。主要内容是对单个装备系统进行子系统或部件功能的结构分析，是定性需求描述。

（3）关键作战使用性能指标分析。主要内容是依据装备系统功能需求和系统结构，为具备一定能力的单个装备系统应当具备作战使用性能指标，是定量需求描述。

（4）装备型号需求评估。采用满足度评估方法，评价装备型号需求与其使命任务的满足程度，作为评价装备型号需求方案优劣的主要依据。

1.7.5 装备技术需求分析与优化

技术需求分析，是根据装备体系需求方案或装备型号需求方案的功能要求，提出装备体系或装备型号研制的技术需求列表及发展要求。主要包括技术需求生成、技术发展规律分析、技术需求优化 3 项内容。

（1）技术需求生成。从装备体系需求或装备型号需求为依据，提出实现装备体系或装备型号功能与性能要求的关键技术，为装备体系或装备型号研制生产提供技术支撑。

（2）技术发展规律分析。通过对装备研制关键技术的成熟度分析，提出装备研制关键技术的发展重点和路线图，为科学规划装备技术发展过程提供依据。

（3）技术需求优化。以装备研制关键技术的相关历史数据、当前现状、预测趋势为基础，采用合适的装备技术需求优化方法，对装备技术需求方案进行优化。

1.8 装备需求论证的发展

装备需求论证的发展是个内容丰富的复杂过程。下面从宏观发展、论证思想的发展、论证方法的发展以及论证的发展趋势等四个方面进行简要总结。

1.8.1 宏观发展情况

论证工作的发展大体经历了个体论证和群体论证两个大的阶段。装备论证同其他类型的论证一样，同样经历了一个从简单到复杂，从个体到群体的发展过程。

1.8.1.1 国外概况

对装备进行有组织、有计划的论证，大致起源于第二次世界大战时期。当时，英、美等盟国为了战胜以德国为首的法西斯集团，针对装备在作战使用中存在的问题及不断提出的作战需求，广泛开展了以装备作战使用方案、研制方案优化等方面的论证工作。但当时所论证的内容和范围还比较狭窄，论证中分析问题的深度、广度也不够，未涉及技术可行性分析和风险分析等重要内容。

第二次世界大战以后，装备的更新换代速度越来越快，系统结构越来越复杂，技术含量越来越高，研制周期越来越长，开发费用也越来越大。这些特点给装备发展实施正确决策带来了很多困难，也使装备的论证显得越来越重要。自此，国外特别是以美国为首的发达国家，在装备发展中，综合性的系统论证工作得以迅速发展。在美国和一些西方国家，装备的综合论证开始主要在先期概念演示验证中进行。技术可行性分析作为其中一个十分重要的环节，通常是在拟制“研制建议”阶段进行。其主要任务是根据军事需求，对可能的技术方案进行论证，明确关键性技术问题，进行技术风险评估，并最终确定一些在经济上可行且效费比较高的技术方案。

近年来，随着高新技术的发展和广泛应用，装备日益高技术化，装备的技术可行性分析倍受国家的重视。如美国颁布的《重大武器采办规定》（即国防部 5000.1 号指令）中，就明确规定了装备采办“重点放在系统研制与采办过程的阶段，探索能完成任务需求的各种选择方案”，进一步强调了论证在装备发展中技术可行性分析的重要性。

美军是武器装备发展的引领者，以先进的军事理论作先导，以强大的技术储备作基础，以丰富的实战经验作支撑，形成了一套比较科学、完善的需求生成理论、方法和支撑平台。分析美军在装备需求生成过程中好的做法，总结其突出的特点，对于提高我陆军装备需求论证水平具有重要的借鉴作用。

1. 先进的需求生成理论

美军重视以作战需求牵引陆军武器装备体系的构建与更新，建立了科学的陆军武器装备体系需求生成机制，形成了相对完善的政策和制度。2003 年 7 月，美军发起了一场“需求革命”，以“联合能力集成与开发系统”（JCIDS）代替了原来的“需求生成系统”（RGS），对需求生成机制进行重大改革。“需求革命”后，美军武器装备需求生成机制得到了进一步的优化，加强了国防部对需求的统管，提高了需求分析与评审的科学性，并使需求与采办的结合更加紧密。

1）加强顶层设计，突出国防部主导作用

“联合能力集成与开发系统”通过国部战略指南、联合作战概念体系、一体化体系结构等顶层文件，实现了国防部对需求的“自上而下”管理，改变了以往军种主导需求的格局。联合需求监督委员会的职能从简单地对军种的需求进行综合审查，转变为制定装备的需求规范，各军种提出的需求必须遵照执行，否则不会被批准。这样，装备需求从一开始就站在国防部的角度，围绕装备体系建设的需要和联合作战的要求进行统筹考虑，可以有效地保证装备的互联、互通、互操作，同时也避免了各军种的重复建设。

2）基于能力，强化联合需求开发

“基于能力”是美国防务思想由“以威胁为基础”变为“以能力为基础”在需求生成上的具体体现。根据“以能力为基础”的防务思想，无论面对什么威胁，某些能力的获得对于打败任何敌人都是必须的，特别是在不能确切知道面临什么样的威胁时，陆军武器装备需求生成就必须由基于威胁转变为基于能力。具体而言，在确定需求方面，以能力为牵引，由作战部队应需具有的能力来决定需要什么样的武器装备以及装备的各项性能指标。在技术发展方面，着眼于前瞻性、先导性、概念性的技术研究，确保不断提高的能力需求能够在技术上得到充分支持。目前，在美参谋长联席会议主席手册中，已经概述了从作战需求向能力开发文件的转变。美军已经全面采用“基于能力的采办策略”，成立了联合能力审查委员会，进行联合能力需求开发的审查与批准，强化了联合需求的开发。

3）建立权威的装备需求生成机构

“需求牵引”要在陆军武器装备发展中要得到真正落实，必须建立高度权威的装备需求生成机构，全程指导武器装备建设。为了确保装备需求生成的有效性，世界主要国家都建立了高度权威的联合需求生成机构——由装备采办部门和作战指挥部门共同组成的联合委员会，就装备发展需求的政策和重大采办项目进行集体讨论，联合决策。如，美军成立了为增强作战部门与武器采办部门之间的联系而设立的军事需求审议机构——联合需求监督委员会，主要任务是：审议作战能力方面的缺陷，明确军事需求及其优先顺序，提出三军共同研制、生产的备选武器项目，为国防采办委员会的阶段审查提供依据。在国防采办委员会对重要国防采办计划进行阶段审定时，联合需求监督委员会每次都提前对计划进行审查，它关注的重点是需求和性能问题。

4）完善需求草案的审查制度，强化装备的体系建设

“联合能力集成与开发系统”设置了初审官、联合能力委员会和 8 个功能能力委员会，其主要目的是加强对各个需求主办部门的能力文件草案进行审查。初审官对各需求主办部门的能力文件草案进行初审和分类，一方面从联合作战的角度来统管需求草案，另一方面防止了各军种装备的重复建设。各功能能力委员会负责草案的审查把关，特别是涉及联合作战的项目，由各功能能力委员会抽调人员组成联合能力委员会，进行多方会审，进一步减少重复建设，构建一体化装备体系。此外，草案审查过程中，联合需求监督委员会还要与联合作战司令部和需求主办部门进行密切沟通，确保需求能够满足最终作战需要。

5）强调需求管理与采办管理的关联，加强需求对采办的牵引

“联合能力集成与开发系统”强调需求对采办过程的牵引作用。首先该系统通过实施更加合理的分析步骤和更加充实的分析内容，更加精准地确定了未来的能力需求，为装备项目的立项奠定了坚实的基础；其次是该系统突出强调《初始能力文件》、《能力开发文件》和《能力生产文件》等需求文件对采办过程中里程碑决策活动的指导作用，使采办过程各阶段的工作紧密围绕能力需求顺利开展，各项性能指标符合作战要求。

6）规范的需求生成程序

“联合能力集成与开发系统”分析过程较为细致，整个需求分析包括功能领域分析、功能需求分析、功能方案分析，能够更加准确地找出当前的能力差距，对能力需求的描述也更加精准。解决方案考虑更加广泛，既包括装备解决方案，也包括条令、组织、训练、领导、人员与设施等非装备解决方案，并形成按优先顺序排列的一系列能力方案。只有非装备方案不能解决能力差距时，才选择装备解决方案。尔后，上报给总部或军兵种统管装备发展需求工作的权威机构（如美军的参联会联合需求监督委员会）审批。权威机构在试验与论证机构的支持下，对各项内容逐项进行审查和评估，确认批准后，提出装备发展需求，并编制装备发展需求文件。装备发展需求文件一经决策部门批准，相应的装备采办工作随即展开。上述严密的程序，为保证装备发展需求的科学性奠定了坚实的基础。

2．科学的需求生成方法

美军在需求生成过程中应用了许多先进的技术和方法，例如建模与仿真技术、先期概念技术演示验证、虚拟采办、知识管理与决策支持工具、规划－计划－预算－执行系统及系统分析的方法等，而且利用作战实验室提出初始作战能力需求，形成了比较完善的陆军武器装备体系

研究与应用框架。

在体系需求研究方面，美军根据军事转型的需要和基于能力的战略思想，针对 21 世纪的安全威胁，建立了“联合能力集成与开发系统”（JCIDS）。JCIDS 系统与国防采办系统（Defense Acquisition System，DAS）和规划计划预算执行系统（Planning，Programming，Budgeting and Execution，PPBE）紧密结合、相互配套，形成了完善的美国国防采办三大决策支持系统（见图 1-2），有力地牵引着武器装备体系的发展和建设方向。对于美国国防部，这三大系统共同形成了为支持美国国家军事战略和国家国防战略实现而进行军事力量变革的重要决策支持过程。

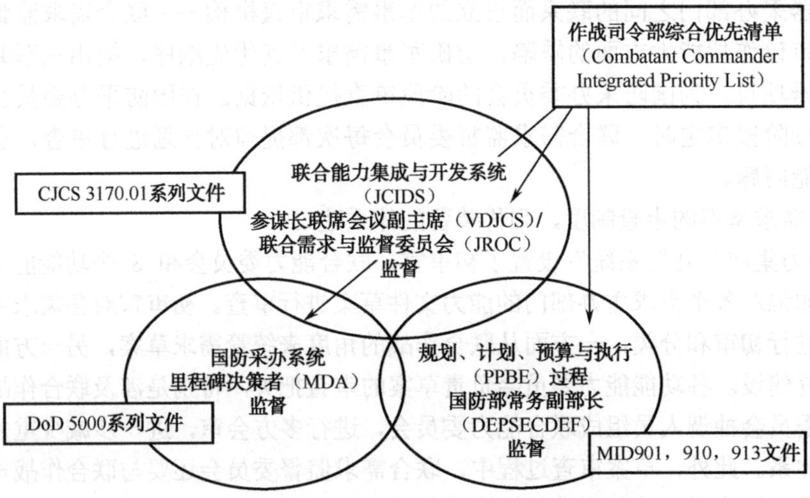

图 1-2 美国国防部三大决策支持系统

同时在需求工程方面进行了大量研究，形成了一系列关于需求获取、分析、建模、验证、管理等方面的方法、技术和模型，如面向过程、面向数据、面向控制和面向对象的需求分析方法等。美军利用这些技术手段，对武器装备体系建设的需求进行生成、分析和验证，确保了需求的准确性以及需求生成的科学性。

在体系结构研究方面，美军在 C4ISR 系统结构框架的基础上，建立和发布了《国防部体系结构框架 DoDAF》（Department of Defense Architectural Framework），定义了体系结构发展、体系结构描述和体系结构集成的通用方法和规范，强调面向联合作战，按照作战、系统、技术标准三类视图，分别从作战功能需求、体系结构设计、技术标准支持三个方面进行体系结构的分析设计，形成了武器装备需求分析的标准、规范。体系结构框架规范了武器装备需求的获取过程，将装备系统及其特征与作战需求相联系，在美军的装备需求论证中得到广泛的应用。

在体系综合评估方面，美军强调按照不同层次，采用费效分析、建模仿真、多目标规划、层次分析等方法，对武器装备体系及采办过程进行综合评估。在武器装备体系作战效能评估方面，美军提出联合作战能力（JCA）评估，采用体系分析技术和基于能力的思路，对武器装备体系的作战效能进行评估论证，支持武器装备体系的高层决策问题；在武器装备技术评估方面，美军采用 9 级技术成熟度标准（TRL），要求只有达到规定的技术成熟度，才能进入相应的采办阶段。另外美国防部明确要求，在陆军武器装备采办的全过程，必须进行定性定量相结合的综合论证，力求论证科学、结论可信、管理科学。

在体系应用研究方面，美军十分重视利用建模仿真技术来支持武器装备体系的开发和应用。相继研究开发了联合作战系统（JWARS）、联合建模仿真系统（JMASS）、联合战区级仿真系统（JTLS），通过以上项目的实施，在武器装备体系建模仿真方面得到较大的发展，取得明显的军事效益和经济效益。

在体系研究支撑环境方面，美军从20世纪90年代初，开始实施“作战实验室计划”，加强体系研究的实验环境建设。美陆、海、空三军先后建立了作战指挥、战役支援、导弹防御、空间作战、战场管理等十多个作战实验室以及联合作战实验室和联合C4ISR作战中心。美军在历次的仿真、推演、演习和实战中，非常注意数据的积累工作，制定了联合数据支持计划（JDS），以及国防部网络中心数据战略等，为武器装备体系应用研究积累了丰富的基础数据资源。

3. 有效的需求支撑平台

美军建立了一整套实用化的系统工程技术，形成了配套的支撑工具、软件平台，并取得了许多实践经验。美军目前使用的配套工具中，除了美国军方直接主持开发的工具外，还大量购买商用软件。如，美国国防部、美国陆军、美国海军、美国海岸自卫队、美国空军在一些大项目中，应用支持美国国防部体系架构框架DoDAF的商用软件Telelogic公司的SYSTEM ARCHITECT、DOORS、TAU G2作为标准的需求工程支撑工具平台，联合攻击战斗机项目（JSF）的主要承包商洛克西德·马丁、罗斯鲁普·格鲁门、英宇航系统公司都采用了DOORS作为需求管理平台。

由以上分析看出，美军武器装备需求研究与应用处于世界前列：已经形成基于能力的需求工程方法学；已经建立一整套实用化需求工程技术，形成了配套工具集；已经形成制度，用于指导合同签订、系统集成、作战能力建设、陆军武器装备发展。

1.8.1.2 我国概况

以我国武器装备为例，其发展大致经历了仿制、改造、自主研制三个阶段，目前正在向自主创新转变。同样装备的需求论证与之相对应，也经历了从无到有、系统配套、成体系建设三个阶段。

1. 装备仿制阶段

20世纪70年代之前为第一阶段，大多采用仿制模式发展了第一代装备。这时的需求论证还不相对独立，多以军方、科研院所、工厂三结合的联合研发模式，进行装备技术攻关。需求论证以解决有无问题为背景，因为当时的军事战略方针是以“备战”为急需，陆军的使命任务和能力需求是明确的，但受工业基础和技术水平的制约，尚不具备自主发展装备的能力，转化为装备需求和技术需求层面要更多的考虑可行性问题，只能是在现有条件下，采用什么途径能拿到什么装备。采用的方法比较原始，缺乏理论基础和技术手段，摸着石头过河，逐步积累经验。比如，我国的某型号坦克就是仿制前苏联的某型号坦克，按照其图纸，利用国内条件进行试制，成功后大批量装备部队，成为我国一代装甲装备的主体。当然，仿制阶段的需求论证也不是完全被动的，在很多方面也体现出了需求牵引，比如在一代装备中发展的某型号轻型坦克就是根据中国国情演化而来的。考虑到我国南方及西南方向多山岳丛林、水网遍布，地形环境复杂，在某型号坦克基础上进行了缩简设计，战斗全重由××吨减到××吨，火炮口径由××毫米缩到××毫米，同时调低了发动机马力和装甲防护要求，实际形成了小一号的某型号坦克，即某型号轻型坦克。这种轻型坦克虽然战斗力稍弱，但具有小、轻、快的特点，对复杂地形的适应性、软地面通过性等方面有明显优势，符合中国国情，大量装备到南方及西南方向，由此形成了我国坦克南轻（轻型坦克）北重（中型或主战坦克）的格局。

2. 装备改造阶段

从 20 世纪 70 年代末到 80 年代为第二阶段，通过技术进步和引进技术加改装的模式发展了第二代装备。第二代装备的显著特征是追求代次更新，提升技术水平。但同样是受技术制约，大多采用了引进技术消化吸收的方式。如装甲车辆领域，通过引进 105 毫米坦克炮及其弹药技术、白光激光微光合一的简易火控技术、跳频通信电台技术、灭火抑爆技术等，加上自己研发的装甲车用柴油机、复合装甲技术等，形成了有较大技术进步的第二代装备。这个阶段的需求论证相对独立，并纳入规范的科研程序。这时的军事战略方针及主要战略方向非常明确，战争形态和作战样式也很明确，陆军的使命任务和能力需求十分具体，需求论证的主要任务是利用一切有利因素，发挥多方面积极性，整合现有资源，尽可能缩小与对手的差距。因此论证的重点集中在战术技术指标层面，寻求需求与可能的最佳结合。在理论与方法上，普遍采用系统工程的理论与方法，构建目标、约束条件、方案集、模型集、评估准则集等工程化的解题思路，运用作战模拟等方法进行效能分析，采用层次分析及模糊评判等方法进行指标的灵敏度分析。同时，在大量经验积累和借鉴的基础上，开始建立自己的论证理论，相继出现了各种论证指南、参考以及专业性著作。当然，这一阶段的需求论证，明显的痕迹是各军兵种自行发展，统一性差。

3. 装备自主研制阶段

从 20 世纪 90 年代到 21 世纪初为第三阶段，以自主研制为主、引进借鉴为辅发展了第三代装备。第三代装备的显著特征是追求技术全面进步、与国际同类装备相抗衡。我国第三代坦克发展依托的是比较完善的技术体系，虽然在总体上借鉴了国际同类装备结构模式，但在大口径坦克炮及其弹药技术、稳像式火控技术、自动装弹机技术、热像技术、大功率高紧凑柴油机技术、液力机械综合传动技术、复合装甲技术、光电对抗技术等方面都具有自主知识产权。这个阶段的需求论证比较系统规范。当时面临的需求背景有几个方面，一是海湾战争爆发引发了高技术局部战争理论的巨大冲击，与之伴随的是体系对抗的理论产生；二是新军事技术变革引发的由机械化向信息化转型大潮，在军事理论、装备、编制体制、作战训练等领域全面推进，开始探索装备的信息化；三是国际战略格局的变化导致我国主要战略方向转移。在这样的大背景下，装备的需求论证从宏观到微观、成系统成体系，逐步走向规范化。在理论与方法上，装备学、装备论证学、装备论证的一系列军标，以及支撑需求论证的专业性著作相继出现，系统工程的理论与方法、作战仿真的理论与方法、虚拟样机的理论与方法、体系对抗实验的理论与方法、系统集成的理论与方法等逐步得到应用，有效地支撑了装备体系建设、装备信息化探索、重点装备型号研制、装备系统配套建设的需求论证。

4. 装备自主创新阶段

近年来，装备需求论证面临前所未有的挑战。一方面，装备发展正在由自主研制转向自主创新，国际上军事强国普遍推进陆军转型，均在探索新一代装备的发展模式，尚未形成统一概念，可以直接借鉴的因素较少，主要依靠自主创新。另一方面，在机械化向信息化转型的过程中，我国走的是机械化信息化复合发展的道路，基础相对薄弱，技术积累较少，制约因素较多，创新发展的难度很大。为了寻求具有中国特色的装备发展道路，以一系列宏观需求为背景，如适应信息化条件下的联合作战、适应陆军由机械化向信息化转型、适应陆军多样化使命任务、提升基于信息系统的体系作战能力、加快战斗力生成模式转变等，正在实现由单平台、单系统向成体系、成建制转变，由分兵种、分专业向综合化、一体化转变，由平台为中心向网络为中心转变，装备建设进入快速发展期，实现了第一步战略目标。在需求论证的理论与方法上，在大力推进体系对抗仿真实验的基础上，较多采用了需求工程的理论与方法、体系工程的理论与方法等，以多视图手段实现军事需求、能力需求、装备需求、技术需求之间的转化与映射，有效推进了需求论证的科学性和规范性。但是，在探索未来的道路上，新一代装备如何发展，实实在在地卡在了需求牵引上，迫切需要由跟踪借鉴式发展转向自主引领式发展模式，均需要通过需求论证，解决为什么、是什么等重大发展难题。因此，探索装备需求论证的理论与方法问题具有现实意义。

1.8.2 论证思想的发展

装备需求论证思想经历了由“基于威胁”向“基于能力”发展、“基于阶段”向“基于全寿命周期”发展、“基于系统”向“基于体系”发展的发展阶段。

1.8.2.1 “基于威胁”向“基于能力”发展

基于威胁的装备需求论证思想，产生于冷兵器时代，其目标具有明显的针对性和指向性，首要考虑的是“对手是谁，战争会在何时何地发生”。从主要假想敌可能发起的军事威胁出发，以打赢或阻止战争为目的，以一个或几个主要的想定为背景，通过全面或局部力量间的对比分析，对所需的力量进行规划。该思想以单一的主要威胁为驱动力，以较少的想定为依托，在对国家利益构成的威胁比较容易识别时有效，其逻辑性强且易于决策人员完成任务。

基于能力的装备需求论证思想，是指进行装备发展战略、规划计划和型号论证研究中，基于未来军事斗争所必需的军事能力要求，推动装备需求的研究与发展。论证的重点从原来关注“敌人是谁，战争会在何时、何地发生”，转而关注“战争将以何种方式进行”，是从基于威胁向基于能力的转变，它从国家的长远利益出发，以能维护国家利益所应有的军事实力为目标来发展军事装备。在此模式下，装备需求论证的重点将从传统的单一装备论证转向聚焦装备体系整体能力论证，并试图通过体系的整体优势弥补单一装备的劣势并放大单一装备的优势。

基于能力的装备需求论证思想，并不是一开始就有的，是世界各国经过长期研究实践的最新理论。长期以来，世界各国都遵循了基于威胁的装备需求论证思想，装备发展针对现实的作战对象或者潜在的对手，试图在军事装备的战术技术性能上压倒对手，具有目标明确、针对性强等特点，是一种典型的被动应对模式，难以适应不断发展变化的国际安全形势发展要求。而基于能力的装备需求论证思想，着眼于提高军队的整体能力建设，能够应对多样化的常规战争威胁和非常规威胁，更加注重长远军事能力的建设，体现更高的前瞻性，符合一体化联合作战对装备发展的基本要求，装备需求论证逻辑更加科学合理。

基于能力的装备需求论证思想，反映了武器装备发展的渐进性与创新性交替的规律，是从武器装备发展全局角度对进行武器装备需求研究的科学理论，与基于威胁的装备需求论证思想相比，具有以下主要特征。

1. 综合多种威胁，强调全谱多能

“超级大国”前苏联解体后，国际安全环境可谓是瞬息万变，世界主要军事力量也正“潜移默化”地形成新的格局，美国面临的威胁变得不清晰透明，对手变得不明确，加之 20 世纪末期信息相对贫乏，且对现实与未来诸多因素预测能力有限，所受到的打击可能会是出乎预料的。因此沿用基于威胁的装备需求论证思想牵引武器装备需求的做法已不合时宜，装备需求牵引必须转向旨在建立应对未知威胁的“基于能力”模式。但是，基于威胁的装备需求论证思想也没有从需求生成的机制中消失，“威胁”仍然是美国军事战略制定和军队与装备建设的根源，而是转变为从更高的层次上间接地牵引着武器装备的发展。

基于能力的装备需求论证并没有忽略已确定的威胁，它是考虑更大范围内的威胁，在应对确定性威胁的同时，更加关注不确定性的威胁，以增强军队应对各种威胁的能力。可以说“基于能力”是“基于威胁”的继承与发展，两者并不是相互对立的装备需求论证模式，它不只对确定的威胁来做出反应，而是把未来可能遇到的不确定的威胁都考虑在内，着重于要消除确定的威胁所需要的装备能力。由此可见，基于能力的装备需求论证，是从过去以应对已存在的威胁为主，转变为以应对现实与未来共存的威胁所具有的能力为主，根据此确定其应具有的能力，从而牵引武器装备发展。

2. 围绕长远目标，突出协调均衡

由于武器装备的研制周期比较长，在制定装备的发展规划计划时，军队必须对未来较长一段时期武器装备发展的趋势、特点等做出科学合理的预测分析。基于威胁的装备需求论证中，美军装备发展主要是针对于另一“超级大国”——苏联的威胁，只为在武器装备的数量和能力上超过对方，但如果主要威胁发生变化，装备发展就不得不随之改变原有规划。特别是国际安全环境复杂多变，更难以掌控装备发展的长远目标。

基于能力的装备需求论证考虑了国家的长远利益和军事技术发展趋势，致力于提高军事能力来牵引武器装备的发展。基于能力的装备需求论证可以突出装备发展的长期效益。在制定武器装备发展规划计划时，依据国家和军队的战略方针，综合考虑影响军事装备发展的诸多因素，对未来一定时期内军事装备发展的趋势、特点及影响武器装备发展诸因素做出科学的分析和预测。所以，与基于威胁的装备需求论证相比，在装备发展规划方面，基于能力的装备需求论证具有更高的前瞻性。

3. 以不变应万变，强调稳定连续

武器装备的发展体现了一定时期内的国家军事战略方针，反映了经济实力和国防科技水平，因而具有一定稳定性。基于威胁的装备需求论证主要依据确定的威胁来规划武器装备发展的重点和方向。通常情况下，如果国际安全环境不发生大的变革，主要威胁没有发生大的改变，武器装备发展重点和方向就基本不变；倘若外部环境发生变化，武器装备发展重点和方向就不得不随着外部环境的变化而改变，装备发展也就失去其稳定性。

相对于基于威胁的装备需求论证，基于能力的装备需求论证强调可持续发展。在强调能力需求牵引武器装备发展的同时，通过对能力差距的分析，决定能力需求发展的优先顺序和确定能力发展的阶段性目标，明确层次分明的装备发展需求；将对现有武器装备的思考转化为对能力需求的思考，以满足能力需求为中心，摆脱现有工程技术的束缚，保证了武器装备发展的可持续性。

在基于能力的装备需求论证中，军事需求不是针对国家所面对的对手，不会因为作战对手的调整而改变装备发展的规划计划，并且能力需求是牵引装备发展的主要动力，即便国家面临的威胁及其环境发生较大变化，装备发展的目标可能依然是不变的，不需要做出重大调整。因此，基于能力的装备需求论证能够更加平稳地牵引武器装备发展。

1.8.2.2 “基于阶段”向“基于全寿命周期”发展

一般认为装备论证是装备全寿命周期的初始阶段，装备需求论证处在装备论证阶段之中，其生命周期并不涉及装备全寿命周期的其他阶段。装备需求论证的生命周期过短，没有在装备全寿命周期形成循环反馈，将不利于发挥其“牵引”作用。基于全寿命周期的军事装备论证思想正是在此背景下提出的。

1. 螺旋型装备全寿命周期模型

装备有一个从立项论证、研制生产、保障使用、退役报废的完整发展过程，这个过程称为装备的全寿命周期。装备全寿命周期内包含2个方面的转化，如图1-3所示。

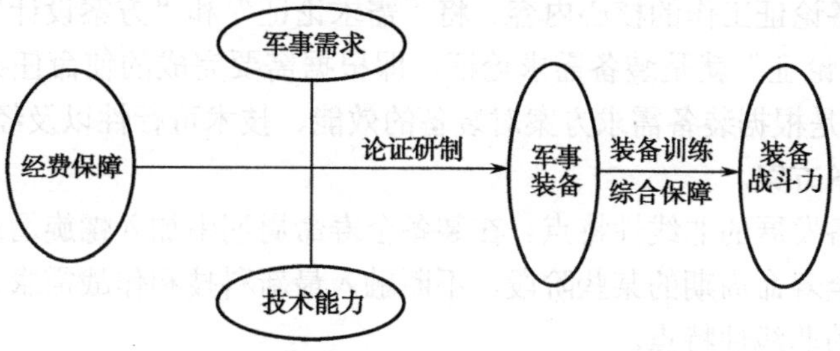

图1-3 装备全寿命周期过程的转化示意图

（1）在经费约束条件下，军事需求和技术能力转化为装备。

（2）装备通过训练和综合保障转化为装备战斗力。在装备全寿命周期过程中，通过2个过程的转化，将军事需求分解、映射、转化成装备战斗力，以达到完成作战任务的要求。

目前普遍认为装备全寿命周期的阶段为：立项论证—方案探索—演示验证—工程研制—生产部署—使用保障—退役报废。该分类方法主要有2个缺陷。

（1）全寿命周期的起点不清晰。

（2）装备全寿命周期的线性发展无法满足军事转型和技术发展非线性变化。

针对上述2种主要不足，建立了螺旋型的装备全寿命周期模型（见图1-4），依据模型将装备全寿命周期的阶段划分为：需求论证—方案设计—演示验证—工程研制—生产部署—使用保障—退役报废。同时，为满足军事转型和技术发展的非线性要求，装备全寿命周期的各阶段又呈现出螺旋型特点，螺旋可称之为螺旋增量或螺旋模块。在螺旋增量中，装备要重复进行需求论证、方案设计、演示验证、工程研制、实战应用等反馈过程，通过不断螺旋增量逐步使装备达到最佳能力水平。

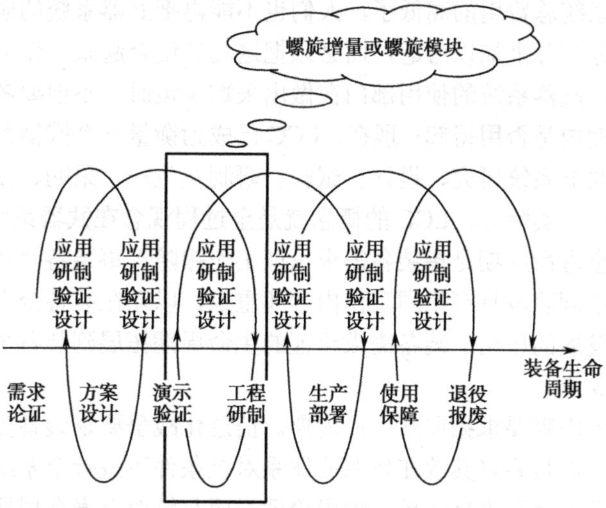

图1-4 螺旋型装备全寿命周期模型

螺旋增量可包括多个螺旋反馈过程。这种划分方法有4个优点。

（1）统一了装备全寿命周期的起始点。无论是装备型号还是装备体系，其全寿命周期的起始点均可认为在“需求论证”阶段，即装备需求论证。

（2）突出了装备需求论证的“牵引”作用。将装备需求论证从立项综合论证中提取出来，单独划分为一个独立阶段，进一步突出装备发展中装备需求论证的重要作用。

（3）明确了装备论证工作的核心内容。将“需求论证”和“方案设计”作为装备论证工作的核心内容，“需求论证”就是装备需求论证，即根据需要完成的使命任务，提出装备需求方案；“方案设计”则是根据装备需求方案对装备的效能、技术可行性以及经济可行性进行论证，形成满足需求的装备方案。

（4）体现了装备发展的非线性特点。在装备全寿命周期中加入螺旋增量，在每个螺旋增量过程中，重复装备全寿命周期的某些阶段，不断融入最新科技和作战需求，形成连续反馈，进而反映出装备发展的非线性特点。

2．基于全寿命周期装备论证思想的提出

装备需求论证虽然是装备全寿命周期的第一阶段，但对装备全寿命周期内各个阶段的工作都有很强的牵引和导向作用，甚至决定着某些阶段的工作核心内容和方向。因此，装备需求论证工作的主要时间是在“需求论证”阶段，但是其整个生命周期不应当仅局限在“需求论证”阶段，而应当延伸至装备全寿命周期内的各个阶段。也就是说装备需求论证的生命周期开始于“需求论证”阶段，结束于装备全寿命周期的“退役报废”阶段。装备需求论证的生命周期也具备全寿命周期的特征，将此特征称之为装备需求论证的全寿命周期。

全寿命周期观念包括两方面的内容，一是从系统发展的纵向看，任何系统的开发都应该力争做到系统的全寿命周期最优；二是从系统发展的横向看，系统开发必须使并行的两个过程（工程技术过程与工程管理过程）密切配合、相辅相成。在装备的研制领域，20 世纪 60 年代末，出现了 LCC 的概念。而在这之前，对武器系统费用的定义主要是单件产品的成本，也就是主要考虑生产单件武器装备所需的费用。随着武器性能的不断提高，不但武器系统的研制、生产成本日益增大，而且由于武器装备的日趋复杂、精密，对使用与维护的要求也日趋严格，促使武器系统的使用与维护费用空前上涨。在这种情况下，显然单件武器系统产品的研制、生产的成本已不足以说明武器系统总费用的高低了，人们也不能再把武器系统的研究与研制费、部队采购费和使用与维护费分割开来加以考虑，而必须把这几者结合起来，作为武器系统的全寿命周期费用进行总体考虑。武器系统的使用部门在做出采购决策时，不但要考虑是否买得起，更要考虑在整个全寿命周期内是否用得起。现在，LCC 已成为衡量一个武器系统投资水平和经济性的主要参数，也成了武器系统研究、设计、试验、研制及生产、采购、使用与维护等过程中各种决策的主要依据之一。实际上，LCC 的概念就是全过程观念在武器系统研制上的体现。

装备需求论证的全寿命周期是指装备需求论证工作跟随军事装备“从生到死”发展过程，在装备全寿命周期的不同阶段具有不同工作内容和重点，以期在装备全寿命周期内都能够充分发挥其“牵引”装备发展的作用。装备需求论证的生命周期拓展到装备全寿命周期范围，主要依据及其意义有以下 3 点。

（1）装备需求论证内容要求拓展其生命周期。信息化战争要求装备需求论证不应该是单一武器装备的简单论证，而是要将其放在体系或体系对抗条件下进行全系统的综合论证；也不应该是以型号研制、装备使用和维修等单一阶段论证，而是针对全寿命周期进行的论证。装备需求论证内容本身就包含了对装备全寿命周期内其他阶段的工作内容，例如，机械化战争时代许多论证项目是主战装备与保障装备分离，先完成主战装备需求论证，甚至已经完成研制并开始使用才进行保障装备的需求论证。在装备效能评估时也是分开进行，主战装备开展多，保障装备开展少。而在信息化条件下装备体系或装备型号必须进行综合协调论证，要把主战装备和相应的保障装备综合在一起开展需求分析研究，以形成作战能力为目标而进行全面系统论证。因此主战装备在需求论证阶段就要进行保障装备的需求论证，是为满足主战装备在使用保障阶段工作需要而开展的论证内容。

（2）装备需求论证的复杂性要求拓展其生命周期。装备需求论证涉及面广、论证内容繁多、制约条件众多、论证时间长，要清晰明确地提出装备需求方案其分析过程和内容是非常复杂的。因此，单单在“需求论证”阶段要得到完整的武器装备的需求方案往往是不现实的，尤其是具有重要地位且自身构成极为复杂的装备体系和装备型号，需求方案也不可能一蹴而就，在“需求论证”阶段就一味追求装备需求方案的先进性和完备性，极易造成后期装备研制周期过长，研制经费超支。例如，美军的“渐进式”采办，就是在装备需求计划初期并不提出系统的性能指标和有效性指标，只是确定了能力需求。发展中，利用“渐进式”采办开放式结构和经过严格结构控制的处理程序，采用了“试验—建造—试验—初步部署”的发展历程，在装备部署后逐步嵌入新技术和新概念。以“增量”方式交付军事装备的能力，在整个采办过程中充分考虑了未来能力改进的必要性，在能力需求、潜在能力和资源之间达到最佳平衡点。随着技术和战略的不断调整及时向部队交付符合要求且技术也不落后的装备产品。

（3）装备需求论证的循环发展要求拓展其生命周期。装备需求论证工作本身是循环迭代的过程，特别是对于同一类型装备的需求论证，上一轮装备需求论证结束甚至还未结束之时，下一轮装备需求论证工作就要着手进行。因此，装备需求论证的生命周期如果仅限于装备全寿命周期的“需求论证”阶段，没有及时反馈其他各个寿命周期阶段对装备需求方案的修正和反馈，进而改进需求论证的方法和途径。装备需求论证就会失去修正和检验环节，使装备需求方案缺乏科学性——先进性和有效性。

3. 基于全寿命周期装备需求论证的阶段划分及分析

装备需求论证在装备全寿命周期各阶段面对的装备不同发展时期，装备表现出不同特点和性质，装备需求论证所需完成的工作内容和重点也不相同。根据装备全寿命周期各阶段的特征和装备需求论证工作的特征，可将装备需求论证的全寿命周期分为3个阶段：需求生成与确认、需求修正与实现，以及需求验证与反馈。装备需求论证生命周期的阶段与装备全寿命周期的阶段对应关系如表1-2所示。

表1-2 装备需求论证的生命周期与装备全寿命周期的阶段对应关系

装备需求论证的生命周期的阶段	装备全寿命周期的阶段
需求生成与确认	需求论证
需求修正与实现	方案设计、演示验证、工程研制
需求验证与反馈	生产部署、使用保障、退役报废

图1-5为装备需求论证全寿命周期模型，对应于上面提出的螺旋型装备全寿命周期模型。装备需求论证的生命周期的3个阶段工作内容如下。

（1）需求生成与确认阶段。需求生成与确认包括装备全寿命周期的需求论证阶段，本阶段装备需求论证的主要工作内容：以可能完成可能担负的使命任务，通过一系列分析和逻辑推理，提出军事装备需求方案。本阶段的输入为作战单元的使命任务，输出是基本满足使命任务的装备需求方案，成果形势一般为论证报告。要分别开展任务需求分析、装备需求分析、作战需求分析、研制需求分析等分析研究，完成系统使用要求、维修保障要求等报告，最终形成“研制总要求”的工作报告。

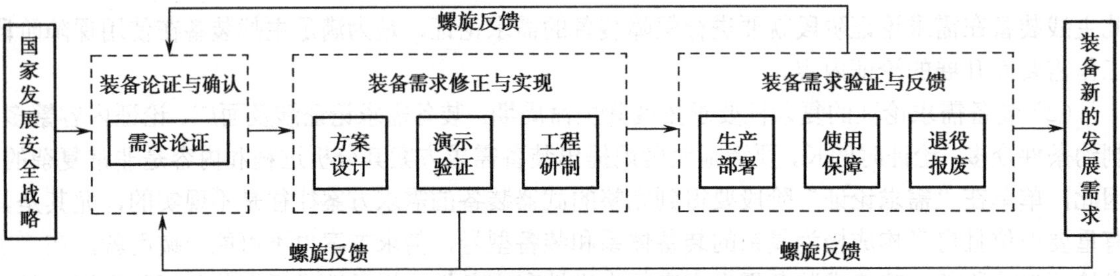

图 1-5　装备需求论证的全寿命周期模型

（2）需求修正与实现阶段。需求修正与实现包括装备全寿命周期的方案设计、演示验证、工程研制等阶段，本阶段装备需求论证的主要工作内容：根据装备系统的效能、费用、进度、风险等可行性分析报告，通过虚拟仿真-综合评估等技术验证手段，剔除效能低、费用高、风险大的需求指标，改进修正装备需求方案，并最终通过工程研制实现装备需求方案的物化，实现装备需求。

（3）需求验证与反馈阶段。需求验证与反馈阶段包括装备全寿命周期的生产部署、使用保障、退役报告等阶段，本阶段装备需求论证的主要工作内容：通过装备的实际工程生产、部署、使用、维修、退役等活动，反馈装备需求在物化后实际应用中的情况，验证提出的装备需求是否满足实际作战需要，进一步修正装备需求论证的方法和技术。

1.8.2.3　“基于系统”向“基于体系”发展

随着武器装备功能种类的不断丰富，武器装备的复杂性越来越高，装备需求论证的难度和复杂性越来越高，迫切需要转变论证观念，从“基于系统”的装备需求论证转向“基于体系”的装备需求论证，适应联合作战条件下武器装备发展的论证要求。

1.“基于系统”的装备需求论证

装备需求论证的出发点与武器装备的作战运用方式密切相关。在机械化半机械化战争中，武器装备主要通过时间和空间两个维度的相互协同来实现作战目标，作战功能领域多按照作用空间或作战目的进行划分，武器装备之间的协同多是时间或空间上的现行协同，协同要求明确，协同难度较低，“基于系统”的装备需求论证正是满足这一阶段装备发展要求的必然产物。

武器装备的发展是由低级到高级、由简单到复杂的发展过程。复杂的武器装备装备系统由具备独立功能的装备平台组成，装备平台又由多件装备部件组合而成。装备需求论证的对象既可以是武器装备的部件，也可以是武器装备平台或武器装备系统。因此，按照武器装备的复杂程度，在装备需求论证实践中，“基于系统”的装备需求论证往往有部件论证、平台论证和系统论证之分。

不管是部件论证、平台论证还是系统论证，其论证核心往往是论证对象本身，如新一代坦克的主动防护系统论证，重型坦克论证等，论证目标是追求论证对象本身的整体最优，论证目标相对比较简单，影响论证结论的影响因素相对较少，采用一般的论证方法就可能获得比较满意的论证结果。但是，由于缺乏对武器装备体系的整体考虑，不同类型武器装备之间协同难度大，难以适应信息化条件下武器装备的联合运用，甚至会出现武器装备论证研制成功却无法装备部队的尴尬局面。例如，美军从 20 世纪 70 年代末开始研制的“约克中士”师属高炮，经过 8 年公关，花费 18 亿美元，因不能对付发射远程反坦克导弹的“米-28”武器直升机，其作用被迅速发展的防空导弹所替代，直接导致了该型装备研制计划的中断，根本原因就是装备论证时未能充分考虑其他类型装备的发展趋势以及该型装备在未来武器装备体系中的准确定位所致。

由于“基于系统”的装备需求论证目标、影响因素和论证过程相对比较简单，对参与装备需求论证人员的数量及其知识结构要求也相对较低，其组织实施过程也相对简单。

2.“基于体系”的装备需求论证

随着信息技术的飞速发展，武器装备的信息化体系化发展成为武器装备发展的基本形态，多种武器装备协同运用的联合作战成为现代战争的常态，武器装备体系的整体最优成为武器装备作战运用最为关心的问题。以往的“基于系统”的装备需求论证已难以适应联合作战条件下武器装备信息化体系化发展要求，“基于体系”的装备需求论证应运而生。

武器装备的体系化发展，强调武器装备体系的整体最优，而不是武器装备体系组成部分的局部最优。由于需要综合考虑武器装备的性能、研制进度和经费等因素，要求组成武器装备体系的不同武器装备系统的各项性能均达到最优，既不现实也没有必要。功能互补、整体发力、合力制敌是武器装备体系对抗取得优势的法宝，过分强调部分装备系统的性能优异并不能解决武器装备体系的整体作战目标。因此，装备需求论证必须从武器装备体系的整体作战用途和运用背景出发，深入分析不同类型武器装备之间的相互关系和作用方式，合理确定武器装备系统的功能定位，科学制定武器装备的发展方向和技术解决方案。

“基于体系”的装备需求论证，既报考武器装备体系论证，又包括武器装备型号论证。前者论证对象为武器装备体系，包括多种类型的武器装备，重点是武器装备体系的总体功能要求和组成武器装备体系的装备种类、规模数量及其主要作战性能指标；论证时要始终围绕武器装备体系的整体作战要求，寻求武器装备体系需求方案的满意解。后者论证对象是武器装备系统，重点是武器装备系统的功能要求及其作战性能指标；论证时，应将该型装备置于体系背景下的武器装备联合运用中，从体系的任务要求提取出该型装备自身的任务要求，从体系的运行过程提取出该型装备与其他装备之间的协同内容和方式，进而最为该型装备需求论证的基本依据，保证装备研制成功后能够有效融入武器装备体系。

由于体系构建、运行及其外界条件的不确定性，“基于体系”的装备需求论证难度急剧增加，决策因素多、决策复杂性显著增加，传统的系统工程方法以难以奏效，亟需在方法论上进行突破。近年来快速发展的体系工程理论与方法为“基于体系”的装备需求论证提供了理论指导，美国国防部率先提出的《DoD 体系结构框架》系列标准也为“基于体系”的装备需求论证提供了明确的方法论指导。

1.8.3 论证方法的发展

装备需求论证方法是指导装备需求论证科学实践并提高装备需求论证成果质量的重要基础，与武器装备发展演化和科学技术发展进步密切相关。装备需求论证作为我国装备领域的一项专门工作，已经历了 30 余年的发展历程，装备需求论证理论与方法逐渐成熟完善，提出了以系统理论为指导、系统工程方法为支撑的装备需求论证方法体系。如赵全仁、赵卫民等提出了包括了系统分析方法、预测分析方法、运筹分析方法、技术经济分析方法、决策分析方法和逻辑分析方法的装备需求论证基本方法体系；杨建军等在此基础上进一步强调了系统思想对装备需求论证方法应用的指导，并构建了面向内容的装备发展论证方法体系；李明等综合运用系统理论与系统工程方法，提出了由解析型方法、综合型方法和思辨型方法组成的金字塔型的论证方法体系结构，强调硬方法与软方法的综合集成，比较全面系统地总结了装备需求论证方法的基本组成和主要特征，是指导装备系统发展需求论证的有效方法。但是，随着武器装备信息化体系化发展趋势日益明显，联合作战和多样化使命任务要求对武器装备发展提出了新的要求，要求武器装备的发展必须从体系的高度统筹各军兵种武器装备的功能要求和结构组成，装备需求论证的复杂性空前提高，传统的装备需求论证方法已难以有效指导体系背景下的装备需求论证科学实践。本质上讲，装备需求论证方法的发展要求是人们对武器装备发展形态认识发生改变的必然要求，也是武器装备发展要求和相关支撑学科理论方法发展成果有机融合的必然结果。为此，根据武器装备发展的认知规律，按照武器装备发展形态，研究与不同发展形态相适应的装备需求论证方法与特点，进而丰富完善装备需求论证方法体系，并指导体系背景下装备需求论证实践的科学开展。武器装备的发展形态与人们的认识水平密切，遵循了从简单到复杂、从个体到整体的发展规律，经历了装备单体、装备系统和装备体系3种发展形态。

1.8.3.1 装备单体发展形态下的需求论证方法

装备单体是指功能比较简单或单一的装备，如古代的弓箭、火器，早期的机械化兵器和部分信息化兵器。由于科学技术的制约，装备单体在武器装备的发展历史中占据了很长的时间，从古代一直持续到近现代，甚至在当前部分装备领域依然是装备发展的主要形态。例如坦克作为现代陆战场的骨干突击装备，自1915年英国人发明直到第二次世界大战前的20年左右时间内，坦克仅仅被认为是一种装备的单体，作为步兵突击的辅助装备；而随着德国人“闪击战”的成功，坦克才真正作为一种完整的武器系统展现在世人面前。

装备单体的发展，往往是单领域先进科学技术的集中体现，表现为武器装备部分（或单项）战术技术水平的跨越式发展，以武器装备物理效能的提高为根本目的。

装备单体发展时期，装备需求论证的重点是装备部组件或简单装备单项战术技术指标的优劣，往往是以相对比较的任务为牵引进行的装备需求方案研究，采用的方法主要包括定性分析、解析计算等方法。

（1）定性分析方法。通过对装备发展内外部环境的全面分析，提出装备发展的有利因素和不利因素，通过装备发展相关因素的分析，提出装备需求的目标和重点，是武器装备作战需求的分析，主要包括逻辑分析、归纳总结、类比推理等方法。

（2）解析计算方法。根据武器装备的战术技术指标和作战运用方式构建解析模型，如武器装备的战斗力指数模型、火器的射击距离模型等。

装备单体形态装备需求论证方法的基本特征如下。

（1）以单项战术技术性能论证重点。由于装备结构和功能相对比较简单，即使功能比较复杂的武器装备系统，装备需求论证的重点是装备部组件的战术技术性能指标或者装备系统的某项战术技术性能指标，而对装备系统各项功能的集成融合及其整体效能研究对象偏弱。

（2）技术进步是影响装备需求论证方法的主要因素。装备单体发展时期，装备的作战效能主要体现为武器装备物理效能，如武器装备的打击距离、毁伤精度、穿甲厚度等，主要依靠近代飞速发展的科学技术进步。因此，装备需求论证时，往往也比较关注新技术对装备物理效能提高的影响。

1.8.3.2 装备系统发展形态下的需求论证方法

装备系统研究的标志是20世纪40年代系统工程的兴起，发展完善于20世纪六七十年代，成熟于20世纪八十年代，并一直持续至今。特别是1969年“阿波罗”登月计划的成功，进一步证明了系统工程理论与方法的有效性，也促使军事专家更加关注武器装备系统整体作战效能的研究。装备系统是指集多种功能于一体的复杂装备，多项功能之间相互关联、相互影响，武器装备的整体作战效能成为武器装备发展的主要目标。武器装备强调多种功能的一体化设计，已经从装备单体发展时期关注武器装备部组件的战术技术性能指标上升到关注装备系统整体作战效能的提高，往往要求武器装备同时具有机动、火力、防护、侦察、通信、指挥等多种作战功能，不同的作战功能之间已经能够进行有机的协同。

二战以来，科学技术、战争形态和军事理论的繁荣发展，为装备系统的快速发展奠定了基础，装备需求论证的重点也从部组件需求论证转向装备系统整体论证。特别是冷战和局部战争冲突的长期存在，基于威胁成为指导装备系统需求论证的主要指导思想，装备需求论证方法亟需综合集成多个领域的技术方法开展装备系统需求的综合论证。因此，装备系统需求论证应以系统理论与系统科学为指导、以系统工程方法为支撑构建论证方法框架，包括系统分析、系统评估和系统管控 3 类方法，如图 1-6 所示。

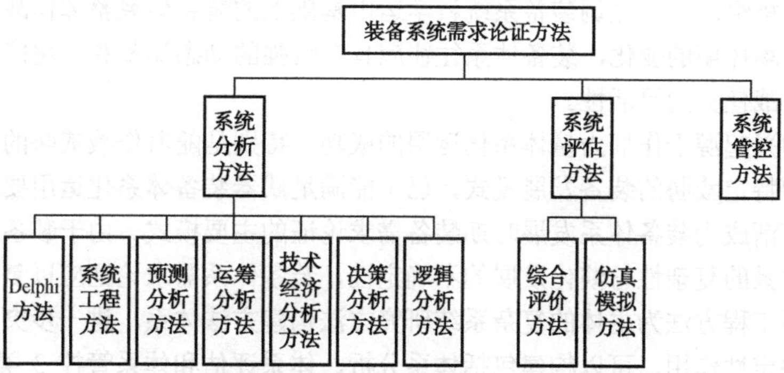

图 1-6　装备系疼死需求论证方法分类与主要组成

（1）系统分析方法。以系统理论为指导，通过对装备系统发展背景的系统分析，提出装备系统的任务需求、能力需求和主要战术技术指标要求，主要包括 Delphi 方法、系统工程方法、预测分析方法、运筹分析方法、技术经济分析方法、决策分析方法、逻辑分析方法等。

（2）系统评估方法。从不同研究视角对多个装备需求方案进行综合分析，为合理选择装备需求方案并进行装备需求优化提供方法支撑，主要包括综合评价方法和仿真模拟方法。

（3）系统管控方法。以装备需求论证过程管理控制为内容的方法，目的是更好地分解装备需求论证任务，有机协调不同装备需求论证任务的相互关系，监督装备需求论证工作的按期高质量开展，主要包括矩阵式管理技术、图解协调技术、网络计划技术等。

装备系统形态装备需求论证方法的基本特征如下。

（1）定性定量相结合。定性分析偏重于对事物质的分析，定量计算偏重于对事物数量关系的分析，定量计算结果往往能够为形成定性结论提供数据支撑，提高需求论证结论的可信性与科学性。全面分析需求论证的内容及其影响因素，充分发挥专家经验智慧与工具计算科学高效的优势，实现装备需求论证定性分析与定量计算的有机结合。

（2）以系统整体研究为重点。系统思想是装备系统需求论证的基本着眼点，要求装备需求论证必须着眼于装备系统的整体作战效能进行研究，并指导装备需求论证工作的有机组织与实施。

（3）多种方法综合集成。一方面，随着装备系统结构与功能复杂性的提高，装备需求论证往往需要综合运用多种方法有机权衡装备系统全生命周期的作战能力、作战效能、技术水平和国防经费；另一方面，装备系统需求论证是以装备系统部组件战术技术指标论证为基础的，需要采用自底向上的方法综合集成装备系统部组件需求形成装备系统的整体需求。

（4）需求牵引与技术推动并重。装备系统发展时期，也正是装备需求理论与方法蓬勃发展的关键时期，既重视科学技术进步对装备需求论证的推动作用，又非常重视军事需求对装备发展的牵引作用。“基于威胁”、“基于效果”、“基于全生命周期”等理念正是这一时期装备发展的主要指导思想，进一步突出了未来军事需要对装备发展的牵引作用。

1.8.3.3 装备体系发展形态下的需求论证方法

20 世纪 90 年代初海湾战争中多军种联合作战行动的成功实施，各种武器装备之间的有机协同对战场进程和结果产生了重大影响，促使人们对武器装备的研究从系统逐步转向体系，进而掀起了装备体系的研究热潮。装备体系是指由在一定的战略指导、作战指挥和保障条件下，为完成共同的作战目标，由功能上相互联系、相互作用的各类武器装备系统组成的更高层次系统，体系组分相互独立并且具有独立的功能和行为，体系整体具有涌现性和演化性。装备体系是由装备系统有机组成的，强调装备系统科学运用基础上的装备体系整体作战效果。而且，随着作战任务、战场环境的变化，装备体系往往应具有较强的动态调整和演化能力，以保证装备体系适应多种作战任务的灵活性。

装备体系的兴起源于作战力量体系化运用的成功。特别是随着作战威胁的非常规化和多样化，传统的面向特定威胁的装备发展模式，已不能满足武器装备体系化运用要求，基于能力的装备需求论证逐渐成为装备体系发展时期装备需求论证的主要模式。由于装备体系组成要素的多样性、交互关系的复杂性与演化发展的不确定性，装备体系需求论证应以复杂系统理论为基础，采用以体系工程方法为主体的复杂系统研究方法构建方法体系，进一步突出体系整体对武器装备发展的决定性作用，可以构建包括体系分析、体系评估和体系管控 3 类方法，如图 1-7 所示。

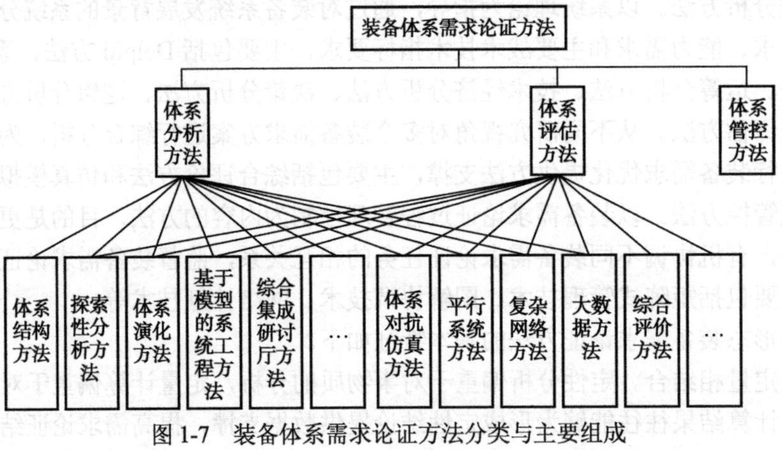

图 1-7 装备体系需求论证方法分类与主要组成

（1）体系分析方法。对装备体系需求目标、内容及其相互关系进行分析、建模的方法，目的是提出装备体系需求。

（2）体系评估方法。对装备体系方案进行综合评估与优化的方法，目的是对装备体系需求方案的优劣给出结论并指导装备体系需求方案优化完善。

（3）体系管控方法。对装备体系需求开发过程及其产品进行管理协调的方法，是保障装备体系需求论证取得预期效益的关键。

由于装备体系需求论证的复杂性与综合性，装备体系需求论证的相关方法往往具有综合性的特征，不仅能够支持装备体系需求的分析建模，还能够支持装备体系需求的评估优化。而且，由于装备体系需求论证方法的延续性，装备系统需求论证的相关方法在装备体系需求论证中依然有用。为此，以体系工程为指导，结合装备体系需求论证要求，重点介绍以下几种比较有代表性的装备体系需求论证方法。

（1）体系结构方法。借鉴美军体系结构框架及其方法论，从任务、能力、系统、技术等视角研究装备体系需求的要素组成、描述方法和相互关系，实现装备需求的统一描述与建模。

（2）探索性分析方法。着眼于解决不确定条件下的复杂问题，以多分辨率模型为基础，通过装备体系运用想定空间中不确定因素的综合分析，研究不同因素条件下的装备体系运行效果，是研究武器装备体系复杂性的有效方法。

（3）体系演化方法。研究随使命任务和能力需求调整变化而引起的装备体系功能、结构及其铰链关系发生变化的规律的方法，它通过建立武器装备体系演化模型，研究影响武器装备体系演化的因素，探索武器装备体系演化的路径和方向，提出武器装备体系优化与改造方案。

（4）基于模型的系统工程方法。用于支持装备需求论证中需求分析、建模、验证与确定的、贯穿于装备需求论证全生命周期的格式化建模应用，它以装备体系任务、能力、系统和服务等需求模型为中心，通过模型分析、描述与验证确定装备体系需求，整合从体系到组件全生命周期、多个领域的模型，帮助提高产品质量并降低风险，并实现跨领域的模型集成和信息统一表示。

（5）综合集成研讨厅方法。以综合集成方法论为指导的，以装备需求论证支持系统为基础，构建由专家体系、计算机及软件体系和知识数据体系构建的综合集成研讨系统，形成以人为主、人机结合的需求分析、论证与研讨环境，充分发挥科学计算、信息资源、经验知识和专家智慧的综合优势，提高装备需求论证方案的科学性。

（6）体系对抗仿真方法。通过建立对抗双方的武器装备作战运用模型，构建武器装备体系对抗仿真系统，通过特定作战背景下的红蓝双方武器装备体系对抗仿真实验，研究武器装备体系的要素组成、编配关系、使用方式与作战效果，是形成、评估与优化武器装备体系需求方案的有效方法。

（7）平行系统方法。构建装备体系运用人工系统与实际系统同时运行的平行系统，比照分析人工系统与实际系统的运行过程与效果，并通过人工系统与实际系统的交互实现对各自未来状况的“借鉴”和“预估”，从而实现武器装备体系的方案构建与评估。

（8）复杂网络方法。通过对武器装备体系要素之间的信息关系、指挥关系和影响关系的全面分析，构建武器装备体系复杂网络模型，能够有效分析武器装备体系的稳定性、抗毁性，并能够为研究武器装备贡献率提供方法支撑。

（9）大数据方法。以大量的装备体系编组和运用数据为基础，通过对装备体系过往编组和运用数据的综合分析，预测分析未来装备体系的要素组成、相互关系及其主要战术技术性能指标，为科学提出武器装备发展重点和构建武器装备需求方案提供有效支撑。

装备体系形态装备需求论证方法的基本特征如下：

（1）复杂性是基本特征。武器装备体系的根本特征是复杂性，包括结构复杂性、演化复杂性、行为复杂性以及信息交互的复杂性。装备体系需求论证的核心就是寻找有效方法，从不同层次、不同角度研究武器装备体系的复杂性，进而为提出武器装备体系发展规律提供支撑。因此，复杂性研究是装备体系发展时期装备需求论证方法的基本特征。

（2）体系需求牵引系统需求。装备体系发展时期的装备需求论证不仅要研究不同类型、不同层次的装备体系需求，还要研究装备系统需求，而且系统需求应服从并服务于装备体系需求的形成。为此，在装备需求论证时，应着眼于武器装备体系的整体需求，先研究武器装备体系需求，再根据武器装备体系需求合理提出武器装备系统需求，保证武器装备体系需求的完整性与一致性。

（3）突出体系结构优化研究。装备体系发展是一个渐进的、动态过程，是武器装备体系要素及其关系不断调整优化的过程。因此，在装备体系需求论证时，应以武器装备体系需求优化为重点，研究武器装备体系的需求方案和需求重点。

（4）还原论与整体论相结合。复杂系统研究的重点是整体涌现，但不能片面依靠整体理论来研究复杂性，还需要通过还原论方法来支撑整体论研究。即通过自顶向下的武器装备体系要素、功能和关系分解，建立武器装备体系仿真模型，并通过武器装备体系演化过程的仿真分析，研究武器装备体系的整体效果，实现武器装备体系需求方案的有效评估与优化。

根据武器装备的发展形态的不同，提出了适应不同发展形态的装备需求论证方法及其特征，为科学认识与选用合适的装备需求论证方法提供了理论支撑。但是，由于科学技术的飞速发展和人类认识水平的不断提高，新理论与新方法的不同涌现，必将丰富装备体系需求论证方法体系，进而满足装备需求论证科学化、高效化的工作要求。

1.8.4 论证的发展趋势

在当前和未来一段时期内，装备需求论证将主要呈现出以下发展趋势。

1．基于能力将成为未来装备需求论证的主要指导思想

在不同的历史时期，随着人们对军事威胁及装备发展建设规律认识的不断深入，装备需求论证的指导思想发生了较大变化，先后涌现了“基于威胁”、“基于效果”、“基于全寿命周期”、“基于能力”等多种装备需求论证指导思想，成为某一特定时期或者某些特点类型装备需求论证的基本指导思想。“基于能力”思想是美军2003军事转型中提出的部队建设理念，重新诠释了军事威胁与部队建设目标之间的辩证关系，也成为当前指导武器装备需求论证的最主要的指导思想，西方多个军事强国均继承并发扬了“基于能力”的装备需求论证思想。我国装备论证界也逐步接受了这种思想，并在近年来的部分重大装备论证中实践了这一思想。

“基于能力”思想是在继承“基于威胁”、“基于效果”、“基于全寿命周期”思想基础上的全新发展，综合考虑军事威胁、作战效果和装备全寿命运用的整体能力要求，研究重点已从原来关注“敌人是谁，战争会在何时、何地发生”，转而关注“战争将以何种方式进行”，是从基于威胁向基于能力的转变，是从传统的单一装备论证转向聚焦装备体系整体能力论证。它着眼于提高武器装备体系的整体作战能力，可以应对多样化的常规战争威胁和非常规威胁，更加注重长远军事能力的建设，体现了更高的前瞻性，符合一体化联合作战对装备发展的基本要求，装备需求论证逻辑更加科学合理。

2．体系背景下的装备需求研究将成为未来装备需求论证的基本着眼点

现代战争是信息化条件下的多军兵种武器装备联合作战，强调多种武器装备的有机融合和相互支撑，以武器装备体系的整体优势取得作战优势。装备需求论证必然要着眼于武器装备的体系化应用与发展，以武器装备体系作战为基本着眼点，加强武器装备体系顶层研究与设计，统筹考虑各军兵种武器装备的种类、功能、数量与比例。即使开展装备型号需求论证，依然要放置在体系作战的背景下进行研究，才能科学定位装备型号在装备体系整体中的地位作用和使命任务，有机协调装备型号与其他装备之间的交互方式和信息关系，合理提出装备型号的需求方案。

3．定性与定量相结合将成为未来装备需求论证的基本方法

以定性分析为基础，倚重定量分析模型，突出定量分析结果对装备需求论证结果合理性和置信度的决定作用，是当前装备需求论证方法论领域的重要特征。装备需求本质上反映的是装备在作战对抗过程中完成任务的要求，只有充分分析装备作战运用的动态关系和数量需求，才能比较准确地确定特定使命任务要求下的装备需求。而且，随着仿真实验系统在装备需求方案验证与优化中的扩大应用，通过模型模拟装备的战术技术性能指标及其作战运用过程将成为验证和优化装备需求方案的主要方式。这都要求装备需求论证时采用更加多样的定量分析方法，能够从武器装备的战术技术指标取值、装备数量、装备比例、装备种类等方面进行定量化的分析与判断。

4. 装备需求联合论证将成为未来装备需求论证创新的重要方向

多学科交叉融合是现代装备需求论证的基本特征，多学科专家协同将是创新装备需求论证成果的重要基础。由于长期以来我国装备需求论证机构与任务的军兵种“烟囱式”条块管理模式，导致我国装备需求论证力量与资源相对比较分散，任何一家装备论证机构都无法独立完成装备体系或装备型号的论证任务，都需要有机协调作战与装备、装备与技术、技术与经济等领域之间以及兵种之间的相关资源和论证能力。装备需求联合论证将在体系作战牵引下，以装备体系需求论证为基本出发点，有机融合全军装备需求论证优势资源，合理区分各军兵种装备论证机构的论证任务，协同开展装备需求论证。

5. 装备需求论证工程化将成为未来装备需求论证的主要组织实施方式

随着装备需求论证理论与方法的不断完善，装备需求论证平台建设需求日益强烈，借鉴工程化的实施模式和经验开展装备需求论证，成为当前装备需求论证领域普遍的呼声。基于系统过程理论科学组织装备需求论证过程，基于信息技术构建流程规范、接口清晰、责任明确、成果结构化的装备需求论证支撑环境，利用支撑环境组织和规范装备需求论证实践，推动装备需求论证的标准化和科学化，提高装备需求论证的科学化和高效化，是装备需求论证工程化的主要目标，也是未来装备需求论证实施方式的主要模式。

参考文献

[1] 张宝书. 陆军武器装备作战需求论证概论[M]. 北京：解放军出版社，2005.

[2] 张静. 武器装备体系需求开发与管理技术研究[C]. 全军武器装备体系研究第五届学术研讨会. 北京：国防工业出版社，2011：117—122.

[3] 穆歌，郭齐胜，吴溪，等. 基于全寿命周期的装备需求论证研究[J]. 装甲兵工程学院学报，2010，24（1）：25—28.

[4] 赵卫民，吴勋，孟宪君，等. 武器装备论证学[M]. 北京：兵器工业出版社，2008.

[5] 郭齐胜，杨秀月，赵东波，等. 陆军武器装备需求生成机制创新[J]. 装甲兵工程学院学报，2008，22（2）：1—5.

[6] 李巧丽. 基于能力的装备需求论证理论与结构化方法研究[D]. 北京：装甲兵工程学院，2008.

[7] 王凯，孙万国，崔颠波，等. 武器装备军事需求论证[M]. 北京：国防工业出版社，2008.

[8] 张兵志，郭齐胜. 陆军武器装备需求论证理论与方法[M]. 北京：国防工业出版社，2013.

[9] 杨秀月. 武器装备体系需求生成理论与方法研究[D]. 北京：装甲兵工程学院，2009.

[10] 张明国，邱志明，石志强，等. 宏观综合论证[M]. 北京：海潮出版社，2005.

[11] 李明. 武器装备发展系统论证方法与应用[M]. 北京：国防工业出版社，2000.

[12] 刘军. 陆军装备学[M]. 北京：解放军出版社，2013.

[13] 李勇. 美军装备需求生成制度变迁研究[D]. 北京：装备学院，2014.

[14] 杨建军，龙光正，赵保军. 武器装备发展论证[M]. 北京：国防工业出版社，2009.

[15] 崔灏. 全军武器装备体系结构研究[J]. 论证与研究，2014，30（4）：5—10.

[16] 胡晓峰，杨镜宇，吴琳，等. 武器装备体系能力需求论证及探索性仿真分析实验[J]. 系统仿真学报，2008，20（12）：3065—3069.

[17] 张维明，刘忠，阳东升，等. 体系工程理论与方法[M]. 北京：科学出版社，2010.

[18] H P Hoffmann. Harmorny/SE-Model-Based Systems Engineering Using SysML[C]. Proceedings of the SDR’08 Technical Conference and Product Exposition，2008.

[19] 戴汝为，李耀东. 基于综合集成的研讨厅体系与系统复杂性[J]. 复杂系统与复杂性科学. 2004，1（4）：1—24.

[20] 李本先，李孟军. 基于平行系统的恐怖突发事件下恐怖传播的仿真研究[J]. 自动化学报，2012，38（8）：1321—1328.

[21] 徐玉国，邱静，刘冠军. 基于复杂网络的装备维修保障协同效能优化设计[J]. 兵工学报，2012，33（2）：244—231.

[22] 张东霞，苗新，刘丽平，等. 智能电网大数据技术发展研究[J]. 中国机电工程学报，2015，35（1）：2—12.

[23]樊延平，郭齐胜. 面向装备发展形态的装备需求论证方法研究[J]. 论证与研究，2016，32（1）：10—14.

EQUIPMENT DEMONSTRATION

第2章 装备需求论证工程化理论

信息化装备体系化发展对装备需求论证工作提出了新的要求，如何满足这些要求是装备需求论证工作者面临的重要任务。装备需求论证工程化是适应这一新要求的有效途径。本章介绍装备需求论证工程化基本理论，系统回答为什么要提出装备需求论证工程化、什么是装备需求论证工程化和怎样实现装备需求论证工程化等问题。

2.1 装备需求论证工程化的提出

随着战场形态由机械化战争转向信息化战争，武器装备发展论证的模式和方法也在发生着重大的转变，以适应新形势下装备需求论证的任务要求。

2.1.1 我国装备需求论证的需求与现状

信息化装备构成复杂、技术密集、学科交叉、投入巨大。从对抗的角度看，信息化装备体系具有整体性、聚合性、开放性、涌现性、不确定性、非线性、自适应性等特征，是典型的复杂系统。相对于基于"平台对抗"的装备而言，面向"体系对抗"的信息化装备体系规模越来越大、连接关系越来越复杂、"三互"（互联、互通、互操作）要求越来越高、耦合性越来越强、性能越来越先进、费用越来越昂贵。另一方面，一体化联合作战和多样化任务，要求信息化装备体系具备灵活的重组能力。如果军事需求不稳定，需求上的任何偏差都会给信息化装备体系建设与发展带来严重影响。因此必须高度重视信息化装备体系需求论证工作，从源头上保证信息化装备体系发展的科学性。

1. 信息化武器装备体系化发展要求装备需求论证学术研究与工程应用协同创新

"平台中心战"时代，装备以高性能和多功能为主要目标，其需求论证主要采用以系统功能分解为特征和面向过程的结构化系统工程方法。该方法在整个系统规模比较小和需求相对稳定的情况下，能快速地将用户需求分配给各个分系统，清晰地定义各个分系统的接口和信息交互关系，较精确地描述系统与各个分系统应具备的功能和性能。但是，需求一旦发生改变，这种结构化的方法必须要从总体上重新进行系统功能定义和分解，适应性较差。信息化武器装备体系化发展要求武器装备需求论证必须着眼于体系对抗，一体化联合作战环境下的装备系统，面临着庞大的系统规模和需求不稳定等多重困难，传统的面向过程的结构化系统工程方法已经无法完成对系统的描述，必然要求装备需求论证理论的创新。

先进的装备需求论证理论落实到应用上，最终应体现在科学和高效 2 个方面。

（1）科学。宏观上，要实现科学的装备需求论证，不仅需要现代的系统工程指导思想（例如 DoDAF），先进的系统工程开发手段（例如 UML/SysML），还需要科学的系统工程方法（例如基于模型驱动体系结构/模型驱动开发（MDA/MDD））。应用上，要实现装备需求的科学论证，应有计算机辅助的装备需求论证支撑工具。要开发这样的工具，必须具备"流程结构化、环节规范化、过程定量化"条件。

（2）高效。装备需求论证工作一方面要追求科学，另一方面还要追求高效。高效主要通过实用的需求论证工具和配套的需求论证资源来实现。

必须深刻分析武器装备体系的整体性、动态性、演化性和复杂性特征，科学高效地提出武器装备需求。一方面，学术研究应紧紧围绕武器装备需求论证新要求，聚焦装备需求论证创新方向和重点，在装备需求论证理论和方法方面进行创新，提出支撑装备需求论证新要求的学术成果；另一方面，工程应用应根据装备需求论证的实际，积极采用学术研究创新成果，科学提出武器装备需求方案，同时为学术研究提出改进需求，达到装备需求论证学术研究与工程应用的协同创新。

2. 装备需求论证学术研究创新成果与工程应用实践脱节严重

以学术研究创新指导装备需求论证工程应用实践，以工程应用实践验证与完善装备需求论证学术创新成果，可以实现装备需求论证学术研究与工程应用的协同创新。目前，装备需求论证学术研究创新成果很多，但其工程应用严重滞后，有的甚至未得到应用。主要原因有两个方面：一方面，装备需求论证内容繁多复杂、研究难度很大，缺乏研究内容的顶层规划，一个单位往往很难进行系统、全面、深入的研究，所以成果是分散的，加之重视学术性，忽视适用性，实际应用不方便；另一方面，由于缺少先进实用的工具，装备需求论证工程应用人员往往习惯传统的论证方法，很少或干脆不用先进的学术研究成果。另外，即使引进或开发了装备需求论证工具，但由于经费、机制等方法的原因，工具得不到及时升级，严重滞后于学术研究。归根到底是缺乏科学、有效的装备需求论证协同创新机制，严重制约了我军装备需求论证的质量和效率。

2.1.2 装备需求论证工程化的基本设想

以实现装备需求论证学术研究与工程应用协同创新为目标，研究探索学术研究与工程应用的协同创新方法和机制，有效衔接学术研究重点与工程应用需求，从根本上提高装备需求论证质量与水平，满足武器装备信息化体系化发展的论证要求，是装备需求论证工作者面临的重要任务。要完成这项艰巨任务，必须有先进的理论和科学的方法做指导。装备需求论证工程化正是着眼我军装备需求论证实际和信息化武器装备体系化发展需求，研究提出的一种装备需求论证应用理论，旨在为装备需求论证学术研究与工程应用间架设桥梁，以实现装备需求论证学术研究与工程应用的协同创新。

随着信息技术的高速发展，各行各业都正在通过构建企业级信息系统为自己插上腾飞的翅膀，从而实现业务数量和工作效率的极大提升，以应对快速变化的市场需求。装备需求论证工作虽是一个涉及军事、装备、技术等多门学科领域的复杂系统工程，更加需要工具支撑已成为共识，这为进一步规范装备需求论证业务和实现装备需求论证业务的计算机化奠定了基础。因此，借鉴地方企业信息系统在复杂业务建模方面的成功做法，规范装备需求论证业务流程和数据需求，研究探索装备需求论证工作计算机化的技术途径，构建计算机支持的装备需求论证业务系统，顺应了装备需求论证手段建设的时代要求，具有非常积极的现实意义。

2.2 装备需求论证工程化的基本概念

按照《辞源》的解释，“化”本义是变化、融化之意，从汉语语法来分析，放在名词之后作为后缀，主要含义是逐步转变成某种性质或状态。其含义可以从3个方面理解：一是逐步转变，即是一个动态的概念，需要一个漫长的过程；二是全面渗透，即是一个普遍现象，必须渗透并覆盖到该邻域的方方面面；三是达到一定程度，即必须达到一定标准，应占据了主导地位。

“工程化”是工程技术和方法不断渗透到社会、军事的各个领域，达到一定程度后，所形成的一种社会活动和军事活动的整体特征与状态。信息化时代，工程化的技术基础将不再是单纯工业时代的传统工程技术和方法，而必须融入信息时代的信息技术和方法。面对复杂巨系统问题的研究和决策，工程化不再局限于直接应用自然科学和工程技术去分析和设计系统，而是系统论思想指导下，综合运用复杂系统建模、运筹理论、体系工程和专业领域知识形成的复杂问题的解决方案，它是对复杂问题规律、原则和方法的科学认识。

“工程化”是在认识论、方法论、系统论、信息论、控制论与运筹学的基础上产生的，是对复杂问题规律、原则和方法的科学认识。“工程化”的目的是提供一套完整的科学理论与方法，以及成熟的程序和规范，以解决复杂的系统工程问题。

2.2.1 基本内涵

装备需求论证工程化是以系统科学思想为指导，运用装备论证理论、体系工程方法以及软件工程技术，通过装备需求论证流程规范化、环节模型化、手段工具化和应用资源化，在理论研究与工程应用之间架设桥梁，实现科学、高效的装备需求论证的过程。装备需求论证工程化是装备需求论证组织实施模式的新形态，主要从以下 3 个方面把握。

1. 以系统科学为根本指导

随着武器装备信息化体系化发展，武器装备体系的整体性特征更加突出，武器装备体系的运行演化对武器装备体系的作战运用效果影响巨大，这就要求装备需求论证必须从过去以装备型号为主转变为以装备体系为主，并以装备体系需求牵引装备型号发展。系统科学的复杂观和整体观，无疑是指导新形势下装备需求论证科学化发展的理论基础，主要表现在以下三个方面：一是论证方法由系统工程方法向体系工程方法转变，积极应对武器装备作战运用的体系化发展要求，以武器装备体系需求论证为核心，牵引装备型号需求论证，突出功能融合和信息铰链对武器装备体系整体作战效能的倍增效果，必须以系统科学理论为指导；二是组织实施由单一兵种、单一机构主导的简单系统向多军兵种、多机构联合协同论证的复杂系统转变，装备需求论证的参与要素、权衡目标、制约条件空前增加，装备需求论证组织实施挑战巨大，必须以系统科学理论为指导；三是支撑环境由简单的辅助工具向流程性平台和人机融合的方向转变，以支撑系统的功能流程为依托，规范装备需求论证业务流程，并加强装备需求论证支撑系统对装备需求论证人员智力创新的支持，提高装备需求论证人员的论证效率与质量，保证装备需求论证人员能够集中精力进行领域问题研究，必须以系统科学理论为指导，如图 2-1 所示。

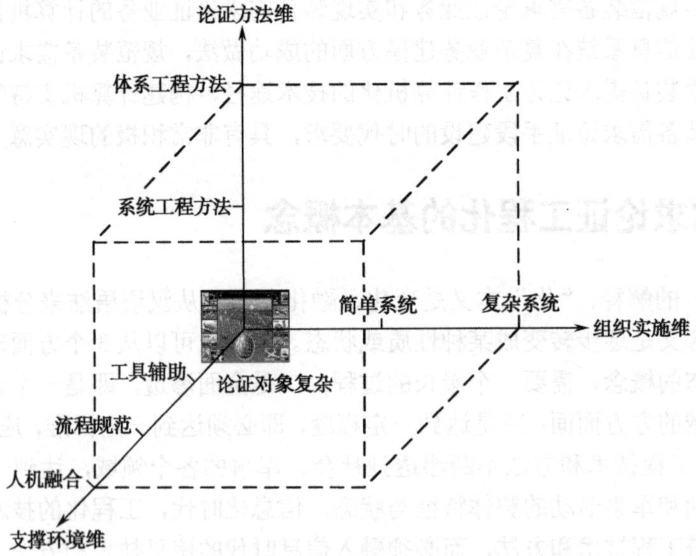

图 2-1 装备需求论证工程化的系统科学指导

2. 以科学高效为终极目标

通过加强装备需求论证工程化研究，建立装备需求论证工程化模式与机制，能够从根本上提高装备需求论证的效率与质量，主要表现在“科学”与“高效”两个方面。装备需求论证工程化的“科学”目标是指通过建立装备需求论证工程化机制，规范装备需求论证流程，明确装备需求论证内容，推荐装备需求论证方法，提供丰富的数据资源支撑，从而实现装备需求论证全过程的有效控制和装备需求论证数据的全程关联追溯。装备需求论证工程化的“高效”目标是指通过构建装备需求论证工程化支撑环境，提高先进易用的工具软件、丰富可用的信息资源和畅通的共享交流机制，为装备需求论证提供基础支撑。

3. 以架设桥梁为基本途径

通过装备需求论证工程化，一方面能够按照集中效益的原则优化配置全军装备需求论证软硬件资源，充分发挥各军兵种装备论证机构的论证优势；另一方面能够以装备需求论证工程化为桥梁，有效弥合学术成果与工程需求之间的鸿沟，实现装备需求论证学术研究与工程实践的融合式发展与同轨化运行，进一步推动装备需求论证的科学化发展。

2.2.2 主要特征

装备需求论证工程化是装备需求论证组织实施模式的变革，具有以下显著特征：

（1）综合集成。以计算机网络系统为支撑实现各类论证要素的综合集成，是装备需求论证工程化最显著的特征，包括以下 3 个方面：一是按照装备需求论证的领域属性，优化各军兵种装备需求论证机构的人才配置，实现装备需求论证智力资源的有效集成；二是按照装备需求论证内容与目标，科学选用合适的装备需求论证软硬件资源，实现装备需求论证手段的多样化，满足装备需求论证要求；三是科学分析各种装备需求论证任务的共性要求和特殊要求，搭建能够满足各类装备需求论证任务的通用化工作平台，实现多种装备需求论证任务的有机集成。

（2）人机融合。由人主导、工具支撑、人机融合，是武器装备需求论证工程化区别于传统论证模式的显著特点，它以激发装备需求论证人员的创新思维和战略思维为目标，科学区分软硬件系统与领域专家的分工与关系，有机构建融机器体系、知识体系与专家体系于一体的装备需求论证综合集成研讨系统，实现装备需求论证软硬件系统与专家的深度融合，确保专家能够专注于领域问题创新。

（3）以数据为中心。实现装备需求论证过程的模型化和装备需求论证知识的资源化，能够积累丰富的装备需求论证实例，为快速进行装备需求论证研究提供有效借鉴，并能够推动装备需求论证质量的提升。

（4）模型驱动。以装备需求论证工程化模型库为基础，根据装备需求论证的应用需求，灵活选择合适的论证模型，构建面向论证问题的装备需求论证功能，增强了装备需求论证的实用性。

2.2.3 与装备需求工程的异同点

装备需求论证工程化与装备需求工程的目的是一样的，都是为了推进我军装备需求工作向着科学、高效、先进、可靠的方向发展。但二者也存在差异，归纳总结如表 2-1 所示。

表 2-1 装备需求论证工程化与装备需求工程的不同点

项　目	装备需求论证工程化	装备需求工程
目标	着眼于获取满意的装备需求方案，通过规范化、模型化、工具化、资源化，实现装备需求论证工作的科学和高效	着眼于获取确定的装备需求规格，通过需求获取、需求分析、需求描述、需求验证、需求管理，实现装备需求的完整性、正确性、无二义性和可回溯性
层次	军事装备论证学的应用理论与技术	军事装备学的支撑理论与方法

续表

项　目	装备需求论证工程化	装备需求工程
研究对象	装备需求论证活动	装备需求本身
研究内容	规范化、模型化、工具化、资源化	需求开发（需求获取、需求分析、需求描述、需求验证）与需求管理
研究方法	以综合集成研讨理论为指导，以体系结构框架为基础，采用定性定量相结合的方法	是需求工程理论与方法在装备领域的具体应用
开发模式	面向装备需求论证活动流程的装备需求开发模式	面向需求工程过程的装备需求开发模式

2.3 装备需求论证工程化的主要内容

装备需求论证工程化的主要内容包括规范化、模型化、工具化和资源化 4 项主要内容。

2.3.1 规范化

1. 规范化概念

1）规范和规范化

规范和规范化是规范化问题研究中最基础的两个概念：

规范是指对于重复性事物自然形成的惯例或人为做出的统一规定，作为一种行为模式，遵循之可以减少活动的盲目性与不确定性。

规范化，亦称规范化活动，是指形成规范和实施规范的过程，包括研究制定、推行并不断优化规范的活动。

在上述相关概念的基础上，提出了装备需求论证规范化的概念，即装备需求论证规范化是在系统工程理论和规范化理论的基础上，运用各种科学方法，为解决装备需求论证工作实施中组织运行设计具体问题提供组织管理与技术指导的可操作的具体方法。

装备需求论证规范化研究的着眼点是从装备需求论证工作中不断发生的变化中寻找相对稳定的因素，从非规律性事务中寻找规律性因素，从随机事件中寻找确定性的因素，从主观行为中寻找受制约的行为。装备需求论证规范化基本理论的本质就是试图从复杂的事务中寻找其内在的联系和规律。因此，装备需求论证规范化基本理论开辟出应对当前信息化装备发展论证中复杂、多变、涌现特征的新思路。该理论揭示出，建立在科学化基础上的规范化，是应对装备需求论证工作复杂性、提高论证结果科学性的有效途径。

2）流程和环节

美国管理理论领域的科学家达文波特认为：流程是跨越时间和地点的有序的工作活动，它有始点和终点，并有明确的输入和输出；是一系列结构化的可测量的活动的集合，并为特定的市场或特定的顾客产生特定的输出；它是一种行为的结构。分析流程的定义，流程包括了以下几个要素：输入资源、活动、结构、输出结果、完成人。概括地讲，流程是系统完成一项业务的所有活动及其顺序关系（时间与空间关系）。每一项业务完成，都需要经过一系列的基本操作活动，这里把在任务完成过程中，有必要与其他操作活动进行区分的、相对独立的基本操作活动或基本操作活动的组合称为“环节”。通常来讲被确定为“环节”后，可引入现代数学模型和方法，在具体组织运行层面进行规范。完成一项管理业务的所有工序及其顺序关系构成了这项业务的流程。

因此，装备需求论证流程是指完成一项装备需求论证任务的所有论证业务环节及其顺序关系（时间与空间关系）。而装备需求论证环节是指完成装备需求论证任务过程中有必要与其他论证活动进行区分的相对独立的基本操作活动或基本操作活动的组合。

2．规范化原则

在进行装备需求论证规范化设计时，需遵循以下原则，从而使设计出的流程能够满足装备需求论证工作运行的需要。

（1）层次性。装备需求论证包括装备发展战略需求论证、装备体制系列需求论证、装备规划计划需求论证、装备型号需求论证和装备专题需求论证5个层次。不同层次的装备需求论证，对应不同的流程，这就是装备需求论证流程结构化的层次性。

（2）通用性。装备需求论证的对象涉及陆军、海军、空军、二炮、电子信息和航天装备。同层次的装备需求论证流程应对不同军兵种装备都适用，这就是装备需求论证流程结构化的通用性。在进行装备需求论证流程结构化设计时，需遵循以下原则，从而使设计出的流程能够满足装备需求论证工作运行的需要。

（3）最优性。装备需求论证流程由若干基本环节构成，流程中的环节应为最小即不宜再分的环节（例如方案评估环节），该环节称为基本环节，对应的流程为最优流程，这就是装备需求论证流程结构化的最优性。同时，最优性也必然包含了准确性的含义，规范的条文、流程要准确，不准确的规范，执行就不能收到好的效果，不准确的规范就有懈可击，就要使工作出现空白、脱节。

（4）可行性。在进行装备需求论证流程结构化设计时，输入的是科学知识和管理经验，输出的是所要遵循执行的“规范”，所以要求制定出的规范应尽可能包含管理者和实施者的有益经验，要明确、具体和尽可能量化，做到切合实际，有良好的操作性。无论是层次性、通用性，还是最优性，装备需求论证流程结构化的最终落脚点必须是可行性，且不同层次间接口明确，便于工程化应用。

（5）先进性。在进行装备需求论证流程结构化设计时，要注意吸收系统科学、管理科学、行为科学等方面的成果，使规范略高于现时任职者的经验水平，贯彻执行时能改进工作。如果规范不先进，就失去了被遵循的价值。

3．规范化的影响因素

装备需求论证模式的环节化就是装备需求论证流程的结构化，而确定装备需求论证模式应考虑装备需求论证的层次、指导思想和采用的技术。

（1）论证层次。装备需求论证流程结构化首先要考虑论证的层次，是发展战略需求论证、体制系列需求论证、规划计划需求论证、装备型号需求论证，还是专题需求论证，层次不同，考虑的问题不同，当然流程也不同，流程的结构化形式也不同。

（2）论证思想。装备需求论证具体流程还与装备需求论证所采用的指导思想密切相关。目前，装备需求论证的基本指导思想有基于威胁的装备需求论证、基于能力的装备需求论证和基于效果的装备需求论证。指导思想不同，流程也不一样。

（3）论证技术。即使装备需求论证的层次、所采用的指导思想均已确定，采用不同的论证技术，论证的流程也不一样。应采用现代装备需求论证新技术，例如高层概念仿真与模型驱动技术。即采用模型驱动技术，从作战概念设计出作战体系结构概念模型，在其基础上细化出抽象层次的系统体系结构概念模型；通过可执行模型的运行，进行逻辑上的体系结构评估；通过高层概念仿真来验证、校核需求和模型，从而保证论证过程的正确性；随着作战需求的逐渐清晰和细化，设计出行为层次和性能层次的作战和系统体系结构模型，并在各个层次的体系结构可执行模型上进行评估。显而易见，上述技术思想决定了装备需求论证的流程与采用传统技术所得到的流程大不相同。

4．规范化的主要工作

1）装备需求论证结构化模式确立

装备需求论证工程化的首要任务就是结构化。结构化是装备需求论证模式的环节化。装备需求论证模式应具有多样性，既能基于威胁，也能基于能力，还能基于效果。信息化装备体系需求论证的科学模式是“概念牵引、面向任务、基于能力、联合论证”。“概念牵引”强调装备体系需求生成必须从问题域出发，以作战概念创新为起点，通过作战概念的创新明确使命任务；“面向任务”强调的是要完成的多样化作战任务；“基于能力”强调的是装备体系应对多种威胁应具备的能力；“联合论证”就是作战部门、装备部门、工业部门协调一致，确立作战部门提需求，装备部门和工业部门搞发展，三者有机结合的装备体系需求论证模式。

装备体系的论证过程是一个自顶向下、从抽象到具体的设计过程。应遵循现代系统工程思想和方法，采用模型驱动技术，从作战概念设计出作战体系结构概念模型，在其基础上细化出抽象层次的系统体系结构概念模型；通过可执行模型的运行，进行逻辑上的体系结构评估；通过高层概念仿真来验证、校核需求和模型，从而保证论证过程的正确性；随着作战需求的逐渐清晰和细化，设计出行为层次和性能层次的作战和系统体系结构模型，并在各个层次的体系结构可执行模型上进行评估。经过包括综合集成研讨在内的反复迭代、逐步求精，将宏观的作战任务需求转化为装备体系发展和建设的具体需求。

2）装备需求论证流程结构模型构建

流程是论证工作运行中最核心的部分，任何一个论证项目的运行实际上都是依赖流程进行的。成功的项目组织运行必然有成功的组织流程，这就需要对流程进行设计，以达到持续地改善和优化的目的。

为实现装备需求论证的科学化和自动化，利用计算机技术完成论证工作。首要条件是将非结构化的工作结构化，明确装备需求论证工作所包含的所有环节及其相互关系。通过结构化研究，建立流程的概念，形成初步的工作过程规范；通过对业务过程的分析与优化，理顺工作关系；通过系统整体性研究，分析各具体业务活动，分析系统是否实现整体优化。只有这样，才能使不同领域的论证专家在同一流程框架下开展工作，有利于对需求论证过程的协调与管理，有利于不同领域论证人员间的交流与合作。实现论证工作业务管理从隐性知识到显性知识、从经验状态到规范化描述的转变。论证流程的结构化主要是要明确装备需求论证主要流程、包括主要环节及环节之间的相互关系。

因此，装备需求论证流程结构化主要是明确装备体系需求开发的阶段及其组成环节划分以及环节之间的连接关系（环节的分解粒度以具备独立功能为标准，不宜划分过细）。

3）装备需求论证环节模型规范化描述

环节是构成流程的基本单元，是支撑装备需求论证流程完成的重要基础，其规范化是装备需求论证规范化的重要体现。在装备需求论证流程结构化的基础上，对每个环节的功能、输入、输出和约束进行规范化描述，就是环节的规范化。环节规范化的基本目标是实现每一环节和整体最大限度的增值、高效，并降低论证成本。

需求开发环节规范化，重点是明确装备体系需求开发结构化流程中各基本环节的功能、方法、输入、输出及约束，并采用结构化或半结构化的形式进行规范化描述。

2.3.2 模型化

1. 模型化概念

装备需求论证模型化是在规范化的基础上，采用军事运筹、系统建模与仿真、体系结构等方法技术，对装备需求论证的所有流程和环节进行建模，即建立其输出、输入、约束之间的关系，为工具化、资源化奠定基础。模型化是装备需求论证工程化的关键，也是装备需求论证工程化的难点。

根据模型构建角度的不同，在研究装备需求论证模型体系时，可分别从如表 2-2 所示的几种模型分类视角，研究装备需求论证模型体系框架设计和模型构建。

表 2-2 装备需求论证模型分类

序	视 角	模 型
1	模型层次	流程模型、环节模型
1.1	流程模型	装备体系需求论证流程模型、装备型号需求论证流程模型
1.2	环节模型	需求描述模型、需求评估模型、需求映射模型、需求管理模型
2	模型形态	概念模型、数学模型、计算机模型
3	应用范围	通用模型、专用模型

其中流程模型又可分为装备体系需求论证流程模型和装备型号需求论证流程模型；环节模型是指需求描述模型、需求分析模型、需求分解模型、需求评估模型、需求映射模型和需求管理等模型；通用模型包含两类模型，一类是指装备需求论证所需要的，但并不是专为满足论证需要而构建的那些基础模型，另一类是面向各军兵种装备体系或型号需求论证的模型；专用模型是指在通用模型基础上增加了装备类型信息的模型，仅适应于一种或几种军兵种的类型装备，也可以说专用模型是通用模型的实例化。

2. 模型化原则

（1）适度。不是所有环节都能模型化，即便有的环节能模型化，但模型非常复杂，且精度很低，此时不宜建立模型，而宜采用专家定性分析方法。

（2）规范。应明确模型的功能、输入和输出。

（3）分级。从环节抽象程度看，模型可以分为不同精度等级和不同等级成熟度。

（4）重用。要注重各种模型检验和积累，建立模型资源库，采用模型驱动技术，提高模型资源重用率。

3. 模型化的主要工作

（1）模型体系结构框架设计。模型体系结构指的是模型的组成、分类及相互关系。从本质上讲，结构化和规范化也属于模型化的范畴。因此，可将装备需求论证模型分为流程模型和环节模型两大类；从形式上装备需求论证模型可分为概念模型（用于论证流程、输入输出描述，其中流程模型也可称为逻辑模型）、数学模型（用于论证状态转移描述）和仿真模型（用于高层概念仿真、装备效能仿真等）3 类。装备需求论证模型体系结构设计应满足层次清晰、种类齐全的原则。为直观起见，可从装备类型、需求论证层次和模型种类 3 个维度建立装备需求论证模型空间。

（2）模型建立。对现有的各种模型进行统计和分类，并加以改造，以满足工程化要求；分析模型体系中的空白区，根据模型类型，采用适合的方法进行模型构建。其中，针对同一问题，可从不同的需求论证方法中抽象出相应的模型，即同一问题（环节）可以有不同形式、不同精度的模型。

（3）模型精度分级。装备需求论证包含诸多环节，每个环节一般有多个不同精度的模型。应对模型精度进行分级，通过选择相同等级的模型，保证模型精度间的协调一致性。

2.3.3 工具化

装备需求论证是一项涉及面广、涵盖领域多、流程环节复杂的系统工程，实现装备需求论证全过程工具支撑，不只是一项简单的软件开发工程，更是一项需要顶层设计的软件工程。

1．工具化概念

装备需求论证工具化就是在规范化和模型化的基础上，采用定性定量相结合的方法，构建面向装备需求论证全流程和全环节的工具软件集成平台，使复杂的论证过程能在计算机上自动实现，以满足论证人员基于现代系统工程思想开展装备需求论证工作的软件需求。

工具化是规范化和模型化的软件实现，直接面向用户，是工程化的落脚点，也是装备需求论证工程化的重点工程。研制科学实用的装备需求论证工具软件是一件复杂而艰巨的系统工程，需要清晰明确的功能需求，合理优化的体系结构，并突破软件集成中关键技术。

装备需求论证工具是装备需求论证工程化的集中体现，目标是适合装备系统需求开发，重点是全面分析用户需求。装备需求论证工具的用户主要是各军兵种研究院（所）的论证人员，不同军兵种论证人员的习惯可能有所区别，应全面调研用户需求，为工具的设计奠定坚实基础。

2．工具化要求

装备需求论证工具化的主要要求包括：

（1）开放性。主要表现在两个方面：第一是装备需求论证涉及环节繁杂，需要在不断完善的过程中为系统增加新的模块，要求具备系统结构的开放性。第二是论证中包含的各种数据库会随着时间的发展不断地更新、完善，要保证数据库与论证软件的相对独立性。

（2）分布协同性。工具软件涉及不同领域的论证人员，必须满足不同需求论证人员分布式、多用户协同论证；涉及的数据库不但种类繁多，而且数据也极为庞大，应具备对数据库的异地读写能力。

（3）数据统一性。装备需求论证工程化过程涉及不同领域、不同层次类别的多类人员，不同人员对数据的理解需要有统一的概念。

（4）系统稳定性。装备需求论证过程长、数据大，对系统的稳定性提出了较高的要求，主要是包括系统论证模型运行的稳定性和数据库的稳定性。

3．工具化的主要工作

装备需求论证工具是装备需求论证工程化的集中体现，目标是适应装备系统开发需求，重点是全面分析用户需求。装备需求论证工具的用户主要是各军兵种研究院（所）的论证人员，不同军兵种论证人员的习惯可能有所区别，应全面调研用户需求，为工具的设计奠定坚实基础。工具应具备如下主要功能：

（1）需求分析。应体现作战需求牵引的理念，即高层作战需求驱动作战体系结构的开发，由作战体系结构导出装备系统需求，实现自顶向下的系统工程流程。通过统一的可视化系统描述和系统分析，实现模型的编辑、检查与验证。需求的交互与交流变得直观、易于理解并尽量减少二义性，通过迭代实现需求挖掘并得到可执行的先期演示模型，从而保证需求的快速确认。

（2）需求评估。在需求分步验证的基础上，具备基于多种方法的多方案评估功能，为实现装备需求方案优选提供技术支持。

（3）需求管理。统一的需求管理应贯穿整个需求开发周期，应能体现需求的不稳定对需求开发过程的影响，通过变更预测、变更管理和变更的影响分析评估与及时处理，保证开发过程中需求的一致性。

（4）信息支持。具有丰富的信息资源（资源库）及其管理与应用功能以及良好的外部接口，以提高工具的实用性。

2.3.4 资源化

1. 资源化概念

按照《辞源》的解释，"资源"的本义是指被人们开发利用并能提高社会活动效率和效果的一切有形和无形的存在，是生产资料或生活资料的来源。因此，从广义上来讲，我们所说的装备需求论证资源通常是指可以有效帮助进行装备需求论证工作的任何资料。装备需求论证工程化中的资源是指在进行装备需求论证工作过程中，所有被利用的知识、数据、模型等的集合，它们在装备论证和整个装备建设中都具有重要的基础地位。

装备需求论证资源化就是通过整理和规范，对所有装备需求论证资源进行归类，并且对每类资源采用统一的框架进行描述，利用相应的信息技术构建装备需求论证资源库，将装备需求论证资源统一进行管理，以提高论证的准确性和工作效率的一种措施，是装备需求论证工程化的重要组成部分。它是需求论证工程化方法和支撑平台的重要基础，其主要功能是存储装备体系需求生成过程中用到的方法、模型、数据、相关的技术标准和通用资源，便于数据和资源的查询、修改和分析。

2. 资源化特征

装备需求论证作为装备发展的源头，在军事装备建设中具有重要的基础地位和先导作用，而装备需求论证资源又是装备需求论证工作的基础，所以，可以说装备需求论证资源在军事装备建设中也具有重要的基础地位和先导作用，它是基础的基础，能否对它充分利用，决定装备需求论证工作的质量和效率，进而影响装备能力的发挥。其具有以下5个明显的特征：

（1）基础性。装备需求论证资源是进行装备需求论证工作的基础，同时，装备需求论证又是装备发展的基础，离开了装备需求论证资源，所有工作将受到影响，甚至无法开展。

（2）多样性。由于装备需求论证工作中涉及的程序、方法、理论、模型、数据较多，方式多样，分布也比较广泛，因此，装备需求论证资源具有多样性的特点。

（3）复杂性。装备需求论证本身就是一项复杂的系统工程，部分论证程序、方法、模型具有一定的复杂性。

（4）超前性。装备需求论证是装备发展的起点，论证的是未来几年乃至10年装备需求，使用的部分资源在时间上有一定超前性。

（5）保密性。在一定程度上，装备需求论证反映了我军装备发展的指导方针，且论证中使用的一些战略思想、法规纲要和基础数据属于军事秘密范畴。

3. 资源化的主要工作

装备需求论证资源库建设主要包括以下工作：

（1）资源需求分析。通过装备需求论证过程分析，得出装备需求论证所需的资源库。通常包括部队编制编成库、作战样式库、环境条件库、想定库、战场环境数据库、案例库、作战任务清单、作战能力清单、战斗条令库、训练纲要库、装备数据库、装备技术库、模型库、方法库、专家库、资料库等。

（2）资源规范化描述。基于规范化中论证资源规范化描述，建立装备需求论证资源库标准规范。

（3）资源科学管理。按标准规范开发资源库，审查和验收所开发的资源库，开发装备需求论证资源库管理系统，对所建立的资源库进行集成管理。

（4）资源有效利用。开发装备需求论证资源库应用软件，方便资源库的应用。

2.3.5 相互关系

根据装备需求论证工程化定义，装备需求论证工程化的核心特征是“规范化、模型化、工具化、资源化”。规范化是工程化的基础，主要体现为体制机制、标准规范和理论方法，技术层面的主要工作就是通过不同层次装备需求论证工作流程分析，梳理出装备需求论证的基本环节体系，并对基本环节进行规范；模型化是关键，是定性问题定量化的基础，体现为装备需求论证工程化全过程的模型体系，重点是建立基本环节的模型；工具化是手段，主要指基于模型化成果，构建工程化软件平台和综合集成研讨厅，目标是能够根据用户需求，基于基本环节体系设计应用流程，基于模型库和资源库进行装备需求论证；资源化是支撑，主要包括支撑平台运行、专业化应用的配套资源，技术层面的主要工作是资源体系构建、资源规范化描述和资源柔性服务。“四化”之间的关系示意如图 2-2 所示。

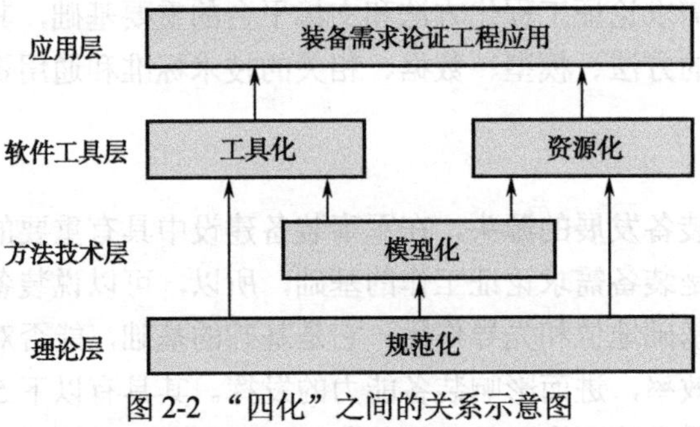

图 2-2 “四化”之间的关系示意图

2.4 装备需求论证工程化的作用意义

装备需求论证工程化对武器装备需求论证学术研究及工程应用均具有重要的意义。

1．武器装备信息化、体系化发展的必由之路

作为装备建设的首要环节，装备需求论证是促进武器装备发展的基本动力，是搞好各项论证工作的前提和基础，直接决定着武器装备发展的方向，并在很大程度上影响着武器装备发展的性质、水平、规模和质量，已成为理论研究和装备工作实践的焦点。特别是信息化装备发展呈现出“体系对抗”的特点之后，装备体系建设的需求日趋复杂化、多元化，传统的经验、直觉和简单对比的方法已无法满足武器装备建设与发展的现实需求，这对如何开展装备需求论证提出了新的更高的要求，即科学、高效提出体系配套、适度超前的需求，真正起到需求牵引作用。装备需求论证工程化从理论上为解决武器装备信息化、体系化发展对装备需求论证工作提出的科学和高效要求问题提供了一种可行方案。具体体现在以下几个方面：

（1）规范武器装备需求论证工作，包括规范需求论证流程、需求论证环节的输入输出、需求论证资源、需求论证模型等所有与武器装备需求论证的因素，便于不同军兵种、不同武器装备需求论证人员之间的交流与协作。

（2）提供武器装备需求论证模型体系，包括模型种类及关系、模型体系框架结构和具体模型，方便武器装备需求论证模型的建立、更新、查询、应用与管理，同时也为武器装备需求论证学术研究指明方向。

（3）提供武器装备需求论证工具，包括需求分析、需求评估、需求管理和信息管理等工具，方便武器装备需求论证人员的使用，提高武器装备需求论证工作的科学性和效率。

（4）提供武器装备需求论证资源库，包括方法库、模型库、数据库、案例库等武器装备需求论证资源，方便武器装备需求论证资源的建立、更新、查询、应用与管理，提高武器装备需求论证工作的效率和规范性。

2．复杂系统理论在武器装备需求论证领域的有益拓展

现代战争越来越呈现出的多维度、不确定、非线性、动态性等复杂特征，装备发展也日趋综合化、多样化和复杂化，使得武器装备需求也充满了不确定性。武器装备结构和相互关系日益复杂，涉及若干门类的科学技术，研制周期长达十几年，这时仅凭以往的经验、直觉和简单对比的方法就不能满足要求了，只有采用精确化、定量化的方法，通过科学严密论证，才能保证其决策的正确性。装备需求论证是一个复杂的系统工程，它以复杂系统理论为指导，根据武器装备体系构建和演化的特点和规律，采用从定性到定量的综合集成方法，在改进和完善已有的需求生成方法和手段的同时，不断探索和利用新的需求分析方法和手段。装备需求论证工程化理论方法提出的“规范化、模型化、工具化、资源化”思路是解决这个复杂系统的一种有效方法，它作为复杂系统理论在武器装备需求论证方面的一个具体实现方法，要在一定智力资源的条件下，依靠高性能计算机，综合集成系统分析、需求分析、需求获取、需求管理等方面的软件，搭建工程化软件平台，配套相关资源数据，可以有效解决武器装备需求论证这一复杂问题，对完善“从定性到定量的综合集成法”具有重要意义。

3．为作战使命任务向装备功能性能转化提供了有效途径

装备需求论证是一项复杂的系统工程，它的输入一般是以定性描述为主的作战使命任务，输出一般是以定量描述为主的装备编配体系结构和装备作战使用性能与指标，其边界条件涉及作战理论、装备理论和管理科学的相关知识，它涉及的要素间错综复杂、影响因素多，是一个逐渐规范、量化的螺旋反馈论证过程。装备需求论证工程化作为一种结构化、定量化、工具化的理论方法，采用定性定量相结合的办法，构建一个从作战理论到装备建设全过程的模型体系，综合集成强大的高性能计算服务、先进的需求分析与开发工具、丰富的装备需求论证资源，形成一整套的理论方法、技术手段和保障条件，有效支撑了作战使命向装备功能转化的全过程。

4．为装备需求论证学术研究指明了方向

装备需求论证工程化通过“规范化、模型化、工具化和资源化”将研究内容复杂繁多的装备需求论证工作有机地联系为一个有机的整体，能够为提高装备需求论证领域学术研究的实用性提供明确的目标，清晰的思路和具体的内容。以装备需求评估模型为例，现有模型有哪些？精度如何？还存在什么问题？这些为装备需求论证模型的深入研究指明了方向。因此，装备需求论证工程化有利于学术研究成果的更新、集成与应用，推进装备需求论证研究的科学发展。

参考文献

[1] 郭齐胜，董志明，穆歌．装备需求论证工程化基本理论研究[J]．装甲兵工程学院学报，2012，26（1）：1—4.

[2] 郭齐胜，董志明，穆歌．装备需求论证规范化基本理论研究[J]．装甲兵工程学院学报，2013，27（1）：1—5.

[3] 郭齐胜，杨万晓，董志明，等．装备需求论证模型化基本理论研究[J]．装甲兵工程学院学报，2012，26（4）：1—4.

[4] 董志明，郭齐胜．装备需求论证工具化研究[J]．装甲兵工程学院学报，2012，26（6）：6—9.

[5] 郭齐胜，李果，穆歌，等．装备需求论证资源化相关问题研究[J]．装甲兵工程学院学报，2012，26（5）：12—17.

[6] 董志明，郭齐胜．装备需求论证工程化研究[C]．加快推进国防和军队现代化与军事系统工程学术研讨会．北京：金盾出版社，2013.

[7] 郭齐胜，董志明，穆歌，等．装备需求论证工程化理论探讨[J]．论证与研究，2014，30（2）：6—8.

[8] 郭齐胜，董志明，穆歌，等．装备需求论证工程化理论探讨[J]．论证与研究，2014，30（3）：1—3.

EQUIPMENT DEMONSTRATION

第3章 装备需求论证方法体系

装备需求论证是系统问题，必须采取系统工程思想、理论和方法。装备向体系化方向发展，对装备需求论证工作提出了新的挑战和要求，研究装备需求论证理论与方法的综合性持续加剧，使得科学、合理、先进的方法体系在装备需求论证研究中愈发重要。本章阐述装备需求论证方法体系，重点是基于关联矩阵的装备需求论证方法体系。

3.1 概述

介绍方法体系基础及装备需求论证方法体系的需求与现状。

3.1.1 方法体系基础

1．方法的特征描述及分类

方法是解决各种问题的工具，或干某类事情所采用的手段、门路或途径等。从方法学的角度思考，方法应该具备以下 5 个主要特征，分别是“方法名称”、“原理规则”、“步骤过程”、“应用对象”、“影响程度”。“方法名称”是在方法产生后，根据方法特点或者其他因素人为给出的名称，便于交流和传播；“原理规则”是指按照科学思维或者已有方法进行提炼，制定方法应用的原则和规律；“步骤过程”是根据方法典型应用对关键环节展开分析，总结固有逻辑步骤，提出的一般应用流程；“应用对象”则是根据方法产生的目的，确定显性的应用方向以及可能的隐性领域；“影响程度”的判定比较灵活，评判指标一般是方法的产生时间、活跃领域、应用规模、发展趋势等。通过以上特征的描述，有助于从内部和外部深入理解和掌握方法。

每种方法都有其起源，各类起源方法在发展过程中不断分化或者合并，进而产生面向更多应用的拓展方法。有可能多类方法中出现同一种方法，比如层次分析法既属于系统评估方法，也属于仿真 VV&A 方法；也可能同类方法中出现不同种方法，比如系统评估方法既包括层次分析法，也包括模糊综合评判法。那么针对方法的不同特征或几种特征的组合，可以将方法划分在 n 种方法体系（S_i，i=1～n）下，记为集合 S，则有：

$$S=\{S_1,S_2,\ldots\ldots S_n\}$$

其中，某种方法体系记为 S_n，则有：

$$S_n=\{\bigcup_{i=1}^{j}X_i \mid X_i\subset E, 1\leqslant j\leqslant 5\}$$

其中，X_i 表示方法的某种特征，E 为方法的特征集，那么第 n 种方法体系 S_n 的形成取决于方法的某个特征或多个特征的组合。

2．通用方法体系框架

从系统学的角度来看，方法体系是方法的组成结构及其相互关系以及能够指导方法设计和发展的原则。从方法学的角度来看，方法体系框架是对方法域和应用域内各种元素及其复杂关系的归纳、总结、优化和创新，既可以用来指导方法体系下方法和应用的发展，也可根据方法和应用的发展不断完善自身结构。因此，方法体系应该将方法域和应用域作为主要内容，进一步构建合理的框架。

构建方法域重于表述方法，将“方法名称”、“原理规则”、“步骤过程”、“应用对象”、“影响程度”这几个主要特征综合考虑。构建应用域重于表述应用，将“应用对象”、“应用阶段”、“关键环节”这几个要素综合考虑。方法域与应用域之间映射的关键项是“应用对象”，通过“应用对象”可以在两个域之间建立关联关系。

3．方法体系的可扩展性

方法一般会经历独立发展期、机理互补期、组合运用期，可能会在更优秀的方法出现以后被取代，逐渐退出人们的视野。随着方法的不断发展、创新，方法体系也是一个发展中的开放系统。方法体系内部各种方法不断充实，外部特征则愈加复杂化。可通过效用曲线分析方法体系的可扩展性，横轴表示方法体系发展时间，纵轴表示方法体系的效用值（0～1），如图 3-1 所示。

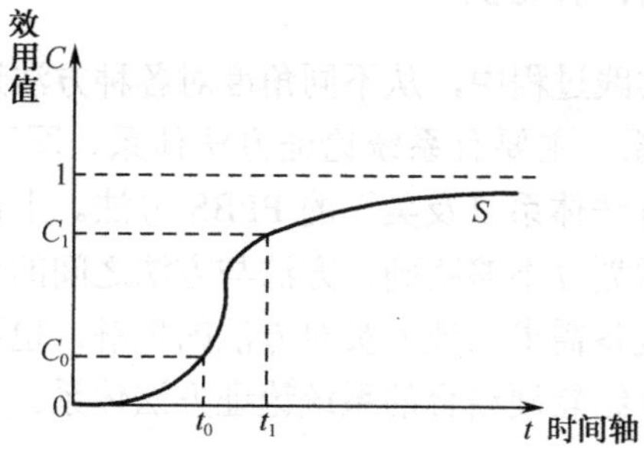

图 3-1　方法体系效用曲线

方法体系内的方法处于独立发展期（$0<t<t_0$）时，方法体系效用值增长缓慢，总体水平较低（$0<C<C_0$），处于初级阶段；方法体系内的方法处于机理互补期（$t_0<t<t_1$）时，方法体系效用值增长较快，总体水平较高（$C_0<C<C_1$），处于成长阶段；方法体系内的方法处于组合运用期（$t>t_1$）时，方法体系效用值增长变慢，总体水平很高（$C_1<C<1$），处于成熟阶段。

3.1.2　装备需求论证方法体系需求

装备需求论证方法体系就是在装备需求论证理论指导下，基于系统科学方法并综合相关学科专业领域理论及方法，围绕装备需求论证实践活动采用的各种定性、定量研究方法所构成的体系。装备需求论证方法体系的主要作用是将有关方法体系化，用于管理装备需求论证过程中所使用的各种方法，能够以合理的和系统的形式管理方法，便于论证人员对方法的理解和应用。

随着近代科技的发展，各种方法论及科学思维方式不断涌现，被广泛应用于军事、经济、商业、工业乃至日常生活等等领域。装备需求论证是一项复杂的系统工程，可用于装备需求论证的各种方法也不断涌现，如何建立科学合理的方法体系并指导装备需求论证工作，是困扰需求论证人员的一大问题。主要原因包括以下几个方面：

（1）方法分类繁多，容易造成人们理解困难，使得方法选择时缺乏标准。

（2）方法应用灵活，具有应用层次多样化和使用对象复杂化的趋势。

（3）方法交互频繁，往往使用多个方法解决一个问题，难以实现真正的体系化。

（4）方法管理困难，缺乏对众多方法的管理体系，不利于方法统筹规划。

（5）构建标准难以统一。建立方法体系的困难在于方法体系的构建标准难以统一，例如预测方法体系按照原理规则特征，可以划分为定性预测法、定量预测法和综合预测法；综合评估方法体系按照应用对象和影响程度特征，可以划分为技术水平评估方法体系、作战能力评估方法体系、标准化评估方法体系、风险分析方法体系。为了构建系统的和通用的方法体系框架，需要提炼研究方法的属性和特征。

这种理解困难、应用复杂、不成体系的现象，不仅仅出现在装备需求论证工作中，在其他领域也存在。面临不断涌现的作战需求和装备需求，出现了方法渐显老化、应用缺项增多、发展缓慢滞后的现象。急需对现有装备需求论证方法进行归类、筛选、优化、集成，同时构建装备需求论证方法体系。既要弥补装备需求论证方法在实际工作中出现的不足，也要达到增强方法应用能力、提高方法利用效率、加快方法创新节奏的目的，使得方法体系真正成为装备需求论证工作的助推器。

3.1.3 装备需求论证方法体系现状

在装备论证理论研究和实践过程中，从不同角度对各种方法进行分类和归纳，形成了几种典型的装备需求论证方法体系，主要有系统论证方法体系、军事需求工程方法体系、基于性能-费用-时间三要素的论证方法体系以及美军的 PPBS 方法。上述典型的装备需求论证方法体系，对论证过程中出现的问题划分不够明确，方法与方法之间的界限模糊。而且，缺少对众多方法的分类和管理，不利于装备需求论证人员对方法的理解，也不利于在需求论证过程中进行方法选择和应用。下面简要介绍软硬结合的系统论证方法体系。

1．硬方法

硬方法善于解决装备论证课题研究中那些有形的、容易量化的对象系统及其问题，且能够通过数学运算求解最优结果。在军事装备需求论证中，具有代表性的硬方法主要有运筹学方法、系统分析方法、预测分析方法、技术经济方法、评估分析方法、逻辑分析方法等。

2．软方法

尽管硬方法在解决以技术为主要特征的工程问题中效果良好，但是在社会、经济及军事系统方面的实际应用效果却并不十分理想。导致这种情形的原因在于，这些方法过分定量化和过分数学模型化，因此其应用有很大的局限性，即它们处理某些问题的方法太“硬”。比如，在研究社会、经济方面的系统时，那些关于人的性格，价值观念等“软”性概念是很难用“硬”性的数学模型来描述的。为此，英国的切特兰德将系统工程方法论分为“硬系统方法论”(HSM)和“软系统方法论”(SSM)。切特兰德认为用自己提出的软系统方法论解决一些结构不良的社会性问题的效果要比硬系统方法论好。

所谓“软方法”是指如何有效地分析那些仅能较为准确地描述，但难以量化的精神因素的方法。这类方法建立在丰富的经验和专业知识以及严格逻辑推理基础之上，并在实际应用中具有一定的伸缩性（或弹性）。因此，软系统方法论不像硬系统方法论那样在应用上有可以套用的规范形式，而是借助于信息科学、行为科学、社会工程、心理学、思维科学、形式逻辑、数理逻辑等各个领域的理论和方法，综合地阐明装备需求论证课题所研究的问题。

当前，基于软系统方法论的“软方法”主要有社会技术系统设计（SISD）、管理控制论（MC）、组织控制论（OC）、战略假设表面化与验证（SAST）、战略选择发展与分析（SODA）、对话式计划（IP）方法、战略选择（SC）和定性系统动力学（QSD）等方法。定性系统动力学的基本思想是强调 SD 方法论定性和定量方法中定性的方面，形成 QSD，使之更适宜作不良结构系统的情况调查工具。它主要利用符号图作为其表现形式，即用“+”、“-”表示关系的方向。有时在它的基础上进一步作定量分析，但经常有可能无法转为定量分析。

3．软硬结合方法

硬方法和软方法既是相对的，又是相辅相成的。在军事装备需求论证中，科学的论证研究策略是同时将硬方法和软方法结合起来，以寻求最有效的解题途径。

20 世纪 90 年代，日本的椹木义一教授等提出了“既软又硬”的 Shinayaka 系统方法论。Shinayaka 系统方法论是为了处理不良结构的问题。该方法论一方面借鉴过去处理不良结构问题的许多技术和方法，另一方面利用对话和智能化的方法将人工智能和人的直接判断综合进去。

该方法论的主要特点是强调人和计算机的结合，但是以人为中心。Shinayaka 是指东方人特有的灵活思想，表现为处理问题时既软又硬，既借助计算机的能力又用人的能力，既用左脑又用右脑，既有情又有理，既吸收西方的思想又采用东方自己的思想。这个方法论是在总结硬系统方法论和软系统方法论基础上形成的，与我国钱学森教授等人在此之前提出的综合集成方法论不谋而合。他们的方法论为装备需求论证工作指明了科学的深化途径，也为提高装备需求论证水平提供了准确的着力点——即装备需求论证手段的建设和方法的研究应当走综合集成之路。

综合集成的需求论证方法是指以综合集成方法论为指导，以复杂系统为对象而提出的解决各种复杂问题的论证方法。综合集成方法论的运用特别重视多方面的结合：定性与定量分析相结合、科学理论与经验知识相结合、多种科学方法相结合、各类专家相结合、宏观研究与微观研究相结合。在装备需求论证中运用综合集成方法，就是针对装备需求论证的特点，通过定性与定量描述、定性与定量推理以及在此基础之上多次反复迭代，实现逐步逼近和融合，最终获得科学结论的求解过程。运用综合集成的方法进行需求论证需要开展许多基础研究工作，如模型体系构建、数据积累与整理、综合集成环境建立等，都是基础建设中应当认真考虑的问题，应在已有基础上进行广泛研究，在新的层面上实现综合与创新。

4. 3类方法比较

在一般情况下，硬方法、软方法和综合集成方法的特点大体可按表 3-1 来加以划分。当然，这种划分是相对的，特别在处理有些中间系统时经常可以互相串用。

表 3-1 硬方法和软方法的分类特征

分类特征	硬方法	软方法	综合集成方法
处理的对象	技术系统、人造系统	有人参与的系统	技术系统、人造系统、有人参与的系统
处理的问题	明确、结构良好	不明确、结构不良	明确或不明确、结构良好或不良
处理的方式	定量模型、定量分析	概貌模型、定性分析	定量模型、定量分析概貌模型、定性分析
价值观	一元的、要求优化、结构明确	多元的、要求权衡、通常只能有满意解	多元的、要求优化或权衡、结构明确或通常只能有满意解

在选择需求论证方法时，除了应考虑其合适的应用时机外，还应针对不同需求论证课题的对象系统及其问题，对所能采用的论证方法做进一步的取舍。如前所述，装备需求论证课题所涉及的对象系统及其问题大体可以按其性质分成两类：一类是简单系统，另一类是复杂巨系统。而就装备需求论证课题研究所应达到的目标而言，可按参与者（论证人员、决策者）的价值来分类：一类是一元的，即大家追求的目标是一致的，利益可以共享，价值观和信念是一致的；另一类是多元的，即大家有不同的追求目标，利益和信念不完全一致，但是还是可以经过磋商达到一定妥协；最后一类是在参与者之间只有很小的共同利益，基本上是处于冲突状态，要得出共同结论往往是靠权力或一部分人对另一部分人的强迫。在上述分类的基础上，可将一些软、硬方法分别放在用以处理相应的装备需求论证课题里，如表 3-2 所列。

表 3-2　一些软、硬方法所适应论证课题的类型

课题性质	一元（U）	多元（P）	强制（C）
简单（S）	S−U	S−P	S−C
	运筹分析法 系统分析法 预测分析法 技术经济法	战略假设表面化与验证 战略选择发展与分析	批判式的系统思考方法
复杂（C）	C−U	C−P	
	社会经济系统设计方法 定性系统动力学方法 管理控制方法论	对话式计划方法 战略选择方法 软系统方法	

3.2　基于关联矩阵的装备需求论证方法体系

采用系统工程思想构建装备需求论证方法体系框架，可以指导方法体系的建立，并直观地展示方法体系的有关内容，体现系统性和综合性。针对装备需求论证，构建方法域和应用域，两个域关联可以展现应用对象需要的学科知识、不同阶段需要的方法分类、具体问题需要的解决方法。

3.2.1　方法域

装备需求论证方法域的 5 个要素分别是“方法名称”、“原理规则”、“步骤过程”、“应用对象”、“影响程度”；2 个特征项分别是“分类”、“方法”。

（1）分类。根据方法要素中的“步骤过程”，按照不同逻辑分为分析、建模、验证和评估方法。

（2）方法。根据方法要素中的“方法名称”，按照不同名称可以将不同方法对应于不同“方法”，例如系统分析包括自然语言描述法、网络分析法、结构化分析法等；系统评估法包括层次分析法、模糊综合评判法等；理论描述法包括机理分析法、模糊集论法，混合描述法包括量纲分析法、多分辨率法；抽象表述法包括面向过程建模法、面向对象建模法、面向数据建模法等。

需求获取有关问题重在对需求进行初步获取和描述，主要采用系统分析和现代仿真描述等方法；需求分析有关问题重在对需求进行必要性分析、全面性分析、系统性分析，主要采用系统分析和仿真建模等方法；需求映射有关问题重在将作战能力需求与作战需求和装备需求相互关联，并且展开需求模型之间的关联映射，主要采用系统分析和决策分析等方法；需求验证和评估有关问题重在指标体系验证和评估，主要采用系统评估和系统优化等方法；需求管理有关问题重在对需求信息和工具进行管理，主要采用软件工程等方法。

3.2.2　应用域

装备需求论证应用域的 3 个要素分别是“应用对象”、“应用阶段”、“关键问题”，3 个特征项分别是“对象”、“阶段”、“问题”。根据面向应用原则，“对象”可以确定为装备需求论证；

根据装备需求论证的主要内容及其逻辑关系，“阶段”可以划分为任务需求分析、能力需求分析、系统需求分析、技术需求分析、需求验证与优化 5 个阶段；根据装备需求工程思想，“问题”可以划分为围绕需求设计（需求获取、需求分析、需求映射）、需求验证、需求评估、需求管理的若干具体问题。

（1）任务需求分析阶段。以作战概念为牵引，通过对论证对象作战运用过程及其编组方式的全面分析，提出武器装备的任务要求。具体问题包括作战概念分析、任务建模、节点建模、任务管理、指标分析等。

（2）能力需求分析阶段。以作战概念为牵引，以作战能力构想为基础，通过作战任务与作战能力的映射分析，提出武器装备发展的装备能力需求指标。具体问题包括能力获取、能力建模、能力管理、作战任务-作战能力映射、能力指标分析等。

（3）系统需求分析阶段。以作战任务需求和作战能力需求为依据，通过作战任务与系统功能映射、作战能力与系统功能映射，提出装备系统的功能需求、结构组成、数量要求及其作战性能指标。具体问题包括作战任务与系统功能映射、作战能力与系统功能映射、系统功能建模、系统结构建模、系统数量规模分析、系统作战性能指标分析等。

（4）技术需求分析阶段。以装备系统需求为依据，提出装备研制的相关关键技术及其发展要求。具体问题包括关键技术分析、技术成熟度分析、技术发展趋势分析等。

（5）需求验证与优化。采用合适的方法，对作战任务需求、作战能力需求、装备系统需求、技术需求进行验证与优化。具体问题包括指标体系构建、评估模型构建、评估结果分析等。

3.2.3 价值域

装备需求论证价值域的 2 个要素分别是“应用价值”和“方法成熟度”，1 个特征项是“满意度”。通过专家知识经验和实际应用情况验证，构建方法满意度测评模型，对方法应用的总体满意水平进行分析。

首先，针对评估目的和评估内容，建立相关的评估准则，进而构建方法满意度评估指标体系；其次，在专家对评估对象进行初步评估的基础上，选择评估方法对评估打分表的统计数据进行数学运算，进而得出综合评估结果。

方法满意度评估指标体系如表 3-3 所示。

表 3-3　方法满意度评估指标体系

一级指标	二级指标	三级指标
A 主体评测	A_1 易用性	A_{11} 熟悉方法所用时间
		A_{12} 难易程度调查百分比
	A_2 适用性	A_{21} 掌握方法所用时间
		A_{22} 适用程度调查百分比
	A_3 实用性	A_{31} 解决问题所用时间
		A_{32} 实用程度调查百分比
	A_4 权威性	A_{41} 方法知名度
		A_{42} 认可程度调查百分比
	A_5 时效性	A_{51} 方法产生时间
		A_{52} 方法应用效果满意度百分比

续表

一级指标	二级指标	三级指标
B 差异比较	B_1 需求比较	B_{11} 最初需求与方法应用结果
		B_{12} 应用结果是否满足最初需求
	B_2 预期比较	B_{21} 最初目标与方法应用结果
		B_{22} 应用结果是否满足最初目标

对某一方法满意度进行评估，可采取优序图法确定指标权重。由专家对同一指标进行比较，认为 X 指标比 Y 指标重要就记为 1，认为 X 指标不如 Y 指标重要就记为 0，认为 X 指标与 Y 指标同样重要就记为 0.5。设有 n 个指标比较，m 位专家参与评估，建立一个 $n \times n$ 阶的优序图表格，其中 a_{ij} 表示 i 指标与 j 指标相比的重要性值，分别用 1、0.5、0 表示。第 i 项指标的权重值为 p_i，则权重计算公式为：

$$p_i = \sum_{j=1}^{n} a_{ij} \Big/ [n(n-1)m/2]$$

经过多位专家比较，将比较数据累加到优序图表格得出 7 个二级评估指标的权重，分别是易用性（0.15）、适用性（0.10）、实用性（0.10）、权威性（0.15）、时效性（0.10）、需求比较（0.20）、预期比较（0.20）。接下来，由 25 位专家对某方法对于某个问题的应用满意度进行评估，结果统计如表 3-4 所示。

表 3-4　某方法满意度评估表

评估指标	评估等级（评定集）			
	好（100）	较好（85）	一般（70）	较差（60）
易用性（0.15）	9	14	2	0
适用性（0.10）	4	6	13	2
实用性（0.10）	2	11	12	0
权威性（0.15）	1	10	11	3
时效性（0.10）	5	15	5	0
需求比较（0.20）	3	8	12	2
预期比较（0.20）	5	14	6	0

统计、确定单因素评估隶属度向量，得到隶属度矩阵 $\boldsymbol{R}$；评估指标的权重系数向量为 $\boldsymbol{W}_F$，计算综合隶属度 $\boldsymbol{S}=\boldsymbol{W}_F\boldsymbol{R}$。评定集的数值化结果为 $\boldsymbol{W}_E$；综合评估值 $\boldsymbol{Z}=\boldsymbol{W}_E\boldsymbol{S}^{\mathrm{T}}$。将表 3-2 中数值代入公式得到某方法满意度评估结果，如表 3-5 所示。

表 3-5 某方法满意度评估结果

评估结构	评估等级 （评定集）			
	好（100）	较好（85）	一般（70）	较差（60）
易用性（0.15）	0.36	0.56	0.08	0.00
适用性（0.10）	0.16	0.24	0.52	0.08
实用性（0.10）	0.08	0.44	0.48	0.00
权威性（0.15）	0.04	0.40	0.44	0.12
时效性（0.10）	0.20	0.60	0.20	0.00
需求比较（0.20）	0.12	0.32	0.48	0.08
预期比较（0.20）	0.20	0.56	0.24	0.00
综合隶属度 S	0.168	0.448	0.186	0.042
综合评估 Z	70.42			

为了便于直观反映方法价值的大小，关联矩阵宜采用等级价值标准来表示方法的综合价值，即将方法价值按照[0, 25)、[25, 50)、[50, 75)、[75, 100]将价值定义为 0、1、2、3 四个等级。

3.2.4 体系构成

采取关联矩阵的形式构建装备需求论证方法体系，横向上构建应用域，纵向上构建方法域，纵横交互处构建价值域，如图 3-2 所示。在方法体系关联矩阵中，纵向上方法分类不断递增，方法之间优化、组合趋势明显，“…”表示可以容纳后续方法；横向上应用阶段不断细化，问题进一步模块化，“…”表示可以扩展问题解决模式。

基于多域关联的装备需求论证方法体系具有以下优点：

（1）方法体系要素表述完整。典型方法体系将有关方法按照一定准则进行归类，缺少对方法体系相关要素的深入理解，距离体系层面还需改进。基于多域关联的装备需求论证方法体系，抽离方法、应用、价值的基本要素，形成了包含方法域、应用域和价值域的科学描述要素，并且采取关联矩阵形式构建了通用化的方法体系描述框架。

（2）方法体系内部关联关系紧凑。典型方法体系分别涵盖了若干方法，但是方法应用与解决问题之间关系还不够细致和紧密，不能够满足指导解决实际问题的需求，也不利于对方法的理解和掌握。基于多域关联的装备需求论证方法体系，从方法域、应用域和价值域多角度综合集成，形成了“方法-应用-价值”紧密关联的方法表述模式。

（3）方法体系易于管理。已有方法体系普遍存在时效性不高、实用性不强的问题，原因在于可扩展性不强，缺乏合理的管理形式。基于多域关联的装备需求论证方法体系，采用关联矩阵的形式构建方法体系框架，构成了对装备需求论证一系列方法的形象和系统表述，有助于对方法的管理和使用。

虽然填充了基于多域关联的装备需求论证方法体系，但是方法体系自身框架和有关内容还有待完善，需要广泛吸纳各领域的相关论证资源，进一步拓展、丰富方法体系的框架和内容。

方法域	价值域/应用域	任务需求分析					能力需求分析				体系需求分析				型号需求分析			技术需求分析			
		作战使命分析	作战概念分析	作战活动分析	作战活动集成	任务需求生成	作战能力需要分析	作战能力差距分析	装备能力需求分析	能力需求生成	体系功能需求分析	装备种类需求分析	装备数量需求分析	体系需求方案生成	型号功能需求分析	主要作战性能指标分析	型号需求方案生成	关键技术分析	技术成熟度分析	技术发展趋势分析	技术需求方案生成
分析方法	头脑风暴	2	2	2			2				2	2			2			2			
	综合微观分析	2	2	2			2	2	2		2	2	2		2	2					
	QFD 映射						2	2	2		2				2						
	作战实验分析		3				3				3				3	3					
	模糊分析			1	2		1	1			1				1						
	聚类分析				2		2				2	2									
	流程分析		2	3			2				3				3						
	比较分析		1	2			2	3	2		2	2	2		2	2		2	2	2	
	数值分析			3	3		3	3	3			3	3			3			2		
	优化方法		1	2			2				2	2	2		2	2		2			
	……																				
建模方法	面向过程建模	1	2	3	3	2	3	2	2	2	3			2	3		2		1	1	1
	面向对象建模		2	3	3	2	3	2	2	2	3			2	3		2				
	表单式数据建模					2		2	2	2		2	2	2		2	2		2	2	2
	……																				
验证方法	有限状态机		2																		
	作战推演		3	2			2				2	2	2		2	2					
	关联映射	1	2	2	2		2	2	2		2	2	2		2	2		2	1	1	
	……																				
评估方法	专家评估	2	2	2	2	2	2	2	2	2	2	2	2	2	2	2	2	2	2	2	2
	价值评估	1		2	2	2	2	2	2	2	2	2	2	2	2	2	2	2	2	2	2
	能力评估			3	3	3	3	3	3	3	3			3	3	3	3				
	结构评估											3	3	3							
	仿真评估		2	3	3	3	3	3	3	3	3	3	3	3	3	3	3				
	……																				

图 3-2 基于多域关联的装备需求论证方法体系示例

参考文献

[1] 中国人民解放军总参谋部兵种部. 装甲兵装备论证概论[M]. 北京：解放军出版社，1996.

[2] 李明. 武器装备发展系统论证方法与应用[M]. 北京：国防工业出版社，2000.

[3] 赵卫民，吴勋，孟宪君，等. 武器装备论证学[M]. 北京：兵器工业出版社，2008.

[4] 余滨，段采宇. 军事需求与军事需求工程[J]. 国防科技，2006（2）：37—40.

[5] 杨建军，龙光正，赵保军. 武器装备发展论证[M]. 北京：国防工业出版社，2009.

[6] 张明国，邱志明，石志强，等. 宏观综合论证[M]. 北京：海潮出版社，2005.

[7] GUO Qisheng，ZHANG Meng，WANG Xiaodan，et al. Research on construction of the methodological system of weapon and equipment requirement demonstration[C]. 2010 International Conference on Management and Service Science (MASS 2010). Piscataway：IEEE Computer Society，2010.

第4章 装备需求映射方法

从数学上讲，装备需求论证实质上是从使命任务到能力需求、功能需求、性能需求间的映射。QFD是需求映射的有效方法。虽然经典QFD有坚实的理论基础和广泛的应用，但由于所评估数据存在不确定性（灰性、粗糙性、模糊性、随机性），因此所得到的结论往往存在主观性强、可靠性较差等缺点。因此产生了基于灰关联分析的QFD方法GQFD（Grey QFD）、基于粗糙集的QFD方法RQFD（Rough QFD）和基于云模型的QFD方法CQFD（Cloud QFD）。本章阐述这3种改进的QFD方法。

4.1 基于 GQFD 的需求映射方法

基于灰关联分析的 QFD 方法 GQFD（Grey QFD）是针对经典 QFD 理论中顾客需求重要度的确定主观性强、准确性差的问题而提出的。该方法通过灰关联对顾客需求重要度排序，根据顾客需求间的序关系确定顾客需求重要度，用灰关联矩阵代替质量屋中的关系矩阵，具有简单、客观的特点，为装备需求论证过程中关键措施和瓶颈技术的确定提供了更加科学的依据。

4.1.1 基础知识

1．基本思想

灰关联分析就是通过灰关联度的计算，对系统特征及相关因素作灰关联排序，并进行优势分析，找出关键特征和因素。灰关联分析的基本思想是根据序列曲线几何形状的相似程度来判断其联系是否紧密。曲线越接近，相应序列之间的关联度就越大，反之就越小。灰关联分析模型不是函数模型，是序关系模型；灰关联着眼的不是数值本身，而是数值大小所表示的序关系。

灰关联分析的技术内涵是：

（1）获取序列时间的差异信息，建立差异信息空间。

（2）建立计算差异信息比较侧度（灰关联度）。

（3）建立因子间的序关系。

2．相关计算

设 $Y_i=(y_i(1),y_i(2),\cdots,y_i(n))$ $(i=1,2,\cdots,s)$ 为系统特征行为序列，$X_j=(x_j(1),x_j(2),\cdots,x_j(n))$ $(j=1,2,\cdots,m)$ 为相关因素序列，ε_{ij}、r_{ij} 与 ρ_{ij} 分别为 Y_i 与 X_j 的灰色绝对关联度、灰色绝对关联度与灰色综合关联度，其计算公式如下。

1）灰色绝对关联度计算

$$\left|Y_{s_i}\right|=\left|\sum_{k=2}^{n-1}y_i^0(k)+\frac{1}{2}y_i^0(n)\right|,\quad \left|X_{s_j}\right|=\left|\sum_{k=2}^{n-1}x_j^0(k)+\frac{1}{2}x_j^0(n)\right|$$

$$\left|X_{s_j}-Y_{s_i}\right|=\left|\sum_{k=2}^{n-1}(x_j^0(k)-y_i^0(k))+\frac{1}{2}(x_j^0(n)-y_i^0(n))\right|$$

式中，上标“0”表示数据是经过始点零化处理的。

Y_i 与 X_j 的灰色绝对关联度为

$$\varepsilon_{ij}=\frac{1+\left|Y_{s_i}\right|+\left|X_{s_j}\right|}{1+\left|Y_{s_i}\right|+\left|X_{s_j}\right|+\left|X_{s_j}-Y_{s_i}\right|}$$

2）灰色相对关联度计算

$$\left|Y'_{s_i}\right|=\left|\sum_{k=2}^{n-1}y_i^{'0}(k)+\frac{1}{2}y_i^{'0}(n)\right|,\quad \left|X'_{s_j}\right|=\left|\sum_{k=2}^{n-1}x_j^{'0}(k)+\frac{1}{2}x_j^{'0}(n)\right|$$

$$\left|X'_{s_j}-Y'_{s_i}\right|=\left|\sum_{k=2}^{n-1}(x_j^{'0}(k)-y_i^{'0}(k))+\frac{1}{2}(x_j^{'0}(n)-y_i^{'0}(n))\right|$$

式中，上标“'0”表示数据是经过初值化而后又进行了始点零化处理的。

Y_i 与 X_j 的灰色相对关联度为

$$r_{ij} = \frac{1+\left|Y'_{s_i}\right|+\left|X'_{s_j}\right|}{1+\left|Y'_{s_i}\right|+\left|X'_{s_j}\right|+\left|X'_{s_j}-Y'_{s_i}\right|}$$

3）灰色综合关联度计算

Y_i 与 X_j 的灰色综合关联度（一般取 $\theta = 0.5$）为

$$\rho_{ij} = \theta\varepsilon_{ij} + (1-\theta)r_{ij}$$

综合关联度既体现了折线 Y_i 与 X_j 的相似程度，又反映了 Y_i 与 X_j 的相对于始点的变化速率的接近程度，是较为全面表征序列之间联系是否紧密的一个量化指标。

经过计算可得到灰色综合关联矩阵 $\boldsymbol{\Psi}$ 为

$$\boldsymbol{\Psi} = (\rho_{ij})_{s\times m} = \begin{pmatrix} \rho_{11} & \rho_{12} & \cdots & \rho_{1m} \\ \rho_{21} & \rho_{22} & \cdots & \rho_{2m} \\ \vdots & \vdots & \ddots & \vdots \\ \rho_{s1} & \rho_{s2} & \cdots & \rho_{sm} \end{pmatrix}$$

4.1.2 基本思路

在进行系统分析时，研究系统特征行为与相关因素行为的关系，主要关心的应该是系统特征行为序列与各相关因素序列关联度大小的次序，而不是关联度数值的大小。因此，可以不过分关注关联度数值大小，而只给出关联度的序关系。灰关联分析可以较好地满足这种要求。

灰关联分析法是一种定性定量相结合的分析方法，能较好地解决评估指标难以量化和统计的问题，可以排除人为因素带来的影响，使评估结果更加科学、客观、准确。

传统 QFD 方法和灰关联分析都要用到序的概念。QFD 需要对顾客需求重要度和工程措施重要度等进行排序，而灰关联分析可以用来进行优势分析，给出灰关联序。因此，可以将灰关联分析引入 QFD，通过灰关联矩阵确定关键的工程措施和瓶颈技术，这就是基于灰关联分析的 QFD 方法。

基于灰关联分析的 QFD 方法是在给出系统输入（顾客需求与工程措施重要度评判）的情况下，经过一系列基于灰关联分析的处理，得到系统的输出（关键措施与瓶颈技术），详见图 4-1 所示。

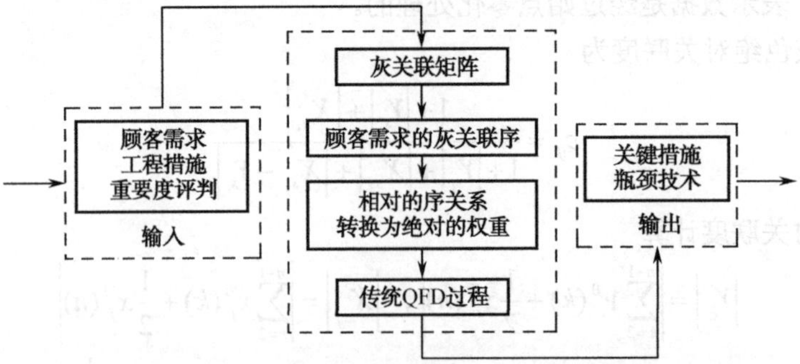

图 4-1　基于灰关联分析的 QFD 方法基本流程

将顾客需求与工程措施重要度分别作为系统特征行为序列与相关因素行为序列，根据 4.1.2 中有关计算公式，计算得到灰关联矩阵，再将所得灰关联矩阵作为顾客需求与工程措施的相关关系矩阵。基于灰关联分析的 QFD 方法与传统 QFD 方法中质量屋构造的比较如图 4-2 所示（图中仅标出了与传统质量屋不同的地方）。

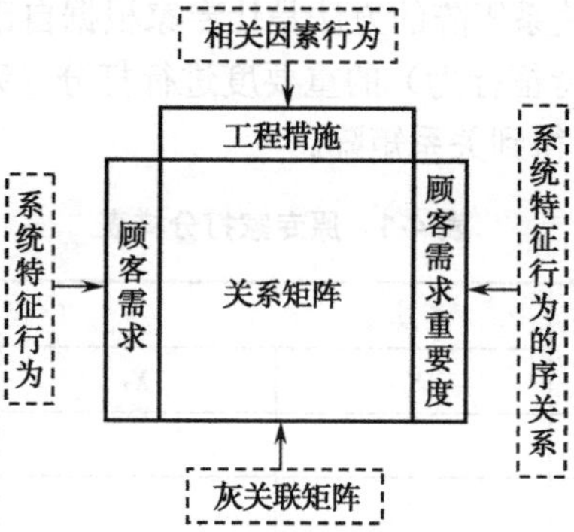

图 4-2 灰关联分析与一般 QFD 质量屋对应关系

4.1.3 基本步骤

基本步骤包括如下 9 步。

（1）确定顾客需求。

（2）确定相应工程措施。

（3）请顾客、专家按新式打分表对顾客需求与工程措施打分。

（4）进行数据分析，计算得到顾客需求与工程措施的灰色综合关联矩阵（考虑到灰色综合关联度的全面性，这里采用灰色综合关联度）。

（5）把灰色综合关联矩阵$\boldsymbol{\Psi}$填入质量屋，作为顾客需求与工程措施的关系矩阵。

（6）对顾客需求进行优势分析，推导出顾客需求的灰关联序关系。

① 若$\exists k,i\in\{1,2,\cdots,s\}$，满足$\rho_{kj}\geqslant\rho_{ij}$，$j=1,2,\cdots,m$，则称$Y_k$优于$Y_i$，记为$Y_k>Y_i$；若$\forall i\in\{1,2,\cdots,s\}$，$i\neq k$，恒有$Y_k>Y_i$，那么$Y_k$为最优特征（最关键顾客需求）。

② 若$\exists k,i\in\{1,2,\cdots,s\}$，满足$\sum_{j=1}^{m}\rho_{kj}\geqslant\sum_{j=1}^{m}\rho_{ij}$，则称$Y_k$准优于$Y_i$，记为$Y_k\geqslant Y_i$；若$\forall i\in\{1,2,\cdots,s\}$，$i\neq k$，恒有$Y_k\geqslant Y_i$，那么$Y_k$为准优特征（准关键顾客需求）。

据此，可以得到顾客需求重要度的一个排序（偏序关系）：$Y_{i_1}\circ Y_{i_2}\circ\cdots\circ Y_{i_s}$，其中$\circ\in\{>,\geqslant\}$。

（7）把表示相对关系的灰关联序转换为绝对的权值。根据所得顾客需求的灰关联序关系，定义顾客需求重要度的量化方法如下：

① 若$Y_{i_l}>Y_{i_{l+1}}$，则顾客需求i_l的重要度权值$\lambda_{i_l}\doteq n-l+1$。

② 若$Y_{i_l}\geqslant Y_{i_{l+1}}$，则顾客需求$i_l$的重要度权值$\lambda_{i_l}\doteq n-l+\mu$，其中$0\leqslant\mu\leqslant 1$，称$\mu$为顾客需求重要度的分辨因子。$\mu$可根据情况选择，$\mu$越大，优势程度越大，分辨优势的能力越强，通常情况下，可取$\mu=0.5$。

（8）将第 7 步得到的权值作为顾客需求重要度填入质量屋。

（9）按常规方法进行质量功能展开，确定关键技术或瓶颈技术，指导产品设计。

4.1.4 与经典 QFD 的比较

基于灰关联分析的 QFD 方法与传统 QFD 方法输出项相同，但输入项不同，难以对其效果进行定量比较。下面从关系矩阵和数据处理方法两个主要方面进行比较。

1．关系矩阵

传统 QFD 方法中，确定关系矩阵的方法是让专家根据自己的理解对工程措施（相关因素行为）相对于顾客需求（系统特征行为）的重要度进行打分（9 级标度，打分表格式如表 4-1 所列），然后对数据进行处理，得到关系矩阵。

表 4-1　原专家打分样表

		工程措施			
		X_1	X_2	…	X_m
需求顾客	Y_1				
	Y_2				
	…				
	Y_s				

基于灰关联分析的 QFD 方法中，通过请专家同时对顾客需求（系统特征行为）$Y_i(i=1,2,\cdots,s)$和工程措施（相关因素行为）$X_j(j=1,2,\cdots,m)$的重要度进行打分（9 级标度，打分表格式如表 4-2 所列），通过计算得到灰关联矩阵，并将这个灰关联矩阵作为关系矩阵。

表 4-2　新专家打分样表

项　目	Y_1	Y_2	…	Y_s	X_1	X_2	…	X_m
重　要　度								

对比不难发现，基于灰关联分析的 QFD 方法比传统 QFD 方法更客观合理。因为基于灰关联分析的 QFD 方法是从数据中挖掘潜在的信息，而传统 QFD 方法只是对专家打分所获得的主观数据进行简单的统计分析。

2．数据处理方法

传统的 QFD 方法基于主观性很强的打分数据，通过层次分析法对打分数据进行相对权重到绝对权重的转化，然后进行加权平均；基于灰关联分析的 QFD 方法也依赖专家打分，通过灰关联分析进行重要度排序，但在排序过程中，关注的不是通过主观数据得到的重要度数值，而是最后的序关系，从而在一定程度上降低了所得结果的主观性。

4.1.5　应用示例

前面的叙述是对经典 QFD 进行的改进，因此在术语的使用上采用的是产品开发中的术语，下面将 GQFD 用于装备需求论证，以“装备功能→战技性能”。的映射为例进行讲解。共确定一级装备功能 6 项$Y_i(i=1,2,\cdots,6)$，相应战技性能 7 项$X_j(j=1,2,\cdots,7)$。请相关领域军事专家与工程技术专家共 16 名，对各项进行打分，从而得到装备功能序列$Y_i=(y_i(1),y_i(2),\cdots,y_i(16))$（其中$i=1,2,\cdots,6$）与战技性能序列$X_j=(x_1(k),x_2(k),\cdots,x_m(16))$（其中$j=1,2,\cdots,7$），具体数据如下：

$Y_1=(8,8,9,9,9,9,9,8,9,9,9,9,9,8,9,9)$　　$Y_2=(2,6,3,4,5,6,5,3,8,2,5,2,8,2,6,6)$

$Y_3=(5,6,4,7,4,3,5,5,4,2,8,8,7,5,5,9)$　　$Y_4=(7,9,9,9,9,7,9,8,5,5,8,7,8,6,6,8)$

$Y_5=(5,8,4,3,5,8,8,7,6,7,6,6,4,5,7,8)$　　$Y_6=(7,9,5,4,7,6,8,7,5,7,6,8,6,7,6,5)$

$X_1=(1,7,6,6,1,2,4,3,9,9,9,8,9,5,5,9)$　　$X_2=(7,8,6,6,6,4,3,8,6,5,6,9,8,5,6,8)$

$X_3=(7,5,5,7,4,5,3,5,9,5,5,6,9,4,6,7)$　　$X_4=(5,5,5,8,2,1,1,4,6,1,8,6,7,6,5,5)$

$X_5=(6,6,7,9,7,6,9,4,4,1,7,8,5,5,6,5)$　　$X_6=(9,8,8,8,8,7,9,7,5,7,5,6,5,6,6,8)$

$X_7=(8,6,7,6,7,5,6,5,4,6,6,5,6,5,5,9)$

采用 4.1.3 节给出的方法步骤，按照 1.3 节给出的计算公式，可得装备功能与战技性能的灰色综合关联矩阵$\boldsymbol{\Psi}$：

$$\boldsymbol{\Psi}=(\rho_{ij})_{6\times7}=\begin{pmatrix}0.5474 & 0.5402 & 0.5300 & 0.5499 & 0.5719 & 0.5259 & 0.5236\\ 0.7024 & 0.5082 & 0.5076 & 0.5088 & 0.5093 & 0.5071 & 0.5069\\ 0.5238 & 0.5471 & 0.5336 & 0.5619 & 0.5998 & 0.5284 & 0.5258\\ 0.5326 & 0.5453 & 0.5327 & 0.5582 & 0.5902 & 0.5278 & 0.5253\\ 0.5667 & 0.5284 & 0.5284 & 0.5331 & 0.5415 & 0.5202 & 0.5189\\ 0.5032 & 0.8688 & 0.7260 & 0.8900 & 0.6182 & 0.6691 & 0.6544\end{pmatrix}$$

经过计算可以得出：

$$\sum_{j=1}^{7}\rho_{6j}>\sum_{j=1}^{7}\rho_{3j}>\sum_{j=1}^{7}\rho_{4j}>\sum_{j=1}^{7}\rho_{1j}>\sum_{j=1}^{7}\rho_{2j}>\sum_{j=1}^{7}\rho_{5j}$$

从而可得：

$$Y_6\geqslant Y_3\geqslant Y_4\geqslant Y_1\geqslant Y_2\geqslant Y_5$$

根据前面定义的赋权方法，取$\mu=0.5$，可得：

$$(\lambda_1,\lambda_2,\lambda_3,\lambda_4,\lambda_5,\lambda_6)'=(2.5,1.5,4.5,3.5,0.5,5.5)'$$

将$(\lambda_1,\lambda_2,\lambda_3,\lambda_4,\lambda_5,\lambda_6)'$与$\boldsymbol{\Psi}$分别作为装备功能重要度与关系矩阵，填入质量屋，按常规 QFD 过程计算可得各战技性能重要度如表 4-3 所示。

表 4-3　战技性能重要度及其排序

重要度	k_1	k_2	k_3	k_4	k_5	k_6	k_7
绝对权值	9.6942	11.5259	10.6091	11.7820	10.6293	10.2404	10.1326
百分比	12.99%	15.45%	14.22%	15.79%	14.25%	13.72%	13.58%
排序	7	2	4	1	3	5	6

说明：若采用其他灰色关联度进行计算，则所得结果可能不同，因为各种关联度关注点不同。

从表 4-3 可以看出，战技性能的序关系为：

$$X_4\geqslant X_2\geqslant X_5\geqslant X_3\geqslant X_6\geqslant X_7\geqslant X_1$$

即战技性能X_4为最关键工程措施，X_2次之，X_1最不关键。对照目前同类装备现状，若战技性能X_4上存在不足，则X_4是瓶颈战技性能，需要攻关，否则可照此方法依次对比下去，得到装备的瓶颈战技性能（如果存在的话）。根据所得结论，就可以指导装备型号论证，让整个装备型号论证过程有的放矢。

4.2 基于 RQFD 的需求映射方法

基于粗糙集的 QFD 方法 RQFD（Rough QFD）是针对经典 QFD 理论中顾客需求重要度以及相关关系矩阵确定主观性强、可靠性差等问题而提出的。该方法利用粗糙集中属性权重确定客观性强的特点，将其应用于 QFD 中权重的求取，通过对正域、属性依赖度、偏好系数灵敏度等的分析，求得顾客需求重要度及相关关系矩阵的客观数值与综合数值，并给出工程措施的重要度及其序关系。

4.2.1 基础知识

粗糙集理论是波兰数学家 Z. Pawlak 于 1982 年提出的一种数据分析理论，是一种处理模糊和不确定性知识的数学工具。考虑到传统 QFD 主要用到具有不确定性的专家打分，尝试把粗糙集理论和 QFD 结合起来解决传统方法或多或少存在的不确定、不客观、不可靠等问题。

定义 1　称四元组 $S=(U,A,V,f)$ 为一个知识表达系统。其中：U 为对象的非空有限集合，称为论域；A 为属性的非空有限集合。$A=C\bigcup D$，$C\bigcap D=\phi$，C 称为条件属性集，D 称为决策属性集；$V=\bigcup\limits_{a\in A}V_a$，$V_a$ 是属性 a 的值域；$f:U\times f\to V$ 是一个信息函数，它为每个对象的每个属性赋予一个信息值，即 $\forall a\in A$，$x\in U$，$f(x,a)\in V$。知识表达系统也称为信息系统。给定一个知识表达系统 $K=(U,R)$，对每个子集 $X\subseteq U$ 和一个等价关系 $R\in \text{ind}(S)$，定义两个子集 $\underline{R}X=\bigcup\{Y\in U/R\,|\,Y\subseteq X\}$ 和 $\overline{R}X=\bigcup\{Y\in U/R\,|\,Y\bigcap X\neq\phi\}$，分别称它们为下近似和上近似。$\text{bn}_R(X)=\overline{R}X-\underline{R}X$ 称为 X 的 R 边界域；$\text{pos}_R(X)=\underline{R}X$ 称为 X 的 R 正域；$\text{neg}_R(X)=U-\underline{R}X$ 称为 X 的 R 负域。

定义 2　令 P 和 Q 为 U 中的等价关系，Q 的 P 正域记为 $\text{pos}_P(Q)$，即 $\text{pos}_P(Q)=\bigcup\limits_{X\in U/P}\underline{P}X$，$Q$ 的 P 正域是 U 中所有根据分类 U/P 的信息可以准确地划分到关系 Q 的等价类中去的对象集合。

令 $K=(U,R)$ 为一知识库，且 $P,Q\subseteq R$，记 $k=\gamma_{\text{P}}(Q)=\text{card}\left(\text{pos}_P(Q)\right)/\text{card}(U)$，称知识 Q 是 $k(0\leqslant k\leqslant 1)$ 度依赖于 P 的。当 $k=1$ 时，称 Q 完全依赖于 P；当 $0<k<1$ 时，称 Q 粗糙（部分）依赖于 P；当 $k=0$ 时，称 Q 完全独立于 P。

令 $F=\{X_1,X_2,\cdots,X_n\}$ 是 U 的一个独立于知识 R 的划分，则根据 R，F 的近似分类质量为 $\gamma_R(F)=\left(\sum\limits_{i=1}^{n}\text{card}(\underline{R}X_i)\right)\Big/\text{card}(U)$，它表示的是应用知识 R 能确切地划入 F 类的对象的百分比。

定义 3　当 C 和 D 分别为条件属性集和决策属性集，属性子集 $C'\subseteq C$ 关于 D 的重要性定义为：$\sigma_{CD}(C')=\gamma_C(D)-\gamma_{C-C'}(D)$。特别地，当 $C'=\{a\}$ 时，属性 $a\in C$ 关于 D 的重要性为：$\sigma_{CD}(a)=\gamma_C(D)-\gamma_{C-\{a\}}(D)$。其中，$\gamma_\cdot(*)$ 表示根据 * 的近似分类质量。属性 $a\in C$ 关于 D 的客观权重定义为：$q_{CD}(a)=\dfrac{\sigma_{CD}(a)}{\sum\limits_{x\in C}\sigma_{CD}(x)}$。

4.2.2 基本思路

根据粗糙集理论中的正域、属性依赖度、属性权重等相关知识描述 QFD 中的顾客需求重要度、工程措施相对顾客需求的重要度等概念，建立粗糙集与 QFD 的相互联系，从而将 QFD 中的重要度（权重）确定转化为粗糙集理论中的属性权重分析。

粗糙集理论可以依据决策表分析各属性之间的相关性、属性的重要性和可靠性，因而可以将其应用到对 QFD 中顾客需求及相应工程措施的分析，包括分析顾客需求的重要度、工程措施相对顾客需求的重要度，从而利用属性权重确定客观性强的优点改进 QFD 的客观性和可靠性，在一定程度上解决传统 QFD 过程中由于专家、顾客的经验判断所带来的主观不确定问题。

4.2.3 基本步骤

基本步骤分 3 步：

（1）把顾客需求作为条件属性，顾客是否满意作为决策属性建立决策表（如表 4-4 所列），这样做是为了求得顾客需求的客观权重，把所得权重填入图 4-3 第 2 部分作为顾客需求重要度。

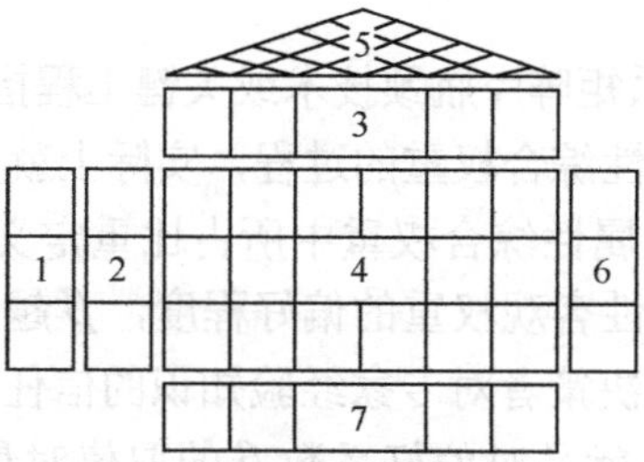

图 4-3 质量屋（HOQ）

表 4-4 决策表

U	顾客需求（条件属性）					顾客是否满意（决策属性）
	R_1	R_2	R_3	…	R_m	
X_1	d_{11}	d_{12}	d_{13}	…	d_{1m}	S_1
X_2	d_{21}	d_{22}	d_{23}	…	d_{2m}	S_2
X_3	d_{31}	d_{32}	d_{33}	…	d_{3m}	S_3
…	…	…	…	…	…	…
X_M	d_{N1}	d_{N2}	d_{N3}	…	d_{Nm}	S_M

（2）把每一个工程措施作为一个条件属性，每个顾客需求作为一个决策属性，分别建立决策表（如表 4-5 所列），然后进行统计、计算，得到各工程措施对于各顾客需求的重要度填入图 4-3 中第 4 部分作为关系矩阵。这样得到的关系矩阵客观性相对专家打分而言要高很多。

表 4-5 决策表

U	工程措施（条件属性）					顾客需求（决策属性）				
	E_1	E_2	E_3	…	E_n	R_1	R_2	R_3	…	R_m
X_1	j_{11}	j_{12}	j_{13}	…	j_{1n}	d_{11}	d_{12}	d_{13}	…	d_{1m}
X_2	j_{21}	j_{22}	j_{23}	…	j_{2n}	d_{21}	d_{22}	d_{23}	…	d_{2m}
X_3	j_{31}	j_{32}	j_{33}	…	j_{3n}	d_{31}	d_{32}	d_{33}	…	d_{3m}
…	…	…	…	…	…	…	…	…	…	…
X_N	j_{N1}	j_{N2}	j_{N3}	…	j_{Nn}	d_{N1}	d_{N2}	d_{N3}	…	d_{Nm}

对工程措施 E_i，有 $\mathrm{card}(E_i)=n_i$（$\mathrm{card}(\cdot)$ 指的是集合 $\cdot$ 的基数），记 $N=\prod_{i=1}^{n} n_i$，则共有 N 种组合（这是理想情况，因为并非所有可能的属性组合都符合实际情况）。把 $\{E_1,E_2,\cdots,E_n\}\cup\{R_i\}$（$i=1,2,\cdots,m$）记为属性集 A_i，分别求得个属性集中条件属性的客观权重记为 $\{q_{i1},q_{i2},\cdots,q_{in}\}$（$i=1,2,\cdots,m$），得到条件属性权重矩阵 $Q=(q_{ED_i}(E_j))_{n\times m}$，$Q$ 即质量屋中相关关系矩阵。

基本流程（①→②→③→④或①→②*→③→④）：

① 建立如表 4-4 所列决策表⇨顾客需求的客观权重。

② 建立如表 4-5 所列决策表⇨各工程措施相对顾客需求的客观权重，得到工程措施相与顾客需求的相关关系矩阵。

②* 加入主观权重⇨顾客需求的综合权重及各工程措施相对顾客需求的综合权重。

③ 将所得权重填入如图 4-3 所示的质量屋，按常规 QFD 过程进行质量功能展开⇨工程措施的权重及序关系。

④ 对比工程措施相关关系矩阵⇨瓶颈技术或关键工程措施，指导下一步产品开发与设计。

（3）灵敏度分析。求取属性综合权重的过程，实际上就是求属性主客观权重的加权平均的过程。其中，属性客观权重在属性综合权重中所占比重定义为偏好系数（或经验因子），它表示的是决策过程中决策者对属性客观权重的偏好程度，β 越大，表明决策者对属性客观权重的重视程度越高；β 越小，表明决策者对专家经验知识的信任程度越高。

这里所谓的灵敏度分析，就是对偏好系数 β 的取值对最终工程措施序关系的影响进行分析。如果无论 β 在[0,1]的范围内如何变化，都对结果没有影响，则称之为不灵敏的，此时得到属性的综合权重及其序关系是全局最优解；否则，则称之为灵敏的，得到属性的综合权重及其序关系是局部最优解。

4.2.4 与经典 QFD 的比较

RQFD 与经典 QFD 比较，有如下不同：

（1）传统 QFD 方法过分依赖专家打分数据，主观性强；基于粗糙集的 QFD 方法采用粗糙集中属性权重的确定方法，通过客观数据求取各指标的客观权重，客观性强。在需要综合考虑时可以引入主观权重（领域专家权重，或各个层面顾客需求权重），进而求得主观与客观相结合的综合权重。相比之下，新的方法不依赖专家打分数据，而从属性的客观性质出发，从而大大增加了 QFD 过程的客观性、可靠性。

（2）两者输入不同（如图 4-4 所示）。传统方法输入的是主观数据得出的主观权重；本书所提出的方法的输入是有客观属性推出的客观权重或者和主观权重进行加权的综合权重。

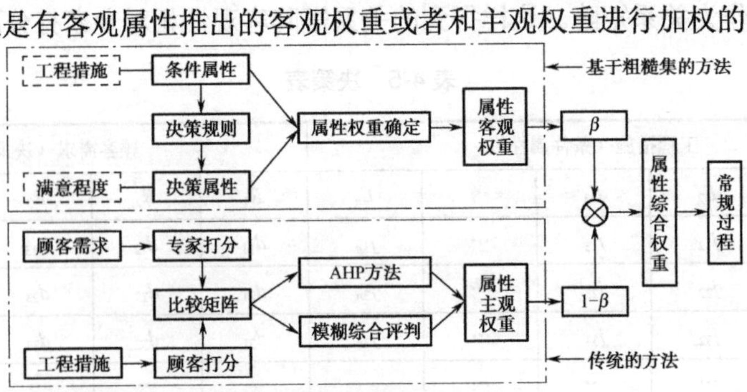

注：β 为偏好系数（或称经验因子），$0\leqslant\beta\leqslant1$。

图 4-4　基于粗糙集的 QFD

（3）两者输入数据不同，重要度评估的方法不同，因此两者效果相对难以比较。但考虑到传统方法对专家与顾客打分等主观数据的过分依赖，而粗糙集属性权重确定理论对主观数据的依赖很少，因此，认为基于粗糙集的 QFD 的效果优于经典 QFD 的效果。

4.2.5 应用示例

和对 GQFD 的描述一样，前面的叙述也是对经典 QFD 进行的改进，因此在术语的使用上仍采用产品开发中的术语，下面将 RQFD 用于装备需求论证，以作战任务→作战能力的映射为例进行讲解。某装备有一级作战任务 3 个 (R_1,R_2,R_3)，根据实际情况有 8 个组合 $(X_1,\cdots,X_8)$，且已经有这 8 个组合属性对应的作战任务能否满足要求的决策规则，如表 4-6 所列。

表 4-6 决策表

U	条件属性			决策属性
	作战任务			任务能否满足要求
	R_1	R_2	R_3	D
X_1	1	1	−1	是
X_2	−1	1	0	否
X_3	−1	1	1	否
X_4	−1	−1	−1	是
X_5	−1	−1	0	是
X_6	1	1	1	否
X_7	1	1	0	否
X_8	−1	1	1	是

注：−1 表示不满足；0 表示基本满足；1 表示完全满足。

若记 $R_1=\{r_1 \mid r_1\in R_1\}$，$R_2=\{r_2 \mid r_2\in R_2\}$，$R_3=\{r_3 \mid r_3\in R_3\}$，条件属性集 $C=\{r_1,r_2,r_3\}$ 决策属性集 $D=\{d \mid d\in D\}$，属性集 $A=C\cup D$，则根据决策表可以得到：

$U/\{r_1\}=\{\{X_1,X_6,X_7\},\{X_2,X_3,X_4,X_5,X_8\}\}$；

$U/\{r_2\}=\{\{X_1,X_2,X_3,X_6,X_7,X_8\},\{X_4,X_5\}\}$；

$U/\{r_3\}=\{\{X_1,X_4\},\{X_2,X_5,X_7\},\{X_3,X_6,X_8\}\}$；

$U/\{r_1,r_2\}=\{\{X_1,X_6,X_7\},\{X_2,X_3,X_8\},\{X_4,X_5\}\}$；

$U/\{r_1,r_3\}=\{\{X_1\},\{X_2,X_5\},\{X_3,X_8\},\{X_4\},\{X_6\},\{X_7\}\}$；

$U/\{r_2,r_3\}=\{\{X_1\},\{X_4\},\{X_5\},\{X_2,X_7\},\{X_3,X_6,X_8\}\}$；

$U/C=U/\{r_1,r_2,r_3\}=\{\{X_1\},\{X_2\},\{X_3,X_8\},\{X_4\},\{X_5\},\{X_6\},\{X_7\}\}$；

$U/D=U/\{d\}=\{\{X_1,X_4,X_5,X_8\},\{X_2,X_3,X_6,X_7\}\}$。

根据相对约简和依赖度的定义，可以得到：

D 的 C 正域 $\mathrm{POS}_C(D)=\{X_1,X_2,X_4,X_5,X_6,X_7\}$。

$k=\dfrac{\mathrm{card}(\mathrm{POS}_C(D))}{\mathrm{card}(U)}=0.75$，可以得到结论：$C$ 粗糙（部分）依赖于 D。

$\mathrm{POS}_{C-\{r_1\}}(D)=\{X_1,X_2,X_4,X_5,X_7\}$；

$\text{POS}_{C-\{r_2\}}(D)=\{X_1,X_4,X_6,X_7\}$；

$\text{POS}_{C-\{r_3\}}(D)=\{X_4,X_5\}$。

各条件属性的重要性为：

$\sigma_{CD}(r_1)=6/8-5/8=0.125$；

$\sigma_{CD}(r_2)=6/8-4/8=0.25$；

$\sigma_{CD}(r_3)=6/8-2/8=0.5$。

客观权重为：

$q_{R_1}=\dfrac{0.125}{0.125+0.25+0.5}=\dfrac{1}{7}$；

$q_{R_2}=\dfrac{0.25}{0.125+0.25+0.5}=\dfrac{2}{7}$；

$q_{R_3}=\dfrac{0.5}{0.125+0.25+0.5}=\dfrac{4}{7}$。

主观权重为：$p_{R_1}=0.2$，$p_{R_2}=0.3$，$p_{R_3}=0.5$。

选取偏好系数（经验因子）$\beta=0.6$，则综合权重为：

$W_{R_1}=1/7\times0.6+0.2\times(1-0.6)=29/175$；

$W_{R_2}=2/7\times0.6+0.3\times(1-0.6)=51/175$；

$W_{R_3}=4/7\times0.6+0.5\times(1-0.6)=19/35$。

可以证明：$0\leqslant\beta\leqslant1$时，有

$$\frac{4}{7}\beta+0.5(1-\beta)>\frac{2}{7}\beta+0.3(1-\beta)>\frac{1}{7}\beta+0.2(1-\beta)$$

从而可知这里β不灵敏，因此得到的是全局最优解：$R_3>R_2>R_1$，即作战任务中R_3最重要，R_2次之，R_1最不重要。

针对3个作战任务的一级指标有3个作战能力的一级指标(E_1,E_2,E_3)，建立作战任务与作战能力的决策表，如表4-7所列。

表4-7　作战任务与作战能力的决策表

U	条件属性			决策属性		
	作战能力			能否完成作战任务		
	E_1	E_2	E_3	D_1	D_2	D_3
X_1	−1	1	1	否	能	否
X_2	0	−1	1	能	否	否
X_3	1	−1	1	能	否	否
X_4	−1	−1	−1	能	能	能
X_5	0	−1	−1	否	能	否
X_6	1	1	1	能	否	能
X_7	0	1	1	能	否	能
X_8	1	−1	1	否	能	能

注：−1表示不采用；0表示部分采用；1表示全部采用。

采用如前所示求解作战任务重要度的属性权重确定方法对作战能力相对顾客需求的重要度进行求解，结果如下矩阵 $\boldsymbol{Q}_E$ 所示：

$$\boldsymbol{Q}_E=\begin{pmatrix} q_{ED_1}(E_1) & q_{ED_1}(E_2) & q_{ED_1}(E_3) \\ q_{ED_2}(E_1) & q_{ED_2}(E_2) & q_{ED_2}(E_3) \\ q_{ED_3}(E_1) & q_{ED_3}(E_2) & q_{ED_3}(E_3) \end{pmatrix}=\begin{pmatrix} 2/3 & 1/9 & 2/9 \\ 1/7 & 2/7 & 4/7 \\ 2/3 & 1/3 & 0 \end{pmatrix}$$

其中，$q_{E\cdot}(*)$ 表示的是作战能力 * 相对于作战任务 · 的属性客观权重。

采用传统方法得到的相关关系矩阵如矩阵 $\boldsymbol{P}_E$ 所示：

$$\boldsymbol{P}_E=\begin{pmatrix} p_{E_1}^{D_1} & p_{E_2}^{D_1} & p_{E_3}^{D_1} \\ p_{E_1}^{D_2} & p_{E_2}^{D_2} & p_{E_3}^{D_2} \\ p_{E_1}^{D_3} & p_{E_2}^{D_3} & p_{E_3}^{D_3} \end{pmatrix}=\begin{pmatrix} 0.6 & 0.1 & 0.3 \\ 0.15 & 0.35 & 0.5 \\ 0.55 & 0.25 & 0.2 \end{pmatrix}$$

其中，$p_*^{\cdot}$ 表示的是作战能力 · 相对于作战任务 * 的属性主观权重。

选取偏好系数（经验因子）$\beta=0.6$，则由综合权重组成的相关关系矩阵为：

$$\boldsymbol{W}_E=\begin{pmatrix} W_{E_1}^{D_1} & W_{E_2}^{D_1} & W_{E_3}^{D_1} \\ W_{E_1}^{D_2} & W_{E_2}^{D_2} & W_{E_3}^{D_2} \\ W_{E_1}^{D_3} & W_{E_2}^{D_3} & W_{E_3}^{D_3} \end{pmatrix}=\beta\times Q+(1-\beta)\times P=\begin{pmatrix} 16/25 & 8/75 & 19/75 \\ 51/350 & 109/350 & 19/35 \\ 31/50 & 3/10 & 2/25 \end{pmatrix}$$

以综合权重为例，把所得相关关系矩阵和作战任务重要度分别填入图 4-3 质量屋（HOQ）第 4 和第 6 部分，得到如表 4-8 所列质量屋（仅列出了与权重计算相关且与传统过程不同的部分）。

表 4-8 质量屋（HOQ）

		作战能力			作战任务重要度
		E_1	E_2	E_3	
作战任务	R_1	16/25	8/75	19/75	29/175
	R_2	51/350	109/350	19/35	51/175
	R_3	31/50	3/10	2/25	19/35
作战能力重要度		0.4850939	0.2712925	0.2436136	

利用基于粗糙集的 QFD 方法所得到主观与客观相结合的属性综合权重（或仅用客观权重）可以求得各作战能力的重要程度（权重）及其序关系（在本例中 $E_1>E_2>E_3$）。对照作战能力的正负相关关系矩阵，可以找出论证过程中的冲突（如果存在的话），从而对论证过程进行指导。

4.3 基于 CQFD 的需求映射方法

用定量数据研究定性概念固然可以增加描述的直观性，但又势必造成随机、模糊概念的精确化，而这从某种角度说不符合人类认知特征。只考虑随机性会把事物本身的不分明性当做随机性简单处理掉；只考虑模糊性又会忽略随机因素带来的影响。云模型在随机和模糊性之间搭建了桥梁，因此考虑用云模型的理论对质量功能配置进行研究，建立基于云模型的质量功能配置方法。

4.3.1 基础知识

云是用语言值表示的某个定性概念与其定量表示之间的不确定性转换模型，用以反映自然语言中概念的不确定性，不但可以从经典的随机理论和模糊集合给出解释，而且反映了随机性和模糊性的关联性，构成定性定量间的映射。

云用期望 Ex（Expected Value）、熵 En（Entropy）和超熵 He（Hyper Entropy）3 个数字特征来整体表征一个概念。需要说明的是，这里的熵并非传统意义上的信息熵，本书也不打算对这个称谓进行讨论。

1．估计量的求法（逆向云算法）

所谓逆向云算法，实际上就是根据样本，求得相对优化的云数字特征的估计。云滴 x 构成随机变量 X，其概率密度函数为：

$$f_X(x)=\int_{-\infty}^{+\infty}\frac{1}{2\pi He|y|}\mathrm{e}^{-\frac{(x-Ex)^2}{2y^2}-\frac{(y-En)^2}{2He^2}}\mathrm{d}y$$

可以证得：

$$EX=Ex\;;\quad E|X-EX|=\sqrt{2/\pi}En\;;\quad \mathrm{Var}X=En^2+He^2$$

或

$$Ex=EX\;;\quad En=\sqrt{\pi/2}E|X-EX|\;;\quad He=\sqrt{\mathrm{Var}X-En^2}$$

$\mathrm{Var}X$ 的无偏估计量 $\frac{1}{n-1}\sum_{i=1}^{n}(x_i-\overline{x})^2$，结合样本矩进行参数估计，即得

$$\hat{Ex}=\overline{x}=\frac{1}{n}\sum_{i=1}^{n}x_i\;,\quad \hat{En}=\sqrt{\frac{\pi}{2}}\frac{1}{n}\sum_{i=1}^{n}|x_i-\overline{x}|\;,\quad \hat{He}=\sqrt{\frac{1}{n-1}\sum_{i=1}^{n}(x_i-\overline{x})^2-\hat{En}^2}$$

2．云滴还原（正向云算法）

（1）设置云滴数目 N 及云滴数字特征 (Ex,En,He)。

（2）生成 $En_i^{'}\sim N(En,He)$。

（3）生成 $x_i\sim N(Ex,En_i^{'})$。

（4）计算 $\mu_i=\exp(-(x_i-Ex)^2/2En_i^{'2})$。

（5）生成云滴 $C(x_i,\mu_i)$，转（2），直到生成 N 个云滴。

3．云的代数运算

记 $C=(Ex,En,He)$，$C_1=(Ex_1,En_1,He_1)$，$C_2=(Ex_2,En_2,He_2)$。

（1）加法运算：若 $C=C_1+C_2$，则

$$Ex=Ex_1+Ex_2\;;\quad En=\sqrt{En_1^2+En_2^2}\;;\quad He=\sqrt{He_1^2+He_2^2}$$

（2）乘法运算：若 $C=C_1\cdot C_2$，则

$$Ex=Ex_1Ex_2$$

$$En=|Ex_1Ex_2|\sqrt{(En_1/Ex_1)^2+(En_2/Ex_2)^2}$$

$$He=|Ex_1Ex_2|\sqrt{(He_1/Ex_1)^2+(He_2/Ex_2)^2}$$

注：云运算的加法和乘法满足交换率和结合率。

4.3.2 基本思路

质量屋中的数据存在不确定性。一方面，质量屋中的各种重要度以及关系度在打分时采用标度法，实际上就是把定性模糊的语言值定量化了，这就是模糊型；另一方面，同一专家打分在不同甚至相同条件下两次打分也不可能完全相同，这就是随机性。这里的模糊性和随机性也就构成了质量屋数据不确定性的主要部分。正如引言中所说的，传统 QFD 方法尚不能同时对随机性与模糊性进行处理，因此需要一种能对不确定性相对全面的分析的工具来完成这项工作。

在云模型的相关理论中，云滴的确定度反映了概念的模糊性，而其本身又是随机数值，可以用概率密度函数来描述。这样一来，用云模型的理论对 QFD 方法中的质量屋数据及其处理进行描述就有了可能。下面将尝试用云滴的数字特征来描述随机性，用云的确定度来刻画模糊性，进而达到同时处理随机性与模糊性的目的。

为了叙述上的方便，下面以顾客需求到工程措施的映射为例对方法的基本思路结合质量屋的示意图（如图 4-3 所示）进行说明，其他依此类推。将打分数据作为定性概念的一次随机实现，或称为云滴。下面用云模型来对质量屋进行刻画。

（1）质量屋第 2 部分顾客需求重要度（列）向量，将其记为云矩阵 $\boldsymbol{C}_C=(\boldsymbol{Ex}_C,\boldsymbol{En}_C,\boldsymbol{He}_C)$，其中，$\boldsymbol{Ex}_C=(E_i)_{m\times1}$，$\boldsymbol{En}_C=(En_i)_{m\times1}$，$\boldsymbol{He}_C=(He_i)_{m\times1}$。

（2）质量屋第 4 部分是关系矩阵，将其记为云矩阵 $\boldsymbol{C}_E=(\boldsymbol{Ex}_E,\boldsymbol{En}_E,\boldsymbol{He}_E)$，其中，$\boldsymbol{Ex}_E=(E_{ij})_{m\times n}$，$\boldsymbol{En}_E=(En_{ij})_{m\times n}$，$\boldsymbol{He}_E=(He_{ij})_{m\times n}$。

（3）质量屋第 7 部分工程措施重要度（行）向量，将其记为云矩阵 $\boldsymbol{W}_E=(\boldsymbol{Ex},\boldsymbol{En},\boldsymbol{He})$，其中，$\boldsymbol{Ex}=(Ex_j)_{1\times n}$，$\boldsymbol{En}=(En_j)_{1\times n}$，$\boldsymbol{He}_E=(He_j)_{1\times n}$。

实现 2、4→7 的映射的常规方法见参考文献[1]。下面给出基于云运算法则的计算过程：

$$\boldsymbol{Ex}_j=\sum_{i=1}^{m}E_iE_{ij}$$

$$\boldsymbol{En}_j=\sqrt{\sum_{i=1}^{m}\left|E_iE_{ij}\right|^2\left[\left(En_i/E_i\right)^2+\left(En_{ij}/E_{ij}\right)^2\right]}=\sqrt{\sum_{i=1}^{m}\left(En_i^2E_{ij}^2+E_i^2En_{ij}^2\right)}$$

$$\boldsymbol{He}_j=\sqrt{\sum_{i=1}^{m}\left|E_iE_{ij}\right|^2\left[\left(He_i/E_i\right)^2+\left(He_{ij}/E_{ij}\right)^2\right]}=\sqrt{\sum_{i=1}^{m}\left(He_i^2E_{ij}^2+E_i^2He_{ij}^2\right)}$$

为了使用的方便，对云代数运算推广到适用于 QFD 方法的矩阵形式。若记 $\boldsymbol{Ex}_E$ 第 j 列为列向量 $\boldsymbol{ex}_j$，$\boldsymbol{En}_E$ 第 j 列为列向量 $\boldsymbol{en}_j$，$\boldsymbol{He}_E$ 第 j 列为列向量 $\boldsymbol{he}_j$，则 $\boldsymbol{Ex}_E=(\boldsymbol{ex}_j)_{m\times1}$，$\boldsymbol{En}_E=(\boldsymbol{en}_j)_{m\times1}$，$\boldsymbol{He}_E=(\boldsymbol{he}_j)_{m\times1}$，上面 3 个式子可以记为矩阵形式：

$$\boldsymbol{Ex}_j=\boldsymbol{Ex}_C^{\mathrm{T}}\boldsymbol{ex}_j$$

$$\boldsymbol{En}_j=\sqrt{\boldsymbol{En}_C^{\mathrm{T}}\boldsymbol{en}_j+\boldsymbol{Ex}_C^{\mathrm{T}}\boldsymbol{ex}_j}$$

$$\boldsymbol{He}_j=\sqrt{\boldsymbol{He}_C^{\mathrm{T}}\boldsymbol{en}_j+\boldsymbol{Ex}_C^{\mathrm{T}}\boldsymbol{he}_j}$$

第 i 个顾客需求的重要度对应着云滴 $C_i(E_i,\mu_i)$，其数字特征为 (E_i,En_i,He_i)；第 j 个工程措施的重要度对应着云滴 $C_{E_j}(Ex_j,\mu_{E_j})$，其数字特征为 (Ex_j,En_j,He_j)。

工程措施重要度对应的云团，包含了以下几个信息：

（1）工程措施的重要度数值。

（2）这些重要度的熵即不确定程度。

（3）熵的熵即熵的不确定程度。

一方面，决策人员可以通过重要度的数值及本公司现状来选择重点的工程措施；另一方面，可以先把熵以及超熵比较大的云滴先不予考虑，考虑到这是由于数据的不确定性引起的，可以回过头来分析对应指标的合适程度，或重点分析该措施；而对于重要度相对较大，熵及超熵都比较小的就可以确定该措施可能是本公司的瓶颈措施，需要改进。

4.3.3 基本步骤

采用云模型作为处理质量屋不确定性的支撑技术以后，QFD 的具体步骤多少有些变化，下面对基于云模型的 QFD 方法的具体步骤进行简要介绍。

（1）质量屋的设计。质量屋的设计最主要是指标的确定；另外，可以用粗糙集属性约简来确定指标。

（2）质量屋填写。对多名专家顾客进行调查，具体数目通过运算求得（要求置信度多少，可以求得达到这个置信度所需最小样本数）。需要说明的是，这里之所以不采用其他方法是因为其他方法不易得到逆向云算法所要求的样本量。

（3）数据的统计分析。采用逆向云算法计算各数据云的数字特征，再根据云运算法则进行运算，为了直观的理解，再通过正向云发生器生成云图，具体过程如图 4-5 所示。

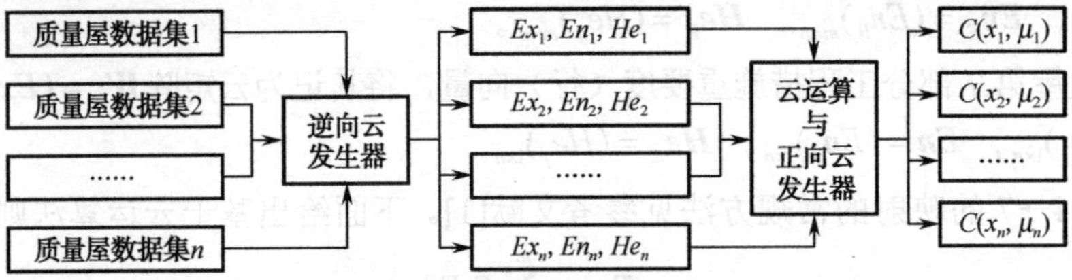

图 4-5　基于云模型的 QFD 方法

（4）得到可供决策的方案。将步骤 3 分析所得的云数字特征结合云图及云期望曲线，附以相应的文字资料作为可供决策者参考的方案。

（5）根据方案进行决策。方案中包括各组指标的序关系。对照序关系中的重要程度与目前该指标达到的水平，判断该指标是否瓶颈。若是瓶颈，就进行攻关；否则就继续对照直到发现瓶颈所在。根据指标的重要程度与是否瓶颈来决定产品开发时的投入分配，进而达到直到产品开发的目的。

4.3.4 与经典 QFD 的比较

1．数据获取方式

传统方法采用专家研讨、专家打分、AHP 等方法获取质量屋中的数据；基于云模型的方法主要采用专家打分顾客调查的方法，主要是为了获取能使逆向云算法达到一定精度的样本量。

2．数据处理方式

传统方法早期主要是对数据的简单统计分析，后来又加入了一些诸如灰关联分析、粗糙集属性分析的方法；基于云模型的方法主要采用参数估计的方法获取云数字特征，再采取生成正态随机数的方法获得云滴。

3．对不确定性的处理

传统方法主要对不确定性不进行处理或对不确定性的某一方面进行处理。例如简单的加权平均以及后来引入的 AHP 方法都只考虑了确定性问题；基于模糊集以及粗糙集的方法都只考虑了模糊性。基于云模型的方法用数字特征描述了随机性，又通过确定度描述了模糊性，从两方面对不确定性进行了描述。

4.3.5 应用示例

在某一产品的开发过程中，得到一级顾客需求 6 项，相应工程措施 7 项。通过对若干名专家的调查得到的数据采用前文给出的方法进行分析，得到各指标的数字特征如表所列。需要说明的是，这里没有给出关系度矩阵的数字特征，因为它们仅用于中间计算。

表 4-9 顾客需求重要度云数字特征

	顾客需求					
	1	2	3	4	5	6
Ex	8.7895	4.1053	6.0526	7.2105	5.9474	6.1579
En	0.4444	2.1456	1.6526	1.2290	2.0553	2.0345
He	0.2984	0.2270	0.1081	0.5759	0.2460	0.6676

通过表 4-9 可知，若根据云期望来判断，各顾客需求指标有如下序关系：

$$C_1 \geqslant C_4 \geqslant C_6 \geqslant C_3 \geqslant C_5 \geqslant C_2$$

其中，C_i 表示第 i 项顾客需求指标。

表 4-10 工程措施重要度云数字特征

	工程措施						
	1	2	3	4	5	6	7
Ex	195.064	172.4362	174.4883	151.9837	163.0247	178.9142	207.7622
En	17.2541	21.8830	20.3919	15.063	11.3155	15.4397	16.3251
He	0.1265	0.7033	0.6466	0.1323	0.3384	0.1215	0.2578

通过表 4-10 可知，若根据云期望来判断，各工程措施指标有如下序关系：

$$E_7 \geqslant E_1 \geqslant E_6 \geqslant E_3 \geqslant E_2 \geqslant E_5 \geqslant E_4$$

其中，E_i 表示第 i 项工程措施指标。

需要说明的是，根据确定度的不同，这种序关系会有变化。因为在不同确定度上，同一定性概念的实现（数值）不同。

表 4-9 和表 4-10 没有给出绝对权重是因为那涉及对云的熵运算，会增加计算量而并不带来更多的信息。

为了能够直观地看到这些数字特征到底意味着什么，用云发生器生成云图，如图 4-6 所示。其中（a1）～（a6）是顾客需求重要度云图，（b1）～（b7）是工程措施重要度云图。

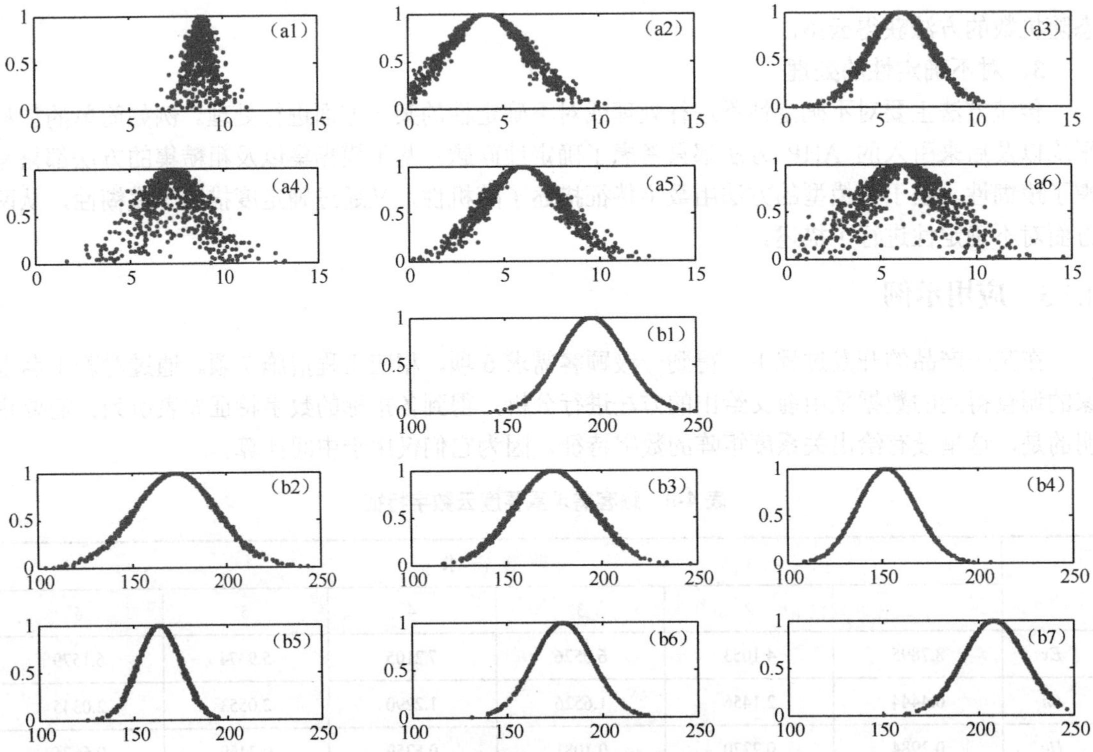

图 4-6　顾客需求及工程措施重要度云图

简单分析一下云图的含义，（a1）的云滴似乎很混乱，但可以看出其中的规律。对于顾客需求指标 1，即使确定度很低的情况下，分值依然很高（接近云期望），表明数据分散程度低。对于其他云图，有类似（a1）的，例如（a4）和（a6）等；也有分布很均匀的，分布均匀就意味着只有在确定度高的情况下，分值才达到云期望值，表明数据分散程度高，例如（b1）等。

下面再把同类指标的云图绘制在同一坐标系下（如图 4-7 所示），观察它们之间的关系。可以看出，在不同的确定度下，各指标云图的上下关系有变化。这也就是前面提到的根据确定度的不同，指标序关系会有变化。

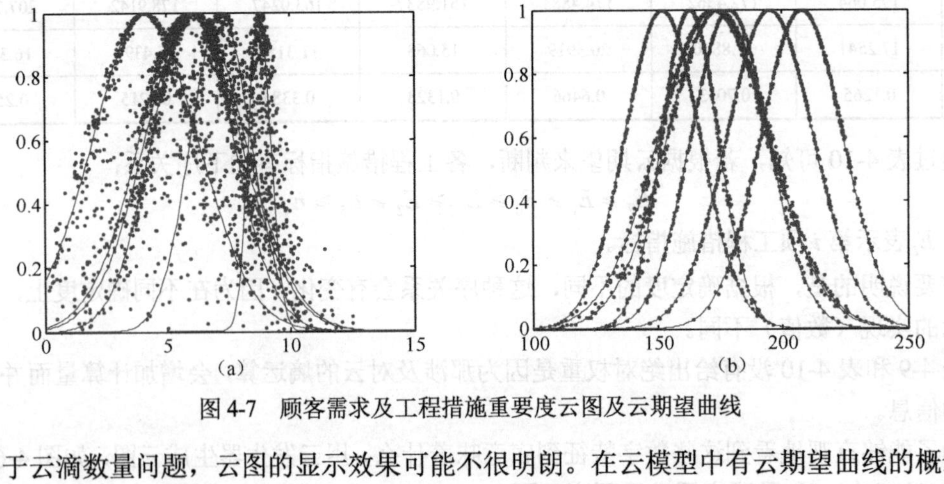

图 4-7　顾客需求及工程措施重要度云图及云期望曲线

由于云滴数量问题，云图的显示效果可能不很明朗。在云模型中有云期望曲线的概念，它可以穿过云滴中间，描绘云的轮廓，清晰地描述云的特征。在云期望曲线图中（如图 4-8 所示），可以更明显地看到不同确定度下个指标分值大小关系的变化。

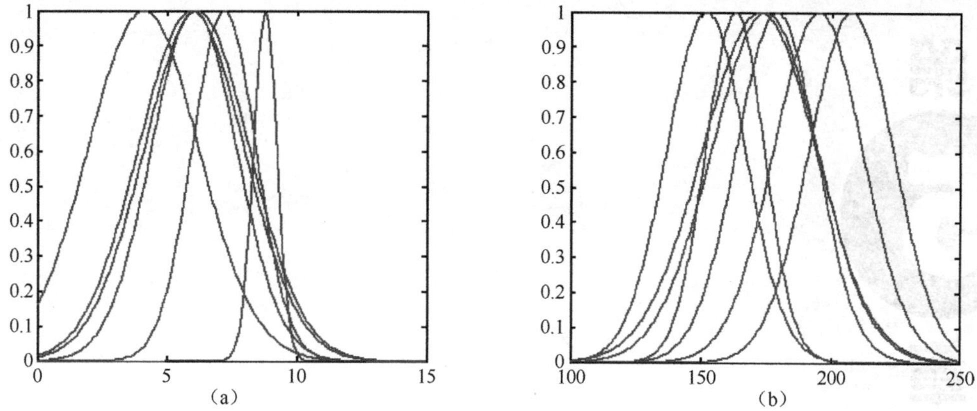

图 4-8 云期望曲线图

4.4 三种映射方法的使用前提

在有专家打分序列的情况下，可以考虑用灰关联分析进行计算，也可用云模型进行计算（同样的数据量，可以获取额外的信息）；在有各属性指标决策关系或其决策关系可以比较客观地确定的情况下，可考虑用粗糙集方法；实际上，在掌握两次及以上评估结果时，还可以采用马氏链进行处理。

参考文献

[1] 李亮. 基于 QFD/TRIZ 的装备需求论证方法研究[D]. 北京：装甲兵工程学院，2008.

[2] LI Liang，GUO Qi-sheng，DONG Zhi-ming. An Overview on the Mathematical Models of Quality Function Deployment[C]. IEEE ISISE' 2008. Shanghai：2008.12.

[3] 李亮，郭齐胜，于桓凯，等. 装备需求论证中的映射方法研究[C]. 全军武器装备体系研究第五届学术研讨会. 北京：国防工业出版社，2011：85—89.

[4] 李亮，郭齐胜，李永，等. 基于灰关联分析的质量功能配置方法研究[J]. 计算机集成制造系统，2007，13（12）：2469—2472.

[5] 李亮，郭齐胜. 基于粗糙集的 QFD 方法研究[C]. 管理科学与工程全国博士生论坛. 上海，2007.

[6] LI Liang，GUO Qi-sheng，Dong Zhi-ming. QFD based on rough sets model[C]. Proceedings of the IASTED Asian Conference on Modeling & Simulation. Calgary，Canada：ACTA Press，2007.

[7] 李亮. 装备技术需求分析与优化方法研究[D]. 北京：装甲兵工程学院，2012.

[8] LI Liang，GUO Qi-sheng，LI Qiao-li，et al. Quality function deployment based on cloud model[C]. IEEE ISM'2008. Dalian：2008.10.

[9] 邵家骏. 质量功能展开[M]. 北京：机械工业出版社，2004.

[10] 邓聚龙. 灰理论基础[M]. 武汉：华中科技大学出版社，2002.

第5章 任务需求分析方法

EQUIPMENT DEMONSTRATION

任务需求是武器装备作战需求的具体体现，是战争演化规律和国防发展战略对武器装备发展提出的必然要求，一方面反映了武器装备的作战运用规律，另一方面对武器装备的功能、结构和战术技术性能指标提出了明确的要求，是装备需求论证的主要内容。明确界定武器装备使命任务需求内容，科学选择武器装备使命任务需求分析方法，提高使命任务需求分析的科学性和准确度，是使命任务需求分析研究的重点内容，对于提高武器装备需求论证质量具有重要意义。

5.1 概述

主要介绍任务需求分析的相关概念、分析内容、分析流程和基本特点等内容。

5.1.1 基本概念

1. 使命、任务

使命与任务是两个不同的概念，具有相近的内涵，但侧重点明显不同。

通常，《现代汉语词典》中使命用来“比喻重大的责任”，是指使命主体在一定历史阶段内人类实践所应担当的责任，使命主体往往具有群体性和时代性特色，使命内容也往往比较模糊、抽象。如《军语》（2011 版）中，军事历史使命是指军队在一个较长的历史时期内所承担的重大职责和基本任务，它集中体现了军队的性质、宗旨和职能，规定着军队建设的发展方向、奋斗目标和指导原则。21 世纪前 10 年中国人民解放军的历史使命是中国人民解放军在新世纪新阶段的根本职能和任务，其内容是为党巩固执政地位提供重要的力量保证，为维护国家发展的重要战略机遇期提供坚强的安全保障，为维护国家利益提供有力的战略支撑，为维护世界和平与促进共同发展发挥重要作用。这种使命仅仅为未来中国人民解放军的发展建设提出了目标和方向，但是不易直接了解未来中国人民解放军发展建设的具体内容和要求，描述比较抽象、宏观与模糊。

任务一般指“交派的工作”，由一系列相互联系的活动组成，其目的是完成任务，对完成工作的时间、空间和效果等要求具有明确的规定，任务主体通常能够根据自身的物质条件和精神条件按要求完成任务。美军在《通用作战任务清单（4.0 版）》中也将任务定义为“基于条令、战术、技术、程序与组织的标准操作程序的个别行动，它是确保个人或组织完成使命的一种不连续的活动或行动”。如作战任务指作战力量为达成预定作战目的而担负的任务，按类型可分为进攻作战任务和防御作战任务，它明确了作战任务的总体目标，隐含了完成作战任务所必须考虑的作战对手、战场环境和作战力量等因素，任务内容相对明确、具体。任务也可指“担负的责任”，但使用较少，不是当前人们对任务的主流认识，如巴金在《新生》中写道“他又说到年轻人在这个时代中的任务”，即是指“担负的责任”。

由使命与任务的定义可知，使命和任务是相互联系的概念，任务是使命的具体化和实例化；任务由一系列活动组成，通过任务能够清晰地描述使命的目标和完成过程。同时，使命与任务具有相同的主体。使命与任务的关系并不是一成不变的，当社会、经济、自然等条件的发生变化时，主体的任务会随着使命的变化而变化。

2. 使命任务

使命任务是使命与任务两个概念的合成，是指一定历史阶段内主体所担负的责任及其具体任务，同时包含了使命和任务两个概念的基本内涵。因此，在使命任务研究时，既要充分研究主体的使命内容与特征，又要深入剖析主体的任务组成与特点，实现主体使命与任务的有机统一。

武器装备的使命任务是指为完成一定历史时期内军队历史使命，武器装备所担负的主要责任及其任务，它规定了一定历史时期内武器装备所必须遵守的根本职能要求和具体任务要求，是指导武器装备科学发展的根本依据，也是检验武器装备建设质量的唯一标准。

军用无人潜航器是以军用作战为目的的无人潜航器，通过携带多种传感器和作战模块，执行警戒、侦察、监视、跟踪、探雷、灭雷及中继通信等多种作战任务，是自主航行和智能作业的无人智能化武器装备平台。下面以军用无人潜航器为例，说明武器装备使命与任务的区别与统一。

当前，军用无人潜航器的总体作战使命可描述为：在未来海战中，军用无人潜航器是夺取水下作战优势的力量倍增器；它可以独立作战，也可以作为网络中心战的节点，通过水下局域网或水面通信，接受有人平台的指挥，参加各种作战；军用无人潜航器也可以避免人员的直接伤亡，以及有效执行各种特种作战任务。这是对军用无人潜航器在未来作战中的功能定位和作战使用要求的总体描述。

根据未来海战需要和军用无人潜航器技术能力，可将军用无人潜航器的作战使命进一步分解为 9 项具体的作战使命，如表 5-1 所示。

表 5-1　军用无人潜航器作战使命分解情况

序号	使命名称	使命描述
1	情报、监视与侦察	前期战术情报收集;核生化和爆炸物；近岸和港口监视；布设监视传感器或传感器阵列特殊成像和目标探测及定位
2	反水雷战	迅速建立大范围作战区域和安全航渡航线、水道，完成侦察、清除、扫雷和保护等作战任务
3	反潜战	控制风险，监视驶离港口和经咽喉要道的所有潜艇;海上区域保护，清扫大型航母打击群或远征打击群作战海区，保证无潜艇威胁；通道保护，清扫和保持远征打击群从一个作战海域向另一作战海域转移的通道安全，清除潜艇威胁
4	检查\识别	在国土防卫和反恐作战中，有效检查船壳下和码头下的外来物体
5	海洋调查	海底测量，包括声速梯度、声学成像、光学成像、海底结构、水体特性；洋流剖面（包括潮汐）测量，涉及温度剖面、盐度剖面、海水清晰度、生物发光物、核生化探测和跟踪
6	通信\导航网络节点	可作为水下平台与传感器基阵间的信息通道，也可将天线秘密浮出水面，进行间断性的无线电通信;作为导航辅助手段，军用无人潜航器可用作待机浮标，在预定地点进行自我定位，适时浮出水面，为军事机动或其他作战行动提供信标或其他参考基准
7	负载投送	潜在的投送负载；为特种战部队或任务向预定地点输送装备；跟随特战人员输送潜航器后输送所需的物资；支援其他作战任务，投送传感器或载体
8	信息作战	在信息作战中可扮演 2 个角色:对敌方通信和计算机节点进行阻塞（压制）或插入错误数据；作为潜艇诱饵
9	时敏打击	因其具有安静、投送距离远和作战时间长等特点，使其成为实施时敏打击任务的有效的武器平台和预设潜伏式武器节点的运载器

武器装备的使命任务既包括战争行动中的使命任务，也包括非战争军事行动中的使命任务。本章将重点研究武器装备战争行动中的作战使命。

5.1.2　任务需求分析内容

武器装备使命任务分析包括武器装备使命、武器装备作战概念和武器装备任务 3 项内容。

（1）武器装备使命。是围绕特定历史时期的军队建设目标，赋予武器装备发展建设的总体目标和要求，是形成特定历史时期军队战斗力的重要保障。根据应用目的和应用环境的变化，武器装备使命通常可以进一步细分为多个子使命。

（2）武器装备作战概念。是对武器装备典型的作战编组方式、作战运用方式和武器装备突出特征的概念化描述，是在武器装备使命基础上的进一步细化，粗略描绘了实现武器装备使命的基本方式和途径，并且为开展典型作战概念下的武器装备任务分析提供了依据。

（3）武器装备作战任务。是指为完成特定历史使命，武器装备所必须能够完成的作战任务，或者必须具备相应的能力以完成历史使命所要的作战任务。它是作战概念的进一步细化，是在给定作战对手、作战企图和战场环境条件下的武器装备典型作战任务的分析，表现为武器装备在作战对抗过程中的一系列相互联系的作战活动及其作战效果。

武器装备使命、武器装备作战概念、武器装备作战任务之间的关系可表示为抽象与具体的关系。武器装备作战概念是武器装备使命的实例化，是对武器装备各个子使命的具体化和形象化，更加有利于人们理解和把握武器装备使命的本质要求，如对于军用无人潜航器而言，潜艇战、反潜战等子使命都可以按照敌我对抗的方式描述军用无人潜航器的编组方式、运用时机和运用方式等，以便人们更加清晰地理解军用无人潜航器的作战使命。武器装备作战任务又是武器装备作战概念的实例化，是对武器装备作战概念中编组方式、运用时机、运用方式等的进一步细化，考虑武器装备的作战运用过程及其预期的作战效果，更加强调作战过程的对抗性和可操作性，是明确武器装备具体任务的重要方式。如军用无人潜航器的潜艇战可以按照作战阶段或作战目标，进一步明确各个作战阶段中对不同作战目标的具体任务要求。

5.1.3 任务需求分析流程

根据武器装备使命任务分析的内容及其相互关系可知，武器装备使命任务分析包括作战使命分析、作战概念设计、作战活动分解、作战活动集成 4 个步骤，如图 5-1 所示。

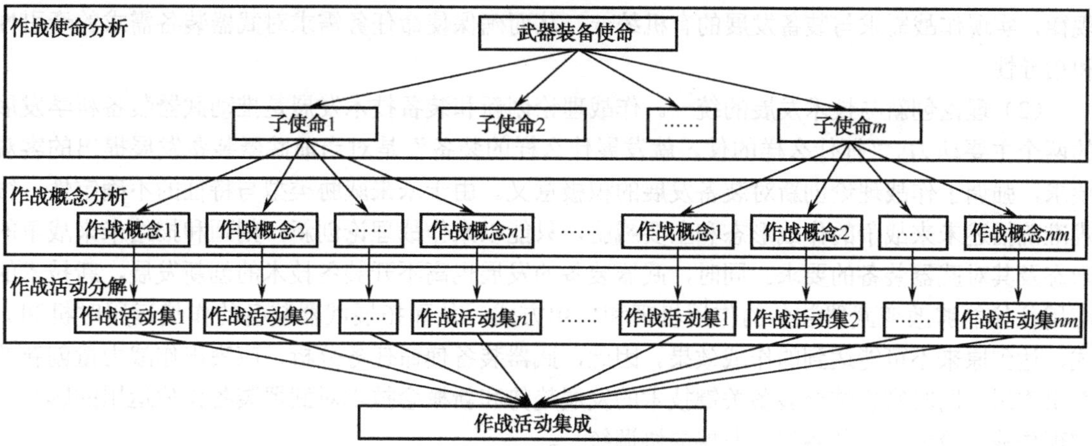

图 5-1　使命任务分析流程

（1）作战使命分析。根据国家安全战略、军队建设目标和战争发展规律，综合考虑武器装备发展的内外部条件，科学提出武器装备在特定历史时期的主体责任和总体目标，并根据作战环境与目的的不同将武器装备的总体使命分解为一系列相对比较明确的子使命，为牵引武器装备发展建设指引方向。

（2）作战概念设计。根据武器装备作战使命要求，遵循作战理论的发展规律，依照作战对抗的基本特征，分析设计特定作战样式下武器装备的编组方式、运用方式、典型作战活动及其交互方式等，提出面向特定作战使命的武器装备作战概念。武器装备作战概念，是对以该装备为主体的作战体系的宏观、概略性描述，通过作战概念分析，可以简明扼要地说明该装备体系的部分或全部作战使命。

（3）作战活动分解。以作战概念为依据，按照实战要求进一步细化武器装备的作战对抗过程，明确武器装备作战的对手、企图、编组、部署、行动及其交互方式，提出特定作战概念下武器装备的主要作战活动组成及其相互关系，并通过武器装备的作战运用效果检验武器装备作战活动的和理性和科学性。武器装备的作战活动，是武器装备使命在武器装备层次上的具体化，是引导武器装备功能需求和结构需求分析的基本依据。

（4）作战活动集成。作战概念依靠作战活动的实施来实现。不同的作战概念必然牵引出不同的作战活动及其完成指标。为实现由不同作战概念牵引出的作战活动的集成，可采用模糊聚类分析方法，可以依据作战活动的特征及其相似程度，利用模糊数学的方法定量表示作战任务间的相似关系，从而建立不同作战活动之间的模糊相似关系矩阵，并按照给定的聚类水平对作战任务进行分类与集成。

5.1.4 任务需求分析特点

武器装备使命任务分析，是从发展战略到具体任务的分析，是由抽象到具体的分析过程，要求分析必须能够站在国家军事战略的高度，统筹考虑作战需求与装备发展、理论创新与技术发展、作战运用与装备使用、装备体系与装备型号的相互关系，满足武器装备使命任务对武器装备功能与结构需求的牵引作用。

（1）作战需求与装备发展的统一。使命任务需求分析是对未来武器装备作战运用目的、环境和方式的分析，是牵引武器装备科学发展的重要内容。使命任务分析作为武器装备作战需求分析的重要内容，必须紧贴武器装备作战需求总体要求，同时兼顾武器装备的发展建设现状与规律，实现作战需求与装备发展的有机统一，从而确保使命任务需求对武器装备需求的牵引性和指导性。

（2）理论创新与技术发展的统一。作战理论创新和装备技术发展是推动武器装备科学发展的两个主要动力。“打什么样的仗，就发展什么样的装备”是对当前武器装备发展提出的客观要求，强调了作战理论创新对装备发展的积极意义。由于未来威胁类型与特征的不确定性，很难准确描述未来战争的作战形态和主要威胁，只能以来作战理论创新，刻画和描绘未来战争的形态及其对武器装备的要求。同时，武器装备的发展也离不开装备技术的创新发展，新技术的应用往往能够改变武器装备的作用机理和作用方式，从而拓展武器装备的作战运用时机和方式，达到原来不可能达到的作战效果。因此，武器装备使命任务分析，应突出作战力量创新的牵引作用，同时密切结合装备关键技术的发展趋势和新概念技术对武器装备作战运用的影响，实现作战理论创新与装备技术发展的协调统一。

（3）作战运用与装备使用的统一。现代战争的物质基础是武器装备，没有性能先进、系统配套、功能互补的武器装备体系就不可能达成预期的作战企图和目的，也难以完成军队建设的历史使命。同时，武器装备发展的根本目的是提高和保持战斗力，满足战争企图和作战要求。因此，使命任务分析，必须要充分考虑武器装备在作战运用过程中的具体使用方式、使用时机和使用效果，并以此为基础引导武器装备使用要求的分析与设计，进一步突出作战运用对武器装备使用要求的牵引作用，实现作战运用与装备使用的有机统一。

（4）装备体系与装备型号的统一。现代战争是信息化条件下武器装备的体系对抗，具有强烈的整体性、对抗性和演化性特征，武器装备的整体作战能力成为衡量武器装备建设质量高低的关键。传统的仅仅依靠少量高技术装备改变对抗双方作战力量平衡局面的现象将越来越少，更加强调组成作战力量体系的各类武器装备的有机融合和信息铰链。使命任务分析，作为牵引武器装备需求的重要内容，必须在体系对抗的宏观背景下，考虑武器装备体系及武器装备型号的作战使命定位及其作战任务要求，达到装备体系与装备型号使命任务需求的有机统一。

5.2 作战使命分析

作战使命分析采用 SWOT 方法，从武器装备发展的国际国内安全形势和战争发展规律出发，科学确定武器装备的作战使命。

5.2.1 基于 SWOT 的作战使命分析方法

5.2.2.1 SWOT 方法

SWOT 分析是由美国哈佛大学商学院安德鲁斯教授于 20 世纪 60 年代首先提出的，并在麦肯锡咨询公司进行企业战略分析中得到了推广和应用。SWOT 分析是最早应用于企业战略管理，是一个用于分析企业环境进而制定战略计划的经典方法，具有结构化和系统化的特点。SWOT 分析认为企业的环境分析包括内部环境分析与外部环境分析。内部环境是企业内部物质、文化环境的总和，包括人力、财务、研发、生产、营销等因素。外部环境是企业外部的政治、社会、技术、经济、竞争等环境的总称。内部环境分析包括企业的优势（Strength）分析和劣势（Weakness）分析，外部环境分析包括面临的机会（Opportunity）分析和威胁（Threats）分析。SWOT 分析的指导思想是在全面把握各项环境因素的基础上，构建包括 4 个象限的 SWOT 分析模型（如图 5-2 所示）；再根据各象限的特点，制定战略计划，以发挥优势、克服不足、利用机会、化解威胁。

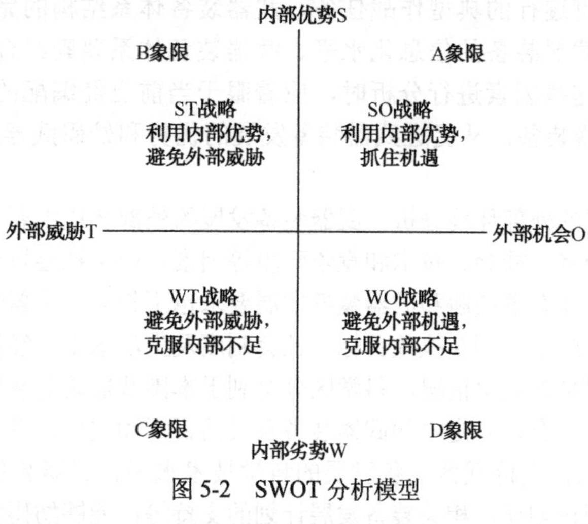

图 5-2 SWOT 分析模型

基于 SWOT 方法分析作战使命的基本步骤如下：

（1）收集作战使命分析的权威资料。武器装备的作战使命分析，应以准确、翔实、权威的武器装备发展相关资料为基础，包括国际安全形势发展变化、国内外军事威胁、国家安全战略、军队发展战略、武器装备发展战略和作战理论研究等内容。通过权威资料的收集，为科学分析武器装备作战使命的内外部影响因素提供基础。

（2）确认武器装备发展的机遇与威胁。从政治、经济、社会、军事和技术等方面分析提出武器装备发展的外部环境条件，确认武器装备发展的有利条件和不利因素，提出推动武器装备发展的机遇和威胁。

（3）确认武器装备发展的优势与劣势。以军队使命任务为依据，充分研究影响武器装备发展的装备及技术因素，从武器装备论证、研制、生产、使用等领域分析支持武器装备发展的内在优势和劣势，为有针对性地提出武器装备发展方向和方案提供依据。

（4）构建 SWOT 分析矩阵。按照 SWOT 分析矩阵四个象限的设计要求，将影响武器装备发展的外部机遇与威胁、内部优势与劣势填入矩阵，形成支撑武器装备作战使命分析的 SWOT 分析矩阵，以区分不同因素对武器装备发展的影响情况，如图 5-3 所示。

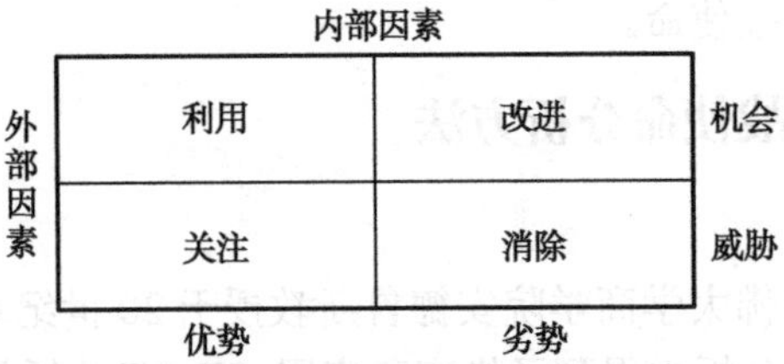

图 5-3　SWOT 分析矩阵

（5）提出武器装备作战使命。根据 SWOT 分析矩阵，按照抓住机遇、强化优势、避免威胁、克服劣势的逻辑归纳原则，科学定位武器装备在武器装备体系及作战体系中的地位作用，合理提出武器装备作战使命。

5.2.2.2　SWOT 分析矩阵构建

（1）武器装备发展的内部环境分析。武器装备发展的内部环境主要包括影响武器装备发展的武器装备现状、装备技术水平、武器装备体系结构等方面内容，具体包括武器装备的使命任务、武器装备可遂行的典型作战任务、武器装备体系结构的完整程度、武器装备的整体战术技术水平、武器装备的信息化水平、武器装备体系要素组合的灵活性、武器装备的费效比等因素。对这些因素进行分析时，应着眼于当前已经编配的武器装备和已研制生产即将列装的所有武器装备，从促进武器装备发展的优势和妨碍武器装备发展的劣势 2 个方面进行分析。

（2）武器装备发展的外部环境分析。武器装备发展的外部环境主要包括影响武器装备发展的国际与国内政治、经济、社会、技术和竞争环境等因素。由于社会发展水平、政治经济形势的不同，不同国家的主要军事威胁和武器装备发展要求也不相同。武器装备发展的外部环境分析，重点是结合各国的政治体制及执政目标、社会制度及生活水平、经济发展状态、科学技术进步，以及国内外武器装备竞争情况，科学区分有利于本国武器装备发展的战略机遇和妨碍武器装备发展的主要威胁，合理确定本国武器装备发展的目标和定位。具体地讲，能够促进武器装备发展的机遇主要包括支持武器装备发展的科学技术水平、武器装备体系化信息化发展趋势、军队变革与作战理论创新、相关装备发展计划的支持等；能够妨碍武器装备发展的劣势主要包括国际安全形势多变、国家安全战略调整、军事变革的加速推进、潜在威胁的不确定性等因素。

（3）武器装备 SWOT 分析矩阵。根据武器装备发展的内外部环境分析，将相应的影响因素填入矩阵，形成武器装备 SWOT 分析矩阵，如图 5-4 所示。

优势、劣势 策略 机遇、威胁	优势（S）	劣势（W）
	① 武器装备的使命任务多样 ② 武器装备可遂行的典型作战任务 ③ 武器装备体系结构相对完整 ④ 主战武器装备的战术技术水平高 ⑤ 武器装备体系要素具有一定的可组合性 ⑥ 其他优势因素	① 武器装备体系通用化、系列化程度低 ② 武器装备战术技术水平不均衡 ③ 武器装备信息化水平低，系统互联、互通能力弱 ④ 重点装备费效比较高 ⑤ 其他劣势因素
机遇（O）	SO 策略	WO 策略
① 支持武器装备发展的科学技术体系完整、水平比较先进 ② 武器装备体系化、信息化发展趋势 ③ 军队变革与作战理论创新 ④ 相关装备发展计划的支持 ⑤ 其他因素	……	……
威胁（T）	ST 策略	WT 策略
① 国际安全形势多变 ② 国家安全战略调整 ③ 军事变革的加速推进 ④ 潜在威胁的不确定性 ⑤ 其他因素	……	……

图 5-4　武器装备 SWOT 分析矩阵

武器装备作战使命的确定，应是在综合考虑武器装备内部优势与劣势、外部机遇与威胁的基础上，统筹 SO 策略、WO 策略、ST 策略、WT 策略，以武器装备发展的 ST 策略为重点设计提出作战使命。对于兵种装备体系或者装备型号而言，其作战使命分析时，还应该以作战效能为牵引对比分析不同兵种装备体系之间或者不同装备型号之间的功能对比情况，并据此作为武器装备作战使命分析的主要依据。

5.2.2　作战使命分解方法

武器装备作战使命具有可分解性，可将比较抽象、综合的作战使命分解为一系列比较具体的作战子使命。作战使命分解通常可按照以下几种方式进行。

（1）按作战样式分解。作战样式包括进攻作战和防御作战两种基本样式，是组织实施战斗、达成作战目的的主要方式。在武器装备总体使命范围内，按照作战样式的划分，可分别提出不同作战样式下的作战子使命。以坦克装甲车辆为例，其作战使命就可以进一步区分为进攻作战的作战使命和防御作战的作战使命。

（2）按作战用途分解。作战企图决定着武器装备的作战用途，战争目的不同，武器装备的作战用途及其编组方式也不同。按照作战用途的不同，也可以将武器装备的总体使命分解为比较具体的作战子使命。以坦克装甲车辆为例，可按照其作战用途，区分为兵力威胁、机动造势、快速占领、要地攻防等作战子使命，如表 5-2 所示。

表 5-2　坦克装甲车辆作战子使命

兵力威慑	通过实施战略、战役展开，完成快速部署，彰显能力、震慑敌军，以遏制危机、稳定态势，或者为后续作战创造有利条件
机动造势	地面突击装备，机动速度快，合成程度高，突击能力强，能够实施广泛的战场机动，牵制和调动敌人，破坏和打乱敌部署，形成有利态势
快速占领	充分发挥地面突击装备机动能力强的优势，快速先敌抢占有利地形和战场要点，为其他力量后续行动创造条件
要地攻防	充分发挥地面突击装备攻防兼备、突击能力强的优势，在其他力量的支援配合下，实施要地攻防作战，达到夺控重要目标、歼敌有生力量、持久稳定作战、控制战局的目的

（3）按作战对象区分。战场上作战对象多种多样，形态各异，对作战进程和作战胜利的影响程度不尽相同。为了有效遏制或破坏敌方不同类型武器装备作战效能的发挥，需要有针对性地以特定作战对象为目标进行作战设计。因此，按照作战对象的不同，也可以将武器装备作战使命分解为一系列武器装备作战子使命。以军用无人潜航器为例，其作战对手包括水面舰艇、潜艇、水雷等，其作战使命就可以进一步细分为潜艇战、反潜战、反水雷战等。

（4）按作战空间分解。由于作用机理的不同，不同武器装备的作战空间有明显差异，既有单一作战空间的武器装备，也有能够在多个作战空间作战的武器装备。以执行攻击任务的固定翼飞机为例，既可以对空中目标进行打击，又可以对地面或水面目标进行打击，则其作战使命就可区分为空中打击和地面或水面打击 2 种作战子使命。

（5）按作战环境分解。不同类型、不同条件的作战环境，对武器装备的战术技术性能水平的要求不同。武器装备设计时，既要考虑到典型作战环境对武器装备战术技术指标的制约，又要考虑到特殊作战环境对武器装备战术技术指标的制约，如城市作战、丛林作战、复杂电磁环境作战等对武器装备的要求与通常条件下的要求就不同。因此，按照作战环境的不同，也可以进行作战使命的分解。以坦克装甲车辆为例，主要遂行地面突击任务，但有时也要承担渡海或渡河作战任务，则可据此将坦克装甲车辆的作战使命分解为地面突击和渡海或渡河两种作战子使命。

5.3　作战概念分析

5.3.1　主要内涵

在武器装备领域，有产品概念设计和作战概念设计两种概念。产品概念设计，是武器装备设计的关键步骤，是从用户要求到形成原理解的过程，即产品概念形成的过程，它决定了产品的整体结构形式和产品的成本。产品概念设计对人员的约束较少，具有较大的创新空间，最能体现设计者的经验、智慧和创新性，其重点是产品原理方案的设计。作战概念设计，是对武器装备作战运用理论与方式的设计，是提高武器装备作战效能、达成作战目标的关键，它以武器装备作战使命为依据，结合作战理论创新成果，围绕武器装备发展趋势及其技术特征，创新武器装备的作战运用方式，提出未来战争中武器装备的作战使用模式和基本要求，为进一步细化提出武器装备典型作战活动做好顶层规划与设计。

按照美军对作战理论体系的定义，联合作战概念与联合作战构想、联合作战条令一起构成了联合作战理论体系，是覆盖战略级、战役级和战术级联合军事行动和联合人事、情报、作战、后勤、计划、C4 系统等各个领域、横向纵向相互联系的知识整体。其中，联合作战构想主要展望未来 15 至 20 年可能出现何种作战样式、需要何种作战能力和作战理论，一般比较宏观，比较概略，既不能直接落实到某种行动上，也不能在没有实验和实践的情况下直接纳入联合作战条令，如美军在《2010 年陆军构想》、《陆军构想：士兵出国出征》中提出了采取制敌机动、决定性行动、精确作战、全维防护、聚焦后勤、信息优势等作战思想和反应、部署、灵敏、多能、生存、杀伤、持久等作战原则，对 2010 年美国陆军的能力和要求提出了初步要求。联合作战概念是联合作战构想的细化和具体化，经论证、演示、试验和联合训练与实战检验证实后，写入联合作战条令，指导美军进行联合作战和联合训练，如美国陆军从 2005 年开始开发陆军"拱顶石"作战概念，开发出了"战役机动"、"战术机动"、"陆战网"等陆军行动概念和"未来模块化部队防护"、"未来模块化部队分布式作战"、"陆军航空兵作战"等陆军概念能力计划。联合作战条令是指导美军组织和实施联合作战与训练的权威性文件。据 2009 年资料分析可知，美国陆军作战条令包括 432 本，纵向分为战略、战役和战术 3 个层次，横向分为人事、情报、作战、计划、指挥控制、其他 7 个系列。

武器装备作战概念是作战概念的有机组成部分，重点围绕部队作战使命目标，开展武器装备作战运用方式的创新，主要包括以下 3 个层次。

（1）集成级作战概念。着眼于武器装备体系对抗，以联合作战使命或合成作战使命为牵引，研究完成作战使命的武器装备组合方式、力量编组、部署、指挥控制和信息交互方式，提出武器装备体系的作战运用方式和要求，形成武器装备集成级作战概念。

（2）行动级作战概念。着眼于武器装备分队的作战任务要求，研究完成作战任务的武器装备编组、部署、指挥控制和信息交互方式，提出武器装备分队的作战运用方式和要求，形成武器装备行动级作战概念。

（3）系统级作战概念。着眼于武器装备系统的作战功能要求，研究武器装备技术创新、功能创新和结构创新对武器装备作战功能的影响情况，提出武器装备系统自身的操作使用方式和要求，形成武器装备系统级作战概念。

武器装备集成级、行动级和系统级作战概念的关系如图 5-5 所示。集成级作战概念包含若干行动级作战概念，行动级作战概念包含若干系统级作战概念。

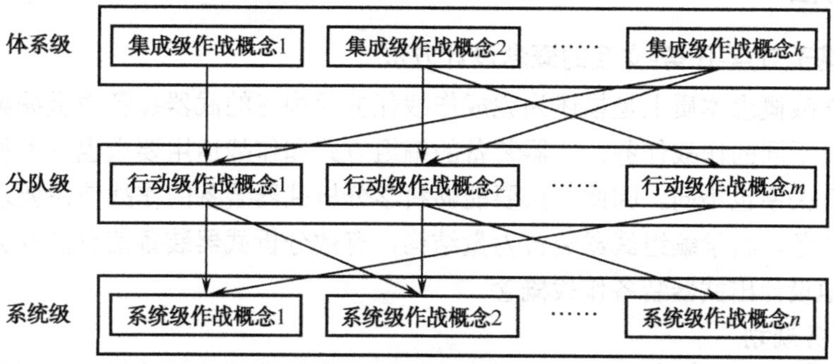

图 5-5　武器装备作战概念的层次划分及其关系

5.3.2　基本原则

基本原则有如下几项：

（1）紧贴使命任务要求。装备作战概念设计的目的是分析武器装备的作战使命要求，探索武器装备在新的作战使命背景下的作战运用方式及要求，为科学确定武器装备任务需求、能力需求和系统需求提供基础，是将抽象、模糊的作战使命分解为具体、明确的任务需求的关键步骤。因此，武器装备作战概念设计，必须紧贴武器装备的使命任务要求，通过多个作战概念的分析与设计，满足武器装备总体作战使命和各子作战使命的基本要求。

（2）突出作战理论创新。理论创新是推动军事变革的根本动力，是指导军队建设和武器装备科学发展的关键路径。武器装备作战概念设计，着眼于未来作战对武器装备作战运用方式及其要求的分析，必须有创新性的作战理论研究成果作支撑，否则根本无法科学提出武器装备作战概念，也不能支持武器装备作战任务的分析。

（3）重视装备技术创新。以新材料、新能源和计算机技术为代表的高新技术的蓬勃发展，为改进武器装备战术技术性能指标和提升武器装备作战能力提供了更多的技术途径和实现方式，同时也引起了武器装备作战功能及其作用方式的灵活变化，这势必为创新武器装备作战使用方式、提高武器装备作战效能奠定了基础。因此，在武器装备作战概念设计时，应重视装备技术的发展趋势及其对武器装备功能、结构和使用方式的影响，并在充分考虑装备技术发展路线图和成熟度的基础上，科学创新武器装备作战概念。

（4）强调概念演绎发展。武器装备作战概念设计是从抽象到具体、从模糊到明确的反复迭代演化的过程，它是在作战使命的引导下不断修正和完善的过程，这个演化过程随着作战使命、作战理论和技术途径的变化而变化，随着对作战概念研究的深入而不同深入。因此，武器装备作战概念设计，应特别强调武器作战概念设计、验证与优化，并通过反复迭代实现武器装备作战概念的最优。

（5）强调定性定量结合。武器装备作战概念是对武器装备作战应用方式及要求的描述，不涉及武器装备的具体性能参数和技术要求，但是依然可以通过分析武器装备的编组、部署、使用方式和信息交互关系，采用定性与定量相结合的分析方法，研究武器装备作战概念的逻辑性和时序性，提高武器装备作战概念的合理性和可行度。因此，武器装备作战概念设计，应充分发挥定性分析与定量计算的优势，将定性的作战概念描述信息与定量的武器装备作战运用模型有机结合起来，反复验证与优化武器装备作战概念。

5.3.3 主要方法

5.3.3.1 基于节点-任务-交互的概念设计方法

武器装备作战概念本质上是描述为完成作战任务而构建的武器装备力量编组、作战运用和信息交互关系。不同的作战任务，武器装备的编组方式和作战运用要求也各不相同，作战力量之间的信息交互关系也不同。因此，只要能够科学分析武器装备的作战使命要求，合理规划武器装备的作战任务，科学编组武器装备力量结构，有效分析武器装备信息交互关系，就能够比较全面、科学地设计出武器装备作战概念。

1. 作战任务规划

根据作战概念的层次，武器装备的作战任务层次也具有明显的差异。对于集成级作战概念而言，武器装备的作战任务体现为武器装备体系的作战任务及其典型功能性作战任务，如机动突击、全维防护、野战保障等功能性任务。对于行动级作战概念而言，武器装备的作战任务体现为武器装备编组分队的作战任务及其主要的功能性要求，如遂行迂回攻击任务的坦克分队应具有一定的侦察、指控、机动和防护能力。对于系统级作战概念而言，武器装备作战任务体现为武器装备系统的具体战斗动作，如坦克射击过程中车长侦察、指挥与炮长瞄准、射击的协调行动，而在新一代坦克中将车长与炮长合二为一，实现了侦察、指挥、瞄准、射击的一体化。

作战任务规划，主要是根据武器装备作战概念设计的层次，按照武器装备的作战使命要求，以未来作战中武器装备作战理论创新为依据，科学提出完成特定作战使命的武器装备作战任务分类与要求。以某陆军空中突击部队装备体系为例，包括空中机动、空地一体突击作战等作战任务，在武器装备作战概念设计中应能够通过合适的手段反映陆军空中突击部队装备体系的主要作战任务。

2．作战节点设计

作战节点是完成作战任务的作战力量、设施等，是决定敌我双方对抗效果的关键要素。不同层次的作战概念，作战节点的构成也具有较大的差异。对于集成级作战概念，作战节点主要是指完成功能性作战任务的军兵种合成部（分）队，通常由多种武器装备以功能互补、信息铰链方式的有机组成。对于行动级作战概念，作战节点主要由武器装备系统或武器装备组成。对于系统级作战概念，作战节点主要指武器装备系统本身。

作战节点设计，主要依据武器装备的作战任务，按照完成作战任务的能力要求，根据武器装备的功能特性和组合规律，提出完成不同作战任务的作战节点装备组合。由于作战对抗过程的演变性和不确定性，形成作战力量的武器装备数量通常是有限的，组合形成的作战节点往往随着作战任务的演变而不断调整优化。

3．信息交互设计

信息交互关系，是遂行不同作战任务的作战节点的作战功能协作的描述，是武器装备功能及其战术技术特性的物理实现，也是作战节点相互关系的具体化。信息交互设计主要包括 3 种方法。

一是按照作战节点的协同关系设计，包括指挥关系、协调关系、保障关系等各种作战关系，通过分析作战任务之间的完成要求及其逻辑关系，有机梳理不同作战节点之间的协同关系，构建作战任务与作战节点之间的信息交互矩阵。

二是按照武器装备功能组合方式设计，相同的功能通常具有相同或类似的输入和输出关系，在类层次上不同类型的武器装备功能间的信息交互也往往具有相同或类似的交互方式和输入、输出要求，因此，在作战概念设计时，应遵循武器装备功能组合规律，设计作战节点之间的信息交互关系。

三是按照武器装备的技术特性设计，由于武器装备技术的差异，不同型号武器装备的装备技术特征并不相同，一般老旧装备技术成熟度高，但性能较低；而新装备战术技术性能优良，与同一代别的武器装备在技术簇及其先进性方面具有较高的一致性和可组合性，因此，信息交互关系的设计，应充分研究各类武器装备的技术特征，根据装备技术的内在联系和组合规律，设计武器装备信息交互关系。

4．作战概念描述

以作战任务规划、作战节点设计和信息交互设计为基础，采用静态示意图或交互式动画等方式，描述武器装备作战任务、作战节点及其信息交互关系，为武器装备论证人员提供一幅比较清晰地描述武器装备远景作战使命的粗略画面，以帮助装备论证人员准确把握武器装备作战使命并科学分析武器装备的典型作战活动。

以陆军空中突击部队装备体系为例，空地一体联合攻击作战是其典型作战概念之一，也是当前世界陆军空中突击部队遂行地面作战任务的主要行动方式。它突破了原有的主要依靠地面作战力量线式推进的作战方式，丰富了打击手段，构建了空中火力与地面火力相融合的联合打击体系；并利用空中武装直升机的超低空飞行能力，大幅拓展了陆军部队的作战空间，实施了对敌防御区域全纵深、多点打击；同时，步兵特战分队还可以采用直升机机降，从敌后方实施对敌关键节点和通信枢纽的破坏和袭击。其基本概念可描述为如图 5-6 所示的静态示意图。

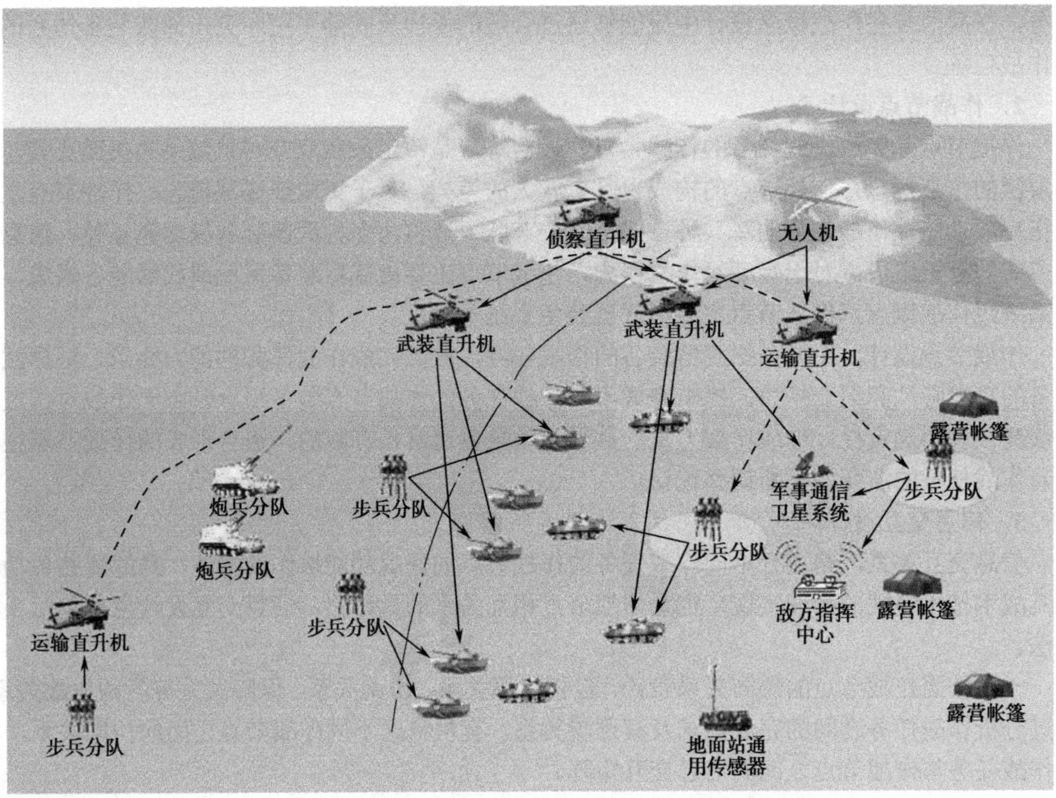

图 5-6　陆军空中突击旅空地一体联合攻击作战概念

5.3.3.2　基于作战实验的作战概念设计方法

作战实验是一种定性与定量相结合的分析方法，能够应用于作战概念设计、评估与优化的全过程，主要包括研究设计概念、开展实验设计、进行实验准备、组织概念实验和综合评估概念 5 个步骤，如图 5-7 所示。

1. 研究设计概念

研究设计作战概念就是根据作战概念设计的目的，以武器装备作战运用要求为牵引，以未来武器作战理论创新为参考，借助相关实验手段的支撑，艺术化地创造研究形成作战概念的阶段。该阶段属于作战概念研究的传统模式，主要是以定性研究为主、定量计算为辅，研究内容包括明确作战概念目的、确定作战概念目标、明确作战概念作战节点组成及其交互关系。在此基础上，根据下一阶段开展作战概念实验论证的需要，研究确定作战概念实验问题，提出实验要求。

2. 开展实验设计

开展实验设计就是依据实验论证作战概念，针对作战概念实验问题，结合已有实验手段，确定实验验证要点和评估指标，明确实验背景条件，选择实验手段，制订实验方案的阶段。实验设计是对作战实验的科学筹划过程，主要是以定性分析与优化设计相结合的方式，科学设计实验方案，确保作战概念作战实验高效、有序进行。

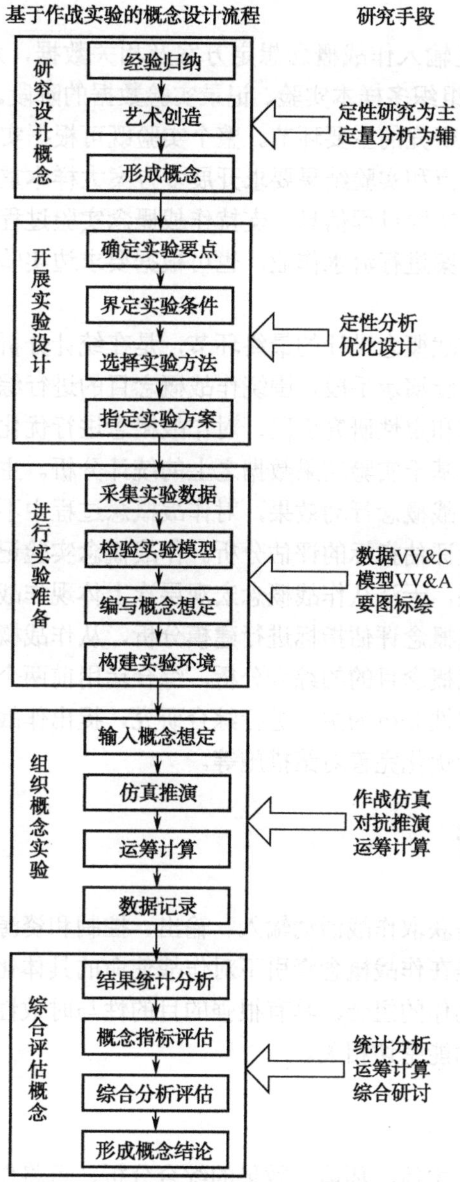

图 5-7　基于作战实验的作战概念设计过程

3．进行实验准备

进行实验准备就是根据实验方案，组织编写作战概念想定，采集实验数据，校验实验模型，构建作战概念验证实验环境的准备阶段。准确的数据、可靠的模型、典型的想定是开展作战概念实验必不可少的关键要素，直接影响作战概念实验的结果。数据采集的基本准则是准确、权威，要保证数据的有效性和可用性。若作战概念是面向未来超前设计的，则采集的数据必须符合未来的发展趋势，反映武器装备更新换代、兵力编组等方面规律。实验模型准备的基本准则是管用、好用、合适，要确保模型针对性强，能够支持待实验作战概念，模型的精度、粒度合适，操作简便等。想定编写的基本准则是权威、典型，能够描述作战概念的主要要素，体现作战概念过程的主要环节，反映作战概念的基本思想。可根据作战概念论证实验的需要编写多个实验想定支持实验实施。

4．组织概念实验

组织作战概念实验就是输入作战概念想定方案及相关数据，对作战概念行动进行仿真计算、对抗推演，并根据要求组织多样本实验、记录实验数据的阶段。该阶段是以实验手段为主、定性分析为辅开展作战概念研究的主要环节。整个实验既可根据实验问题或实验要点分批分次展开，也可根据实验方法特点和实验结果要求开展多方案大样本重复实验。实验中必须根据作战概念设计的需要全程记录实验过程信息，支持作战概念实验过程中在线分析和事后分析。实验活动中既可以按照实验方案进行流水作业，也可根据要求边实验边分析，实验的形式多样。

5．综合评估概念

综合评估作战概念是作战概念设计的最终环节，是在统计分析仿真推演、运筹计算实验结果基础上，借助作战概念实验演示手段，围绕作战概念目的进行综合分析的阶段。在该阶段综合运用统计分析、运筹计算和定性研究手段，对作战概念进行优化完善。综合评估作战概念一般分三个层次：第一层次是基于实验结果数据之上的统计分析。主要是根据实验结果数据来统计作战概念实验的效益、作战概念行动效果，对作战概念过程中不合理的现象与数据进行重点分析。第二层次是基于实验评估指标的评估分析。作战概念实验记录的结果反映的一般都是作战概念战术行动的微观结果，无法从作战概念宏观层次上体现作战概念的效果，必须在这些微观实验结果基础上针对作战概念评估指标进行建模分析，从作战概念整体层面上来评估作战概念。第三个层次是基于作战概念目的的综合分析。综合运用前两个层次的分析结果，针对作战概念论证研究的问题，以定性分析为主，进行综合研究，提出作战概念评估最终结论，如作战概念可行性结论、作战概念优化完善对策措施等。

5.4 作战活动分析

作战活动分析的目的是获取作战活动输入、输出、控制和资源信息，促进各类人员对作战活动的一致理解，其本质是在作战概念牵引下对作战使命的具体化和实例化。作战活动是作战力量遂行特定作战任务的动作的组合，具有很强的目的性与时效性，它与需要完成的作战任务的要求和作战力量的作战功能密切相关。

5.4.1 作战活动元模型

通过对作战活动任务、主体、环境、效果的综合分析，可将作战活动定义为七元组：

$$T=\{\text{TName},\text{TID},\text{TEnitity},\text{EObject},\text{TEnvironme nt},\text{TEffect},\text{TTime}\}$$

其中，TName 表示作战活动的名称，它是对作战活动的描述；TID 表示作战活动的标识，在作战序列中作战活动的标识是唯一的；TEntity 表示作战活动的执行主体，对应于作战编成中的部（分）队；TObject 表示作战活动的对象，即与作战主体发生交互作用的实体，如攻击行动中的被攻击者，协同行动中的被协调者等；TEnvironme 表示作战活动开展所应满足的外界环境条件，包括自然环境、社会环境和军事环境等；TEffect 表示作战活动所应达到的作战效果，通常表示为一系列的作战活动指标；TTime 表示作战活动开展的时间约束。

根据作战活动元模型定义，可以给出作战活动元模型结构图，如图 5-8 所示。

<table>
<tr><td colspan="3">作战活动名称
（TName）</td><td colspan="3">作战活动标识
（TID）</td></tr>
<tr><td colspan="2">作战活动主体
（TEntity）</td><td colspan="2">作战活动对象
（TObject）</td><td colspan="2">作战活动时间
（TTime）</td></tr>
<tr><td colspan="3">作战活动环境
（TEnvironment）</td><td colspan="3">作战活动效果
（TEffect）</td></tr>
</table>

图 5-8　作战活动元模型结构

5.4.2　作战活动分解

分解方法作为研究与分析复杂事物的基本方法，将宏观、复杂、模糊的问题分解还原为一系列微观、简单、明确的子问题，并通过子问题的研究来进行复杂问题的研究，在近代科学技术的发展进程中发挥了巨大的作用，例如系统功能分解、系统结构分解、空间分解、项目分解等。作战活动分解的核心是采用自顶向下、逐层细化的方法，将相对比较宏观、目标多样的作战活动分解为相对比较微观、目标单一、功能单一的作战活动，以便于根据作战活动及其指标要求提出武器装备的作战性能要求。由于作战活动的复杂性及其专业领域的多样性，科学、合理、清晰地分解作战活动，并不是一件轻松的事情，往往由于不同人员理解的差异导致分解结果的可理解性和可接受程度较低。为此，有必要根据作战活动的规律和特征，研究作战活动的分解原则及其分解结构，为科学、合理地进行作战活动分解提供基本方法。

5.4.2.1　分解方法

作战活动分解，通常应在武器装备体系对抗的背景下，围绕武器装备的作战使用过程，重点突出武器装备的特征性作战行动，主要的分解方法有以下 5 种。

1．作战功能分解方法

作战功能分解方法，是根据作战功能分解武器装备的作战活动。例如，可以将数字化师装备体系的作战功能区分为多维战场感知、高效指挥控制、立体机动突击、信火一体打击、全维综合防护、精确综合保障 6 项基本作战功能，如图 5-9 所示。

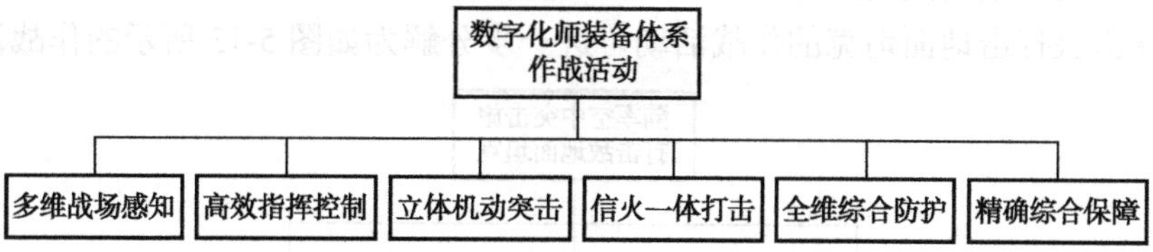

图 5-9　作战功能分解方法举例

2．目标类别分解方法

目标类别分解方法，是指按照作战目标的特征或分类，对作战活动进行分解。由于现代武器装备均具备打击多种不同类型、不同特征的作战目标的能力，因此，在作战活动分解时，应考虑到战场目标的多样性，全面反映武器装备的作战行动。例如，陆军空中突击旅炮兵分队的支援火力打击行动，就可以区分为对活动目标打击、对阵地目标打击、对工事打击 3 类，如图 5-10 所示。

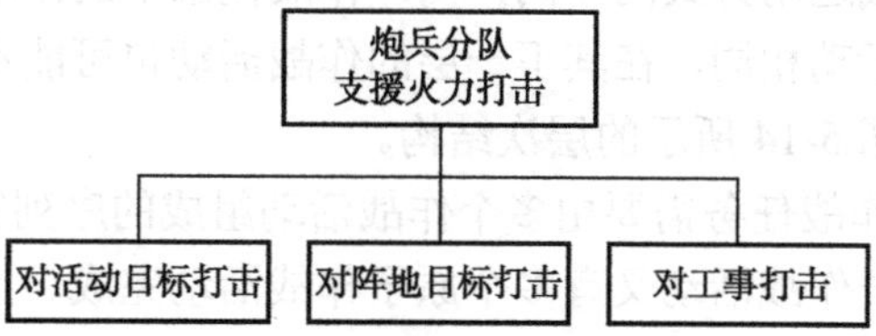

图 5-10　目标类别分解方法举例

3. 作战过程分解方法

作战过程分解方法，要求按照武器装备遂行使命任务的作战过程分解作战活动。以陆军空中突击旅遂行全纵深快速攻击作战为例，采用作战过程分解方法，可分解为集结、直前火力打击、空地火力突击、机降、纵深攻击、联合抗反 6 项基本活动，如图 5-11 所示。

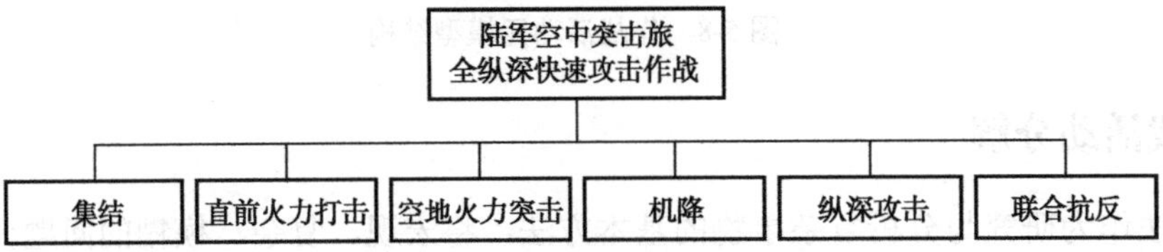

图 5-11　作战过程分解方法举例

4. 任务空间分解方法

任务空间分解方法，是按照武器装备遂行任务的作战空间进行作战活动的分解。现代战争的作战空间通常可区分为陆上、海上、空中、太空、电磁、网络等 6 维作战空间，因此，作战活动分解时也可按照上述 6 维作战空间进行分解。以空军航空兵攻击作战为例，根据作战空间的不同，可区分为空对地攻击、空对空攻击、空对海攻击等 3 种基本作战活动，如图 5-12 所示。

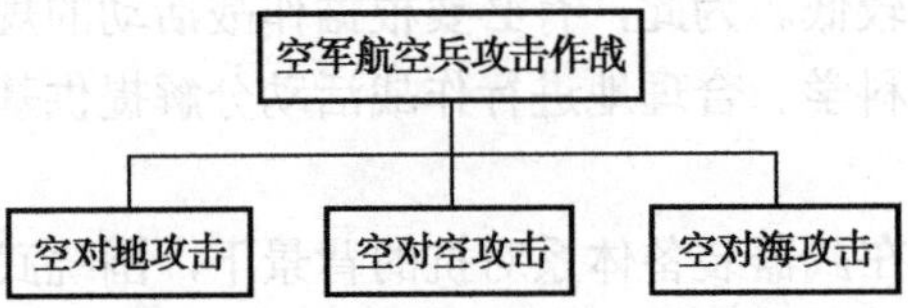

图 5-12　任务空间分解方法举例

5. 技术手段分解方法

作战手段分解方法，是指当前面临的同一个或同一类目标可采用多种打击手段实施打击，则应按照打击手段的不同，分别描述不同打击手段的作战活动。以陆军空中突击旅打击敌地面坦克目标为例，则可采用武装直升机、步兵反坦克导弹、压制火炮等 3 种主要武器进行打击，则陆军空中突击旅打击地面坦克的作战活动可进一步分解为如图 5-13 所示的作战活动。

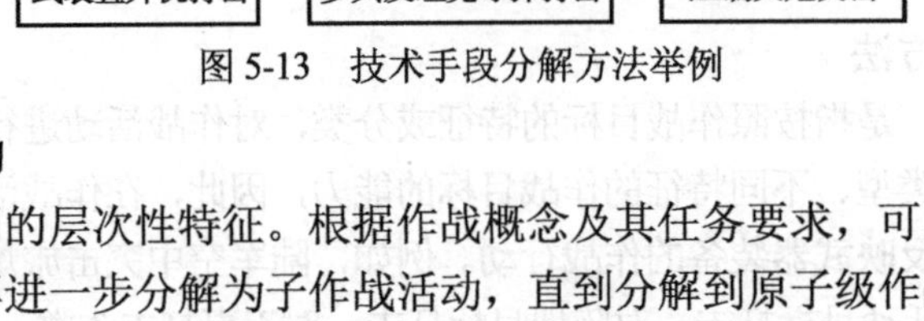

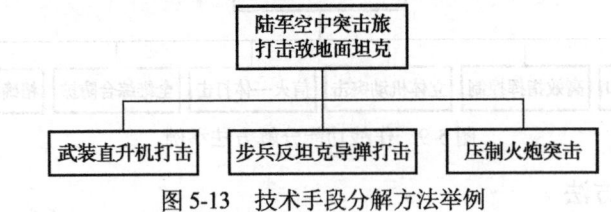

图 5-13　技术手段分解方法举例

5.4.2.2　分解结构

作战活动具有鲜明的层次性特征。根据作战概念及其任务要求，可以将作战任务区分为作战活动，将作战活动再进一步分解为子作战活动，直到分解到原子级作战活动为止。而且，由于作战样式或武器装备作战运用方式的不同，同一作战概念下的作战活动也会具有较大的差异性，即使某一层次的作战活动相同，在其下一层的作战活动也可能不尽相同。武器装备作战活动的分解结构可表示为如图 5-14 所示的层次结构。

由图 5-14 可知，某项作战任务需要由多个作战活动组成的序列完成，每个作战活动又由多个子作战活动完成，每个子作战活动又有多个原子作战活动完成。原子作战活动是指只有一个作战实体完成的作战活动，该作战活动不能再进行划分。需要指出的是原子作战活动与上层作战活动之间不构成树形结构关系，一个原子作战活动可包含在多个上层活动行动中。作战活动分解的层次数量由作战活动的分解粒度确定。

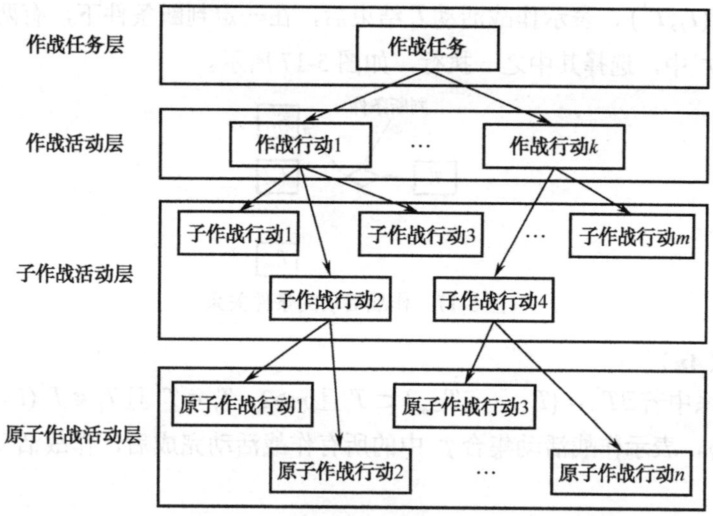

图 5-14　作战活动的层次分解结构

5.4.3　作战活动时序关系分析

由作战行动分解层次图可知，下层作战活动关系图都是对上一层作战活动关系图的细化。对每个层次中的作战活动元模型之间的逻辑约束关系进行建模非常复杂，每个活动的子活动之间又存在复杂的逻辑约束关系，因此，对作战活动之间的关系建模是在同一层次下的逻辑约束关系。

作战活动之间的逻辑关系定义为 7 种：$Tr = \{Se, Co, Cn, An, Or, Sy, Cy\}$。

1．顺序关系（*Se*）

作战活动关系中对于 $\forall T_i, T_j \in T(i, j = 1,2,\cdots,n;\text{且} i \neq j)$，存在顺序关系 $Se(T_i, T_j)$，表示只有当作战活动 T_i 结束后，作战活动 T_j 才能开始执行，如图 5-15 所示。

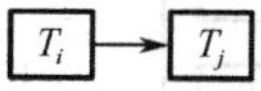

图 5-15　作战活动的顺序关系

2．并发关系（*Co*）

作战活动关系中若 $\exists T' = \{T_{i+1}, \cdots, T_{i+m}\} \subset T$ 且 $m \geqslant 2$，$T_i \subset T$ 且 $T_i \notin T'(i = 1,2,\cdots,n)$，存在并发关系 $Co(T_i, T')$，表示作战活动 T_i 执行完成之后，能够使集合 T' 中的所有作战活动都能执行，如图 5-16 所示。

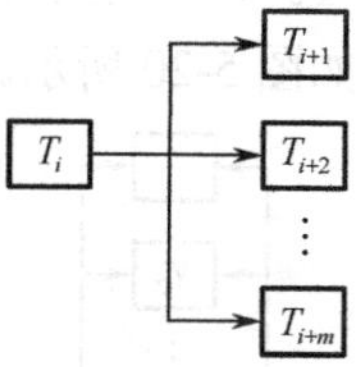

图 5-16　作战活动的并发关系

3. 条件关系（*Cn*）

作战活动关系中对于 $\forall T_i \in T(i=1,2,\cdots,n)$，$\exists T' = \{T_{i+1},\cdots,T_{i+m}\} \subset T$，满足 $m \geqslant 2$ 且 $T_i \notin T'$，存在条件关系 $Cn(T_i,T')$，表示作战活动 T_i 结束后，在一定判断条件下，有两个或两个以上的作战活动的集合 T' 中，选择其中之一执行，如图 5-17 所示。

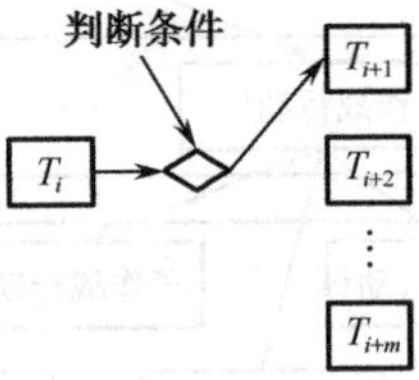

图 5-17　作战活动的条件关系

4. 与关系（*An*）

作战活动关系中若 $\exists T' = \{T_{i+1},\cdots,T_{i+m}\} \subset T$ 且 $m \geqslant 2$，$T_i \in T'$ 且 $T_i \notin T'(i=1,2,\cdots,n)$，存在与关系 $An(T_i,T')$，表示作战活动集合 T' 中的所有作战活动完成后，作战活动 T_i 才能执行，如图 5-18 所示。

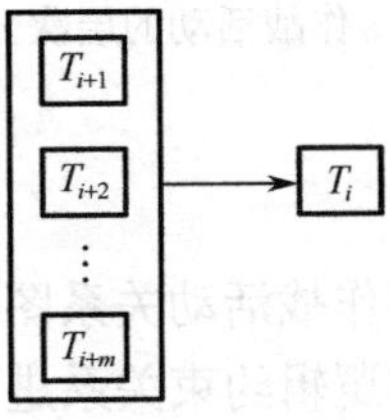

图 5-18　作战活动的与关系

5. 或关系（*Or*）

作战活动关系中若 $\exists T' = \{T_{i+1},\cdots,T_{i+m}\} \subset T$ 且 $m \geqslant 2$，$T_i \in T'$ 且 $T_i \notin T'(i=1,2,\cdots,n)$，存在或关系 $Or(T_i,T')$，表示作战活动集合 T' 中任意一个作战行动完成后，作战活动 T_i 就可以执行，如图 5-19 所示。

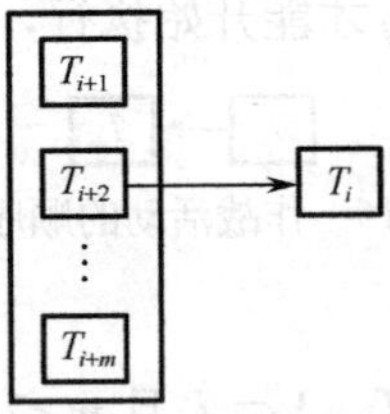

图 5-19　作战活动的或关系

6. 同步关系（*Sy*）

作战活动关系中对 $\exists T_1,T_2,\cdots,T_m \subset T$ 且 $m \geqslant 2$，存在同步关系 $Sy(T_1,T_2,\cdots,T_m)$，表示作战活动 $T_1,T_2,\cdots,T_m$ 的开始和结束都必须同时，如图 5-20 所示。

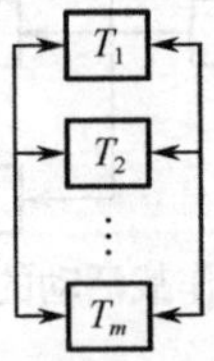

图 5-20　作战活动的同步关系

7. 循环关系（Cy）

作战活动关系中对$\exists T_1,T_2,\cdots,T_m \subset T$且$m\geq 2$，存在循环关系$Cy(T_1,T_2,\cdots,T_m)$，表示在一定的判定条件下，存在一个或一个以上的作战活动循环，如图 5-21 所示。

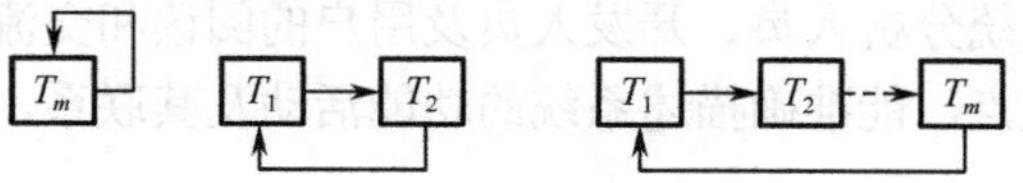

图 5-21 作战活动的循环关系

5.4.4 作战活动建模

5.4.4.1 作战活动建模方法分类

作战活动建模的方法主要包括自然语言建模、半形式化语言建模和形式化语言建模。

（1）自然语言建模。自然语言指用日常使用的口语、书面语对模型进行描述，便于在领域相通人员之间进行交流，便于理解。如果是纯军事人员对军事问题进行描述，一般就采用自然语言描述，这样省时省力，优点较明显。但自然语言描述存在二义性，没有严格的一致性结构，信息分散且不利于捕获模型的语义。

（2）半形式化语言建模。运用一定的结构，采用自然语言，综合采用图、文、表等形式对概念、知识进行描述，是介于自然语言和形式化语言之间的语言。半形式化表示可以捕获结构和一定的语义，也可以实施一定的推理和一致性检查，这种描述方式是当前采用的最多的形式。

（3）形式化语言建模。将抽取出的信息、语言以某种一致化的结构存储和组织起来，以实现计算机自动知识处理和问题求解的语言描述。主要有基于逻辑的表示方法、基于关系的表示方法、面向对象的表示方法、基于框架的知识表示、基于规则的表示方法、语义网络表示、基于 XML 的表示方法、基于本体的知识表示、综合表示方法等。

表 5-3 三种作战活动建模方法的比较

	自 然 语 言	半 形 式 化	形 式 化
目的	权威、系统、详尽的领域描述，用于需求抽取或标记模型	权威、系统、详尽的领域描述，用于结构化、半结构化或格式化模型	权威、系统、详尽的领域描述，用于形式化模型
优点	表达能力强	可以捕获结构和一定的语义，也可以实施一定的推理和一致性调查	具有精确的语义和推理能力
缺点	有二义性，不利于捕获模型的语义	针对性较强，一种结构或格式不一定适合普遍情况	构造一个完整的形式化模型，需要较长的时间和对问题领域的深层次理解
读者	技术人员、领域人员	技术人员、领域人员、建模人员	软件人员、领域人员、建模人员等
形式	叙述性语言	文、图、表	形式化、结构化、层次化、可视化

5.4.4.2 基于 IDEF0 的作战活动建模方法

IDEF0 语言作为一种半形式化描述语言，也是一种具有层次结构化功能的建模语言，采用图形化及结构化的方式，能够清楚、严谨地将一个系统中的功能及功能彼此间的限制、关系、相关信息与对象表达出来，让使用者借助图形便可清楚地指导系统的运作方式及功能所需的各项资源，并且提供一种标准化与一致性的语言供建模人员相互沟通与讨论时使用。

采用 IDEF0 进行作战活动建模，能够同时表达系统的活动和数据流及他们之间的联系，而且能够全面描述系统的功能需求，明确区别出功能与实现之间的差别，自顶向下进行分解；其图形化的语法语义易于系统分析人员、开发人员及用户的阅读和交流。IDEF0 方法集中了功能分解法和数据流方法的优点，能准确描述系统的功能活动及其联系，是军事人员和技术人员交流的一种理想语言。

1．IDEF0 简介

IDEF0 模型由一系列图形组成，是对复杂事物的抽象和规范化的描述，这些图形主要包括盒子及箭头，如图 5-22 所示。

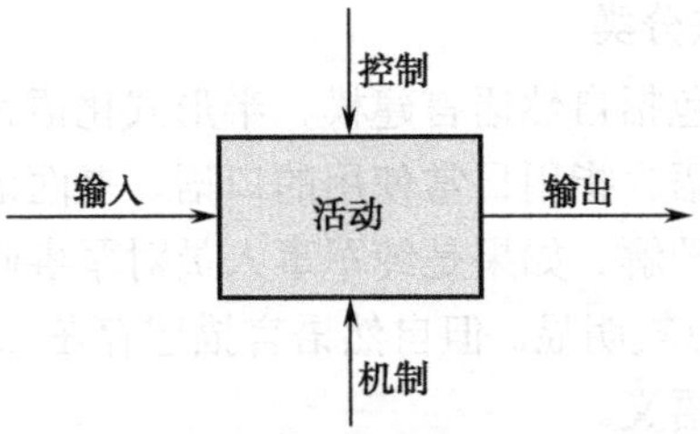

图 5-22　IDEF0 基本模型的图形表示

按照结构化自顶向下、逐步求精的分析原则，IDEF0 的初始图形首先描述了系统的最一般、最抽象的特征，确定了系统的边界及功能概貌；然后，对初始图形中所包含的各个部分进行逐步分解，形成对系统较为详细的描述，并得到较为细化的图形表示；经过多次反复迭代，IDEF0 方法把一个复杂事物分解成一个个部分、成分，最终得到的图形细致到足以描述整个系统的功能为止。

每个 IDEF0 模型必须说明一组特定的需求。例如，描述系统完成的是什么功能，说明系统是如何设计和构造的，解释如何使用及维护一个系统等。

2．作战活动分解的方法

系统功能分解是 IDEF0 中进行作战活动分解的基本方法。系统功能分解采用自顶向下逐层展开的方式进行分解。如图 5-23 所示。其中，盒子代表系统中的功能或是活动，箭头代表盒子中的活动与外界联系的 4 类接口，即输入、输出、控制和机制。

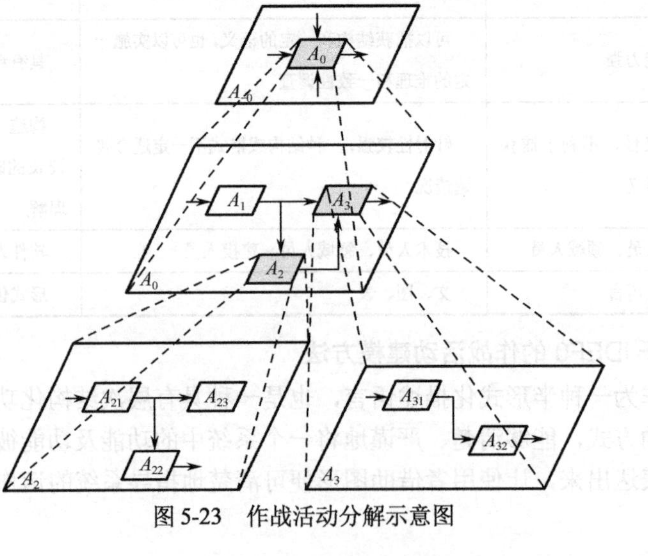

图 5-23　作战活动分解示意图

A_0：将A_{-0}层级展开，描述出建模人员所要表达的观点；

A_2、A_3：对A_0所展开的某一项功能，做出更详细的分解，使此模型的目标被更充分的描述；

A_{21}、A_{22}、A_{23}、A_{31}、A_{32}：对A_2、A_3所展开的某一项功能作出更详细的分解，使此模型的目标被更充分的描述。

3．建模步骤

基于 IDEF0 的作战活动建模步骤如图 5-24 所示。

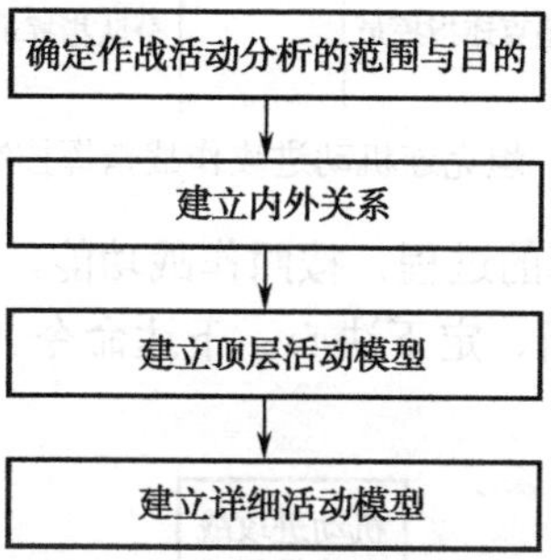

图 5-24 基于 IDEF0 的作战活动建模步骤

（1）确定作战活动分析的范围和目的。在作战活动建模之前，应确定作战活动分析的范围和目的。范围是指将作战活动作为一个更大系统的一部分来看待，描述了外部接口，区分了与环境之间的界限，确定了模型中需要讨论的问题与不应讨论的问题。目的是指导作战活动建模的意图。作战活动建模的范围和目的，指导并约束整个建模过程，可以保证模型的一致性。

（2）建立内外关系。通过分析作战活动这一系统与外部的关系，构建A_{-0}图。此时，并不需要分析作战活动这一系统的内部功能需求。A_{-0}图总体描述系统的总体需求，确定了系统的边界，是进一步开展作战活动分析的基础。

（3）建立顶层活动模型。从作战功能出发，将所研究的作战活动分解为一系列相互关联的作战活动，每一类作战活动描述了完成作战任务的每一类作战功能。通常是将所研究的作战活动系统按功能分解为一系列作战活动子系统，并分析作战活动子系统之间的信息交互关系。顶层作战活动模型采用层次结构图和活动流程图分别表示作战活动系统的组成情况以及各子系统之间的相互关系。

（4）建立详细活动模型。按照作战功能的实现步骤和流程，将作战活动子系统进一步分解为一系列更加详细的作战活动，并根据需要一直分解到足够细的粒度。作战活动分解的粒度粗细，与研究问题的目标直接相关，粒度太粗，难以满足研究目标的需要；粒度太细，往往又会增加工作量；因此，作战活动分解粒度的确定，应根据研究目标慎重选择。

4．实例分析

坦克连机动进攻作战指挥，是坦克连机动进攻作战的主要内容，是坦克连完成任务的必要保证。根据坦克连机动进攻作战的任务、作战环境、上下级关系以及友邻支援情况，可构建如图 5-25 所示的坦克连机动进攻作战指挥控制信息图。其中，坦克连机动进攻作战指挥的输入为上级作战企图及本级作战任务，输出为本级作战实施计划，约束为战场环境、装备性能、敌我力量对比等，实施组织为坦克连指挥员和分队指挥员。

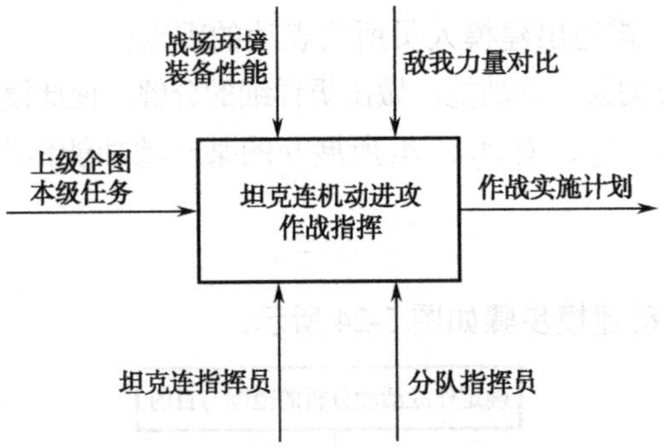

图 5-25　坦克连机动进攻作战指挥控制信息图

根据坦克连机动进攻作战指挥的过程，按照作战功能，可将坦克连机动进攻作战指挥活动进一步分解为受领任务、侦察判断、定下决心、下达命令、组织战斗协同等 5 个子活动，如图 5-26 所示。

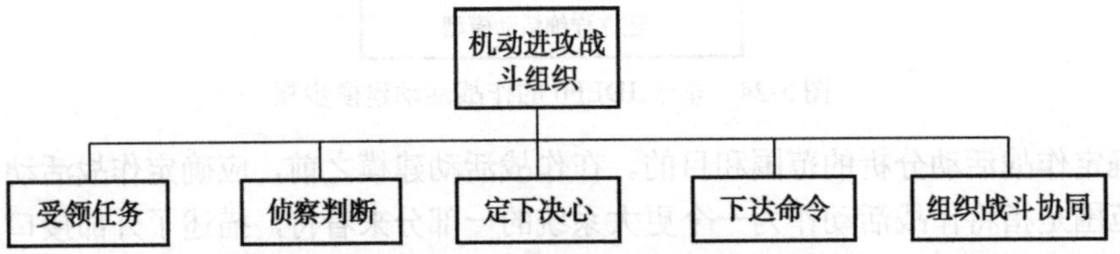

图 5-26　坦克连机动进攻作战指挥活动分解图

根据坦克连机动进攻作战指挥活动的分解情况，考虑各子活动之间相互关系和信息关系，可构建如图 5-27 所示的坦克连机动进攻作战指挥活动流程图。

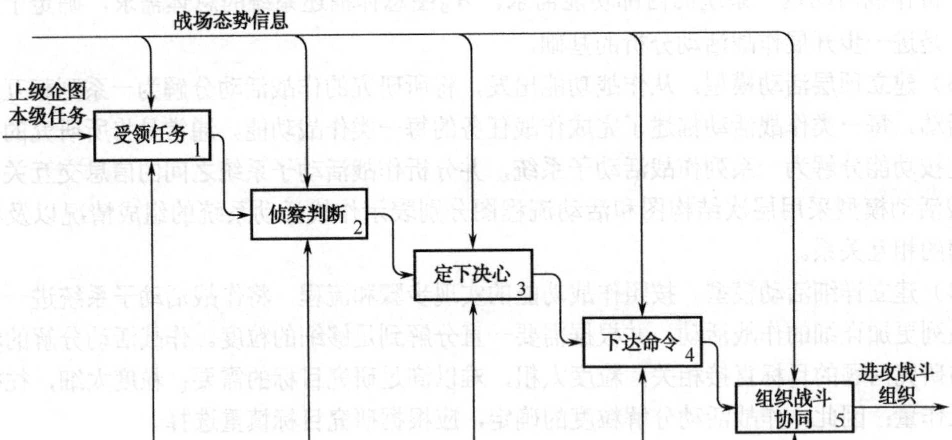

图 5-27　坦克连机动进攻作战指挥活动流程图

5.4.4.3　基于 SysML 的作战活动建模方法

1. SysML 简介

为了满足日益复杂的系统工程需要，国际系统工程学会和对象管理组织决定在对 UML2.0 的子集进行重用和扩展的基础上，提出一种新的系统建模语言 SysML（Systems Modeling Language），作为系统工程的标准建模语言。SysML 的目的是统一系统工程中使用的建模语言。2003 年 3 月，OMG 公布了 UML for SERFP（UML for Systems Engineering Request for Proposal）；

5 月召开了首次会议，并成立了由用户、开发商和政府机构组成的支持 SysML 的非正式组织。2004 年 1 月 12 日，SysML 的非正式组织向 OMG 提交了 SysML0.8 版；2004 年 10 月 11 日向 OMG 提交了第二次修改后的 SysML0.85 版；2005 年 1 月 10 日向 OMG 提交了第三次修改后的 SysML0.9 版，成为一个重要的里程碑，确定了核心的系统工程图形。随后 SysML1.0 被 OMG 作为标准采纳。目前，SysML1.3 版本已经发布。

SysML 的目标是“为系统工程提供一种标准化的建模语言进行复杂系统的分析、描述、设计与校验，以提高系统的质量、改进不同工具之间进行系统工程信息交互的能力，并且帮助建立系统、软件与其他工程学科之间的语义连接”（OMG，2003）。SysML 支持大范围内复杂系统的描述、分析、设计、验证与确认，这些系统包括硬件、软件、信息、过程、人员以及设备等。SysML 的开发者提出的开发过程是模型驱动、以体系结构为中心、迭代递增的。基于 SysML 模型驱动的系统开发方法加强了模块间的互操作和重用，有利于软件工程师与其他学科之间关于需求和设计进行有效的沟通，提高软件工程的质量和效率。

SysML 从 UML 的基础上扩展而来，SysML 和 UML 之间的关系如图 5-28 所示。图中包含 UML 和 SysML 的语言构造集分别用两个标以 UML 和 SysML 的圆来显示。这两个圆的交集，就是标以“SysML 重用的部分”的区域，指 SysML 重用的 UML 建模构造。图中标以“SysML 对 UML 的扩展”的区域，指为 SysML 定义的新的建模构造，它在 UML 中没有对应物，或取代 UML 构造。在 UML 中也存在一部分是执行 SysML 所不需要的，这个区域标以“没有被 SysML 重用的部分”。

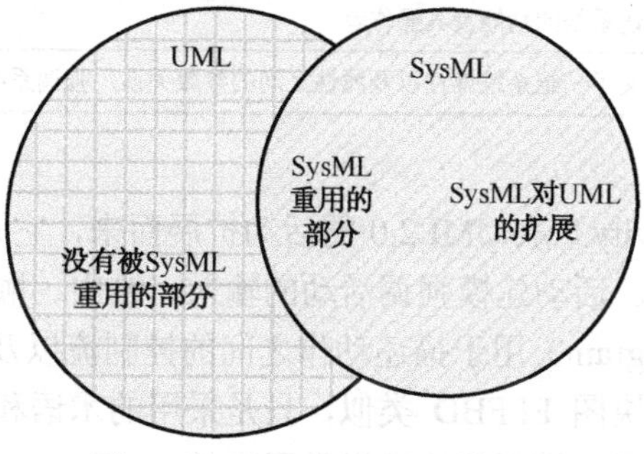

图 5-28　UML 和 SysML 的关系

SysML 语言重用和扩展了 UML 的很多包。在语言形式方面，SysML 和 UML 一样在给出自身的语义说明时采用了半形式化的描述方法。虽然形式化的表示方法具有提高描述的正确性、减少描述的二义性和不一致性、增强描述的可读性等优点，但语言的完全形式化是极为复杂的，因此，为了保持描述的清晰易懂，SysML 用自然语言（英语）描述约束和详细语义，力求实现形式严格和易于理解之间的平衡。通过 ISO-AP233 数据交换标准和 XMI 模型交换标准，SysML 语法支持各种系统工程工具之间的互操作。

SysML 的图形表示是 SysML 的可视化表示（见图 5-29），是用来为系统建模的工具。SysML 定义了 9 种基本图形来表示模型的各个方面。从模型的不同描述角度来划分，这 9 种基本图形分成 4 类：结构模型、参数模型、需求模型和行为模型，如表 5-4 所示。

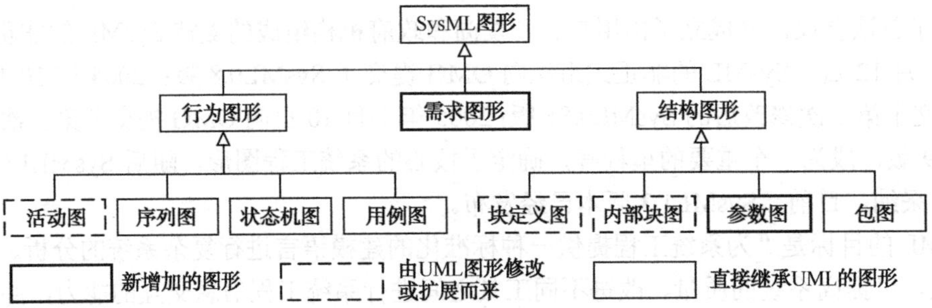

图 5-29 SysML 图形分类

表 5-4 SysML 模型种类及其分类

模 型 种 类	视 图 名 称	描 述 方 法
需求模型	需求图	描述需求和需求之间以及需求与其他建模元素之间的关系
结构模型	块定义图	描述系统的物理结构组成与关系，与系统功能对应
	内部块图	描述子系统（或组件）的物理结构组成与关系
	包图	描述系统的分层结构
行为模型	活动图	描述满足用例要求所要进行的活动及活动间的约束关系，有利于识别并行活动
	时序图	描述对象间的动态合作关系，强调对象间消息的发送顺序
	状态图	描述系统对象所有可能的状态以及事件发生时状态的转移条件
	用例图	描述系统的功能及其操作者
参数模型	参数图	定义了一组系统属性以及属性之间的参数关系，强调系统（或组件）的属性之间的约束关系

2．活动图及其元素

SysML 中的活动（Activity）从 UML2.0 的活动扩展而来，它是 SysML 活动图、序列图和状态机图中的基本行为单元。活动建模强调活动的输入、输出、顺序和活动影响行为的条件。SysML 活动图（Activity Diagram）用于描述动作之间的控制流以及输入、输出流。活动图和系统工程领域的增强型功能流块图 EFFBD 类似，只是采用的术语和符号不同。活动图供了相应的图元与建模语义，为作战活动模型的设计提供了支持。

SysML 活动图中的一些基本图元如图 5-30 所示。

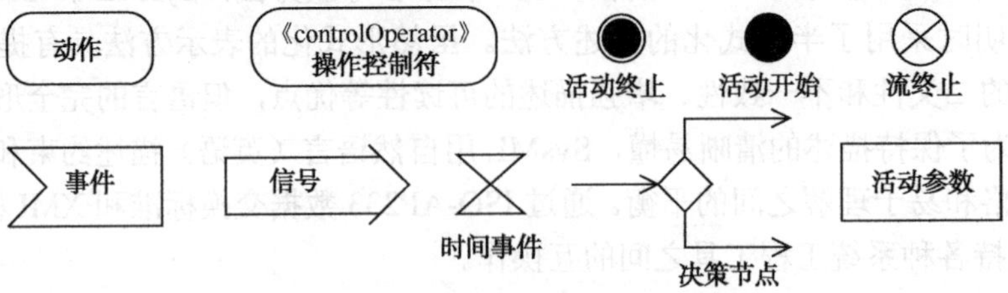

图 5-30 SysML 活动图的基本图元

3．应用举例

已知我方阻击式防空作战的基本设想为：我方阻击式防空体系在两百公里长的海岸线上呈线形布防，阻止敌方袭击我方内陆重要目标。当我方预警雷达或预警机发现且识别目标后，利用数据链和无线电通信链路向指挥控制中心传输目标信息，指挥控制中心对获得的信息进行处理，一方面进行态势评估，生成作战命令；另一方面控制中远程防空导弹武器系统的指控雷达系统对目标进行定位，等待作战命令准备对目标进行锁定射击拦截，获得打击命令后，对目标实施射击拦截，拦截后生成拦截报告传给指挥控制中心供态势评估所用，做出下一步作战指示。其作战活动模型可表示为如图 5-31 所示。

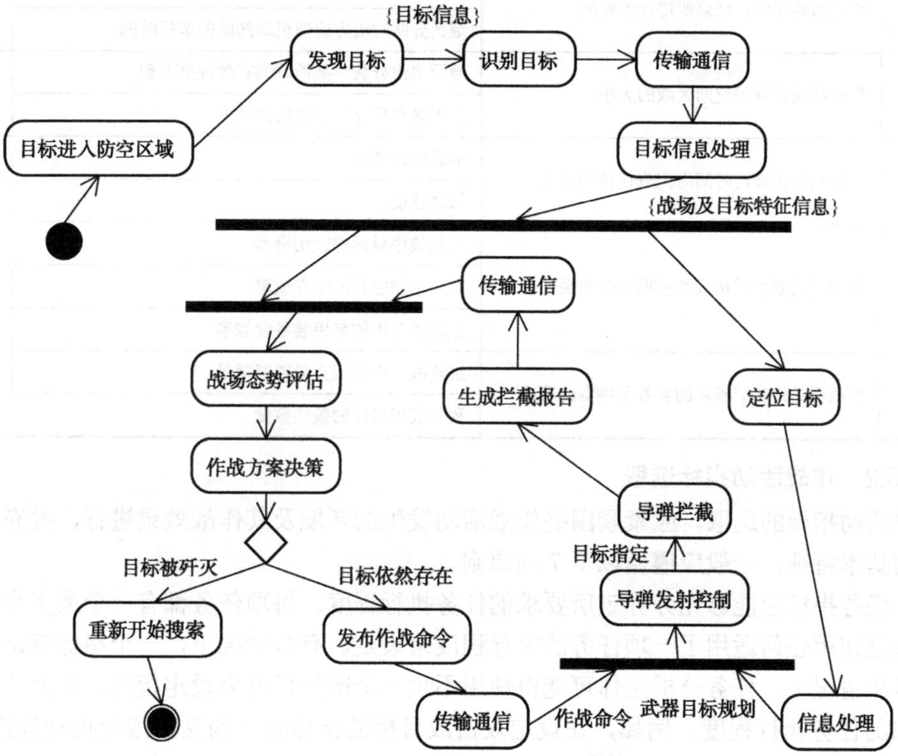

图 5-31 阻击式防空体系作战活动模型

由阻击式防空作战构想可知，防空体系在对敌方来袭目标进行拦截时，首先要发现并识别出目标，将目标及环境信息传输到指挥控制中心对信息进行处理，信息处理完成后一方面用于指挥中心进行决策，另一方面传输到火力打击类系统，对目标进行定位，做好射击拦截目标的准备，等待指挥控制中心作战命令的下达。一旦接收到作战命令，立即对目标进行射击拦截，并将拦截结果生成拦截报告传输给指挥控制中心作下一步态势评估分析。确认目标被歼灭后，防空体系重新转入正常的对防空区域的搜索，以发现可能存在的敌机目标。

5.4.5 作战活动指标分析

作战活动的衡量尺度与标准构成作战活动指标，是在一组特定条件下作战部（分）队必须达到的水平，是作战活动客观属性的本质描述。通常，每项作战活动的开展，都将有一个或多个指标进行衡量。以将作战活动的指标与作战条件相联系，就可以为军事行动及作战训练的计划、实施和评估提供依据。

5.4.5.1 作战活动指标分类

作战活动指标是衡量作战活动是否完成的标准和依据，必须能够从作战活动要求达到的效果出发，进行作战活动指标分析。通过对作战活动综合分析，可将作战活动指标分为时间型、空间型、效率型、效果型和数量型 5 种基本类型，如表 5-5 所示。

表 5-5 作战活动指标类型

类 型	衡量尺度	举 例	标 准
时间型	作战活动开始、结束或持续的时间	地面进攻作战中对敌方前沿阵地发起攻击的时间	时间
		炮兵分队对敌方快速机动部队的袭扰时间	
空间型	作战活动影响的空间区域的大小	地面突击分队对某地域的有效控制面积	空间
		空军航空兵夺取制空权的空域	
效率型	作战活动在规定时间内完成任务的速度	信息传递速率	bit/s
		机动速度	km/h
效果型	作战活动要求或达成的预期作战效果	对敌装甲目标的毁伤概率	%
		我陆军航空兵的生存概率	
		进攻战斗中的装甲装备参战率	
数量型	作战活动消耗或破坏的装备及物资的数量	进攻战斗中反坦克导弹消耗量	数量
		敌方装甲目标的毁伤数量	

5.4.5.2 作战活动指标选取

作战活动指标的选取，应紧紧围绕作战活动发生的环境及其作战效果进行，并充分考虑作战活动的基本特征，一般应遵循以下 7 项原则。

（1）任务指标应能够充分界定所要求的任务执行程度。每项任务都有一个或多个指标，指标可以通过使用任何适用于一项任务的执行程度来设定。有些情况下，一个指标就足够了；然而，在多数情况下，任务分析主体可能得使用不止一个衡量尺度来设定指标，如此才能充分界定所要求的任务执行程度。例如，在设定攻击敌目标的指标时（为支援战役机动提供火力），在威胁方对地面部队拥有压倒性优势的条件下，可能既需要衡量攻击时间的指标（确定完成攻击所用的分钟数），又需要衡量打击精度的指标（被歼灭、迟滞、干扰或削弱的敌军的百分比），才能充分界定所要求的任务执行程度。

（2）任务指标应简单易懂。简单的指标只需要一个量度（例如制定作战命令所用的小时数），这种指标对组织来说可能最易懂。一个比较复杂的指标可能涉及比率（例如被摧毁敌目标与己方损失的比率），这种复杂的指标试图更有意义，但实际上往往反映了不止一项任务的作用（例如，被摧毁的敌目标数量与攻击敌目标有关，而己方损失与保护己方部队与系统有关）。

（3）任务指标应反映任务对达成使命的作用。选择任务指标，是要基于使命的背景来确定指标。使命确立执行任务的需要，并提供任务执行的背景（包括任务必须在何种作战环境下执行），它决定任务必须在何时与何地执行（一个或多个地点）；同时，它决定任务必须执行到何种程度（暗含于作战方案中），并且提供一种准确理解一项任务的执行对达成使命有何作用的方法。

（4）指标应能反映任务执行的关键方面。每项任务都有多个可观察的执行方面，并且每个方面都有一个具体说明可以接受的执行程度的标准。大多数任务都可从以下方面进行衡量：启动或完成任务所需要的时间（即反应时间）、进展的速度（如移动速度）、完成或成功的总体程度（如正确识别的目标的百分比和命中率）、从能力（如发射距离）角度衡量的偏差大小（如火力接近目标的程度）、杀伤力（如一次命中的杀伤率）或成效(如正确发送的文电的百分比)。在设定任务指标过程中，应该能够找到任务执行的关键方面。

（5）设定的任务指标应能区别开多个执行程度。好的任务指标应能区别开多个执行程度（而不是一个两分化的衡量尺度）。这通过使用绝对数值尺度（例如，适用于数量、时间或距离的绝对数值尺度）或相对尺度（例如：数量、时间或距离的比例）最容易做到。

（6）任务指标应聚焦于任务执行的产物、结果或者聚焦于完成任务的步骤。确定任务的执行程度方面，应聚焦于执行的产物或结果；在选定的情况下，也可聚焦于所遵循的步骤（例如，正确或以正确顺序执行的分步骤的数量或百分比）。任务执行的程度不应是执行任务的某个特定手段所特有的，而应适用于执行任务可以使用的所有手段。

（7）任务指标应设法利用绝对尺度和相对尺度两者的长处。绝对尺度是那些从一个起点（通常是零）开始，衡量发生数量、时间长度或移动距离的尺度，绝对尺度的优点是执行的结果或产物得到明确说明，缺点是缺乏关于任何特定值是否适当或足够的信息。相对尺度是那些将特定值与总数进行比较的尺度，常常表示为比例或百分比（如完成的百分比），相对衡量尺度的优点是可以清楚表明任务的完成程度，主要缺点是不能说明在任务上所作努力的规模或范围。

5.4.5.3 作战活动指标量化

作战活动分析的过程是一个由抽象到具体、由定性到定量、由复杂到简单的分析过程，因此作战活动指标的量化过程必然是一个由综合到单一、由定性到定量的过程，不可能直接得到。为此，作战活动指标量化，必须以武器装备作战使命要求，综合考虑现代战争规律和作战运用特点，以历史战例研究成果为基础，按照作战活动指标的内在属性，恰当选用经验推算、解析计算、标准比照和计算机模拟等方法，科学确定作战活动指标的取值范围。

（1）经验推算法。参照以往类似战例或作战训练的作战活动指标要求，结合作战活动的战场环境和战斗任务，给出当前作战活动的指标要求。如进攻作战中，一般认为敌方主战装备的战损率达到65%，判定敌方基本丧失防御能力，认为本次进攻作战任务已完成。在作战活动分析时，根据作战活动的战场环境和战斗任务，也可以将进攻作战的胜利目标定为敌方主战装备战损率达到65%。

（2）解析计算法。根据作战活动的战斗任务、作战原则，考虑武器装备的战术技术性能指标，构建包含战斗任务、武器装备战术技术性能指标等参数在内的解析计算模型，通过模型结算，确定武器装备作战活动的任务指标。以进攻作战中的迂回攻击为例，迂回攻击分队按照预定的迂回路线到达攻击地域的时间可以表示为迂回路程与迂回分队平均迂回速度的函数，通过函数解算即可确定该项作战活动的完成时间指标。

（3）标准比对法。按照作战条令、武器装备作战使用规程、武器装备保障标准等，结合作战活动的战场环境和战斗任务，预测作战活动的指标要求。以弹药携运行标准为例，不同规模部队、不同类型的弹药携运行量均有明确的规定，如摩步师某型反坦克导弹的运行标准为0.25个基数（或2发），携行标准为0.5个基数（或4发），则摩步师反坦克分队的弹药使用计划中可供使用的反坦克弹药数量应以规定中明确的携行量和运行量为准进行设计。

（4）计算机模拟法。根据作战活动的战斗任务和战场环境，采用对抗条件下的作战仿真模拟系统，通过模拟作战活动的执行情况以及武器装备交互情况，以武器装备的战技性能指标为基础，以各兵种武器装备的作战运用原则为依据，在作战企图的总体指导下，确定相应作战活动指标的量化情况。

上述4种作战活动指标量化方法，各自具有不同的优势和劣势，如表5-6所示。

表 5-6 作战活动指标量化方法优劣分析

方法	优 点	缺 点
经验推算法	实用性强，计算简单，若可供参考的战例资料丰富，基础数据可靠，便于给出较准确的装备保障需求数据	（1）我军可供借鉴的战例资料较少较旧，已不能适应未来信息化条件下一体化联合作战的作战活动分析要求； （2）简单对比作战条件，类比给出作战活动指标，显得有些机械。因为即使作战企图相同的多项作战活动，受作战地域、作战时间、作战样式、指挥员指挥艺术等因素的影响，作战活动的指标要求也不会完全相同
解析计算法	量化程度好，结果比较可信	（1）作战过程受各种因素影响，而理论数据和计算公式过于理想化，影响因素考虑较少，难以反映不同作战的具体情况； （2）解析计算法，比较适应于武装力量及其作战能力成线性变化的情况，难以反映高技术条件下"节点"、"要害"被毁可能给作战过程带来的非线性变化； （3）容易陷入机械计算的误区，导致预计结果错误。以阵地进攻作战中的装备保障活动为例，在使用不同兵力攻击时，若简单地按照兵力数量和损坏率、消耗率之间的关系计算，会造成兵力越多装备保障需求越多的结果；事实上，可能由于兵力的增加，达成集中优势兵力的态势，可以以更少的损失获得作战的胜利，意味着装备保障的需求可能大幅减少
标准比对法	有法可依，操作简单，符合军队作战的相关规定	灵活性差，不能充分反映使命任务、战场环境、作战样式等对标准数据的影响情况
计算机模拟法	结果准确、精细，能够比较真实地反映作战企图和作战过程	（1）需要建立系统可靠、模型正确、结果可信的作战对抗仿真系统，由于受各种条件的制约，目前在我军尚没有比较可信的系统； （2）预测条件要求比较详细，需要对交战双方的作战企图和作战计划均有详细描述，条件准备数据量大，准备时间长，会延长作战活动指标量化的时间； （3）底层数据要求详细准确，包括作战规则、装备战技指标、装备毁伤标准等数据，任一部分数据的错误都将对整个作战活动指标量化结果产生重大影响

由表 5-6 可知，上述 4 种方法在作战活动指标分析时均有用武之地，但是由于作战活动特点及其任务属性的不同，上述 4 种方法在作战活动指标量化分析时应结合作战活动的特点及其任务属性，合理选择恰当的作战活动指标量化方法，以提高作战活动指标量化的科学性和准确度。

5.5 作战活动集成

由于武器装备使命任务的多样性，不同的使命任务将需要由不同的作战活动来完成，形成适应于多个使命任务的若干作战活动集合。而且，即使同一个使命任务也可能因为作战样式、力量编组等的差异，分解提出多个不同的作战活动集合。由于作战活动的层次分解特性，同一个下层的作战活动有可能支持多个上层作战活动的完成，上层作战活动也需要若干个下层作战活动的支持，也就是说上层作战活动与下层作战活动之间是典型的多对多关系，而且上层作战活动所需要的下层作战活动极易产生重复和冗余。这些重复和冗余的作战活动指标可能存在着名称一致、指标不一致，指标一致、指标要求不一致等情况，为了比较全面地构建武器装备作战活动体系，有必要采用合适的作战活动集成方法，对分解得到的作战活动集合，进行作战活动及其指标的去冗余综合处理。根据作战活动分析的结果，通常有 2 种作战活动集成方法，即基于描述性统计的作战活动集成方法和基于模糊聚类分析的作战活动集成方法。

5.5.1 基于描述性统计的集成方法

描述性统计方法，是在作战活动名称及其指标规范化处理的基础上，参考作战活动的重要程度和指标内容，统计分析作战活动及其指标的分布和趋势，为科学构建作战活动体系提供依据。描述统计方法重点研究作战活动的百分比及其分布、集中趋势测量、离散趋势测量和相关程度测量 4 个内容。

1．百分比及其分布

统计各类作战活动在某作战活动集合或所有作战活动集合中的出现次数，绘制作战活动统计频率及其分布图。根据作战活动及其指标的频次和指标分布情况，研究同类作战活动及其指标的差异，进而综合提出该类作战活动及其指标要求。

2．集中趋势测量

当相同的作战活动具有多组不同的作战活动指标，且作战活动指标取值具有较大差异时，可以通过分析作战指标取值的均值、中位数、最大值与最小值，作为进行作战活动指标取值折中处理的依据。

3．离散趋势测量

方差或者标准差的测量可以用来反映作战活动信息的信度、采取同类作战活动的各类作战人员之间的差异等。

4．相关程度测量

相关程度测量可以揭示各个作战活动之间的相似程度或差异程度以及信息的信度等，可用于作战活动结构的分类。其中，相关程度测量在作战活动分析中的应用，最常见的是有关作战活动重叠度的测量。作战活动重叠度 P_O 可表示为：

$$P_O(A,B)=[2X/(N_1+N_2)]\times 100$$

式中，$P_O(A,B)$ 为作战流程 A 与作战流程 B 的作战活动重叠百分比；X 为 A 与 B 共有的作战活动数；N_1 为 A 的作战活动数；N_2 为 B 的作战活动数。

5.5.2 基于模糊聚类的集成方法

采用模糊聚类分析方法，可以依据作战活动的特征及其相似程度，利用模糊数学的方法定量表示作战活动间的相似关系，从而建立不同作战活动之间的模糊相似关系矩阵，并按照给定的聚类水平对作战活动进行分类与集成。

5.5.2.1 模糊聚类方法

模糊聚类分析方法是利用样本之间的相似性，采用[0,1]之间的一个数（相似系数）来表示相似程度，两两对比获得一个由相似系数组成的矩阵 $\underset{\sim}{\boldsymbol{R}}$ 。该矩阵具有自返性和对称性，但要判断类别还需使矩阵具有传递性，即模糊等价关系 $\boldsymbol{R}$。

其中，自返性：$\forall a\in U,R(a,b)=1$ 。

对称性：$\forall a,b\in U,R(a,b)=R(b,a)$ 。

传递性：$\forall a,b,c\in U,\lambda\in[0,1]$，当 $R(a,b)\geqslant\lambda$，$R(b,c)\geqslant\lambda$ 时，$R(a,c)\geqslant\lambda$，则称 $\boldsymbol{R}$ 为 U 中的一个模糊等价关系。

定理：如果集合 x 含有 n 个元素，且 $\underset{\sim}{R}$ 是 x 上的模糊相容关系，则有 $\underset{\sim}{R}_{n+1}=\underset{\sim}{R}_{n+m}$（$m$ 是任意自然数），$\underset{\sim}{R}_{n+1}$ 必有自返性、对称性、传递性。就是说 $\underset{\sim}{R}$ 经过 $n+1$ 次复合后，即可得到相应的模糊等价关系 $\boldsymbol{R}$。根据该定理，对于模糊等价关系，可以给定一个聚类水平 λ，将样本划分成若干类，调整聚类水平，直到得到所需的分类。

应用这一原理可以将不同专家的任务信息集成意见整理成模糊相容关系 $\underset{\sim}{R}$，通过对矩阵 $\underset{\sim}{R}$ 的不断复合进行专家意见的量化整合，剔出极端的意见，并将专家的整体意见通过调整聚类水平 λ 的方式，模糊等价关系 $\boldsymbol{R}$ 中体现出来，这样就可以较为客观地分析出专家群体的任务信息集成意向。

5.5.2.2 分析步骤

具体分析步骤如下：

（1）规范整理作战活动样本。首先，对需要统计分类的 n 个作战活动进行编号，建立对应关系，生成作战活动样本列表，如表 5-7 所示；其次，评审组根据确定的 m 个特征标准，对作战活动样本进行评价，整理成作战活动样本统计表，如表 5-8 所示。

表 5-7 作战活动样本

序　　号	作战活动样本
1	作战活动 1
2	作战活动 2
⋮	⋮
n	作战活动 n

表 5-8 作战活动样本统计

	特 征 标 准			
作战活动样本	1	2	…	m
1	y_{11}	y_{12}	…	y_{1m}
2	y_{21}	y_{22}	…	y_{2m}
⋮	⋮	⋮	⋮	⋮
n	y_{n1}	y_{n2}	…	y_{nm}
min	$\min\limits_{n}\{y_{n1}\}$	$\min\limits_{n}\{y_{n2}\}$	…	$\min\limits_{n}\{y_{nm}\}$
max	$\max\limits_{n}\{y_{n1}\}$	$\max\limits_{n}\{y_{n2}\}$	…	$\max\limits_{n}\{y_{nm}\}$

（2）对作战活动样本进行标准化处理（处理结果如表 5-9 所示）。在实际的统计分类过程中，对不同作战活动的评价可能使用不同的量纲，为使不同的量纲也能进行比较，需要对作战活动评价量纲做适当的变换，以消除不同量纲的影响。根据模糊矩阵的要求，将作战活动评价压缩到区间[0,1]上，可以采用平移-极差变换：

$$x_{nm}=\left(y_{nm}-\min\limits_{n}\{y_{nm}\}\right)\Big/\left(\max\limits_{n}\{y_{nm}\}-\min\limits_{n}\{y_{nm}\}\right) \tag{5-1}$$

表 5-9 标准化处理结果

特 征 标 准				
作战活动样本	1	2	…	m
1	x_{11}	x_{12}	…	x_{1m}
2	x_{21}	x_{22}	…	x_{2m}
⋮	⋮	⋮	⋮	⋮
n	x_{n1}	x_{n1}	…	x_{nm}

（3）计算作战活动样本之间的贴近度，建立模糊相容关系。设 $X:\{x_1,x_2,\cdots,x_n\}$ 为被分类对象全体，每一对象 $x_i(1\leqslant i\leqslant n)$ 由一组数据 $(x_{i1},x_{i2},\cdots,x_{im}\}$ 表征。建立 X 上的模糊相容关系 $\underset{\sim}{\boldsymbol{R}}$：

$$\underset{\sim}{\boldsymbol{R}}=\left[r_{ij}\right]_{n\times m},\quad i,j=1,2,...,n$$

式中：r_{ij} 为 x_i 与 x_j 的相似度，即作战活动样本之间的贴近度。r_{ij} 代表作战活动样本 $x_i(1\leqslant i\leqslant n)$ 之间的接近或相似程度，用[0,1]之间的数字表示，主要采用夹角余弦法进行计算：

$$r_{ij}=\sum_{k=1}^{m}x_{ik}x_{jk}\Bigg/\sqrt{\sum_{k=1}^{m}x_{ik}^2\sum_{k=1}^{m}x_{jk}^2} \tag{5-2}$$

计算任意 2 个作战活动样本之间的贴近度，可以得到一个模糊相容关系，即 $\underset{\sim}{\boldsymbol{R}}=\left[r_{ij}\right]_{n\times m}$。

（4）对模糊相容关系进行复合，得出模糊等价矩阵。以上建立的模糊相容关系 $\underset{\sim}{\boldsymbol{R}}$ 是集合 X 上 $\boldsymbol{R}$（模糊等价关系）的一级模糊关系，只具有自返性与对称性，不满足传递性。因此，需求出模糊相似矩阵 $\underset{\sim}{\boldsymbol{R}}$ 的传递闭包 $\boldsymbol{t}$（包含 $\underset{\sim}{\boldsymbol{R}}$ 的最小的模糊传递矩阵），使其具有传递性。从 $\underset{\sim}{\boldsymbol{R}}$ 出发，利用乘积法对模糊相容关系 $\underset{\sim}{\boldsymbol{R}}$ 进行复合，依次计算 $\underset{\sim}{\boldsymbol{R}}$、$\underset{\sim}{\boldsymbol{R}}_2$、…、$\underset{\sim}{\boldsymbol{R}}_{n+1}$、…、$\underset{\sim}{\boldsymbol{R}}_{n+m}$，直至首次出现 $\underset{\sim}{\boldsymbol{R}}_{n+1}=\underset{\sim}{\boldsymbol{R}}_{n+m}$，则 $\underset{\sim}{\boldsymbol{R}}_{n+1}$ 就是 $\underset{\sim}{\boldsymbol{R}}$ 的传递闭包 $\boldsymbol{t}$，即获得模糊等价关系 $\boldsymbol{R}=\underset{\sim}{\boldsymbol{R}}_{n+1}$。

（5）按照给定的聚类水平 λ，对作战活动样本进行分类与集成。在模糊聚类分析中对于 $\lambda\in[0,1]$ 的不同取值，可得到不同的样本分类，许多实际问题需要选择某个聚类水平λ，以确定样本的一个具体分类。对作战活动样本进行分析归类时，首先，可以按实际需要，由具有丰富经验的专家组成评审组，结合专业知识确定聚类水平λ的数值；然后，得出在一定聚类水平上的等价分类，以此确定同一层次的作战部门及其人员的作战活动的类型个数。

对于模糊等价关系 $\boldsymbol{R}=\underset{\sim}{\boldsymbol{R}}_{n+1}$，给定一个聚类水平$\lambda$，令

$$r_{ij}=\begin{cases}0,r_{ij}<\lambda\\1,r_{ij}\geqslant\lambda\end{cases} \tag{5-3}$$

将 r_{ij} 代入 $\boldsymbol{R}=\underset{\sim}{\boldsymbol{R}}_{n+1}$ 中，可以得到由元素 0 和 1 构成的矩阵，各行或各列中元素为 1 的就是 1 类，可将作战活动样本按照元素 1 的对应关系进行归类。最后，分析这些作战活动的共性特征，由专家评审组从术语库中选词和命名作战任务。

5.5.2.3 实例分析

为了便于理解，以北约某后勤支援机构的一些作战活动为例，作战活动样本如表 5-10 所示。

表 5-10 作战活动样本

序　号	作战活动样本
1	确定后勤服务类型
2	提供供给支援、维护、维修和退役
3	提供调配和运输
4	提供医疗支援
5	提供物资相关服务配置
6	提供后勤训练

选取“勤务工作性质、对战斗全程的支持度和后勤指挥官的参与程度”作为分析这些作战活动的特征标准，获得作战活动样本统计表，如表 5-11 所示。

表 5-11 作战活动样本统计表

作战活动样本	特 征 标 准		
	勤务工作性质评分	对战斗全程的支持度评分	后勤指挥官的参与程度/%
1	57	52	19
2	87	80	54
3	64	68	40
4	100	100	52
5	29	24	20
6	40	40	26
min	29	24	19
max	100	100	54

利用式（5-1）对该作战活动样本进行标准化处理，获得作战活动样本数据的标准化处理结果，如表 5-12 所示。

表 5-12 标准化处理结果

	特 征 标 准		
作战活动样本	勤务工作性质	对战斗全程的支持度	后勤指挥官的参与程度
1	0.39	0.37	0.00
2	0.82	0.74	1.00
3	0.49	0.58	0.60
4	1.00	1.00	0.94
5	0.00	0.00	0.03
6	0.15	0.21	0.17

利用式（5-2）计算作战活动样本之间的贴近度，构建模糊相容关系，并对其进行复合，求出模糊等价关系。

$$\underset{\sim}{\boldsymbol{R}}=\begin{bmatrix}1 & 0.74 & 0.78 & 0.83 & 0 & 0.82\\0.74 & 1 & 0.99 & 0.98 & 0.67 & 0.98\\0.78 & 0.99 & 1 & 0.99 & 0.62 & 0.99\\0.83 & 0.98 & 0.99 & 1 & 0.55 & 0.99\\0 & 0.67 & 0.62 & 0.55 & 1 & 0.55\\0.82 & 0.98 & 0.99 & 0.99 & 0.55 & 1\end{bmatrix}$$

$$\underset{\sim}{\boldsymbol{R}_2}=\underset{\sim}{\boldsymbol{R}}\times\underset{\sim}{\boldsymbol{R}}=\begin{bmatrix}1 & 0.83 & 0.83 & 0.83 & 0.67 & 0.82\\0.83 & 1 & 0.99 & 0.99 & 0.67 & 0.99\\0.83 & 0.99 & 1 & 0.99 & 0.67 & 0.99\\0.83 & 0.99 & 0.99 & 1 & 0.67 & 0.99\\0.67 & 0.67 & 0.67 & 0.67 & 1 & 0.67\\0.83 & 0.99 & 0.99 & 0.99 & 0.67 & 1\end{bmatrix}$$

$$\underset{\sim}{\boldsymbol{R}^4}=\underset{\sim}{\boldsymbol{R}_2}\times\underset{\sim}{\boldsymbol{R}_2}=\begin{bmatrix}1 & 0.83 & 0.83 & 0.83 & 0.67 & 0.82\\0.83 & 1 & 0.99 & 0.99 & 0.67 & 0.99\\0.83 & 0.99 & 1 & 0.99 & 0.67 & 0.99\\0.83 & 0.99 & 0.99 & 1 & 0.67 & 0.99\\0.67 & 0.67 & 0.67 & 0.67 & 1 & 0.67\\0.83 & 0.99 & 0.99 & 0.99 & 0.67 & 1\end{bmatrix}$$

可见，$\underset{\sim}{\boldsymbol{R}_2}=\underset{\sim}{\boldsymbol{R}^4}$，即$\underset{\sim}{\boldsymbol{R}_2}$是所列作战活动样本的模糊等价关系。

可以选取聚类水平$\lambda=0.83$或$\lambda=0.99$，利用式（5-3）分别对样本进行对比分析：当$\lambda=0.83$时，有

$$\boldsymbol{R}=\begin{bmatrix}1 & 1 & 1 & 1 & 0 & 1\\1 & 1 & 1 & 1 & 0 & 1\\1 & 1 & 1 & 1 & 0 & 1\\1 & 1 & 1 & 1 & 0 & 1\\0 & 0 & 0 & 0 & 1 & 0\\1 & 1 & 1 & 1 & 0 & 1\end{bmatrix}$$

此时所列作战活动样本可以分为2类，即{1,2,3,4,6}和{5}；当$\lambda=0.99$时，有

$$\boldsymbol{R}=\begin{bmatrix}1 & 0 & 0 & 0 & 0 & 0\\0 & 1 & 1 & 1 & 0 & 1\\0 & 1 & 1 & 1 & 0 & 1\\0 & 1 & 1 & 1 & 0 & 1\\0 & 0 & 0 & 0 & 1 & 0\\0 & 1 & 1 & 1 & 0 & 1\end{bmatrix}$$

此时选取那些作战活动样本可以分为3类，即{1}、{2,3,4,6}和{5}。

经评审组论证确定，聚类水平λ应为0.99，因此所列作战活动可以统计分为 3 类作战任务，通过专家评审组对归类的作战活动进行词义共性分析，提取归类作战活动的共性词义："确

定后勤服务类型”具有“协调控制-服务”的共性；“提供供给支援/维护/维修和退役、提供调配和运输、提供医疗支援、提供后勤训练”具有“执行-后勤物资-服务”的共性；“提供物资相关服务配置”具有“提供-后勤物资-服务信息”的共性。

5.6 任务需求描述

任务需求描述采用表单式描述方法，通过任务需求要素的分析，建立任务需求的条件模型和指标模型，并通过条件模型与指标模型的组合形成任务需求清单。

5.6.1 表单化描述方法

当前，装备需求论证由定性分析向定性分析与定量计算相结合的方向发展，并日益倚重定量计算在需求生成、评估和验证中的作用。定量计算要求数据具有结构化的组织结构和数值化的参数体系，以方便计算机访问与处理。一方面，装备需求数据作为装备需求分析的输出结果，结构化、参数化的装备需求数据结构有利于明确装备需求数据的要素组成及要求，也有利于设计支持装备需求论证计算机化的软件系统。另一方面，装备需求数据作为装备需求生成、评估与验证的输入，结构化、参数化的装备需求数据结构有利于对装备需求方案进行验证与评估，特别是基于体系仿真的装备需求评估与验证。

表单式数据结构，是以直观的表格形式，描述数据的要素组成及关系。装备需求数据表单化设计，符合装备需求论证的发展趋势及其数据要求；同时，可以明确装备需求的要素组成及其相互关系，增强装备需求数据的可读性和可理解性，提高装备需求数据的可重用性。

装备需求表单设计是装备需求数据建模的关键，其基本步骤如图 5-32 所示。

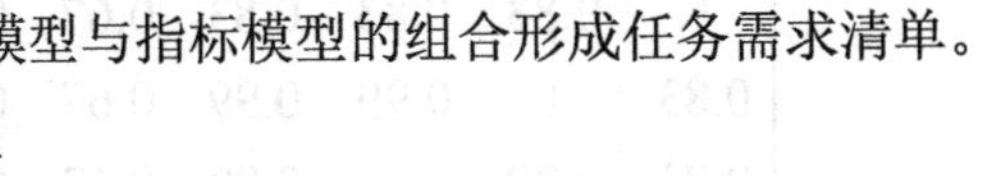

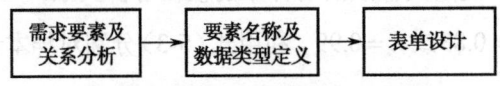

图 5-32　装备需求表单设计步骤

（1）需求要素及关系分析。研究需求项目的要素组成和关系，并依据关系提出各项领域需求的要素组成和关系，形成装备需求结构化描述的基本框架。

（2）要素名称及数据类型定义。依据军语及相关技术标准，规范各类要素的名称、含义及其数据类型，并建立要素数据字典。

（3）表单设计。采用二维表格，按照不同层次装备需求的要素组成及其关系，设计装备需求数据的表格结构。

5.6.2 任务需求表单设计

5.6.2.1 表单分类

根据装备需求数据要素与装备需求数据之间的关系，可将装备需求数据模型分为要素模型和需求模型 2 类。

（1）要素模型。以表单形式，描述装备需求条件、装备需求指标的模型。装备需求体系中的要素模型主要包括 2 类，即装备需求条件模型与装备需求指标模型。由于需求条件在使命任务需求、作战能力需求、装备体系需求和装备系统需求领域的传递性和相对一致性特征，要求条件模型应具有通用性，作为各类装备需求模型统一使用的模型。

（2）需求模型。以表单形式，描述装备需求项目、领域需求的模型，它以要素模型为基础，是需求条件、指标与关系等要素的有机组合。

5.6.2.2　条件表单设计

条件模型，主要描述影响作战力量及其武器装备完成任务的自然条件、社会条件和军事条件，包括条件的名称、编号、描述及其定义。以“自然条件”中的“植被”条件为例，条件模型可表示为如表 5-13 所示的结构化表单。

表 5-13　条件表单模型及示例

条件编号	条件名称	条件描述	条件定义		
			名称	代码	描述（可选项）
T1.1.1.6	植被	植物、树木和灌木	丛林	A	热带雨林和有树木遮蔽的地区
			密林	B	草木丛生地区
			低密度绿地	C	草地和平原
			稀疏绿地	D	高山地带和半沙漠地带
			不毛之地	E	北极地区和沙漠地带

5.6.2.3　指标表单设计

指标表单是对作战任务属性及其关系的结构化描述，一般包括任务名称、任务编号、任务描述、任务指标定义等 4 部分内容，其指标模型可表示为如表 5-14 所示的结构化表单。

表 5-14　作战任务需求的指标模型及示例

任务编号	任务名称	任务描述	任务指标		
			名称	量度	描述（可选项）
HR2.2.8	定下战斗决心	指挥员在指挥机关的协助下，对作战目的及行动作出基本决定的思维活动和工作过程	定下决心过程正确与否	是/否	
			从受领任务到定下决心的时间	小时	
			作战目标确定的正确性	是/否	
			作战方向确定的正确性	是/否	
			作战力量编成的正确性占比	%	
			作战力量编配的正确性占比	%	
			定下战斗决心过程中作战计算的运用情况	是/否	
			定下战斗决心过程中模拟推演手段的运用情况	种类	
			指挥机关辅助指挥员定下战斗决心情况	好/差	
			定下决心过程中运用网络进行分布研讨情况	好/差	

5.6.2.4　作战任务需求清单设计

作战任务需求清单是需求条件与需求指标的有机组合，是具体条件下需求指标的实例化，即“需求模型=条件模型+指标模型”。以某机步师岛上阵地进攻作战立体突入阶段的“火力打击”行动为例，可表示为如表 5-15 所示。

表 5-15 作战任务需求清单示例

行动与动作			任务条件				任务指标			
行动名称	任务编号	任务名称	编号	名称	取值	代码	名称	取值	量度	执行单元
火力打击	HR1.4.2	按任务分发情报信息	T1.3.3	电磁效应	广泛的	A	能够将联合战役指挥机构、各军兵种机构指挥用户、战术兵团用户、战术兵团以下用户的需求属性层次、特点进行区分	是	是/否	炮兵群指挥所情报中心
			T2.2.8.2	军事系统的可靠性	中	B	能够按照优先等级有序分发情报信息的优先等级	是	是/否	
			T2.3.7	通信的连续性	间歇通信	B	能够按专项情报需求在恰当时间将恰当的情报发送到恰当用户	是	是/否	
							完成态势图分发的总时间	20	分钟	
							完成一个批次态势图分发时间	12	分钟	
							态势图分发的正确率	85	百分比	
							态势图分发各个用户的准确率	90	百分比	
	HR4.1.1	选择打击目标	T2.6.1	预先计划目标	部分计划		组织目标侦察的时间	1.6	天	炮兵群炮兵1营
			T2.6.3.2	目标机动性	无		对目标进行分类的时间	2	小时	
			T2.6.2	目标距离	较近（10-30km）		对目标进行排序的时间	0.8	小时	
			……	……	……	……	……	……	……	
	……	……	……	……	……	……	……	……	……	……

参考文献

[1] 陈强，汪玉. 国外军用 UUV 现状及发展趋势[J]. 论证与研究，2005（3）：15—17.

[2] 陈文英. 无人潜航器（UUV）的发展综述[J]. 电子工程信息，2006（2）：23—28.

[3] 钱东，孟庆国，薛蒙，等. 美国海军 UUV 的任务与能力需求[J]. 鱼雷技术，2005，13（4）：7—13.

[4] 成锋. 基于 SWOT 分析法的我国环评机构发展战略[J]. 环境科学与技术，2010，33（12F）：591—594.

[5] 邓婉君，魏法杰. 面向中心企业战略计划的基于知识资本的 SWOT 模型[J]. 中国管理科学，2008，16（S1）：514—520.

[6] 宋玉银，蔡复之，张伯鹏，等. 概念设计与结构设计的信息集成技术研究[J]. 清华大学学报，1998，38（2）：51—54.

[7] 尚 勇，张清萍，黄克正，等. 基于功能表面的概念设计产品模型研究[J]. 中国机械工程，2007，18（3）：320—323.

[8] 樊高月. 美军作战理论体系研究[J]. 外国军事学术，2010（2）：1—7.

[9] 叶雄兵. 关于战法论证实验的思考[J]. 军事运筹与系统工程，2013，27（2）：57—60.

[10] 余加振. 基于 OOR 框架的作战任务分析方法研究[D]. 长沙：国防科技大学出版社，2010.

[11] 吴坚，郭齐胜，穆歌，等. 基于模糊聚类分析的业务活动集成方法研究[J]. 装甲兵工程学院学报，2013，29（4）：11—17.

[12] 樊延平，郭齐胜，穆歌，等. 装备作战需求论证流程规范化建模[J]. 装甲兵工程学院学报，2014，28（2）：1—6.

[13] 荆涛，陆农春. 基于 VFT 的装备发展战略决策分析方法论[J]. 系统工程与电子技术，2005，27（5）：852—855.

[14] 许永平，杨峰，王维平. 一种基于 QFD 与 ANP 的装备作战需求分析方法[J]. 国防科技大学学报，2009，31（4）：134—140.

[15] 牛绿伟，高晓光，张坤，等. 串并联结构分解目标毁伤评估[J]. 火力与指挥控制，2011，26（9）：140—144.

[16] 付歌，杨明福，王兴军. 基于空间分解的数据包分类技术[J]. 计算机工程与应用，2004（8）：63—66.

[17] 刘天湖，陈新度，陈新，等. 设计项目的分解与资源配置[J]. 机械设计与制造，2005（7）：31—33.

[18] 李敬坡，李门楼. IDEF0 方法在学位论文评审信息化平台分析设计中的应用[D]. 武汉：中国地质大学，2010.

[19] 王智学，陈国友. 指挥信息系统需求工程方法[M]. 北京：国防工业出版，2012.

[20] 白思俊. 系统工程[M]. 北京：电子工业出版社，2006：24—28.

[21] 罗承忠. 模糊集引论（上）[M]. 北京：北京师范大学出版社，1989：101—102.

[22] 陈显强. 二元关系的传递性和传递闭包探讨[J]. 数学的实践与认识，2004，34（9）：135—137.

[23] 何小亚，王洪山. 利用关系矩阵求传递闭包的一种方法[J]. 数学的实践与认识，2005，35（3）：152—175.

第6章 能力需求分析方法

作战能力是衡量武器装备作战潜能的重要指标，是引领装备需求论证的重要依据。武器装备的作战能力需求作为连接武器装备使命任务需求和武器装备系统需求的纽带，是装备需求论证的重要内容。明确武器装备能力需求分析内容，规范武器装备能力需求分析步骤，研究武器装备能力需求分析方法，提高武器装备能力需求分析的科学性和针对性，是武器装备能力需求分析的重要内容，对于提高武器装备需求论证质量具有重要意义。

6.1 概述

主要介绍能力需求的分类、分析内容和分析流程等内容。

6.1.1 能力需求分类

能力需求可以划分为作战能力需求、装备能力需求和非装备能力需求，它们三者之间在生成顺序上是一种递进关系，其中，作战能力需求是初始能力需求，装备能力需求和非装备能力需求是为满足作战能力需求而进一步提出的能力需求，可从装备与非装备两种解决途径分类得到。

作战能力需求是从纯粹的军事观点面向部队提出的，是部队为达到预期的作战效果，在假想的作战条件和任务标准下，通过综合应用各种需要的资源完成一系列预想作战任务的本领。作战能力需求从需要的资源角度讲，有两种解决方案，分别是非装备解决方案和装备解决方案，因此就有非装备能力需求和装备能力需求的划分。

装备能力需求是从纯粹的技术观点和军事观点相结合、面向武器装备提出的，是武器装备为达到预期的装备作战效果，在假想的作战条件和任务标准下，通过综合应用各种需要的装备资源实现一系列预想的功能任务所需要的本领。

非装备能力需求是从纯粹的政策观点面向部队提出的，是部队为达到预期的作战效果，在假想的作战条件和任务标准下，通过创新和完善作战军事理论、组织编制、训练水平、指挥关系、教育质量、现有装备数量、人员和设施和相关政策等各种政策资源完成一系列预想作战任务的本领。

6.1.2 能力需求分析内容

能力需求分析针对武器装备的作战能力域，以武器装备作战能力目标为依据，构建武器装备作战能力指标体系，并通过作战能力与作战活动的关联映射分析确定武器装备的作战能力需求，为进行装备系统功能分析提供基础。能力需求分析的主要内容包括作战能力需求、作战能力差距和装备能力 3 部分内容。

（1）作战能力需求。作战能力需求是武器装备需求论证的重要内容，它依据武器装备的多样化使命任务需求，通过作战活动与作战能力的关联映射，按照作战活动的指标要求提取作战能力需求及其指标要求，从而构建武器装备发展的作战能力需求内容体系。

（2）作战能力差距。武器装备发展是立足于现有武器装备的改进、提高和飞跃，武器装备作战能力也是一个逐步完善、提高、飞跃的进化过程。随着武器装备战术技术水平的提高，武器装备的作战能力将满足甚至超过预期的作战能力需求。作战能力差距，是指武器装备作战能力需求与作战能力现状之间的差值，是衡量武器装备战术技术水平的重要指标，是确定武器装备需求重点和需求方向的主要依据，也是确定武器装备发展方式（如新研、技术革新、维持等）的重要依据。

（3）装备能力需求。装备能力需求，是武器装备发展必须要达到的作战能力要求，是从武器装备的战术技术指标方面提出的武器装备作战能力要求，是武器装备发展的基本依据。

6.1.3 能力需求分析流程

能力需求分析，是由武器装备的任务域向能力域分析的关键，目的是通过作战活动向作战能力映射，提出实现特定作战使命的作战能力清单，并根据作战条令、作战理论、作战方式的发展情况，确定为完成特定作战任务所必须具备的装备能力，其分析流程如图 6-1 所示，包括作战能力需求分析、作战能力差距分析和装备能力需求分析 3 个步骤。

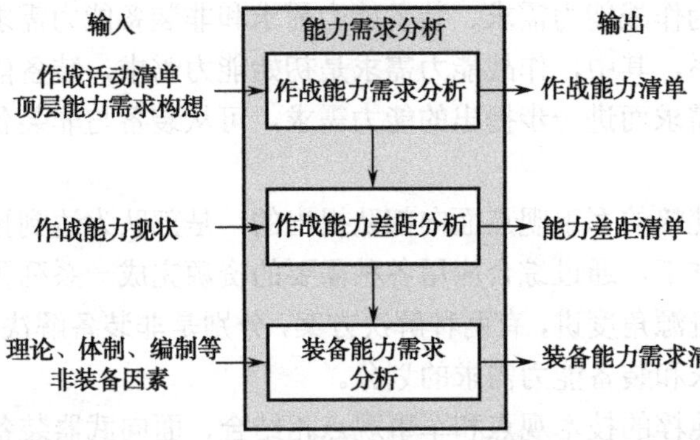

图 6-1 能力需求分析流程

（1）作战能力需求分析。首先，根据武器装备发展的能力目标，构建武器装备作战能力指标体系；其次，通过建立作战活动-作战能力关联矩阵，由武器装备使命任务需求提出作战能力需求，并根据作战活动之间的相互关系优化作战能力指标的相互关系。

（2）作战能力差距分析。首先，通过对现有武器装备及其作战运用的分析，提出现有部队作战能力指标方案，并进行评估；其次，综合运用作战能力分解比较、作战能力差距矩阵判断、作战能力效果对比等方法，将作战能力需求与现有作战能力进行比较，得到完成特定使命任务的作战能力差距，提出作战能力差距的量值和可能的弥补措施。

（3）装备能力需求分析。在作战能力差距分析的基础上，综合分析未来战争形态和军队变革的方向和特点，着重从横向和纵向 2 个层次提出消除作战能力差距的方法和手段。横向上，重点考虑作战样式、作战手段、指挥理论、打击方式以及其他武器装备可能的发展趋势，研究通过可能的非装备发展手段弥补作战能力差距的措施和手段，区分出通过非装备发展手段可以弥补的作战能力差距；纵向上，重点考虑武器装备发展的趋势和关键技术的突破情况，结合作战能力差距，提出必须通过装备发展手段解决的武器装备能力需求列表及其发展途径。

6.2 作战能力需求分析

作战能力需求是通过分析武器装备作战能力的结构特点，建立武器装备作战能力指标体系，提出武器装备作战能力指标需求，为进行作战能力差距分析和装备能力需求分析提供依据。

6.2.1 作战能力结构

武器装备作战能力是指武器装备为执行一定作战任务所需的“本领”或应具有的潜力，是一个相对静态的概念，它是武器装备体系的固有属性，由武器装备体系的质量特性（性能参数或战技指标）和数量决定，与武器装备体系的具体运用过程无关。由武器装备的层次性特征可知，武器装备体系的作战能力是通过组分系统产生的，通过组分系统的相互作用产生，而非组分系统的简单求和。体系内各个组分系统之间的相互作用，最后产生聚合效果，形成一体。体系就是在这个形成一体的过程中涌现出来的新的作战能力，这些新的作战能力超过原有组分系统作战能力的总和。因此，可以给出武器装备体系的能力结构，如图 6-2 所示。

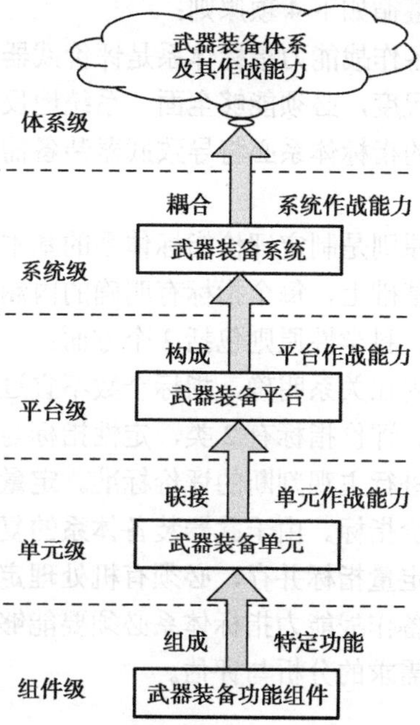

图 6-2 武器装备体系及其能力结构

（1）武器装备单元及其作战能力。武器装备单元是由具有不同特定功能的武器功能组件，按一定武器结构关系组成，具备独立作战能力的单件武器，如轻武器、坦克上的火炮，飞机上的航炮等。武器装备单元作战能力取决于组成它的武器装备功能组件的功能，如根据武器装备单元是否具有直接火力打击能力，可划分为“直接火力打击作战单元”和“非直接火力打击作战单元”;“直接火力打击作战单元”的作战能力属性包括：发射速率、射程、射击精度、可靠性、探测目标能力、防护能力;“非直接火力打击作战单元”的作战能力属性包括探测信息能力、信息处理能力、电子战能力、防护能力。

（2）武器装备平台及其作战能力。武器装备平台是由具有不同作战能力的武器装备单元与搭载工具，为完成作战任务联结而成的武器装备平台，如坦克、飞机和舰艇等。武器装备平台作战能力是由联结形成武器装备平台的武器装备单元和搭载工具的作战能力构成的。

（3）武器装备系统及其作战能力。武器装备系统是由能够完成不同作战任务的武器装备平台、根据武器作战编制关系构成的武器装备系统，如成建制的连或营所属的所有武器系统、海军的舰艇编队、空军的作战集群等。武器装备系统作战能力是由构成武器装备系统的武器装备平台及其编配关系确定的。

（4）武器装备体系及其作战能力。武器装备体系指在一定的战略指导、作战指挥和保障条件下，为完成一定作战任务，而由功能上互相联系、相互作用的各种武器装备系统组成的更高层次系统，如为完成“反空袭联合作战任务”的各种武器作战实体就组成了“反空袭武器装备体系”。武器装备体系作战能力是由耦合成武器装备体系的武器装备系统作战能力和协同作战关系确定。

6.2.2 作战能力指标体系

6.2.2.1 构建原则

作战能力指标体系构建需遵循如下 4 项原则：

（1）系统性原则。武器装备作战能力指标体系是评价武器装备整体质量的重要标准，也是指导武器装备发展建设的重要尺度，必须能够全面、系统地反映武器装备作战能力的所有方面和要素；否则，片面、不合理的指标体系必将导致武器装备需求论证的偏颇和武器装备建设质量的降低。

（2）科学性原则。科学性原则是制定评价指标体系的基本原则。科学性主要指指标体系的构建必须建立在科学、合理的基础上，每个指标有明确的内涵和解释，能够客观真实地反映出武器装备作战能力的各个方面。科学性原则包括 2 个方面：一是指标的提出，不能主管臆断，随意设定；二是指标项目之间内在关系明确，指标个数不宜过多。

（3）定性定量相结合原则。评价指标有 2 类，定性指标与定量指标。定性指标是指无法或难以量化、只能通过人的经验进行主观判断的评价标准。定量指标是指可以通过数据确定指标值，具有相应的数学模型的评价指标。由于武器装备体系的复杂性，武器装备作战能力要素组成及其关系复杂，定性指标与定量指标并存，必须有机处理定性与定量这 2 类指标。

（4）导向性原则。武器装备作战能力指标体系必须要能够反映武器装备发展的能力目标，并能够便于牵引武器装备系统需求的分析与评估。

6.2.2.2 构建过程

武器装备作战能力指标体系分析，以武器装备发展的能力目标为依据，在武器装备作战运用过程分析的基础上，按照武器装备的作战用途、运用方式和技术体制等，提出武器装备的作战能力领域及其作战能力指标，并在作战能力指标关系分析的基础上构建作战能力指标体系。其基本过程如图 6-3 所示。

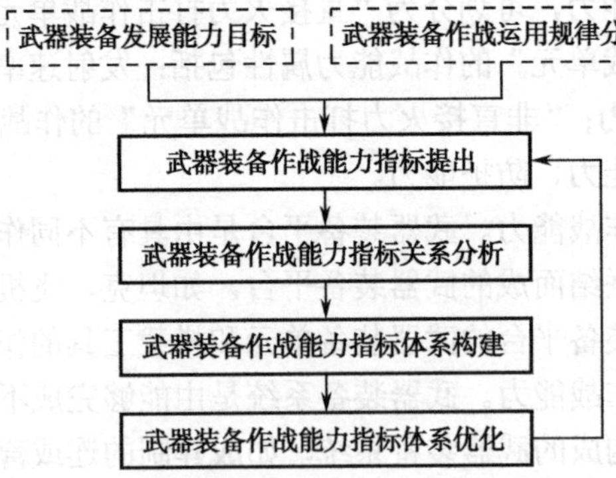

图 6-3 武器装备作战能力指标体系构建过程

（1）作战能力指标提出。根据武器装备发展的能力目标及其作战运用规律，按照武器装备的作战用途、运用方式和技术体制等，参照武器装备体系的层次结构（体系、系统、平台、单元、组件），在广泛征求专家意见的基础上，提出不同层次的武器装备作战能力指标。

（2）作战能力指标关系分析。根据作战能力目标和作战能力要素构成，研究分析武器装备作战能力指标的相互关系，为构建树型或网络型的作战能力指标体系提供依据。

（3）作战能力指标体系构建。根据作战能力指标及其相互关系，构建作战能力指标体系。

（4）作战能力指标体系优化。通过专家评估、仿真实验等方法进一步优化武器装备作战能力指标的构成和总体结构。

6.2.2.3 应用示例

以某新型装甲突击系统为例，研究提出新型装甲突击系统的装备组成及其作战能力指标体系。

1. 能力目标

由新型装甲突击系统的发展要求可知，新型装甲突击系统必须具备机动突击、侦察感知、指控通信、火力打击、信息攻防和综合保障6个方面的能力（如图6-4所示），并以此为基础进行武器装备使命任务和系统需求的设计与分析。

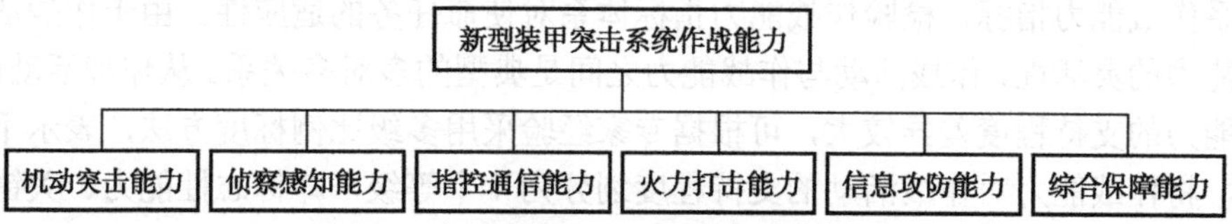

图6-4 新型装甲突击系统作战能力目标

2. 作战能力指标体系构建

通过对新型装甲突击系统能力目标及其作战运用规律的深入分析，以火力打击能力为例，对火力打击能力进行分解与细化，可构建新型装甲突击系统作战能力指标体系。

6.2.3 作战活动与作战能力映射

作战能力需求分析的关键是构建作战活动与作战能力映射矩阵，将武器装备的使命任务需求转化为武器装备作战能力需求，可采用QFD（Quality Function Deployment，质量功能展开）方法进行分析。QFD方法是一种用户需求驱动的系统化分析方法，通过构建作战任务-作战能力质量屋，分析其作战任务与作战能力之间的映射关系，为面向作战任务确定作战能力需求提供依据。

1. 质量屋模型构建

质量屋是基于QFD的作战活动与作战能力分析的关键，质量屋是一个结构化的交流工具，它的基本方法是依靠质量关系矩阵，将用户需求用图形的形式表达出来并体系化，然后揭示它们与质量特性之间的关系。这里用图形表达装备作战需求，通过分析它们之间的关系，揭示问题的实质，从而更加正确地提出武器装备的质量要求。作战需求质量屋由以下6个不同的部分组成，如图6-5所示。

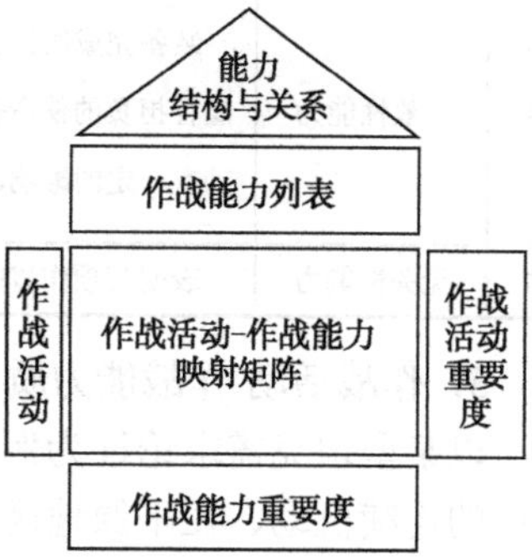

图6-5 作战活动-作战能力质量屋

（1）作战活动。作战活动是指特定使命任务背景下的武器装备典型作战活动，来自于使命任务需求分析中作战活动清单。

（2）作战能力。作战能力是武器装备作战能力指标体系中的各项能力指标。

（3）作战能力结构与关系。作战能力结构与关系描述作战能力指标体系中作战能力的结构组成及其相互关系。

（4）作战活动重要度。作战活动重要度是按照武器装备使命任务要求对作战活动清单中各项作战活动的重要度评价，通常在使命任务分析阶段确定。

（5）作战能力重要度。作战能力重要度描述了各项作战能力指标相对于武器装备能力目标的重要程度，是进行武器装备作战能力评估的重要依据。

（6）作战活动-作战能力映射矩阵。作战活动-作战能力映射矩阵，描述了作战活动与作战能力之间的关联关系，是进行作战活动与作战能力映射分析的关键。

在武器装备需求论证时，需求分析人员可以将质量屋作为一种整理数据，并将数据转化成有效信息的方法，并通过质量屋进行作战能力需求的分析和作战能力指标体系的优化。

2. 作战活动与作战能力关系分析

构建作战任务-作战能力质量屋的关键是确定作战活动与作战能力的关联关系，进而优化武器装备体系作战能力指标，检验作战能力指标体系对使命任务的适应性。由于作战活动的多样性和作战能力的灵活性，作战活动与作战能力之间是典型的多对多关系。从作战活动的角度看，不同作战能力的支持程度差异较大，可根据专家经验采用多级比例标度方法，表示不同支持程度。这里，将作战能力对作战活动的支持程度划分为4个等级，即标志性能力、关键能力、一般能力和无关能力，如表6-1所示。

表6-1　作战能力对作战活动的支持程度等级

序	等　级	含　义	取　值
1	标志性能力	装备完成所担负的核心任务所必需、对同类型装备应当填补空白、对于能否有效履行担负的使命任务具有决定性影响的能力，是装备之间划分的标准，一旦离开该项作战能力的支持，对应的作战活动必定无法完成	9
2	关键性能力	装备完成所担负的主要任务所必需、对同类型装备应当有明显提高、对于能否有效履行担负的使命任务具有重大影响的能力，是评判有重大改进的标准，对于完成作战活动、保证作战活动完成要求具有重大影响	7
3	一般性能力	装备完成所担负的非主要任务所需、对同类型装备没有必须提高的要求、对于能否有效履行担负的使命任务具有一定影响的能力，是评判有一般性改进的标准，对于完成作战活动有一定的影响，但是并不影响作战活动目标的实现	3
4	无关性能力	表明某项作战能力需求指标与某项作战活动无关	0

3. 作战活动-作战能力质量屋举例

以某型坦克需求论证为例，已知其"机动集结"作战活动可以进一步分解为实施不低于300公里的连续机动、在平原地区以不低于35km/h的平均速度连续机动、跨越不超过3米宽、不超过1米深的沟渠、快速通过坡度小于30度的坡道等4项子作战活动，与作战活动"机动集结"有关的作战能力指标包括续航能力、平均越野机动能力、越壕能力、越墙能力、爬坡能力与涉水能力6项指标，则可以构建如图6-6所示的作战活动-作战能力质量屋。该质量屋中作战活动权重、作战能力支持度、作战能力客观权重的计算方法详见6.2.4节。

由图6-6可知，作战活动"实施不低于300公里的连续机动"与作战能力"续航能力"、"平均越野机动能力"、"越壕能力"、"越墙能力"、"爬坡能力"与"涉水能力"都有关系，其中"续航能力"为该项作战活动的标志性能力，其他能力为该项作战活动的一般性能力。

支持度划分
标志性能力：9
关键性能力：6
一般性能力：3
无关能力：0

	续航能力	平均越野机动能力	越壕能力	越墙能力	爬坡能力	涉水能力	作战活动权重
实施不低于300公里的连续机动	9	3	3	3	3	3	0.2
在平原地区以不低于35km/h的平均速度连续机动	0	9	6	6	6	6	0.4
跨越不超过3米宽、不超过1米深的沟渠	0	0	9	9	3	6	0.25
快速通过坡度小于30度的坡道	0	0	0	0	9	0	0.15
作战能力支持度	1.8	4.2	5.25	5.25	5.1	4.5	
作战能力客观权重	0.07	0.16	0.2	0.2	0.2	0.17	

图 6-6　某型坦克的作战活动-作战能力质量屋示例

6.2.4 作战能力指标分析

6.2.4.1 指标类型

作战能力指标值反映了完成某项作战任务对该项能力的大小程度，通常可用经验类比法、解析计算法、仿真试验法和专家打分法获取。根据作战能力的内涵特征和量化需求，通常可将作战能力指标区分为上限型、下限型、中心点型、区间型和布尔型 5 类。

（1）上限型指标。上限型作战能力指标要求该指标的取值不超过某一上限阀值。如战场条件下，轻型装甲毁伤后恢复时间不超过 1h；非作战环境下，道路中轻型装甲车辆恢复时间不超过 4h；非作战环境下，沙漠中轻型装甲恢复时间不超过 8h。

（2）下限型指标。下限型作战能力指标要求该指标的取值不低于某一下限阀值。如低强度作战时，师级节点之间卫星通信带宽不低于 2Mb/s。

（3）中心点型指标。中心点型作战能力指标要求该指标的取值在某一中心点附近。如打击精度 500km 距离 10m 误差范围内，即在目标点周围 10m 范围内都满足需求。

（4）区间型指标。此类能力需求指标要求该指标的取值落在某一区间范围内。如情报置信度范围为（75,100)。

（5）布尔型指标。此类能力需求的指标没有量纲，或无法度量。如作战条件下，要求师级作战节点之间具备实时语音通信、图像传输能力。显然，上限型、下限型和中心点型能力需求指标可以看作区间型能力需求指标的特例。

6.2.4.2 指标关系

作战能力关系分析的基本依据是作战能力指标所支撑的作战任务之间的相互关系。通过作战任务之间的关系分析，并参考英国国防部体系结构框架中的能力分类视图和能力依赖视图中对能力关系的研究，将作战能力指标间的关系分为聚集、依赖和泛化 3 类。

1．聚集关系 r_1

聚集关系表明一个能力和多个能力之间是整体与部分的关系，即存在作战能力指标 C_a、C_b，有 $C_a \supset C_b$，则作战能力指标 C_a、C_b 的关系 $R(C_a,C_b)=r_1$。若有作战能力指标 C_c 与 C_b 之间存在关系 $R(C_b,C_c)=r_1$，则有 $R(C_a,C_c)=r_1$。

2．依赖关系 r_2

依赖关系表明一个作战能力的完成需要另外一个或几个作战能力的支撑，也即作为支撑条件的作战能力发生变化，则必然引起被支撑的作战能力的变化。即有作战能力指标C_a、C_b，若有$R(C_a,C_b)=r_2$，则说明C_a依赖于C_b。

3. 泛化关系r_3

泛化关系指明一个能力（超能力）与另一个能力（子能力）是一般和特殊的关系。子能力不仅含有超能力的全部特性，而且为每种特征附加了更多的信息。

能力需求之间通过上述3种关系相互关联，最终形成能力需求的结构，按照能力需求节点之间关系的复杂程度构成树形结构、层次结构、网状结构，如图6-7所示。

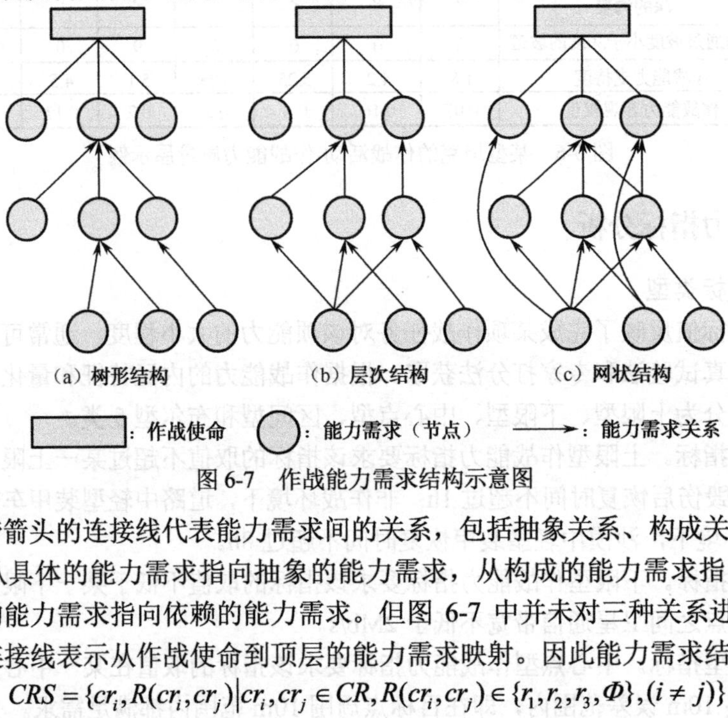

图6-7　作战能力需求结构示意图

图6-7中带箭头的连接线代表能力需求间的关系，包括抽象关系、构成关系和依赖关系，箭头方向表示从具体的能力需求指向抽象的能力需求，从构成的能力需求指向上层的能力需求，从被依赖的能力需求指向依赖的能力需求。但图6-7中并未对三种关系进行区分。图6-7中不带箭头的连接线表示从作战使命到顶层的能力需求映射。因此能力需求结构图可表示为：

$$CRS=\{cr_i,R(cr_i,cr_j)|cr_i,cr_j\in CR,R(cr_i,cr_j)\in\{r_1,r_2,r_3,\Phi\},(i\neq j)\}$$

式中，cr_i和cr_j为图中的能力需求节点；CR表示能力需求节点的集合；$R(cr_i,cr_j)$为能力需求cr_i与能力需求cr_j间的关系；r_1、r_2和r_3分别为能力需求间的3种关系；Φ表示能力需求之间不存在关系。

6.2.4.3 指标取值

作战能力需求分析，应根据作战能力对作战任务的支持度，由作战活动要求确定作战能力需求。

1. 分析原则

（1）重点分析支持程度为标志性能力、关键能力的作战活动与作战能力关联关系。作战功能的划分同时适应于作战活动分解和作战能力指标体系构建，不同作战能力以不同的支持程度反应在不同的作战活动中。某项作战活动中的“一般能力”往往会表现为另一项作战活动中以“标志性能力”或“关键能力”，因此，从作战功能覆盖情况看，需求分析应有所侧重。

（2）作战能力需求应大于等于关联的作战活动完成要求。

2. 分析算法

粒度到单武器系统的作战活动完成要求与底层单一性的作战能力属性具有天然的对应的关系，如作战活动“坦克开进”中的机动速度，与坦克“越野机动能力”的属性“越野速度”是一一对应关系。作战能力需求分析的关键就是根据作战活动的完成要求，权衡确定作战能力属性需求。根据完成作战任务的作战能力之间的相互关系，提出3种分析方法：

（1）取大算法：假定作战能力C_1与作战活动T_A、T_B关联，作战能力C_1的属性值R_1分别与作战活动T_A、T_B对应的活动要求指标M_A、M_B对应，且作战能力属性R_1越大越好，则$R_1=\max(M_A,M_B)$。

（2）取小算法：假定作战能力C_1与作战活动T_A、T_B关联，作战能力C_1的属性值R_1分别与作战活动T_A、T_B对应的活动要求指标M_A、M_B对应，且作战能力属性R_1越小越好，则$R_1=\min(M_A,M_B)$。

（3）差值算法：假定作战能力C_1、C_2均与作战活动T_A关联，作战活动T_A的完成需要作战能力C_1、C_2相互作用，且作战能力C_1、C_2不相交或部分相交，则作战能力C_1的属性值$R_1=M_A-R_2+(R_1\cap R_2)$。例如空中机动侦察任务，需要空中机动平台的机动能力和机载设备的侦察能力的叠加。

6.2.4.4 指标权重

由作战活动-作战能力质量屋可知，作战能力指标主要由作战活动指标映射得到，作战能力指标与作战活动指标之间存在着对应关系。由于使命任务目标不同，武器装备的作战功能要求也不完全相同，为完成特定作战功能的相对具体的作战任务指标其重要度也不相同。在装备需求论证中，通常要根据使命任务目标的不同，确定装备体系所要完成的具体作战活动的重要程度，并依据作战活动的重要程度确定完成对应作战活动的装备系统的重要性和紧急程度。因此，可将作战活动权重作为装备体系应具备的作战能力的支持度的基本依据，并将作战能力支持度的大小作为作战能力指标权重大小的依据。

由于作战能力与作战活动领域特征的不同，为了充分体现作战能力领域的权重要求，进行作战能力权重分析时宜采用主观赋权和客观赋权结合的组合赋权方法。

1．基于层次分析法的主观赋权方法

通过 AHP 方法可得到各层作战能力指标权重，记某层n个作战能力指标的主观权重为$W_s=(w_{s1},w_{s2},\dots,w_{sn})$。

2．面向作战活动的客观赋权方法

由作战活动-作战能力质量屋（图 6-6）可知，作战能力与作战活动是多对多关系，即完成作战任务T_i需要n项作战能力支持。假定作战活动$T=\{T_1,T_2,\dots,T_m\}$中各作战活动指标的权重分别为α_1，α_2，…，α_m，作战活动对应的作战能力为$C=\{C_1,C_2,\dots,C_n\}$。其中，作战能力$C_j(j=1,2,\dots,n)$对作战活动T_1, T_2,..., T_m的支持度分别为g_{j1}，g_{j2}，…，g_{jm}，如用 9、6、3、0 分别表示标志性能力、关键能力、一般能力和无关能力，则有作战能力$C_j(j=1,2,\dots,n)$对作战活动的支持度为$d_j=\sum_{i=1}^{m}g_{ji}\alpha_i$。对各项作战能力指标的支持度进行归一化处理得到各项作战能力指标的权重$\beta_j=d_j/\sum_{i=1}^{n}d_i$，记为$W_o=(w_{o1},w_{o2},\dots,w_{on})$。

3．组合权重确定

将主观权重W_s和客观权重W_o集成可得到武器装备体系作战能力指标的组合权重W。根据 2 种权重反映程度的不同，设权重偏好因子μ_s和μ_o，μ_s、μ_o分别表示主观权重和客观权重的偏好因子，且$\mu_s+\mu_o=1$。基于组合权重到主、客观权重的离差和最小的思想，可构建最优化模型：

$$\min\sum_{i=1}^{m}[\mu_s(w_i-w_{si})^2+\mu_0(w_i-w_{oi})^2]$$

$$\text{s.t.} \quad \sum_{i=1}^{m} w_i = 1, w_i > 0, \mu_s + \mu_o = 1$$

求解该最优化模型，可得到各作战能力指标对应的权重向量，记为$W=(w_1,w_2,\ldots,w_n)$。

6.3 作战能力差距分析

作战能力差距分析的目的，是明确作战能力需求与作战能力现状之间的差距，为进一步通过非装备因素和装备因素的调整与完善，实现作战能力需求提供方法途径。

6.3.1 作战能力差距的提出

1．作战能力差距

美国国防部通过能力差距的概念来描述能力需求的差距。最先于 2003 年在《联合能力集成与开发系统操作手册》（CJCSM 3170.01）将能力差距定义为目前还不能够具备但将来可以设法获得的能够有效促进任务完成的各种资源。这种资源主要包括条令、机构、训练、装备、领导和培训、人员以及设施。随后又在 2005 年版的《联合能力集成与开发系统操作手册》（CJCSM 3170.01B）中将能力差距定义为为达到预期的作战效果，在规定的作战条件和标准下采用一些手段和方法实施一系列任务所表现出能力缺失和不足。

综合美国国防部能力差距的定义和实践经验，我们认为能力需求差距是现有能力与能力需求的比较结果，当现有能力与能力需求相比有差距或不足，则二者之间就产生了能力需求差距。因此，可以将作战能力需求差距定义为：为获得作战能力需求，现有作战能力在作战能力需求内容、需求条件和需求标准上所存在的缺失和不足。在这一定义中，资源仅仅是缩小或解决作战能力需求差距的一种手段。

2．作战能力差距的产生原因

产生作战能力需求差距有四个方面的原因：一是由于运用现有作战能力的熟练程度不足，造成现有能力没有发挥到应有的水平和程度，致使与作战能力需求之间产生了差距。二是在某些领域或某些方面，现有作战能力不具备作战能力需求所涉及的内容，在这种情况之下产生了作战能力需求差距。三是现有作战能力与能力需求在作战能力内容上是一致的，但现有作战能力的标准和程度与作战能力需求标准相比存在不足。四是现有作战能力中的个别作战能力对实现整个使命目标没有实质性作用或甚至产生了反作用而迫切需要被某种能力需求所取代，在这种情况之下产生了能力需求差距。

3．作战能力差距的演化特性

作战能力需求差距具有时间属性。当作战能力需求差距在某一段时间内固定不变时，可以通过作战能力需求差距的实现时间进一步判断实现作战能力需求差距的难易程度，如图 6-8 所示。

当制造工艺技术发展速度较快（制造工艺基础 1 线所示）且在时间 t_1 点具备了作战能力需求实现的条件，从此时刻经过一段时间的作战能力生产制造之后，作战能力需求差距有所缩小。当制造工艺技术发展速度较慢（制造工艺基础 2 线所示）且在时间 t_2 点具备了作战能力需求实现的条件，从此时刻经过一段时间的作战能力生产制造之后，作战能力需求差距有所缩小。因此，当作战能力需求差距能够在较短时间实现时，可以认为这个作战能力需求差距比较“小”或易于实现，当作战能力需求差距需要长时间实现时，可以认为这个作战能力需求差距比较“大”或难于实现。

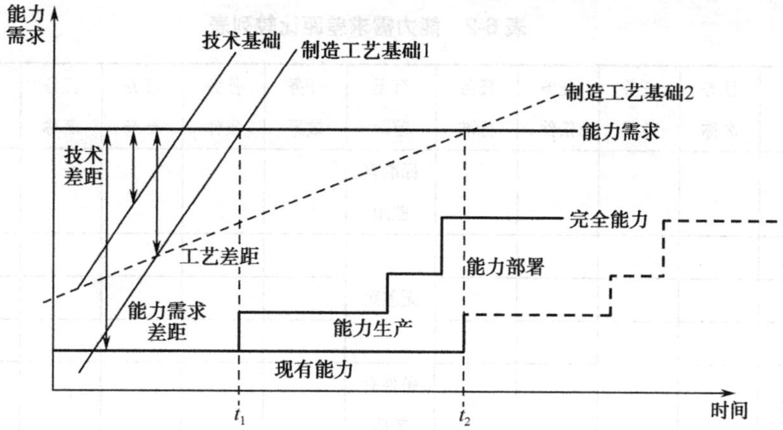

图 6-8 作战能力需求差距与时间的关系图

6.3.2 作战能力差距的确定方法

6.3.2.1 能力分解比较法

由于现有作战能力与能力需求在提出的背景、时机、环境有诸多不同，所以二者在内容表述上、在能力任务的分解原则上、在需求标准的设置上经常会产生差异。在这种情况下，比较能力需求差距就会造成一些障碍。能力分解比较法，就是通过运用能力分解图和能力列表将需要比较但无法实施比较的现有能力和能力需求进一步作能力分解，直到两种能力能够实施比较的过程。

如图 6-9 所示，对现有能力 1 和能力需求 1 进行能力需求差距比较，发现现有能力 1 的子能力 1.1 与能力需求的子能力 1.1 完全相同，但是现有能力 1 的子能力 1.2 和 1.3 与能力需求的子能力 1.2 在能力描述上有部分相似但无法实施比较。以此情况下，运用能力分解图对现有能力 1.2 和 1.3 及能力需求子能力 1.2 按照相同的原则和标准进行能力分解。分解方法是，按能力目标和能力效果划分作战任务，然后对能力任务进行一一对应比较。

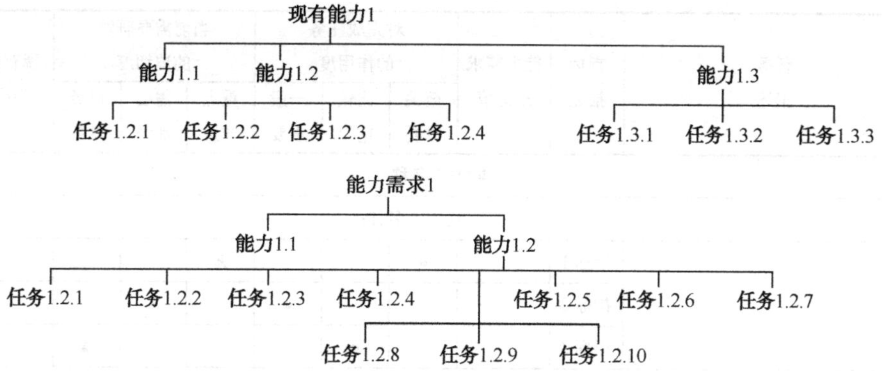

图 6-9 能力分解示意图

能力需求差距是对能力任务、能力任务条件及能力任务标准等的全面比较，运用能力分解图只解决了“可以比”的问题，还可以运用能力列表完成“怎么比”和“比什么”的问题。例如对现有能力 1.2 和 1.3 和能力需求 1.2 进行比较时，可运用能力列表详细列出两个能力所包括的能力任务、能力任务条件、能力任务标准等内容，并一一对应比较，如表 6-2 所示，比较结果有任务标准有差距、任务条件有差距、任务内容有差距和没有差距 4 种情况，表中字母 T 代表能力任务。

表 6-2　能力需求差距比较列表

能力编号	任务编号	任务名称	任务效果	任务条件	任务标准	有无差距	任务效果	任务条件	任务标准	任务名称	任务编号	能力编号
能力需求1.2	T1.2.1					标准有差距					T1.2.1	现有能力1.2
	T1.2.2					无差距					T1.2.2	
	T1.2.3										T1.2.3	
	T1.2.4										T1.2.4	
	T1.2.5					条件有差距					T1.3.1	现有能力1.3
	T1.2.7					无差距					T1.3.2	
	T1.2.7										T1.3.3	
	T1.2.8					内容有差距						
	T1.2.9											
	T1.2.10											

6.3.2.2　差距矩阵判断法

差距矩阵判断法是在能力分解比较法的基础上，通过应用差距矩阵判断能力需求差距的大小和程度等级的方法。

第一步是运用能力分解比较法初步确定能力需求及对应的现有能力所包含的能力领域和内容，初步确定并规范能力需求的能力名称和内容、能力包含的任务名称及其内容、任务评价指标的内容及其评价指标值，形成了如表 6-3 所示的能力需求差距比较的主体内容。

表 6-3　能力需求差距比较列表

能力描述	任务描述	指标描述	能力需求指标值	对完成任务的作用度			当前需要研发的迫切度			现有能力指标值	差距等级
				至关重要	比较重要	一般重要	重点开发	需要加强	已经具备		
能力 1 名称											
	任务 1 名称：										
		指标 1		●			▲				1
		指标 2				●		▲			4
		指标 3			●				▲		4
	任务 2 名称：										
	指标 1　●						▲			4	
	指标 2　●		▲							1	
能力 2 名称											
	任务 1 名称：										
	指标 1　●		▲							2	
…　…											

第二步是判断各种能力需求的能力任务、任务指标对实现自身能力或使命目标所起的作用大小。这种作用大小可以用作用度来表示，分为至关重要、比较重要和一般重要 3 个程度。至关重要是指此项任务内容很关键，对能力需求的实现起决定作用；比较重要是指此项内容虽然对能力需求的实现不能起到决定作用，但依然很重要；一般重要是指此项任务对能力需求的实现有一定作用或起到一般性的辅助作用。作用度的确定可以通过专家组综合评判来完成，并在相应的位置以“●”来表示。

第三步是判断现有能力任务、任务指标需要进一步研究开发的迫切程度。迫切程度分为重点开发、需要加强、已经具备 3 个级别。重点开发代表当前在此方面内容还不具备或稍微具备，迫切需要加强研究开发或增加这方面的经验，其判断标准为现有能力任务指标值不存在或与能力需求指标值差距很大；需要加强代表当前已经具有此方面内容，但标准程度还有所不够，需要加强研究开发提高这方面的水平，其判断标准为现有能力任务指标值存在，但与能力需求指标值差距较大；已经具备代表当前已经具备此方面内容和水平，不需要研究开发，其判断标准为现有能力任务指标值存在且与能力需求指标值没有差距或甚至超过。迫切度的确定可以通过专家组综合评判来完成，并在相应的位置以“▲”来表示。

第四步是通过差距矩阵判断能力需求差距的大小和程度等级。差距矩阵如图 6-10 所示，数字 1 代表能力需求差距很大，需要重点研究开发；数字 2 代表能力需求差距较大，需要加强研究开发；数字 3 代表有能力需求差距，可以进行研究开发；数字 3*代表虽然没有能力需求差距，但有进行研究升级的必要；数字 4 代表基本没有能力需求差距，现在没有进行研究升级的必要。数字 1、2、3、3*、4 从高到低依次描述了能力需求差距的大小或程度，并很好地对能力需求差距等级或解决能力需求差距的优先级进行了排序。上例中的确定结果如表 6-3 中的“差距等级”一列所示。

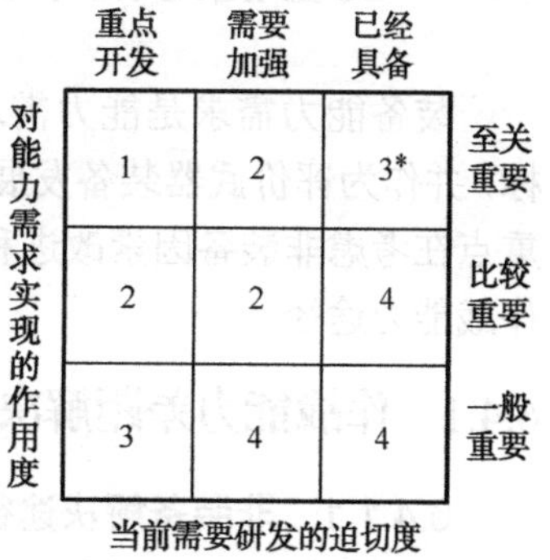

重点开发
需要加强
已经具备
对能力需求实现的作用度
1
2
3*
至关重要
2
2
4
比较重要
3
4
4
一般重要
当前需要研发的迫切度

图 6-10 能力差距矩阵

6.3.2.3 能力效果比较法

能力效果比较法是通过比较能力需求与现有能力的作战效果差距来间接判断能力需求差距大小的方法。其基本思想是以各种能力实施的作战条件为基础，通过假想作战对象、作战环境、作战地域和作战环节拟定适用于这些能力的作战想定。在作战想定的指导和支撑下，分别将能力需求和现有能力（或能够产生这些能力的资源、方法和手段）假想应用于作战想定规定的作战场景中，通过作战实验或作战仿真等方法完成作战效能评估，最终通过作战效能评估值比较判断能力需求差距的大小。此方法可以形式化表示为：

$$\Delta E = E_{能力需求} - E_{现有能力} = f_{条件T}(能力需求，现有能力)$$

$$= f_{条件T}(未来需要的资源和手段) - f_{条件T}(现实使用的需要资源和手段)$$

其中，条件 T 代表规定的能力条件，$f_{条件T}$ 代表在作战想定规定的条件下的作战仿真模型函数。

当 ΔE 的值较大时代表现有能力与能力需求之间的差距较大；当 ΔE 的值较小时代表现有能力与能力需求之间的差距较小。

6.3.2.4 时间进度比较法

时间进度比较法，就是通过运用能力阶段图将当前的现有能力或能力标准与能力需求标准在实现时间进度上进行比较，寻找能力需求差距及确定差距时间范围的过程。

如图 6-11 所示，假设当前是 2004 年，即处于当前状态 1，现实的一线新闻报道能力的能力标准（完成任务时间）为不超过 1 天，而目前提出的一线新闻报道能力需求的标准为实时完成任务。通过与能力有关的技术调查分析，初步认为可以用“网上博客”的方式实现实时报道，预期实现时间为 2008 年。而 2004 年，一线新闻报道的现有能力与能力需求的能力需求差距体现在两个方面：一是能力标准，完成任务时间由 1 天提高到实时；二是时间进度，从 2004 年到实现能力需求所提出的标准还需要大概 4 年时间。

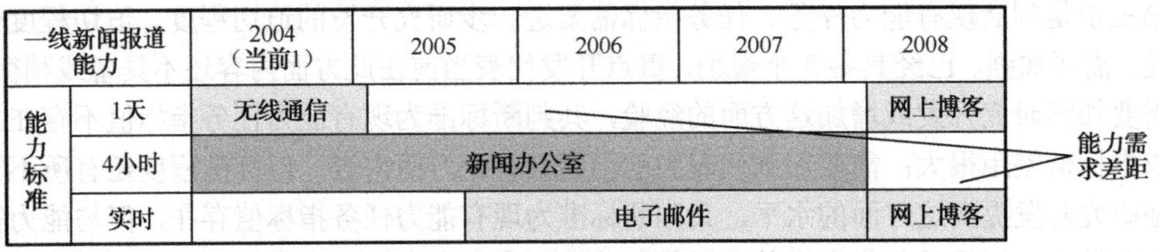

图 6-11　时间进度比较法示意图

6.4　装备能力需求分析

装备能力需求是能力需求分析的最终目标，目的是获取支持武器装备发展的作战能力目标，并作为评价武器装备发展质量的基本依据。装备能力需求分析以作战能力差距分析为基础，重点在考虑非装备因素改进和完善的情况下，提出通过装备改进、新装备研制等手段而实现的作战能力途径。

6.4.1　作战能力差距解决途径

6.4.1.1　非装备解决途径

非装备能力需求解决途径主要是指通过创新、完善或调整作战军事理论、组织编制、训练水平、指挥关系、教育质量、人员、设施和相关政策等来解决能力需求差距问题。

（1）作战理论创新。理论是行动的先导。作战理论创新，是军队现代建设和军事变革的重要内容，也是有效解决作战能力差距的重要途径。通过作战理论创新，更新作战理念，优化战法设计与运用，优化物质流、能量流、信息流和智慧流的传输途径和融合方式，能够大大提升军队整体作战能力。自古以来，兵强马壮都不是取得作战胜利的绝对保障，只有通过作战理论创新，准确把握战争发展规律，恰当排兵布阵，才能掌握战争的主动权，并最终取得战争的胜利。例如，美军通过对“消耗战”和“歼灭战”进行反思，并结合现代条件下有限战争的特点与规律，提出了“战略瘫痪战”的战法，不仅极大促进了己方作战能力的发挥，而且使敌方部队在心理和精神上的形成强烈的负面反应，优化了武器装备效能的作用方式，提高了部队的作战能力。

（2）编制体制优化。以变应变，是现代信息化战争把握战争主动权的有效法宝。僵化的部队编制体制和武器装备编配关系，只能形成有限的部队作战能力，不能满足日益变化的多样化使命任务要求。而通过研究部队战斗力形成的基本规律，有机调整人员和武器装备配置模式，通过部队组织机构的创新，促进部队新的作战能力的形成。如 20 世纪 70 年代，随着高空侦察技术和远程通信技术的迅猛发展和不断成熟，人们将高空侦察技术、远程通信技术和中远程火力打击能力有机结合起来，提出了“发现即打击”的作战模式，就是通过调整优化高空侦察装备、远程通信装备和中远程火力打击装备的编配关系，形成了一种前所未有的新的作战模式和作战能力，极大地提高了部队原有的作战能力。因此，通过编制体制优化，也可以有效弥补部队的作战能力差距。

（3）科学组织训练。科学训练是部队战斗力的重要基础，也是有效弥补部队作战能力差距的有效手段。部队训练水平的高低，直接影响着部队作战能力的形成。不熟练的操作技能、不清晰的部队指挥流程和作战运用方式，都将使武器装备及部队的作战能力大打折扣，并最终贻误战机。通过科学组织训练，使部队官兵熟悉各种武器装备的作战使用，牢记战场上各种突发事件的处理方法和程序，加强各军兵种部队之间的协调沟通，才能保证“首战用我，用我必胜”，保证部队作战能力的形成。因此，通过科学组织部队训练，有针对性地进行相关科目和战法训练，能够极大提高部队作战能力，有效缩小部队作战能力差距。

（4）优化指挥方式。作战指挥是战役战斗的灵魂。指挥系统的指挥效率和指挥人员的指挥才能是确保作战指挥效果的关键。在信息化条件下，研究作战指挥要素的构成及其作用机理，精简指挥层级，通畅指挥流程，加快指挥速度，提高指挥效率，将成为优化作战指挥方式的主要研究内容。通过作战指挥方式的调整和优化，能够大大缩短指挥信息传输时间，提高作战指挥效率，为部队抓住有利战机、提高作战效能、实现作战决心提供保证。因此，通过调整与优化作战指挥方式，也可以有效弥补部队作战能力差距。

（5）加强人员教育。军队的作风纪律和精神面貌，也是保证部队战斗力形成的关键要素。组织涣散、纪律松弛、战斗意志薄弱的部队不可经受住长期、持久的作战对抗。因此，加强部队教育，严格部队作风纪律，提高部队战斗意志，是提高部队作战能力的重要手段，可以有效弥补部队作战能力差距。

（6）增加基础设施。丰富的物质条件是人们提高精神状态的有效手段。通过改善部队训练、居住、生活、娱乐等条件，也可以改善部队的生存环境，提高部队官兵的荣誉感和责任感，进而促进部队战斗力的有效形成。因此，通过增加和改善基础设施，可以有效弥补部队作战能力的差距。

非装备能力需求解决方案，是以作战能力差距为目标，通过各种非装备能力需求解决途径的组合分析，提出能够有效弥补作战能力差距的解决方案，其基本思路如图 6-12 所示。

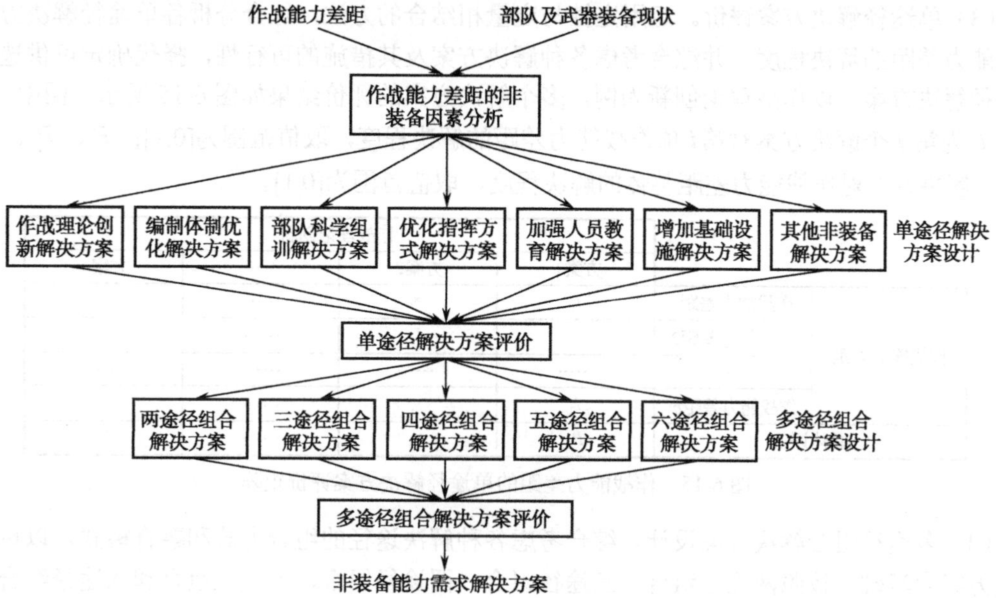

图 6-12 非装备能力需求解决方案分析

（1）作战能力差距的非装备因素分析。根据作战能力差距产生的原因，确定各项作战能力差距形成的非装备因素集，构建如图 6-13 所示的作战能力差距与非装备因素关联矩阵。图中“√”表示第 j 项非装备因素是形成第 i 项作战能力差距的因素之一；“×”表示第 j 项非装备因素不是形成第 i 项作战能力差距的因素。

		非装备因素						
		作战理论	编制体制	部队训练	作战指挥	人员教育	基础设施	其他
作战能力差距	作战能力差距1	√	×	×	×	√	×	×
	作战能力差距2	×	√	√	√	×	×	×
	……	……	……	……	……	……	……	……
	作战能力差距m	√	×	×	√	×	√	√

图 6-13　作战能力差距与非装备因素关联矩阵

（2）单途径解决方案设计。以作战能力差距与非装备因素关联关系为基础，首先针对每项作战能力差距，提出每种相关的非装备因素解决措施，以作战理论创新为例，各项作战能力差距的非装备途径解决措施如图 6-14 所示；其次，综合归纳各类因素的非装备途径解决方案，形成按非装备因素类型提出的作战能力差距解决方案。在每个解决方案，将有针对性地提出与该类别非装备因素相关联的所有作战能力差距的解决途径和措施。

		作战理论创新			
		措施1	措施2	……	措施n
作战能力差距	作战能力差距1	√	×	……	×
	作战能力差距2	×	√	……	√
	……	……	……	……	……
	作战能力差距m	√	×	……	×

图 6-14　作战能力差距的非装备因素解决措施矩阵

（3）单途径解决方案评价。运用定性与定量相结合的方法，综合分析各单途径解决方案对作战能力差距的解决程度，并综合考虑各种解决方案及其措施的可行性，择优确定可供选择的单途径解决方案。以作战理论创新为例，多个解决方案的评价结果如图 6-15 所示。图中，I_1、I_2、I_3 为第 j 个解决方案对第 i 项作战能力差距的解决程度，取值范围为[0,1]；P_1、P_2、P_3 为第 j 个解决方案对作战能力差距整体的解决程度，取值范围为[0,1]。

		作战理论创新			
		方案1	方案2	……	方案n
作战能力差距	作战能力差距1	I_1	×	……	×
	作战能力差距2	×	I_1	……	I_3
	……	……	……	……	……
	作战能力差距m	I_2	×	……	×
总体评价		P_1	P_2	……	P_3

图 6-15　作战能力差距的单途径解决方案评价矩阵

（4）多途径组合解决方案设计。综合考虑各种解决途径的组合方式和融合模式，以单途径解决方案为基础，按照两途径组合、三途径组合、四途径组合、五途径组合和六途径组合的思路，探索提出多种途径组合的非装备能力需求解决方案。

（5）多途径组合解决方案评价。以作战能力差距的有效弥补为目标，采用科学的评价方法，评价各种多途径组合方案的优劣。

通过上述步骤的分析，可以得到作战能力差距的非装备能力需求解决方案及其解决程度，作为进行装备需求分析的依据，如图 6-16 所示。图中，I_1、I_2、I_3为第 j 个解决方案对第 i 项作战能力差距的解决程度，取值范围为[0,1]；P_1、P_2、P_3为第 j 个解决方案对作战能力差距整体的解决程度，取值范围为[0,1]。

		非装备能力需求解决方案			
		方案1	方案2	……	方案n
作战能力差距	作战能力差距1	I_1	×	……	×
	作战能力差距2	×	I_1	……	I_3
	……	……	……	……	……
	作战能力差距m	I_2	×	……	×
解决程度评价		P_1	P_2	……	P_3

图 6-16　作战能力差距的非装备能力需求解决方案

6.4.1.2　装备解决途径

装备解决途径主要是通过装备的更新换代和战术技术性能指标的提升来实现作战能力差距的缩小直至消除，主要途径包括技术革新、研制生产和国外引进 3 种基本方式。

（1）技术革新。武器装备技术革新是指以引进和提高部队现役武器装备操作使用效能、完善装备战术技术性能为目的的装备发展方式，是提高部队作战能力的重要途径之一。20 世纪末，美军为了适应信息化战争作战要求，通过技术革新，将 M1A2 坦克加装了数字化模块，形成 M1A2SEP 数字化坦克，大大增强了坦克在现代战场的作战能力。

（2）研制生产。武器装备研制是新装备发展的主要方式，也是提高部队战斗能力、适应军队使命任务的必然要求。老旧装备的退役和新装备的装配部队是推动部队作战能力提高的重要途径和普遍规律。因此，新型武器装备的研制生产也是提高部队作战能力的重要抓手。

（3）国外引进。根据本国安全形势和军队建设需要，从国外引进性能先进、系统配套的武器装备，既可以节约武器装备的研制生产经费，提高国防经费的使用效益，又可以帮助研制生产能力较弱的国家尽快提高其部队作战能力，也是提高部队作战能力的重要途径。

6.4.2　装备能力需求确定

装备能力需求包括装备能力现状和装备能力差距 2 部分。装备能力现状是指武器装备当前已经能够提供的作战能力水平；装备能力差距是指与作战能力需求相比武器装备尚不能达到的作战能力需求。装备能力需求确定的重点是以作战能力差距和非装备能力需求解决方案为基础，确定装备能力差距。

1．装备能力差距

装备能力差距分析，重点是确定存在差距的作战能力指标及其指标要求的差距，分析思路如图 6-17 所示。

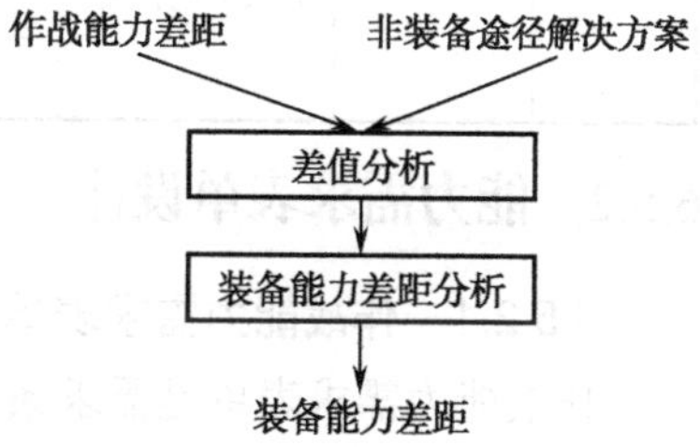

图 6-17　装备能力差据分析

首先，采用差值计算方法，计算作战能力差距与非装备途径解决方案解决程度之间的差距，确定存在装备能力差距的作战能力指标及其差距等级。作战能力的装备能力差距等级，依照作战能力差距与非装备途径解决方案解决程度之间的差距的绝对值初步确定，作为确定装备能力差距研究重点的依据。

其次，以非装备途径解决方案为基础，综合考虑非装备途径和装备途径的有机组合，采用仿真实验、解析计算等方法，通过反复计算、实验与优化，科学提出装备能力差距的大小。

2．装备能力需求

装备能力需求为装备能力现状与装备能力差距的综合。若已知某项武器装备具备 m 种作战能力，其中有 n 种作战能力存在差距，则第 i 种装备作战能力需求 C_i 可表示为

$$C_i = \begin{cases} C_{io}, & f(c_i) \geqslant 0 \\ C_{io} + C_{ig}, & f(c_i) < 0 \end{cases}$$

式中，C_{io} 表示第 i 种装备作战能力的现有值；C_{ig} 表示第 i 种装备作战能力差距；c_i 表示第 i 种装备作战能力；$f(c_i)$ 表示第 i 种装备作战能力 c_i 是否具有能力差距，若 $f(c_i) \geqslant 0$，表明第 i 种装备作战能力 c_i 不存在能力差距；若 $f(c_i) < 0$，表明第 i 种装备作战能力 c_i 存在能力差距。

6.5 能力需求描述

能力需求描述与任务需求描述方法相同，采用表单式的描述方法，通过能力需求要素的分析，建立能力需求的条件模型和指标模型，并通过条件模型与指标模型的组合形成能力需求清单。

6.5.1 要素表单设计

1．条件表单设计

能力需求描述中的条件模型与 5.6.2.2 节中任务需求描述的条件模型一致。

2．指标表单设计

指标表单是对能力属性及其关系的结构化描述，一般包括能力名称、能力编号、能力描述、能力指标定义等 4 部分内容，其指标模型可表示为如表 6-4 所示的结构化表单。

表 6-4 能力需求的指标模型及示例

能力编号	能力名称	能力描述	能力指标		
			名称	量度	描述（可选项）
C2.2.8	态势信息处理能力	表征指挥信息系统对态势信息分析与处理质量的程度	态势信息处理速率	kB/s	
			态势信息处理种类	种	
			态势信息准确性	%	态势图中显示的传输信息的正确率
			态势信息时效性	秒	将所获取的某一条情报在态势图中显示所用的时间
			态势信息更新周期	秒	相邻两个信息在态势图上显示的时间间隔

6.5.2 能力需求表单设计

6.5.2.1 作战能力需求表单设计

作战能力需求表单是需求条件与需求指标的有机组合，是具体条件下需求指标的实例化，即“需求模型=条件模型+指标模型”。以指挥所“态势信息处理能力”为例，其基本结构如

表 6-5 所示。

表 6-5 作战能力清单结构及示例

能力编号	能力名称	能力条件				能力指标						作战能力贡献度
		编号	名称	取值	代码	名称	量度	描述（可选项）	理想值	基本值	最低值	
C2.2.8	态势信息处理能力	T1.3.3 T2.2.8.2 T2.3.7	电磁效应	广泛的	A	态势信息处理速率	kB/s					B
			军事系统的可靠性	中	B	态势信息处理种类	种					
			通信的连续性	间歇通信	B	态势信息准确性	%	态势图中显示的传输信息的正确率				
						态势信息时效性	秒	将所获取的某一条情报在态势图中显示所用的时间				
						态势信息更新周期	秒	相邻两个信息在态势图上显示的时间间隔				

6.5.2.2 作战能力差距表单设计

以指挥所“态势信息处理能力”为例，其基本结构如表 6-6 所示。

表 6-6 作战能力清单结构及示例

能力编号	能力名称	能力条件				能力指标			能力差距			
		编号	名称	取值	代码	名称	量度	描述（可选项）	能力需求	现有能力	能力差距等级	排序
C2.2.8	态势信息处理能力	T1.3.3 T2.2.8.2 T2.3.7	电磁效应	广泛的	A	态势信息处理速率	kB/s		1024	512	2	
			军事系统的可靠性	中	B	态势信息处理种类	种		48	24	4	
			通信的连续性	间歇通信	B	态势信息准确性	%	态势图中显示的传输信息的正确率	95	70	3	
						态势信息时效性	%	将所获取的某一条情报在态势图中显示所用的时间	15	120	2	
						态势信息更新周期	秒	相邻两个信息在态势图上显示的时间间隔	60	480	3	

参考文献

[1] Defense Acquisition University. DoD Business Transformation：Meeting the Security Challenges of the 21st Century[EB/OL]. (2003-4) [2007-05]. http://www.acq.osd.mil/jctd/.

[2] Australian Government：Australian Public Service Commission. ILS support tools: Capability Assessment Kit：Instructions [EB/OL]. (2007-4) [2009-05]. http://www.apsc.gov.au/ils/instructionsa.pdf.16 CJCSM3500.04D. Universal Joint Task List(UJTL)，1 August 2005.

[3] 马亚平，李柯，崔同生，等. 联合作战模拟中武器装备体系结构研究[J]. 计算机仿真，2004，21（3）：7—9.

[4] 郭齐胜，陈威. 装备体系需求论证方案评价指标体系研究[J]. 装备指挥技术学院学报，2010，21（6）：11—15.

[5] 陈建荣. 面向装备论证的能力需求生成理论与方法研究[D]. 北京：装甲兵工程学院，2010.

[6] Amihud H.；Joseph E. K.；&Mencahem P. W. How lessons learned from using QFD led to the evolution of a process for creating quality requirement for complex systems.Systems Engineering，2007，10（1）：45—63.

[7] The MODAF development team. MODAF handbook version1.2[R]. UK：Ministry of Defense，2008.

[8] Jamshidi M. System of systems engineering-principles and application[M]. UK：CRC Press，2009.

[9] 伍文，孟相加，马志强，等. 基于组合赋权的网络可生存性模糊综合评估[J]. 系统工程与电子技术，2013，35（4）：786—790.

[10] 张鹏，蔡晔，王朝硕. 表单化管理[J]. 企业管理，2009（1）：60—62.

EQUIPMENT DEMONSTRATION

第7章 装备体系需求分析与评估方法

装备体系需求是装备需求论证的主要结果，可直接用于装备体系建设。装备体系需求分析与评估实质就是研究并提出满足任务需求和能力需求的装备体系层面实现途径的过程，是对作战功能域（使命任务）与作战需求域（能力需求）进一步细化从而分析得出装备域（体系层面）结果的环节，目的是根据使命任务分析和能力需求分析提出装备体系需求，重点是得出需要什么样的体系或系统，装备之间的关系如何，需求满足率程度如何。装备体系需求分析与评估结论是形成装备需求方案的基础，地位重要、难度较大。

7.1 概述

装备体系需求分析与评估是未来需求的作战能力体系在武器装备上的反映。装备体系需求分析与评估本身是一个复杂系统工程过程，要构建满足需求、系统先进、结构优化、相互协调、完整配套的装备体系，就必须依据科学的理论和方法，对装备体系功能需求、结构需求、数量需求等进行全面、系统、充分地分析和研究。

7.1.1 装备体系需求分析与评估的内容

装备体系需求分析与评估是以任务需求和能力需求为依据，通过对装备体系功能分析、装备体系结构分析、装备体系规模数量分析，提出为达到各种军事任务能力所应具备的装备体系需求，并进行科学评估。装备体系需求分析与评估内容包括以下 3 个方面（如图 7-1 所示）。

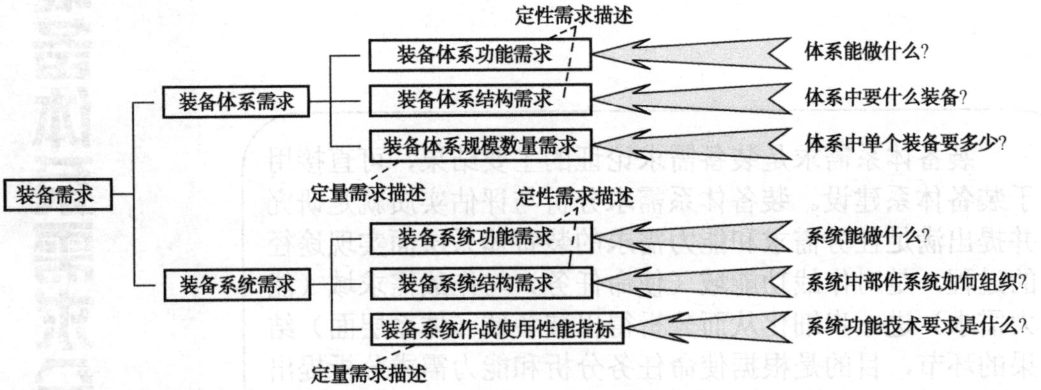

图 7-1 装备体系需求分析与评估内容

（1）装备体系功能需求分析主要内容是对装备体系提出整体性的作战性和功能性要求，详细需求可包括对装备体系配套性和衔接性要求[3]，配套性需求是指为完成一定的作战任务，武器装备功能配套和性能匹配上应满足什么要求；衔接需求是指为形成全程、全域整体作战能力，武器装备在功能互补和纵向衔接上应满足率什么要求。它主要解决“体系能做什么”的问题，是定性需求描述。

（2）装备体系结构需求分析主要任务是提出所需的装备体系中装备的总体构成，根据装备体系的功能性要求，分析给出装备的基本类别，并细化的武器装备品种、系列、型号等，它主要解决“体系要什么装备”的问题，是定性需求描述。

（3）装备体系规模数量需求分析主要内容是提出所需各类、各种装备的列装规模和数量要求，详细需求可包括各类、各种武器装备的编配层次和编配对象。它主要解决“体系装备要多少”的问题，是定量需求描述。

对于装备体系功能和结构分析常用方法既可以用定性分析方法，也可以用仿真模拟与定性分析相结合的方法，仿真模拟给出定量分析结果，论证人员作定性判断。装备体系数量规模分析常用方法基本思路是根据作战任务的完成有时序关系时，找出各项作战任务对某种装备的最大需求数。本书的需求论证方法是基于装备需求论证工程化理论提出的。

7.1.2 装备体系需求分析与评估的流程

装备体系需求分析与评估是分析装备体系是否存在欠缺、冗余和空白，能否满足构建联合作战各级作战体系所需，武器装备体系的功能和结构及装备数量是否合理完备，武器装备体系中装备发展重点、方向和目标。其输入包括作战活动清单、作战能力清单、装备能力需求、作战节点需求、作战节点信息交互矩阵等，经过装备体系需求分析，输出为装备体系功能需求列表、装备体系结构需求列表和装备体系规模数量需求列表等。为了实现上述目标，装备体系需求分析可以通过以下 8 个步骤的分析和评估来实现（如图 7-2 所示）。

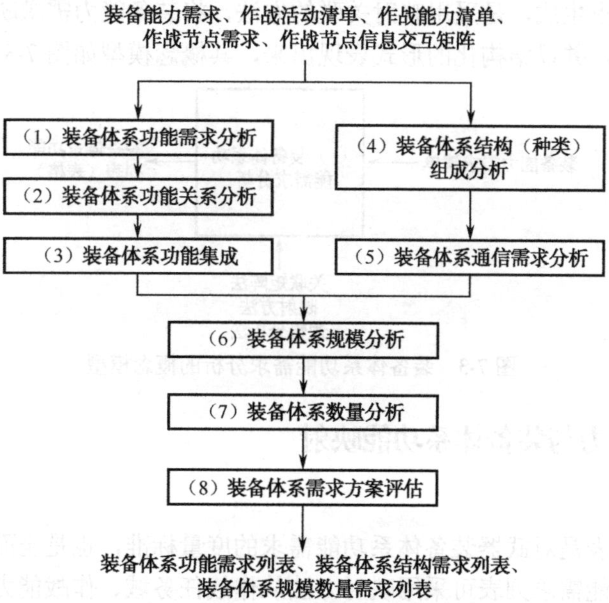

图 7-2 装备体系需求分析基本流程

（1）装备体系功能需求分析：通过装备能力需求映射出装备体系功能，形成初始装备体系功能需求列表。

（2）装备体系功能关系分析：在装备体系功能列表基础上，通过装备体系功能-装备能力-作战能力-作战活动关联分析，确定装备体系功能的相互关系。

（3）装备体系功能集成：在装备体系功能关系分析基础上，按照功能分类、内容、取值等，对装备体系功能列表进行综合分析，从而形成装备体系功能需求列表。

（4）装备体系结构（种类）组成分析：通过作战节点与装备系统节点映射分析，得到装备体系内装备组成列表。

（5）装备体系通信需求分析：通过作战节点信息交互矩阵分析，得到装备体系通信接口关系、通信内容分析，并在装备体系结构组成分析与装备体系通信接口分析的基础上，提出装备体系结构需求列表。

（6）装备体系规模分析：依据作战任务清单、装备体系功能清单、装备体系结构方案，提出满足各种使命任务的装备体系规模方案。

（7）装备体系数量分析：依据装备体系规模关系矩阵，运用专家判断法、对比分析法，提出满足各种使命任务的装备体系规模数量需求列表。

（8）装备体系需求方案评估：采用科学的评估方法，对提出的装备需求方案进行综合评估，给出装备体系需求方案的优劣排序。

7.2 装备体系功能需求分析

装备体系功能是装备体系为完成一定的作战任务，其装备体系必须具备的作用和能力。从装备途径考虑，它表明为完成作战任务所需的各种功能武器装备。

7.2.1 概念模型

装备体系功能需求生成，是采用映射关联的方法，将装备能力需求映射成为支撑装备能力形成的体系功能列表，并以结构化的形式表现出来，其概念模型如图 7-3 所示。

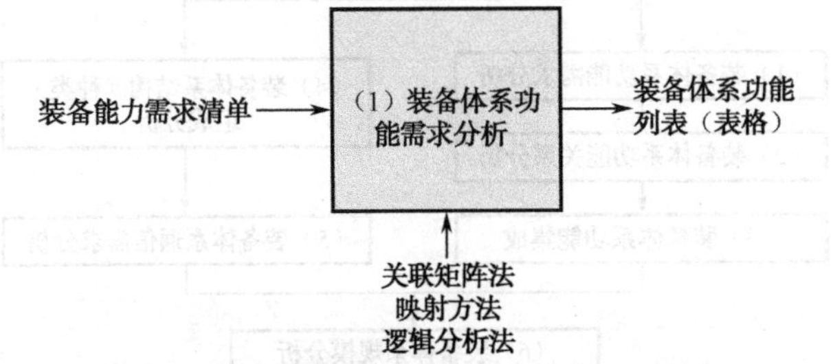

图 7-3 装备体系功能需求分析的概念模型

7.2.2 装备体系能力与装备体系功能映射

1．映射模型

装备体系功能列表是对武器装备体系功能需求的度量标准，也是全面、客观衡量功能需求的依据。装备体系功能需求列表可采用映射方法从作战任务域、作战能力域得来。装备体系功能需求的映射分析是分析作战任务域、作战能力域、装备体系功能域之间的映射关系，从而实现由作战任务需求到作战能力需求到武器装备体系功能需求的分析过程，主要包括作战任务需求到作战能力需求的映射分析 R_{TC}、作战能力需求到武器装备体系功能需求的映射分析 R_{CW}，以及由装备系统功能结构向主要性能参数的映射分析 R_{WP}。因此，武器装备体系功能需求分析的映射分析模型，可以表示为 $R=\{R_{TC},R_{CW},R_{WP}\}$，如图 7-4 所示。

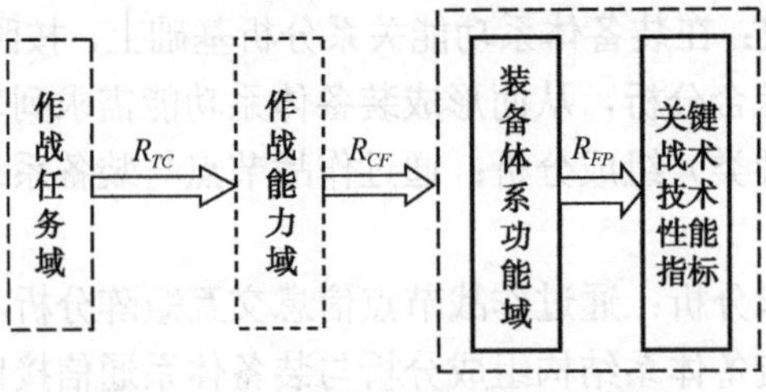

图 7-4 装备体系需求映射分析模型

2．基于 AD 理论的映射方法

武器装备体系需求生成程序确定体系需求生成的 3 个需求域：作战任务域 OTD（Operational Task Domain）、作战能力域 OCD（Operational Capability Domain）、武器装备体系功能域 WSFD（Weapon SoS Function Domain）。装备体系能力到装备体系功能映射，可采用 AD 理论来解决。作战任务域描述的是未来“要打什么仗，怎么打”，相当于 AD 理论中的用户域；作战能力域描述的是“需要什么能力”，相当于AD理论中的功能域；武器装备体系功能域描述的是“需要什么样的装备体系功能”，相当于AD理论中的结构域，如图7-5所示。

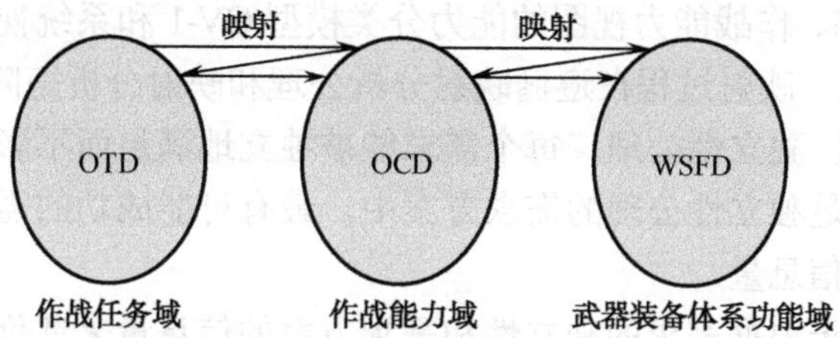

图7-5　基于AD的武器装备体系功能需求映射分析的3个域

基于AD的武器装备体系需求的层次化决策映射分析[4]采用自顶向下的分层映射方法，每一层每个域（作战任务域 、作战能力域、武器装备系统域）都存在相应的需求目标，高层次的需求决策影响低层次需求的求解状态。分析就是在各个域中进行需求问题的求解。在所给的任务需求目标层次上，存在一系列的作战能力需求、武器装备体系功能需求，在作战能力需求选定后任务需求才能分解，武器装备体系功能需求选定后能力需求才能分解。一旦相应的武器装备体系功能能保证作战能力需求，那么作战能力需求被分解为一系列子需求；相应的作战能力需求能保证作战任务需求，那么作战任务需求就能分解为一系列的子需求，并且这一过程反复进行，如图7-6所示。

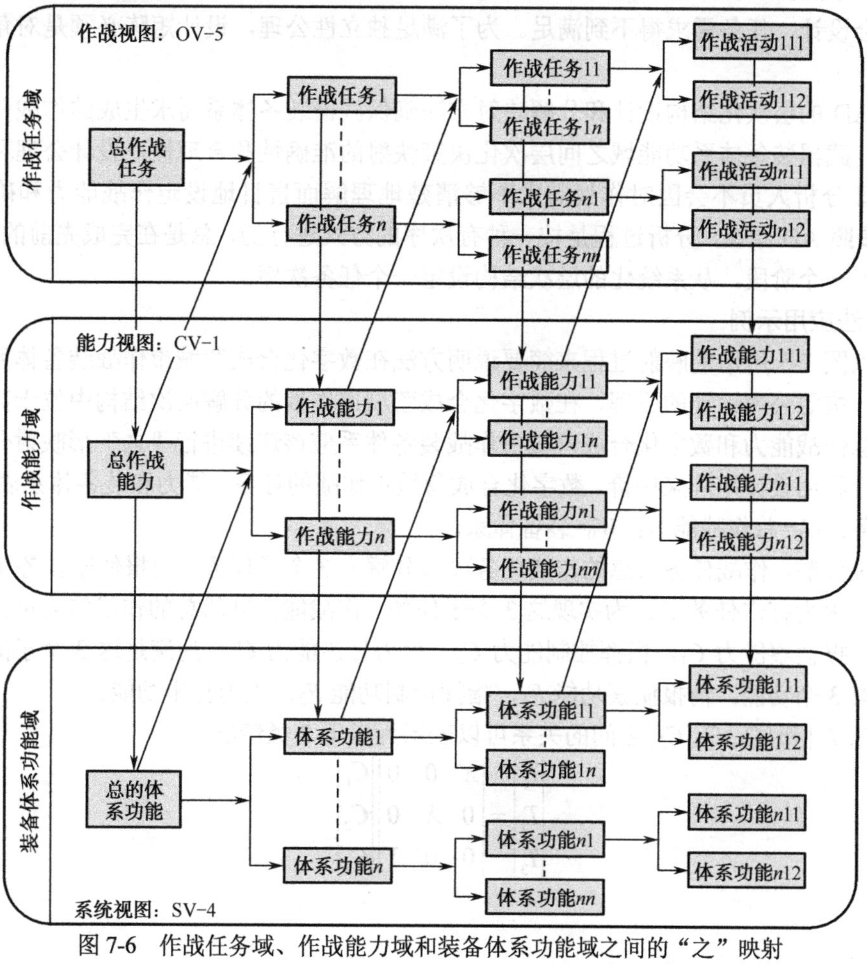

图7-6　作战任务域、作战能力域和装备体系功能域之间的“之”映射

分析过程在作战任务域、作战能力域和装备域之间“之”形曲折前进，论证分析人员可以追踪检查分解的每一层，直至分解到每个子需求都能满足时为止。映射分析的结果通过作战视图的作战活动模型 OV-5、作战能力视图的能力分类模型 CV-1 和系统视图的系统功能分解模型 SV-4 可视化的表示出来。映射过程在遵循映射分析公理和映射分析矩阵如下。

（1）映射分析公理。独立性公理：每个需求能被独立地满足而不影响其他的需求。

信息公理：所有满足独立性公理的需求方案中，最有可能成功的需求方案是最佳方案，因为该需求方案有最少的信息量。

这两条分析公理用于根据需求的独立性和需求方案的信息量来评价需求分析方案。

（2）映射分析矩阵。域间的映射可用数学上的特征向量来表示，该向量明确表示了需求和需求解。在某一给定的需求层次上，在作战任务域中定义了作战任务的任务集组成一个向量 $\boldsymbol{M}$；类似地，在作战能力域中的一组能力也组成一个向量 $\boldsymbol{C}$，两个向量之间的关系可以写成：

$$\boldsymbol{M}=\boldsymbol{AC} \tag{7-1}$$

式中 $\boldsymbol{A}$ 是一个表示了 $\boldsymbol{M}$ 和 $\boldsymbol{C}$ 之间联系的分析矩阵，公式（7-1）也可以写成 $M_i=\sum_{j=1}^{n}A_{ij}C_j$ 的元素形式。分析矩阵 $\boldsymbol{A}$ 有 3 种形式：①当 $\boldsymbol{A}$ 是对角阵时表明每个任务需求独立的被相应的一个作战能力需求满足，设计为无耦合设计；②当 $\boldsymbol{A}$ 是三角阵时，只有按正确的顺序确定的作战能力需求，才能保证任务需求之间的独立性，设计为准耦合设计；③当 $\boldsymbol{A}$ 为一般矩阵时，此时设计为耦合设计，任务需求得不到满足。为了满足独立性公理，设计矩阵必须是对角矩阵或三角矩阵。

基于 AD 的层次化结构设计和分解映射方法确保武器装备体系需求生成的作战任务域、作战能力域、武器装备体系功能域之间层次化决策映射的准确性和合理性，设计公理和分解原理可以使论证分析人员不会因对作战需求不够清楚地理解而盲目地设定作战能力和确定装备体系功能。按照 AD 原理，分析过程是按一种有次序的方式进行的，总是在完成先前的任务之后，才能进入下一个阶段，从系统化的层次结构设定一个任务次序。

3．方法应用示例

我们以图 7-5 所示的映射过程来简要说明方法在数字化合成营城市作战装备体系需求分析中的应用。按照公理设计的原理，在数字化合成营城市作战的分解层次结构中位于高层的总作战任务、总作战能力和数字化合成营城市作战装备体系应该连续进行“之”形映射分解，每一次分解都应利用设计矩阵来评价。数字化合成营城市作战的任务、能力和装备体系表述为：T_0=总作战任务；C_0=总作战能力；W_0=装备体系。

第一级分解，作战任务域总的作战任务可以分解为 3 个子任务：情报侦察任务 T_1，指挥控制任务 T_2，火力打击任务 T_3；为实现这 3 个子任务，作战能力域的总的作战能力可分解为 3 个子能力：情报侦察能力 C_1，指挥控制能力 C_2，火力打击能力 C_3；为满足这 3 个子能力，装备体系可能有 3 个功能：情报侦察功能 F_1，指挥控制功能 F_2，火力打击功能。

$\{T_1, T_2, T_3\}$和$\{C_1, C_2, C_3\}$之间的关系可以表示为以下 3 类情况：

$$\begin{vmatrix} T_1 \\ T_2 \\ T_3 \end{vmatrix} = \begin{vmatrix} X & 0 & 0 \\ 0 & X & 0 \\ 0 & 0 & X \end{vmatrix} \begin{vmatrix} C_1 \\ C_2 \\ C_3 \end{vmatrix} \tag{7-2}$$

$$\begin{vmatrix}T_1\\T_2\\T_3\end{vmatrix}=\begin{vmatrix}X & 0 & 0\\X & X & 0\\X & X & X\end{vmatrix}\begin{vmatrix}C_1\\C_2\\C_3\end{vmatrix} \tag{7-3}$$

$$\begin{vmatrix}T_1\\T_2\\T_3\end{vmatrix}=\begin{vmatrix}X & X & 0\\X & X & 0\\0 & X & X\end{vmatrix}\begin{vmatrix}C_1\\C_2\\C_3\end{vmatrix} \tag{7-4}$$

映射矩阵中的 X 表示任务与能力之间的映射值。（7-2）类情况说明每一个 TX 都由相应的 CX 独立完成，该分解设计是无耦合设计，表明每个任务需求独立被相应的一个作战能力需求满足；（7-3）类情况说明该分解设计是准耦合设计，表明只有按正确的顺序确定的作战能力需求，才能满足任务需求；（7-4）类情况说明该分解设计是耦合设计，作战能力需求满足不了作战任务需求。当第三类情况发生时，论证分析人员应重新进行分析，使得 $\boldsymbol{M}$ 和 $\boldsymbol{C}$ 之间的关系矩阵转化为无耦合设计或准耦合设计。

第一级分解的作战能力和装备体系功能之间的分析同作战任务和作战能力之间的关系一样。只有当所有层次的作战任务、作战能力和体系功能之间的关系满足无耦合设计或准耦合设计时，数字化合成营城市作战装备体系设计才是合理的。

7.3 装备体系结构需求分析

从系统角度而言，装备体系功能和装备体系结构有着密切的联系，结构决定功能，而功能变化又是结构变化的前提和依据。通常认为，装备体系结构决定装备体系功能有两层含义：一是装备体系结构组成类型及其相互关系决定了装备体系功能的类型；二是装备体系内装备类型的数量决定了装备体系功能的大小。本节的装备体系结构需求分析环节结果，是研究分析得出装备体系内装备类型的组成及其相互关系，即第一层含义。

7.3.1 基本流程

装备体系结构分析，是合理确定装备体系结构组成及各组成部分特征属性的关键步骤。其基本目的是根据使命任务分析、能力需求分析、装备体系功能分析的结果，进一步确定装备体系的结构组成，进而形成装备体系结构方案。装备体系结构分析的基本流程如图 7-7 所示。

7.3.2 基于 ABM 的装备体系结构需求分析

基于 ABM 的武器装备体系结构需求分析是在作战需求分析和作战能力需求分析的基础上，通过将作战活动模型映射为装备体系功能模型，作战节点与链接关系模型映射为系统接口描述、系统通信描述和系统关系模型，信息交换矩阵映射为系统数据交换矩阵，把作战活动、作战节点、角色、作战活动信息映射为装备体系功能、系统节点、系统、系统数据，实现作战任务需求和作战能力需求向装备体系结构的有效映射。美国国防部体系结构框架 DoDAF 中的系统接口描述（SV-1）、系统功能描述（SV-4）、系统数据交换矩阵（SV-6）3 个产品涵盖了基于 ABM 的装备体系结构分析中涉及的对系统功能、系统节点、系统、系统数据 4 种实体的描述，构成了基于 ABM 的装备体系结构设计分析的核心视图产品集。但只有这 3 种核心视图产品还不能完成装备体系结构需求分析，还需要加入作战活动/系统功能跟踪矩阵（SV-5）、系统性能参数矩阵（SV-7）、物理数据模型（SV-11）。因此，采用 DoDAF 系统视图产品的 SV-1、SV-4、SV-5、SV-6 构成了基于 ABM 的武器装备体系结构需求分析的最小产品子集。SV-10a、SV-10b、SV-10c 是对系统体系结构的动态行为描述，根据研究的目的可以选取适当的 SV-10 产品进行作战体系结构的动态行为分析。SV-8 系统发展描述和 SV-9 系统技术预测主要用于装备体系中装备的发展分析和技术发展分析，可根据武器装备体系需求生成的研究目的进行适当的选取。基于 ABM 的武器装备体系结构需求分析流程如图 7-8 所示。

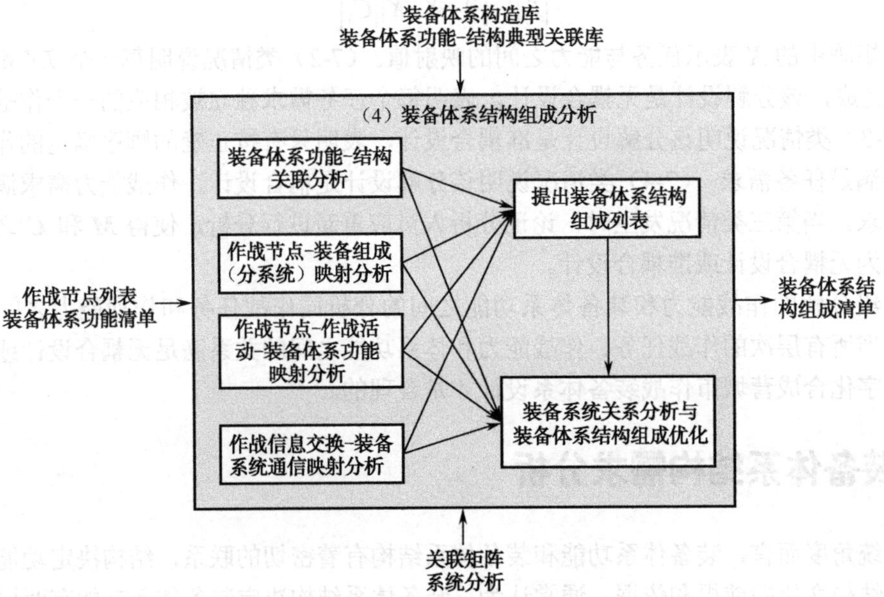

图 7-7 装备体系结构组成分析基本流程

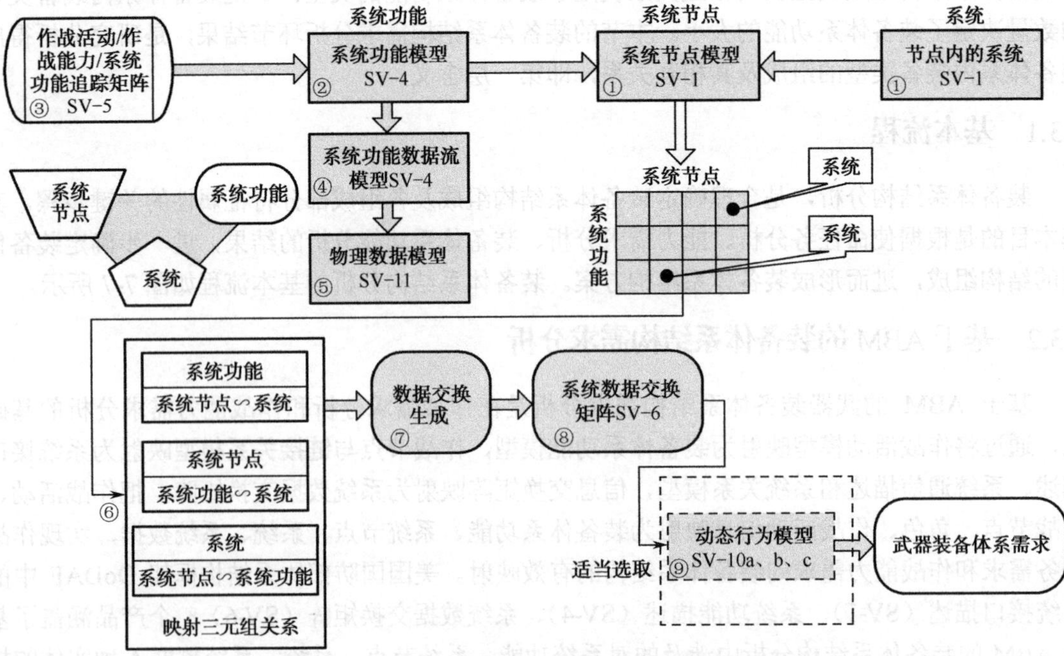

图 7-8 基于 ABM 的武器装备体系系统需求分析流程

（1）武器装备体系组成分析。武器装备体系作为一个复杂的巨系统，其组成元素可以分为系统节点和装备系统实体。系统节点包含装备系统实体，它可以用具体的作战单元来表示，例如师、旅、营；也可以是具体的装备系统，如卫星；也可以是具体的地点，如指挥所、控制中心等。系统节点也具有层次性，节点的“粒度”应根据研究的目的确立，同一层次系统节点的“粒度”必须要相同。作战节点的作战活动需要系统节点中的装备系统来执行，一般情况下，作战节点和系统节点互相对应的，通常情况下名称也相同，便于对应的分析。当然也可不遵循这一对应原则，只要便于装备体系组成分析就好。这里的分析实际上是装备体系组成的初始设定，类似非线性问题迭代分析中的参变量的设定初始值。在后续的分析中会逐步的迭代完善这种初始设定，直至符合要求为止。具体分析时，根据作战需求分析建立的作战节点连接关系模型，建立 SV-1 系统节点模型，确立描述支持作战任务的武器装备体系结构的系统节点和系统节点中的具体装备系统。若是优化现有的武器装备体系，系统节点模型描述的是现有武器装备体系的完成作战任务时的实际编成或部署；如果是分析未来武器装备体系，系统节点模型描述的是未来武器装备体系的完成作战任务时的编成或部署构想。

（2）武器装备体系系统功能分析。此步骤输入可采用前文分析得出的功能需求结果。若是优化现有的武器装备体系，是对现有武器装备体系系统功能的描述；如果是分析未来武器装备体系，是未来武器装备体系系统功能的构想。这里的分析实际上是装备体系系统功能的初始设定，类似非线性问题迭代分析中的参变量的设定初始值。在后续的分析中会逐步的迭代完善这种初始设定，直至符合要求为止。在体系需求分析、设计阶段，应遵循“按功能需求确定体系结构”的系统建构原理，因此，这一步骤是武器装备体系系统需求分析的关键；必须要综合运用专家联合论证方法，通过反复的研讨确定体系的系统功能，如果系统功能初始设定合理，将会大大减少后期反复迭代分析的过程。具体分析时，可选用 IDEFO、UML 或 SysML 建模方法，采用树状结构方式建立 SV-4 系统功能分解模型（Functional Decomposition），描述武器装备体系层次化的系统功能。模型起始于一个表示武器装备体系系统总体功能的单一方框，然后分层次的依次分解为具体的功能，直到满足武器装备体系需求生成要求的适当的粒度层次为止。

（3）作战活动、作战能力、装备体系系统功能之间的映射分析。根据作战活动模型、作战能力分类模型、系统功能分解模型，通过作战活动-作战能力-体系系统功能映射矩阵，将作战活动、作战能力映射为体系系统功能，分析初始设定的体系系统功能的完备性，查找功能缝隙和功能差距。并综合运用专家联合论证方法、公理设计理论的“之”映射理论、矩阵追踪分析方法、质量功能部署理论的质量屋方法，有效的分析完成作战活动、支撑作战能力需求的体系系统功能，通过反复的映射迭代分析（包括重要度映射），逐步完善体系系统功能，明确武器装备体系系统功能需求。具体分析时，用 SV-5 作战活动-作战能力-系统功能转换追踪矩阵描述映射关系，完善 SV-4 系统功能分解模型描述体系系统功能需求。

（4）体系系统功能数据流分析。主要是分析功能之间的关系，以及功能执行过程中需要处理的数据。这里的系统数据是对作战活动模型 OV-5 中描述的作战信息的系统实现。在分析时系统功能数据必须能有效实现其支持的作战活动的作战信息需求。具体分析时，首先根据第 3 步完善后的树状层次化的系统功能模型 SV-4 确定的体系系统功能，可选用 IDEFO、UML 或 SysML 建模方法，描述系统功能之间关系，重点是系统功能之间的数据流，建立系统功能的数据流模型（SV-4 Data Flow），将系统功能通过数据流形成完整的武器装备体系系统功能运行过程。

（5）数据模型分析。主要是建立体系系统功能所需的数据的数据模型以及数据之间的关系。在具体分析时，根据系统数功能据流模型 SV-4 中功能数据需求，采用对象关系图或 ER 图的方式，建立物理数据模型（SV-11），描述系统功能的数据模型及其相互关系。物理数据模型在后续的视图产品开发中将根据系统数据的需求进行不断的完善，系统数据交换矩阵 SV-6 中的所有交换的系统数据必须都在 SV-11 中定义其数据模型。

（6）确立体系系统功能、系统节点和装备系统实体之间的三元关系。主要是遵循“按功能需求确定体系结构”的系统建构原理。根据确定的体系系统功能，通过将体系系统功能分配到各个系统节点，并分析系统节点中实现此功能的装备系统实体，确定武器装备体系的结构。具体分析时，是依据第 3 步完善后的系统功能模型 SV-4 确定的武器装备体系的系统功能，系统节点描述模型 SV-1 确定的系统节点和装备系统实体，建立系统功能、装备系统、系统节点之间的三元组关系，确立系统节点中的装备系统需要实现的功能。前六个步骤，是需要需求论证人员，在专家研讨的基础上，使用支持 ABM 方法的体系结构开发工具手动设计的。

（7）武器装备体系结构分析。主要分析武器装备体系中系统节点之间的接口关系、装备系统实体之间的接口关系、接口中传输的数据，建立体系要素之间的关系。接口关系是依据体系系统功能之间的关系确立的，具备不同体系系统功能的系统节点或装备系统实体之间，由于功能之间的关系必然会产生接口关系。具体分析时，根据系统功能模型中系统功能之间的数据流关系，系统功能、系统和系统节点之间的三元关系，生成数据交换，在 SV-1 中通过系统节点之间的连接线或装备系统实体之间的连接线描述系统节点或装备系统实体的接口关系和数据交换。本步骤是在前六步的基础上，由支持 ABM 方法的体系结构设计工具自动生成的，不需要人工输入。

7.3.3 应用示例

数字化合成营城市作战装备体系需求分析，依据武器装备体系需求生成程序中武器装备体系需求分析的要求，按照 DODAF 标准，使用基于 ABM 的武器装备体系系统需求分析方法和基于 AD/RQFD 的武器装备体系需求映射方法，应用支撑平台的分析系统的体系结构设计工具 SA 和映射分析系统进行，具体过程如下：

（1）数字化合成营装备体系组成分析。根据作战任务需求分析建立的作战节点连接关系模型，分析支持作战任务的数合成营装备体系结构的系统节点和系统节点中的具体装备系统，即描述数字化合成装备体系组成的系统节点模型 SV-1。第一次的分析实际上是数字化合成营装备体系组成的初始设定，在后续的分析中会逐步的迭代完善这种初始设定，直至符合要求为止。数字化合成营城市作战的系统节点模型示例，如图 7-9 所示。

（2）数字化合成营装备体系系统功能分析。按照 IDEFO 方法采用树状结构方式建立数字化合成营装备体系系统功能的层次化树状的功能分解模型（SV-4 Functional Decomposition），描述未来数字化合成营装备体系系统功能的构想。这里的分析实际上装备体系系统功能的初始设定，类似非线性问题迭代分析中的参变量的设定初始值。在后续的分析中会逐步的迭代完善这种初始设定，直至符合要求为止。数字化合成营城市作战装备体系系统功能模型示例，如图 7-10 所示。

（3）作战任务-作战能力-体系系统功能之间的层级映射分析。根据根据作战活动模型、作战能力分类模型、系统功能分解模型，应用基于 AD 的层次化映射分析方法，自顶向下的分析作战活动模型、作战能力分类模型、系统功能分解模型中任务指标、能力指标、体系功能指标之间的层级映射，并通过 ABM 方法中的作战活动-系统功能转换追踪矩阵（SV-5）形式化描述出来，分析初始设定的数字化合成营装备体系系统功能的完备性，实现作战活动、作战能力向体系系统功能的有效映射，查找数字化合成营装备体系的功能缝隙与差距，完善功能分解模型。数字化合成营城市作战的作战活动-系统功能转换追踪矩阵示，如图 7-11 所示。

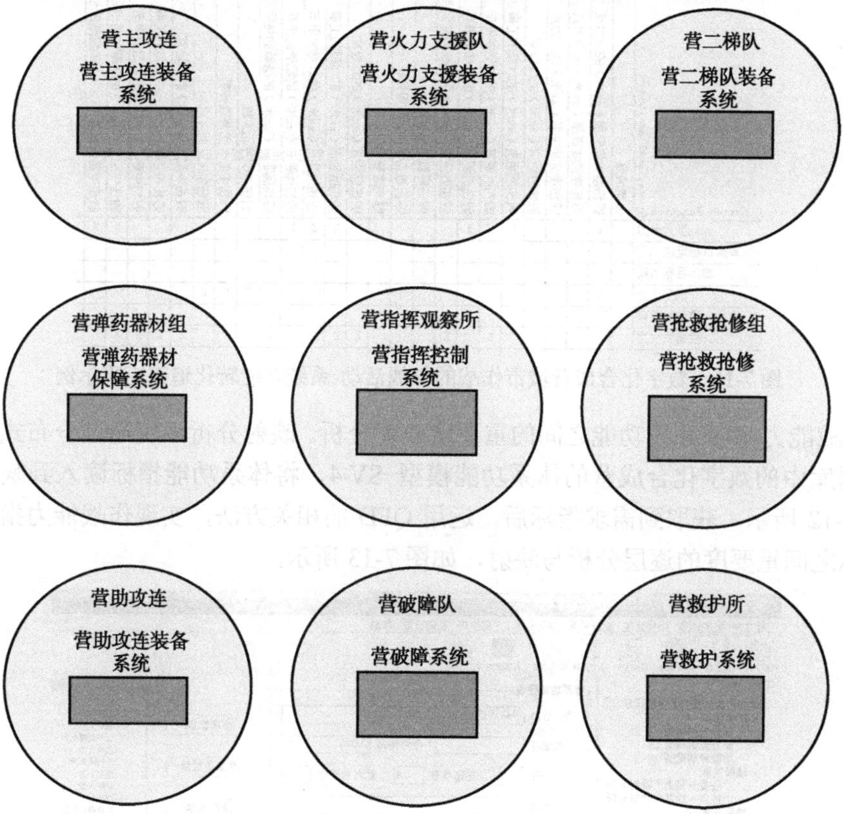

图 7-9 数字化合成营城市作战的系统节点模型示例

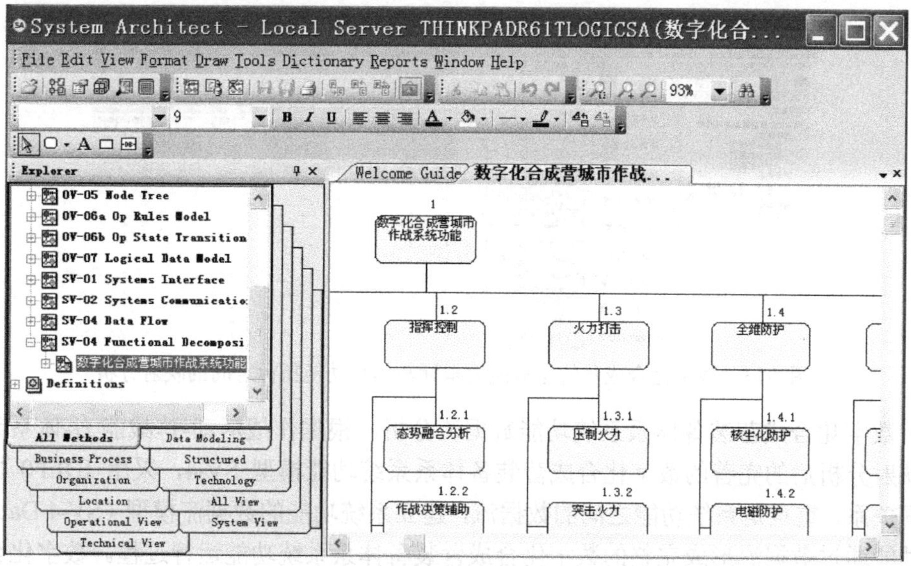

图 7-10 数字化合成营城市作战装备体系的系统功能模型示例

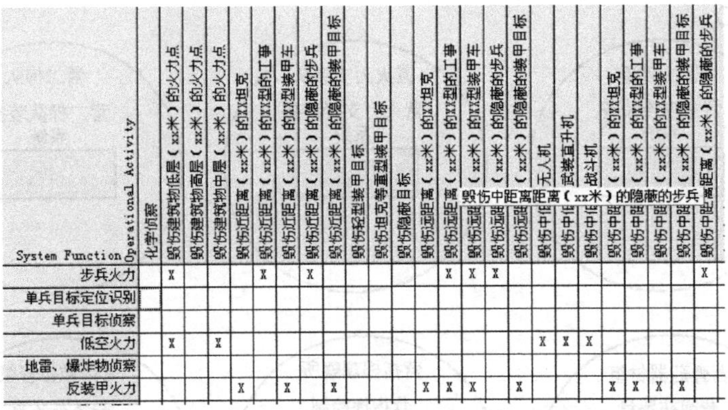

图 7-11　数字化合成营城市作战的作战活动-系统功能转化追踪矩阵示例

（4）作战能力-体系系统功能之间的重要度映射分析。映射分析系统通过分布式网络读取体系结构数据库中的数字化合成营的体系功能模型 SV-4，将体系功能指标读入到映射分析系统中，如图 7-12 所示。获取到需求指标后，运用 QFD 的相关方法，实现作战能力指标与装备体系功能指标之间重要度的逐层分析与映射，如图 7-13 所示。

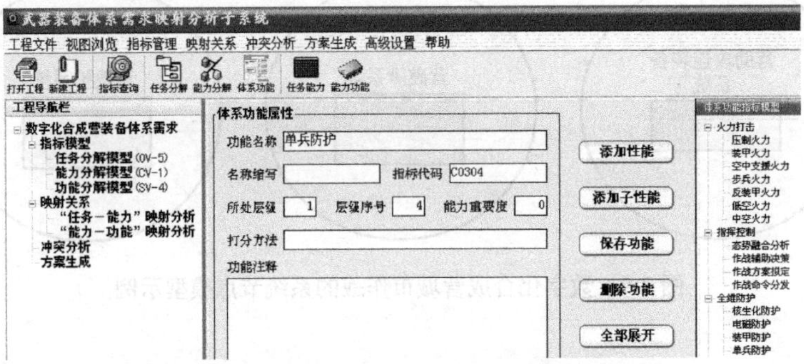

图 7-12　数字化合成营的功能分解模型 SV-4 读取

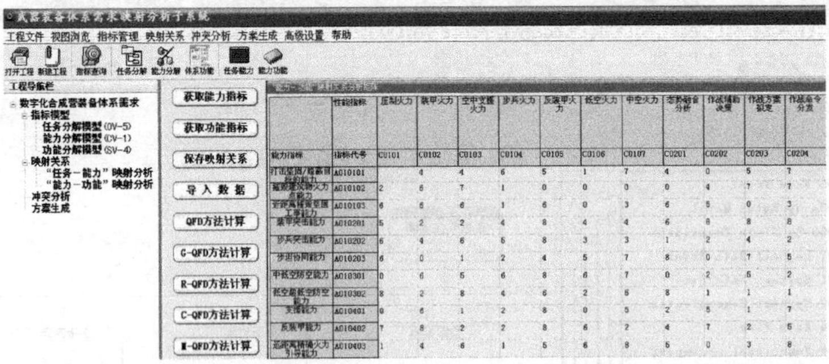

图 7-13　数字化合成营的作战能力指标与体系功能指标之间的映射分析

（5）数字化合成营装备体系系统功能数据流分析。根据作战活动-作战能力-体系系统功能之间的映射分析后的完善的数字化合成营装备体系系统功能模型 SV-4，采用 IDEF0 描述系统功能之间关系，重点是系统功能之间的数据流，建立系统功能的数据流模型（SV-4 Data Flow），将系统功能通过数据流形成完整的数字化合成营装备体系系统功能运行过程。数字化合成营城市作战的系统功能数据流模型示例如图 7-14 所示。

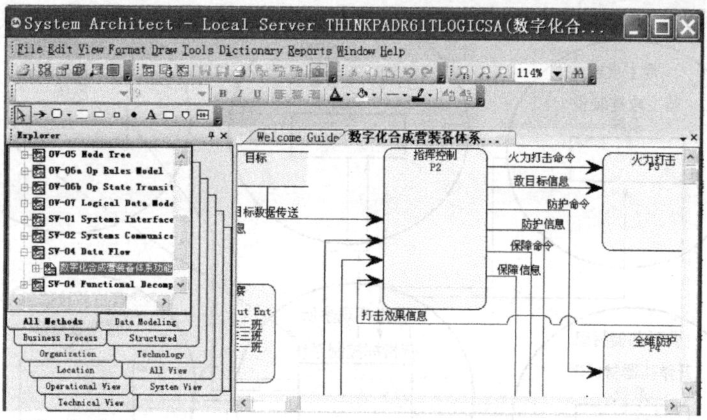

图 7-14 数字化合成营城市作战的系统功能数据流模型示例

（6）确立体系系统功能、系统节点和装备系统实体之间的三元关系。依据系统功能模型 SV-4 确定的数字化合成营装备体系的系统功能，系统节点描述模型 SV-1 确定的数字化合成营装备体系结构的系统节点和装备系统，建立体系系统功能、装备系统、系统节点之间的三元组关系，确立系统节点中的装备系统需要实现的功能。数字化合成营城市作战装备体系系统功能、装备系统、系统节点之间的三元关系建立示例如图 7-15 所示。

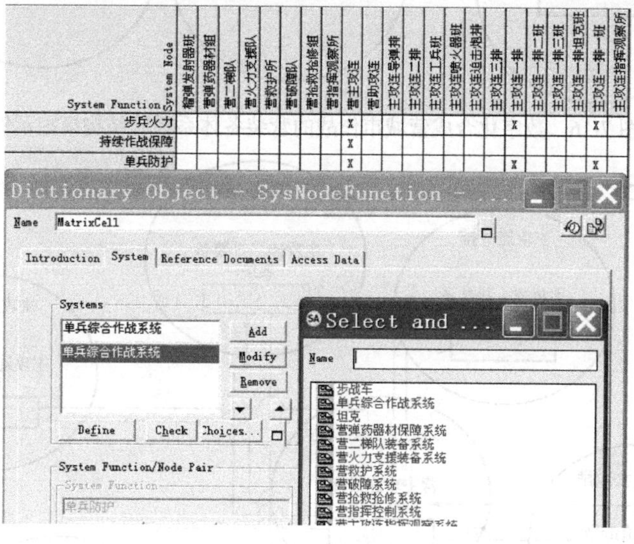

图 7-15 数字化合成营城市作战装备体系系统功能-装备系统-系统节点之间的三元关系

（7）数字化合成营装备体系结构分析。根据系统功能模型中系统功能之间的数据流关系，系统功能、系统和系统节点之间的三元关系，生成数据交换，分析系统节点之间的接口关系和数据交换描述，建立数字化合成营装备体系各组成系统之间的接口关系描述模型（SV-1），确立数字化合成营装备体系的节点、节点内的装备系统实体，以及节点内和节点间装备系统之间的连接关系。数字化合成营城市作战的系统接口关系描述示例如图 7-16、7-17、7-18 所示。

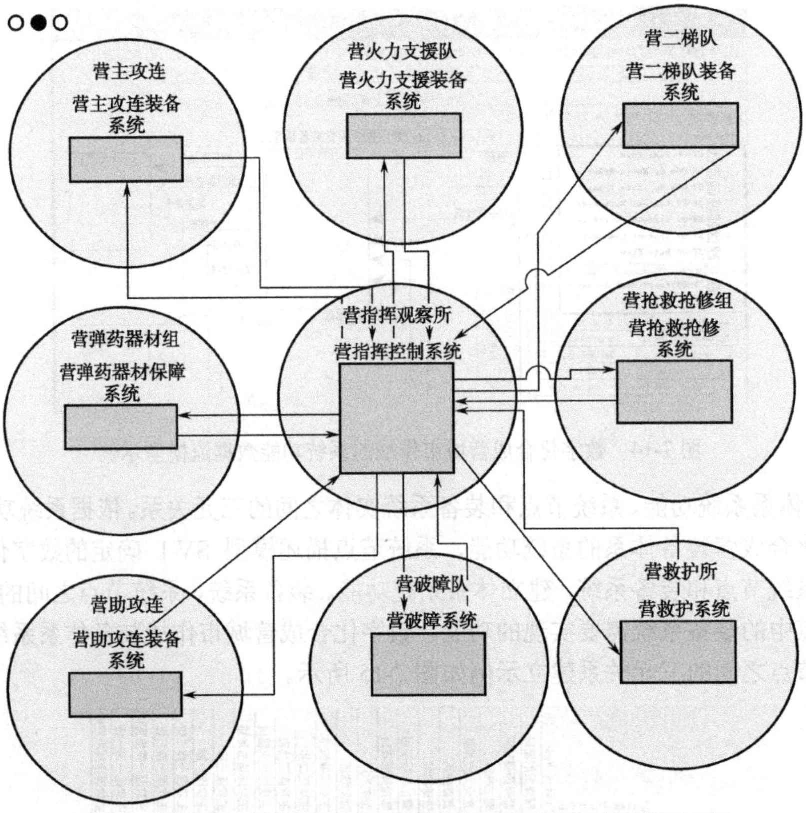

图 7-16　数字化合成营城市作战的营装备体系系统结构模型示例

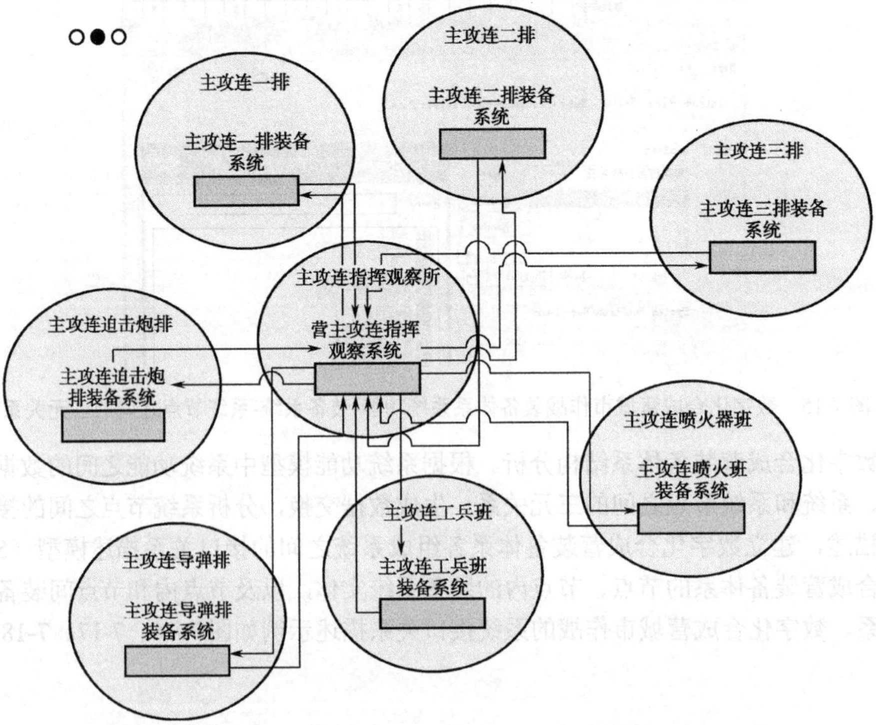

图 7-17　数字化合成营城市作战的主攻连装备体系系统结构模型示例

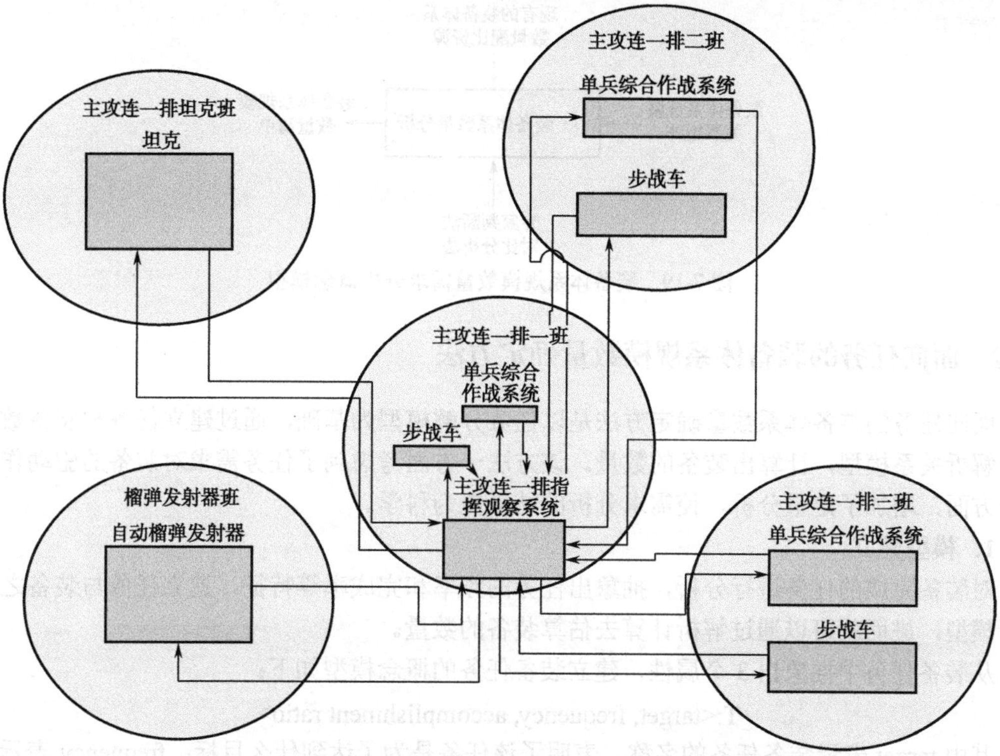

图 7-18　数字化合成营城市作战的主攻连一排装备系统结构模型示例

7.4　装备体系数量规模需求分析

装备体系数量规模需求分析主要体现在两个方面：一是确定装备体系的规模，即武器装备的总体数量，对于各种不同层次和不同类型的装备体系规模要求不同；二是确定装备体系中装备的数量，即各种比例关系，主要包括不同类武器装备间的比例关系、同类型武器装备内不同品种武器技术的比例关系。

7.4.1　概念模型

装备体系规模分析目的是通过采用科学的分析方法，依据作战任务清单、装备体系功能清单、装备体系结构方案，提出满足各种使命任务的装备体系规模方案，为进一步深入分析装备体系数量提供依据。装备体系数量分析是依据装备体系规模关系矩阵，运用专家判断法、对比分析法，对装备系统的配比关系进行科学的分析，最终提出满足各种使命任务的装备体系规模数量清单。概念模型如图 7-19 所示。

确定装备体系规模数量的方法通常有 3 种方法：一是定性分析法，以现有装备体系的规模数量为基础，采用定性分析的方法提出装备体系规模数量；二是任务区分法法，即根据作战任务区分的类别提出装备体系规模数量；三是专家研讨法，即通过综合集成研讨、专家研讨，提出武器装备规模。提出了面向任务的装备体系规模数量确定方法和基于能力的装备体系数量优化方法。

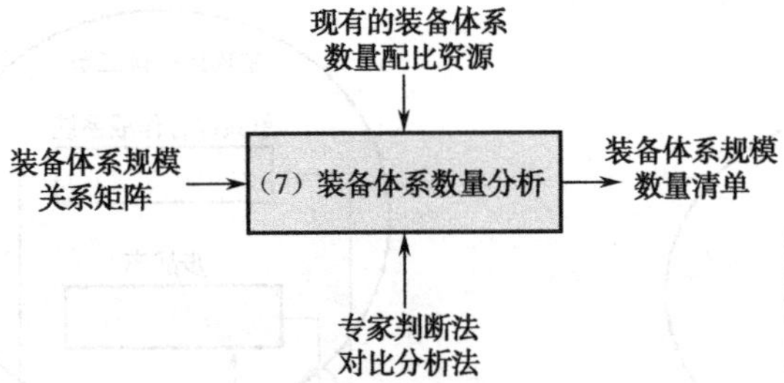

图 7-19　装备体系规模数量需求分析概念模型

7.4.2　面向任务的装备体系规模数量确定方法

面向任务的装备体系数量确定方法是以任务分解模型为基础，通过建立任务和装备数量之间的解析关系模型，计算出装备的数量。该方法一方面考虑到了任务需求对装备的驱动作用；另一方面，增加了定量分析，使需求分析的结果更为科学。

1．模型建立

对装备完成的任务进行分析，抽象出任务的频率和完成率等特征，建立任务与装备之间的分析模型，进而就可以通过解析计算去估算装备的数量。

从装备任务中抽象出 3 个属性，建立装备任务的概念模型如下：

T:<target, frequency, accomplishment ratio>

其中 target 表示装备任务的名称，表明了该任务是为了达到什么目标；frequency 表示装备任务频率，即单位时间内该任务执行的次数；accomplishment ratio 表示该任务的完成率。

在装备任务需求分析的基础之上，建立各子任务的概念模型，从而得到任务和装备数量之间的解析关系模型：

$$Q_j = [T_j] + 1 = \left[\sum_{i=1}^{m} T_{ij}\right] + 1 = \left[\sum_{i=1}^{m} f_i \cdot t_{ij} \cdot \alpha_i\right] + 1 \tag{7-5}$$

其中：Q_j 表示第 j 种装备的数量；

T_j 表示需要第 j 种装备任务周期内提供的能力贡献度，因为能力贡献度通常小于 1，所以把该数值取整加 1，即可得到所需第 j 种装备的数量 Q_j；

T_{ij} 表示任务周期内第 i 种任务需要第 j 种装备提供的能力贡献度；

m 是需要用到该装备的任务种类数；

f_i 是第 i 种装备任务的频率；

t_{ij} 是完成第 i 种装备任务所需第 j 种装备提供的有效能力；

α_i 是第 i 种装备任务的完成率。

2．模型求解

1）计算流程

装备数量的计算流程如图 7-20 所示。

2）求解参数

（1）求解 m

根据前面作战任务分析的结果，即可求得 m。由于任务具有层次结构，所以选取的作战任务不能具有隶属关系，即同类型的作战任务必须是同一层次的，通常选取最底层的任务。

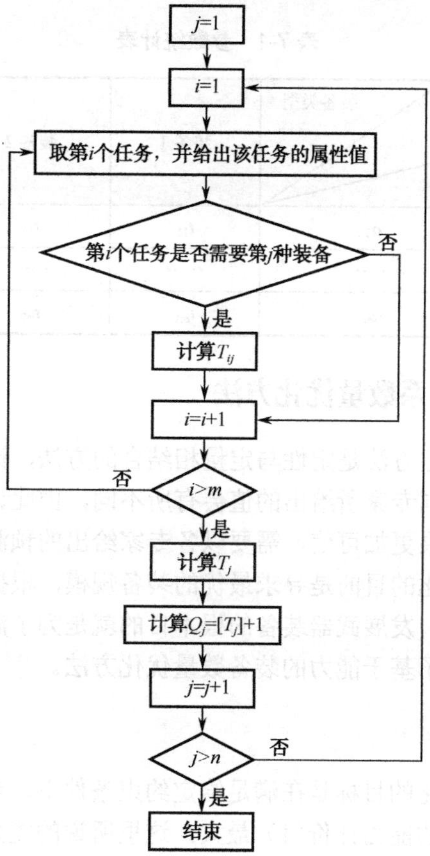

图 7-20 装备数量的计算流程

（2）求解 f_i

作战任务频率的预测基本思路：首先，预测作战规模和作战强度，综合分析作战任务、样式、规模、持续时间，参战装备的战术技术性能、使用强度，敌人打击破坏手段、程度和己方的防护条件，作战地区自然地理条件等多种因素，参考以往作战装备执行任务的经验数据。其次，根据前面分析得出装备体系结构，给出不同种类、不同型号装备承担作战任务类型和强度。最后，预测完成作战任务频率，根据作战任务的划分和装备承担作战任务类型数量，计算出相应的维修任务频率。

预计装备完成作战任务频率时，应综合运用经验推算预测法、模拟计算预测法、试验验证预测法，尽可能做出比较精确的预测。

（3）求解 t_{ij} 和 α_i

t_{ij} 和 α_i 可以通过经验预测法、仿真模拟法等方法进行预测。如果第 i 种作战任务不需要第 j 种装备，则令 t_{ij}=0。

（4）求解装备数量

将所求得的各参数值带入式（7-5）中，即可得到所需第 j 种维修装备的数量。

在实际应用过程中，可以使用表 7-1 对各个参数进行统计。

表 7-1 参数统计表

任务名称	频率	完成率 / 装备使用时间 / 装备类型	装备 1	装备 2	……	装备 n
任务 1	f_1	α_1	t_{11}	t_{12}	……	t_{1n}
……	……	……	……	……	……	……
任务 m	f_m	α_m	t_{m1}	t_{m2}	……	t_{mn}

7.4.3 基于能力的装备体系数量优化方法

面向任务的装备数量确定方法是定性与定量相结合的方法，计算过程中需要的参数大部分都需要专家的定性分析，不同专家所给出的值会有所不同，由此计算出的装备数量就会受到主观因素影响。为了使分析结果更加可信，需要以各专家给出的预测值为根据，对装备数量需求方案进行优化。装备数量优化的目的是寻求最优的装备规模，根据不同的优化目标和约束条件可能会得出不同的优化方案。发展武器装备的根本目的就是为了满足作战需求，具有完成各项任务的能力，因此本章提出了基于能力的装备数量优化方法。

1．模型建立

1）目标函数

基于能力的装备数量优化的目标是在满足给定约束条件下，寻求装备数量的最优解，使其所具有的能力值（已标准化的能力评价值）最大。这里所说的能力值是指总的能力值。令 y 表示总的维修能力值，y_i 为其子能力 D_i 的值，为了表达能力值的模糊性，这里用模糊数表示 y_i，w_i 为能力 D_i 的权重，m 为子能力的个数。则 y 可以由 y_i 构成的函数表示，即

$$y=F(y_1, y_2, \cdots, y_m)$$

通过能力聚合模型可以得到函数 F 的表达式：$F(y_1,y_2,\cdots,y_m)=\prod_{i=1}^{m} y_i^{w_i}$ 或者 $F(y_1,y_2,\cdots,y_m)=\prod_{i=1}^{m} w_i y_i$。

2）约束条件

装备体系数量优化需要考虑多方面因素，选取了 3 个核心约束条件进行了分析。

约束条件一：能力与装备数量、装备与装备之间的定量映射关系。该条件是把能力与装备连接在一起的关键环节。假设需要对 n 个装备的数量进行优化，把第 j 种装备记为 E_j，x_j 为装备 E_j 的数量值，$X=(x_1, x_2,\cdots, x_n)^{\mathrm{T}}$，$X_j=(x_1,\cdots, x_{j-1}, x_{j+1},\cdots, x_n)^{\mathrm{T}}$。那么，能力与装备之间的定量映射关系可以表示成 $y_i=f_i(X)$，其中 f_i 为能力 y_i 与装备数量 $X=(x_1, x_2,\cdots, x_n)^{\mathrm{T}}$ 之间的关联函数；装备与装备之间的定量映射关系可以表示成 $x_j=g_j(X_j)$，其中 g_j 为装备 E_j 与其他装备数量之间的自相关函数。

约束条件二：装备数量的上下限。一方面由于受到部队编制、作战实际情况等因素影响，每种装备的数量都应该有个范围，可以表示为 $x_{j\min}\leqslant x_j\leqslant x_{j\max}$；另一方面，由于受到经费的制约，所有装备的经费总额也有个额度，可以表示为 $\sum_{j=1}^{n} c_j x_j \leqslant c$，其中 c_j 表示第 j 种装备的单价，c 表

示经费总额度。

约束条件三：子能力值的上下限。为了防止出现片面追求总能力值，而忽视了权重较小的子能力的情况，需要根据实际情况确定每个子能力值的上下限，该约束条件可以表示为 $y_{i\min} \leqslant y_i \leqslant y_{i\max}$。

3）优化模型

综上，装备体系数量优化过程可以抽象为如下的规划模型 P1：

$$\max Z=F(y_1, y_2,\cdots, y_m) \tag{7-6}$$

$$\text{st: } y_i=f_i(X)$$

$$x_j=g_j(X_j)$$

$$y_{i\min} \leqslant y_i \leqslant y_{i\max}$$

$$x_{j\min} \leqslant x_j \leqslant x_{j\max}$$

$$\sum_{j=1}^{n} c_j x_j \leqslant c$$

$$i=1,2,\cdots,m,\ j=1,2,\cdots n$$

如果目标函数 $F(y_1, y_2,\cdots, y_m)=\sum_{i=1}^{m} w_i y_i$，则 P1 为线性规划模型，如果 $F(y_1, y_2,\cdots, y_m)=\sum_{i=1}^{m} y_i^{w_i}$，则 P1 为非线性规划模型。

2．模型求解

求解规划模型 P1，需要先求出目标条件和约束条件的函数表达式，然后代入模型中即可求解。目标函数表达式可以根据能力聚合模型得到，约束条件二和约束条件三的表达式可以通过专家预测给出，约束条件一中的关联函数 f_i 和自相关函数 g_j 的表达式可以通过下述方法求得。

求解 f_i 是寻找装备能力值与装备数量之间的函数关系，求解 g_j 是寻找各装备数量之间的函数关系。这些关系比较复杂，具有不确定性，表现在函数中，就是参数值可能是模糊的，很难用一个精确函数表示它们之间的关系，因此本章采用模糊回归分析方法推算出这种关系。

在模糊回归分析中，一般使用下列的模糊线性方程：

$$\widetilde{Y}_i = \widetilde{A}_{i0} + \widetilde{A}_{i1}x_1 + \cdots + \widetilde{A}_{in}x_n \tag{7-7}$$

其中，$X=(x_1, x_2,\cdots, x_n)$为输入值，即各装备的数量，是精确数据。$\widetilde{Y}_i$ 为输出值，即能力 D_i 的值，为模糊数。回归系数 $\widetilde{A}_{ij}(j=1,2,\cdots, n)$为模糊系数，这里令其为三角对称模糊数，即 $\widetilde{A}_{ij}=(C_{ij},W_{ij})$，$C_{ij}$ 表示模糊数的中心点，W_{ij} 表示幅宽。根据扩展原理，对称模糊数有下列运算规则：

$$\lambda\cdot(C_{ij},W_{ij})=(\lambda C_{ij}, |\lambda| W_{ij})$$

$$(C_{ij},W_{ij})+(C_{kl},W_{kl})=(C_{ij}+C_{kl}, W_{ij}+W_{kl})$$

当式（7-6）中 $\widetilde{A}_{ij}$ 为对称模糊数时，$\widetilde{Y}_i$ 也为对称模糊数，且有：

$$\widetilde{Y}_i = \widetilde{A}_{i0} + \widetilde{A}_{i1}x_1 + \cdots + \widetilde{A}_{in}x_n = (C_i(X), W_i(X))$$

$$C_i(X) = C_{i0} + C_{i1}x_1 + \cdots + C_{in}x_n$$

$$W_i(X) = W_{i0} + W_{i1}|x_1| + \cdots + W_{in}|x_n|$$

模糊线性回归分析就是根据给定的 l 组数据$(X_1, y_{i1}), (X_2, y_{i2}),\cdots, (X_l, y_{il})$，寻找一组模糊系数 $\widetilde{A}_{ij}(j=1,2,\cdots,n)$，使得式（7-6）拟合得最好。模糊回归分析根据给定的输出值的类型可分成两类：一是基于实数输出值的模糊回归分析；二是基于模糊输出值的模糊回归分析。

1）求解 f_i

f_i 表示的是装备数量与能力值之间的函数关系，通过基于模糊输出值的模糊回归分析进行求解。该回归模型的输入值 $X_k=(x_{1k}, x_{2k},\cdots,x_{nk})$ 是各装备的数量，是精确数据；输出值是能力 D_i 的能力值 $\widetilde{y}_{ik}$，为模糊数。$k=(1,2,\cdots,l)$ 表示的是第 k 组数据。对于基于模糊输出值的模糊回归分析，根据不同的约束条件，可归纳成最小化问题和最大化问题。在这里采用最小化问题进行求解。

最小化问题即是所求的模糊回归模型要满足 $[\widetilde{Y}_i(X_k)]_h \supseteq [\widetilde{y}_{ik}]_h$，且模型预测值的幅宽最小。因此，最小化问题等价为下列的线性规划问题，记为 LP1。

$$\min z = \sum_{k=1}^{l} W_i(X_k) = \sum_{k=1}^{l}\left(W_{i0} + \sum_{j=1}^{n} W_{ij}\left|x_{jk}\right|\right)$$

$$\text{st:}C_i(X_k)+|1-h|W_i(X_k)\geqslant c_{ik}+|1-h|w_{ik},\ k=1,2,\cdots,l$$

$$C_i(X_k)-|1-h|W_i(X_k)\leqslant c_{ik}-|1-h|w_{ik},\ k=1,2,\cdots,l$$

$$W_{ij}\geqslant 0,\ j=1,2,\cdots,n$$

其中，$h\in(0,1)$ 表示的是模糊数的隶属度，由分析人员根据实际情况确定，$[\widetilde{Y}_i(X_k)]_h=\{y_{ik} \mid \mu_{\widetilde{Y}_i(X_k)} \geqslant h\}$，$X_k$ 和 $\widetilde{Y}_{ik}=(c_{ik},w_{ik})$ 是第 k 组数据，$\widetilde{Y}_i(X_k)=(C_i(X_k),W_i(X_k))$ 是由 X_k 得出的理论输出值。对于此规划问题，只要 $W_i(X_k)$ 足够大，总是能够求出回归系数 $\widetilde{A}_{ij}(j=1,2,\cdots,n)$。在这里不考虑展值的影响，则可以得到关联函数 f_i 的精确表达式为：

$$y_i=f_i(x_1, x_2,\cdots, x_n)= C_{i0} + \sum_{j=1}^{n} C_{ij}x_j$$

2）求解 g_j

g_j 表示的是各装备数量之间的自相关关系函数，可以通过基于实数输出值的模糊回归分析进行求解。$X_{jk}=(x_{1k},\cdots,x_{j-1,k},x_{j+1,k},\cdots,x_{nk})^{\mathrm{T}}$ 是输入，为精确数据，输出是 x_{jk}，也为精确数据。对于给定的实数输出值，模糊回归模型要满足 $x_{jk}\in[\widetilde{X}_j(X_{jk})]_h$，且模型预测值的幅宽最小。即等价于下面的线性规划模型，记为 LP2。

$$\min z = \sum_{k=1}^{l} W_j(X_{jk}) = \sum_{k=1}^{l}\left(W_{j0} + \sum_{\substack{p=1\\p\neq j}}^{n} W_{jp}\left|x_{pk}\right|\right)$$

$$\text{st:}C_j(X_{jk})+|1-h|W_j(X_{jk})\geqslant x_{jk},\ k=1,2,\cdots,l$$

$$C_j(X_{jk})-|1-h|W_j(X_{jk})\leqslant x_{jk},\ k=1,2,\cdots,l$$

$$W_{jp}\geqslant 0,\ p=1,\cdots,i-1,i+1\cdots,n$$

同样不考虑展值的影响，可以得到 g_j 的精确表达式为：

$$x_j=g_j(x_1,\cdots x_{j-1}, x_{j+1},\cdots, x_n)=C_{j0}+\sum_{\substack{p=1\\p\neq j}}^{n} C_{jp}x_p$$

7.5 装备体系需求评估方法

装备体系需求满足度评估是以作战概念为驱动，以缩小能力差距为目标。对装备体系需求方案进行验证的过程如图 7-21 所示。

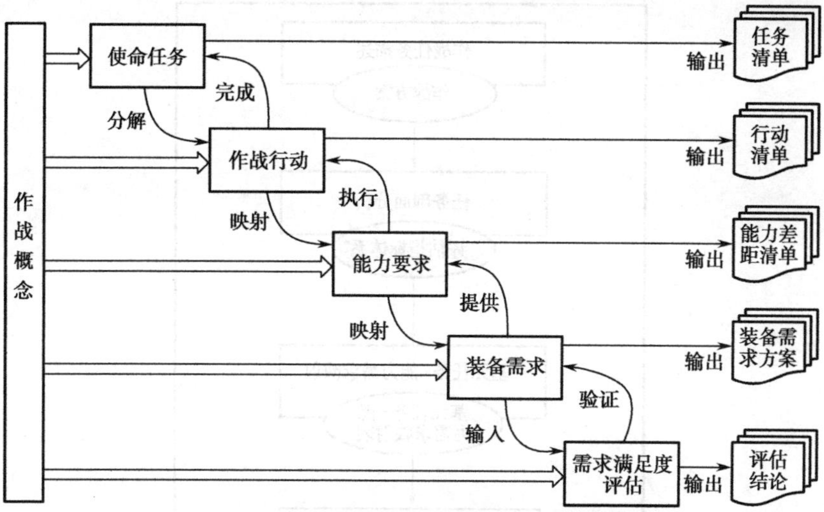

图 7-21 装备体系需求满足度评估整体思路

装备体系需求满足度评估方法较多，比如，面向作战任务的能力需求满足度评估方法、基于型号性能指标的能力需求满足度评估方法、基于兵棋推演的评估方法、基于对抗仿真的评估方法等。

7.5.1 面向作战任务的能力评估方法

面向作战任务的装备体系能力评估属静态评估，具体评估环节包括 6 步：第一步对典型作战任务进行详细描述；第二步通过一定的方法对任务剖面进行分解，生成评估指标体系；第三步建立底层指标与能力需求之间的映射关系；第四步采用一定的方法获取底层指标值；第五步确定评估指标体系权重；第六步分析同层指标之间的关系，确定聚合模型。具体评估过程如图 7-22 所示。

（1）作战任务描述。作战任务描述主要是对作战实体完成具体作战任务的过程的描述。主要内容包括：作战背景、敌情分析、我情分析、敌情通报、作战编成等，如果需要同时要给出战场态势图和首长决心图，最终形成较为完整的作战方案。

（2）任务剖面分析。任务剖面分析通常采用事件树分析方法，该方法是一种时序逻辑的分析方法，它以初始事件为起点，按照事件的发展顺序进行分析，每一事件可能的后续事件只能取完全对立的两种状态（成功或失败），逐步向结果方面发展，直到完成任务为止。因此，任务剖面分析可以根据作战阶段的划分情况，分解生成各作战阶段、作战子阶段的作战任务，如图 7-23 所示。

将作战阶段、作战子阶段以及各阶段任务综合起来，构建出面向作战任务的能力评估指标体系，如图 7-24 所示。

（3）基元任务→能力需求映射。对于一个或多个作战编成，每一基元任务对应一种或多种能力需求，基元任务→能力需求映射的同时，完成了不同作战编成满足需求的能力情况统计，以及生成基元任务→能力需求映射表。

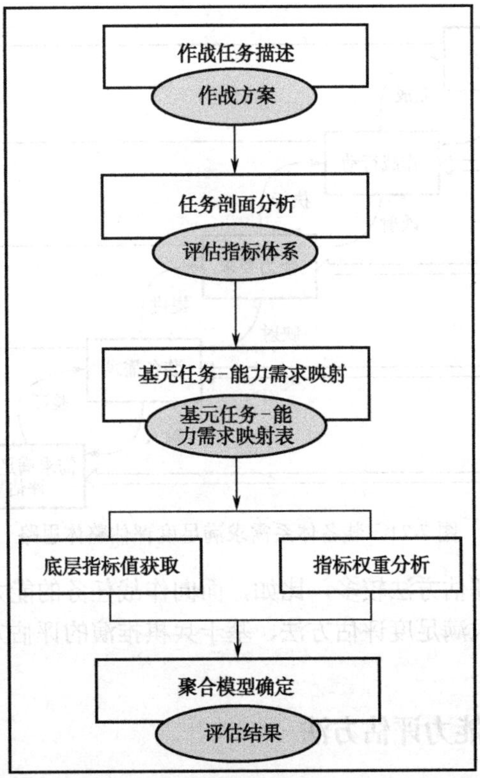

图 7-22　面向作战任务的装备体系需求满足度评估过程

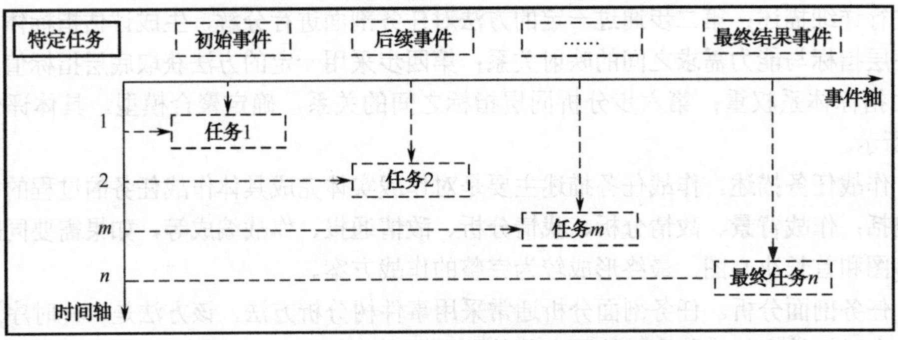

图 7-23　基于事件树分析方法的任务剖面分析图

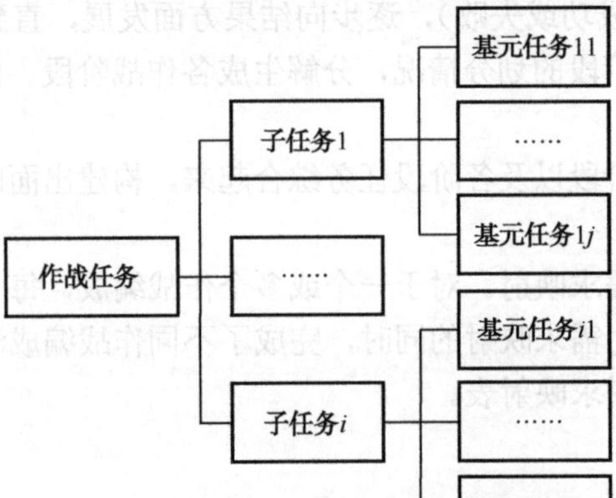

图 7-24　面向作战任务的评估指标体系

（4）底层指标获取。底层指标获取方式有多种，如模型计算、实际测量以及专家打分等，具体获取方法要根据底层指标含义或实际情况而定。底层指标值是指不同作战编成完成任务的程度，可采用专家打分的形式，用百分比的形式给出。采用专家打分主要是针对以待研装备为主体的作战编成，其完成任务的能力比较宏观，具体战技性能指标无法给出，而专家打分可以很好地解决这一问题。

（5）指标权重分析。指标权重指同层指标对上层指标的重要度，可采用德尔菲、层次分析（AHP）或网络层次分析（ANP）等确定权重ω，最终生成指标体系权重表。

（6）聚合模型确定。同层指标之间的关系不同，其向上聚合模型不同。通常包括三种：构成关系（或：并联）、依赖关系（与：串联）和泛化关系（或与并存）。

构成关系采用加权和模型向上聚合，见式（7-8）：

$$S=\sum_{i=1}^{n}\omega_i S_i \tag{7-8}$$

依赖关系采用加权积模型向上聚合，见式（7-9）：

$$S=\prod_{k=1}^{m} S_k^{\alpha_k} \tag{7-9}$$

泛化关系采用综合计算模型向上聚合，见式（7-10）：

$$S=\sum_{i=1}^{n}\omega_i S_i+\prod_{k=1}^{m} S_k^{\alpha_k} \tag{7-10}$$

最终形成作战编成满足任务程度的聚合结果，多种作战编成可以进行比较，从而得出最优方案，也可以得出以新型装备为主体的装备体系作战能力提升程度。

7.5.2 基于型号性能指标的能力需求满足度评估方法

1．方法描述

作战能力被定义为装备体系执行一定作战任务所需的“本领”或应具有的潜力，既是装备体系发展的最终目标，也是完成使命任务的功能需求，是联系装备体系需求与使命任务的纽带，可以作为装备体系需求方案对使命任务满足度评估的突破口。在装备需求论证中，通过分析装备体系使命任务，能够提出完成使命任务的装备体系作战能力需求；而作战能力作为装备体系固有功能属性的潜在作用效果指标，必须要能够满足装备体系的作战能力需求，才能够满足装备体系的使命任务要求。根据描述粒度粗细的不同，作战能力指标的详细程度也各不相同。粒度较粗的作战能力指标，一般用于描述装备体系级或子体系级的装备能力，用于支持完成战役或较大规模的战术任务；粒度较细的作战能力指标，一般用于描述装备系统级、部件级的装备能力，用于支持完成战术级或动作级的作战任务。作战任务、作战能力与装备体系需求之间的关系可构建如图 7-25 所示的关系模型。

因此，根据作战任务、作战能力与装备体系需求之间的关系，可采用基于作战能力的评估方法，以装备体系作战能力的满足程度作为装备体系需求满足度评估的依据，通过比较装备体系性能指标对底层作战能力指标的满足程度，自底向上依次计算得到装备体系整体作战能力的满足程度，并作为装备体系需求满足度评估的基本依据。

对装备体系能力需求满足度的评估主要分为 5 步：

（1）由使命任务的分解得到装备体系的能力需求，并建立能力指标体系，给出最底层能力指标的理想值、基本值和最低值。

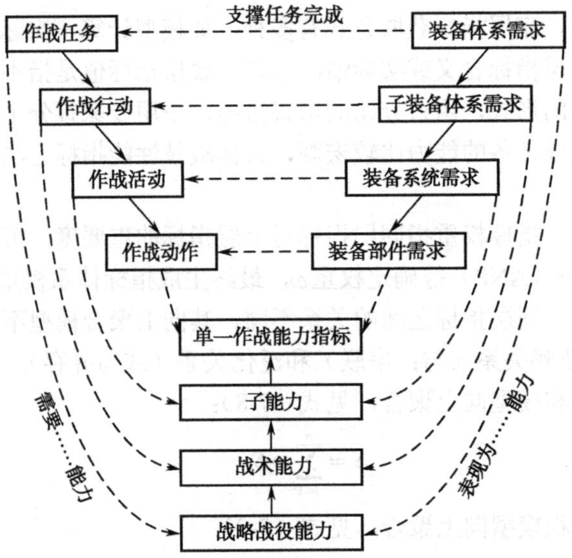

图 7-25　作战任务、作战能力、装备体系关系图

（2）由体系需求方案提供的装备性能指标作为输入，考虑装备的种类和数量，根据能力需求，运用不同的运算规则，将由装备型号的性能指标聚合后的值与能力指标建立关联关系，得到装备体系的能力指标实际值。

（3）将第（2）步中得到的体系的能力指标实际值，代入能力需求满足度函数式（7-11）：

$$S_{ijk}=\begin{cases}1 \quad (a_{ijk}\geqslant h_{ijk\text{理想}})\\ 0.3+\dfrac{a_{ijk}-h_{ijk\text{基本}}}{h_{ijk\text{理想}}-h_{ijk\text{基本}}}\times 0.2 \quad (h_{ijk\text{理想}}>a_{ijk}\geqslant h_{ijk\text{基本}})\\ 0 \quad (a_{ijk}<h_{ijk\text{基本}})\end{cases} \tag{7-11}$$

式中：S_{ijk} 为第 ijk 项性能参数的需求满足度值；a_{ijk} 为第 i 项主要作战行动任务、第 j 项系统功能、第 k 项性能参数的值；$h_{ijk\text{理想}}$ 为第 ijk 项性能参数的理想需求值；$h_{ijk\text{基本}}$ 为第 ijk 项性能参数的基本需求值。按照（1）中对能力需求指标值的分类，得到体系的能力指标实际值对其上一层能力的需求满足度。

（4）根据能力需求的依赖关系，将底层能力需求的满足度值和底层能力指标对上层能力的权重以指数乘积形式进行聚合，计算得到上一级能力的满足度。

（5）根据能力需求的构成关系，将第（4）步中得到的能力满足度值和其相应的权重以线性求和形式进行聚合，最终得到装备体系顶层能力满足度。

2．方法应用示例

1）评估内容

根据装备体系的特点，从机动突击能力、侦察感知能力、指控通信能力、火力打击能力、信息攻防能力和综合保障能力六个方面建立其能力指标体系。装备体系的能力指标体系分为三级，第一级是装备体系的六大能力。现以火力打击能力为例建立其各级指标体系，火力打击能力的二级指标包括短距离火力打击能力、近程火力打击能力、中程火力打击能力、远程火力打击能力、超视距火力打击能力、反装甲能力、防空反导能力。由于火力打击能力的二级指标较多，现以其中的中程火力打击能力为例，进行能力需求满足度分析，如图 7-26 所示。

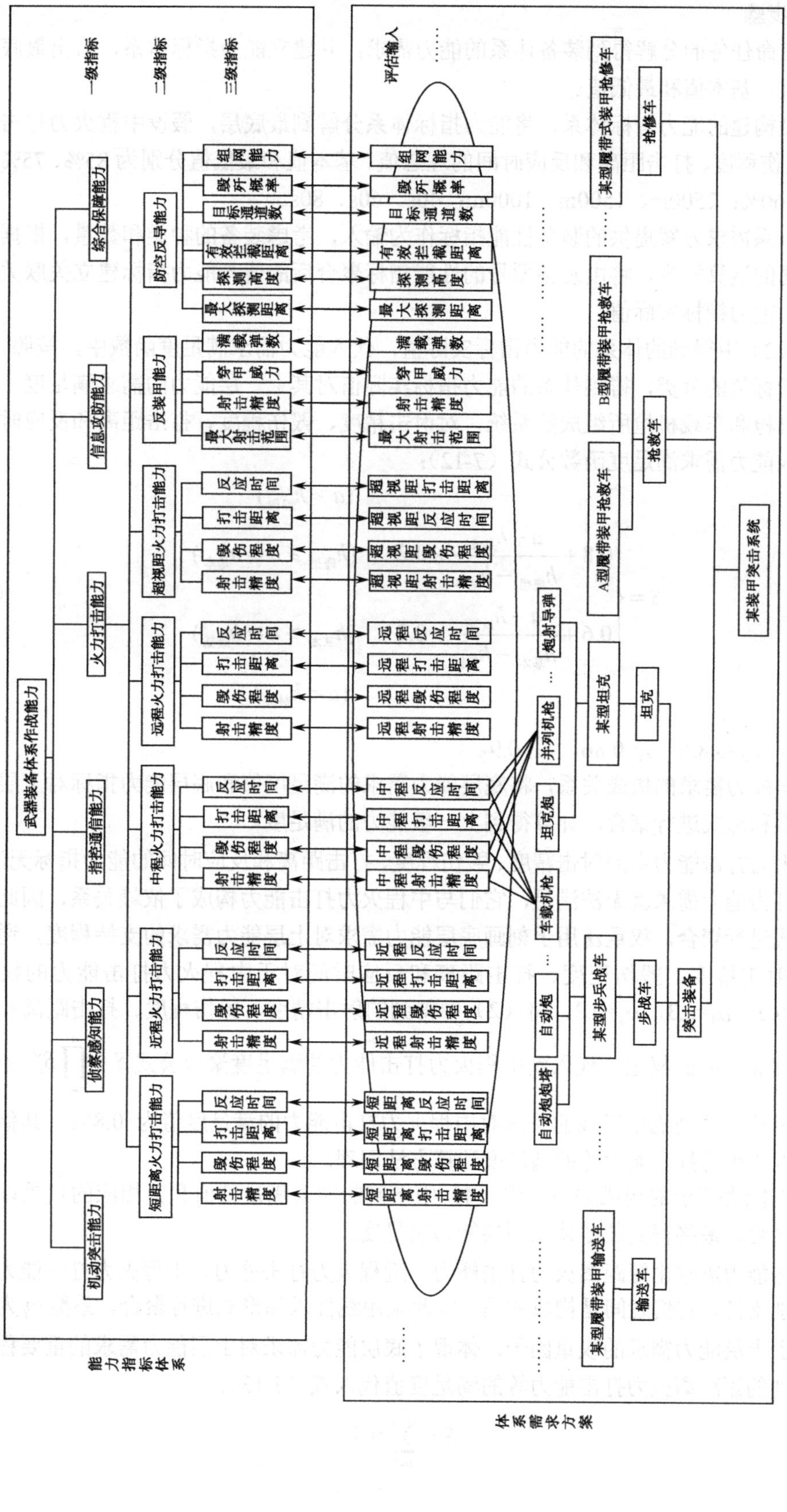

图7-26 装备体系火力打击能力需求满足度评估指标体系

2）评估步骤

（1）由使命任务的分解得到装备体系的能力需求，并建立能力指标体系，给出最底层能力指标的理想值、基本值和最低值。

根据假设构建的能力指标体系，将能力指标体系分解到最底层，假设中程火力打击能力中射击精度、毁伤程度、打击距离和反应时间的理想值、基本值和最低值分别为85%、75%、60%；85%、75%、60%；2500m、1500m、1000m；40s、60s、80s。

（2）由体系需求方案提供的装备性能指标作为输入，考虑装备的种类和数量，根据能力需求，运用不同的运算规则，将由装备型号的性能指标聚合后的值与能力指标建立关联关系，得到装备体系的能力指标实际值。

（3）将（2）中得到的体系的能力指标实际值，代入能力需求满足度函数中，按照（1）中对能力需求指标值的分类，得到体系的能力指标实际值对其上一层能力的需求满足度。

将并列机枪和车载机枪所组成的系统，对射击精度、毁伤程度、打击距离和反应时间的综合取值，代入能力需求满足度函数公式（7-12）：

$$S=\begin{cases}1 & (a \geqslant h_{\text{理想}}) \\ 0.8+\dfrac{a-h_{\text{基本}}}{h_{\text{理想}}-h_{\text{基本}}}\times 0.2 & (h_{\text{理想}} \geqslant a \geqslant h_{\text{基本}}) \\ 0.6+\dfrac{a-h_{\text{最低}}}{h_{\text{基本}}-h_{\text{最低}}}\times 0.2 & (h_{\text{基本}} > a \geqslant h_{\text{最低}}) \\ 0 & (a < h_{\text{最低}})\end{cases} \tag{7-12}$$

可得 S_1=0.84，S_2=0.82，S_3=0.86，S_4=0.9。

（4）根据能力需求的构成关系，将底层能力需求的满足度值和底层能力指标对上层能力的权重以指数乘积形式进行聚合，计算得到上一级能力的满足度。

若中程火力打击能力中的射击精度、毁伤程度、打击距离和反应时间的能力指标无法满足，则中程火力打击能力需求就无法满足，它们与中程火力打击能力构成了依赖关系，因此需采用指数乘积形式进行聚合。权重α_i用于刻画底层能力需求对上层能力需求的支持程度，通过专家打分法得到射击精度、毁伤程度、打击距离和反应时间对于中程火力打击能力的权重分为α_1=0.2，α_2=0.3，α_3=0.3，α_4=0.2，将（2）中得到的射击精度、毁伤程度、打击距离和反应时间的满足度值和相应的权重，代入到中程火力打击能力的满足度聚合公式$S=\prod_{i=1}^{4} S_i^{\alpha_i}$中，即可得到由车载机枪和并列机枪组成的系统对中程火力打击能力的满足度值为 0.851，其他装备组成的系统对近程火力打击能力等的满足度计算方法同理。

（5）根据能力需求的构成关系，将（4）中得到的能力满足度值和其相应的权重以线性求和形式进行聚合，最终得到装备体系顶层能力满足度。

火力打击能力需求由短距离火力打击能力、近程火力打击能力、中程火力打击能力等底层能力需求分别支持，它们之间是构成关系，因此采用线性求和形式进行聚合，系数ω_i为下层能力需求相对于上层能力需求的权重因子，体现了底层能力需求对上层能力需求的重要程度。将由第 4 步得到的短距离火力打击能力等的满足度值代入式（7-13）：

$$S=\sum_{i=1}^{7} \omega_i S_i \tag{7-13}$$

最终可聚合得到新型装甲突击系统火力打击能力的满足度。

7.5.3 基于兵棋推演的评估方法

基于兵棋推演的评估方法属动态评估，是指以能否达到推演目标作为“任务成功满足度”的评判结论，通过多地形、多样式的推演统计，最终形成评估结论。基于兵棋推演的动态评估与其他评估方法的主要区别在于“人在回路”，既体现了人与武器装备的有机结合，又极大增强了推演过程的动态性和客观性，某种方面确保了推演过程反映作战对抗的真实程度。兵棋推演形成的多种想定可以作为对抗仿真评估的输入条件，评估结论则作为对抗仿真评估的重要参考。

基于兵棋推演的动态评估方法，着眼需求满足度评估的根本目标，结合兵棋推演的本质属性，采用预设任务（推演想定）、兵力、兵器、编成、战场等边界条件，以手工兵棋推演为主要方式，以红方达成作战目标为成功、未达成作战目标为失败作为一次推演结论；经多次推演，统计出任务成功度（任务成功率），作为对需求满足度的评估结论。考虑到边界条件要素较多，以及各变量可能对兵棋推演任务成功度产生的影响，为增强研究的针对性，在边界条件的设置上，可将兵力、兵器、编成三类要素一并考虑，即推演双方的兵力编成作为常量设置，将预设任务设置为进攻、防御两大类，根据地形环境将战场设置为中等起伏地、山地、城市等类别，两两组合形成不同的边界条件，支撑兵棋推演边界条件设置的可行性。将兵力、兵器、编成三类要素一并考虑，主要基于在实际作战过程中，这三类要素通常也是作为兵力编成一并考虑的。在作战中，对抗双方兵力编成的确定，主要依据作战攻防性质确定，仅就地面机动作战而言，通常遵循的基本规则是：进攻战斗，进攻方与防御方的兵力为 3∶1 时，基本具备进攻战斗的条件；防御战斗，防御方与进攻方的兵力为 1∶1 时，基本具备防御战斗的条件。

基于兵棋推演的评估过程主要包括 4 步：

（1）确定编制装备。通常按照“要素集成、功能匹配、模块构建、效能聚焦”的编配思想，将编制装备融入作战体系。要制定相应的战斗编制装备表，明确装备类型、数量及所属关系。

（2）选择战场环境。通常一种装备都会有明确的使命任务，有其对应的作战地域，结合我国战略地缘环境、自然环境特征、战略重心方向等因素，确定典型的战场环境作为兵棋推演想定的地形条件。

（3）编写作战想定。想定是兵棋推演实施的基本约束和实施轴线。推演想定的拟制主要依据新型装备作战概念展开，结合典型战场环境，按照进攻、防御两大作战样式，形成推演想定。

（4）实施兵棋推演。在确定了评估方法和实施方案的基础上，由相关研究单位组织人员，在通过基础培训和推演实施操作培训之后，针对多套推演想定组织实施兵棋推演，具体推演次数依评估精度情况而定，通常每套推演想定要组织 5 次以上，并统计每次任务完成情况，并以柱形图和折线图等形式将统计结果展示出来，便于对装备单项指标、作战平台以及作战体系做出评价。

7.5.4 基于对抗仿真的评估方法

基于对抗仿真的评估方法属动态评估，是指开展要素更全、规模更大的体系对抗仿真试验。体系对抗仿真能够将装备仿真实体置于虚拟战场环境中，在一定的作战背景下，综合反映战场上各种不确定因素。它能够综合反映作战中人员、装备和战场环境之间的关系，是一种接近实战的定量研究装备问题的方法和手段。通过体系对抗仿真，能够评估装备系统的作战优势和劣势，优化部队编配、作战运用以及能力要求。通过调整装备模型的性能参数和约束条件，能够分析和研究不同参数对装备作战效能的敏感程度，以及不同参数之间的依赖关系和相互影响，为新型装备系统需求论证提供量化的依据。

参考文献

[1] 罗军，游宁，赵小松，等. 军事需求研究[M]. 北京：国防大学出版社，2011.

[2] 游光荣. 关于提高军事装备论证研究水平的思考[J]. 军事运筹与系统工程，2008，22（4）：1—4.

[3] 李明. 武器装备发展系统论证方法与应用[M]. 北京：国防工业出版社，2000.

[4] 杨秀月. 武器装备体系需求生成理论与方法研究[D]. 北京：装甲兵工程学院，2010.

[5] 陈威. 基于能力的维修装备体系需求分析方法研究[D]. 北京：装甲兵工程学院，2010.

[6] 张迪. 基于结构和能力的武器装备体系评估理论与方法[D]. 北京：装甲兵工程学院，2014.

[7] 张宝书. 陆军武器装备作战需求论证概论[M]. 北京：解放军出版社，2005.

[8] 王侃. 概念驱动的新型地面突击系统需求论证方法[D]. 北京：装甲兵工程学院，2015.

EQUIPMENT DEMONSTRATION

第8章 装备型号需求分析与评估方法

装备型号是装备体系描述中的最低层次，通常也可以叫作装备系统。装备型号需求分析与评估，是对功能域（使命任务）与需求域（能力需求）进一步细化，从而牵引出装备系统（型号）需求结果的环节，目的是根据使命任务分析和能力需求分析提出装备系统需求方案。

8.1 概述

装备型号需求分析与评估，主要根据使命任务分析提出的作战任务清单、能力需求分析提出的能力差距清单及装备能力需求清单，考虑体系作战的功能要求和结构约束，提出装备的功能划分和结构组成，并以此为基础提出装备型号的关键作战性能指标，为进一步开展装备型号战术技术性能指标论证奠定基础。

8.1.1 装备型号需求分析与评估的内容

装备型号需求分析与评估是根据使命任务分析提出的作战任务清单、能力需求分析提出的能力差距清单及装备能力需求清单，考虑体系作战的功能要求和结构约束，进行装备型号功能分析、结构分析和作战使用性能指标分析，为进一步开展装备型号战术技术性能指标论证奠定基础。装备型号需求分析与评估内容包括以下 3 个方面，如图 8-1 所示。

（1）装备型号功能分析主要内容是为满足一定作战任务和能力，兼顾所属装备体系功能，单个装备系统应具备的功能要求，是定性需求描述。

（2）装备型号结构分析主要内容是对单个装备系统进一步子系统或部件功能的结构分析，是定性需求描述。

（3）装备型号关键作战使用性能指标分析主要内容是依据装备系统功能需求和系统结构，为具备一定能力的单个装备系统应当具备作战使用性能指标，是定量需求描述。

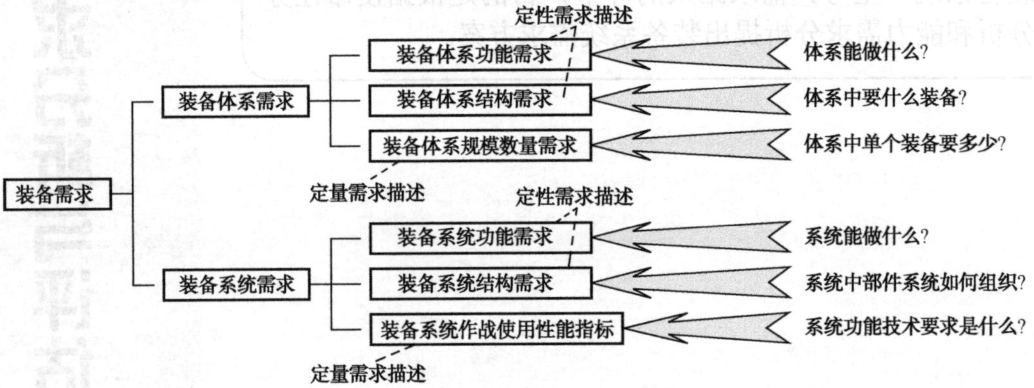

图 8-1　装备型号需求论证内容体系

8.1.2 装备型号需求分析与评估的流程

装备型号需求分析与评估是通过功能域、需求域的逐步细化形成发展装备型号的具体需求，通过关联矩阵的方式提出装备型号系统的功能划分和结构组成，并进一步提出装备型号的主要作战使用性能指标，其输入包括作战活动清单、作战能力清单、装备能力需求、作战节点需求、作战节点信息交互矩阵等，输出包括装备功能需求列表、装备结构需求列表和装备主要作战使用性能指标需求列表等。为了实现上述分析目标，装备型号需求分析与评估可通过以下 9 个步骤来实现（如图 8-2 所示）。

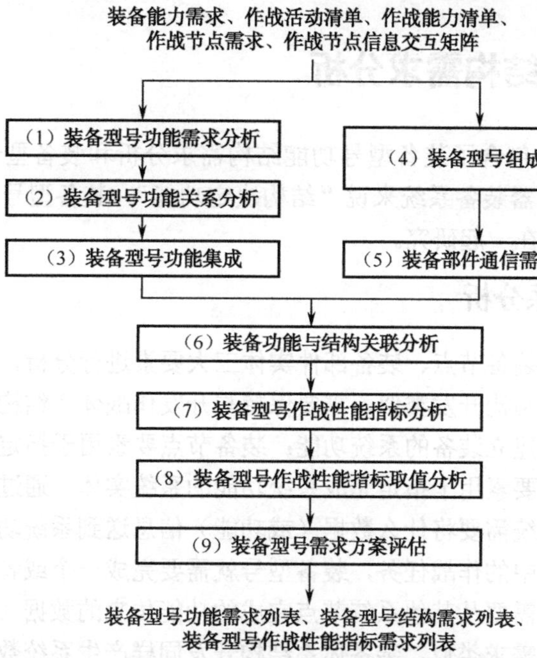

图 8-2　装备型号需求论证基本流程

（1）装备型号功能需求分析：通过装备型号能力需求映射出装备功能，形成初始的装备型号功能需求列表。

（2）装备型号功能关系分析：在装备型号功能列表基础上，通过装备功能-装备能力-作战能力-作战活动关联分析，确定装备型号功能的相互关系。

（3）装备型号功能集成：在装备型号功能关系分析基础上，按照功能分类、内容、取值等，对装备功能列表进行综合分析，从而形成装备型号功能需求列表。

（4）装备型号组成分析：通过作战节点与装备系统节点映射分析，得到装备型号结构组成需求列表。

（5）装备型号通信接口关系分析：通过作战节点信息交互矩阵分析，得到装备型号通信接口关系、通信内容分析，并在装备型号组成分析与装备通信接口分析的基础上，提出装备型号结构方案。

（6）构建装备型号功能-结构矩阵：通过作战活动-作战节点矩阵、装备功能-装备能力-作战能力-作战活动关联矩阵、作战节点-装备系统节点矩阵分析，得到装备功能-结构矩阵。

（7）装备型号作战性能指标分析：通过功能细化和影响装备功能实现的影响因素分析，可将单一性的功能指标或者完成功能指标的技术指标（与结构相关）作为备选的装备型号作战性能指标，将影响装备型号功能实现的环境因素作为装备作战性能指标的条件，进而提出特定条件下装备型号作战性能指标与条件。

（8）装备型号作战性能指标取值分析：采用类比分析法、统计试验法、综合权衡法、效能反推法、作战实验法、任务推定法等进行指标取值分析，形成初步的装备型号作战性能指标需求列表。

（9）装备型号需求方案评估：采用科学的评估方法，对提出的装备型号需求方案进行综合评估，给出装备型号需求方案的优劣排序。

8.2 装备型号功能结构需求分析

装备型号结构需求分析包含了装备型号功能结构需求分析和装备型号结构需求分析两个方面的内容，因对于单个武器装备系统来说“结构决定功能”，装备型号功能与装备型号结构的关联程度十分高，所以放在一起研究。

8.2.1 结构要素及其关系分析

通过对装备型号功能、装备节点、装备部件实体三大要素进行分析，确定装备型号的装备需求，分析过程与作战体系结构开发类似，需要保持与开发作战体系结构一致的分解粒度。

装备型号功能要素用于建立装备的系统功能；装备节点要素用于指定在哪里完成系统功能的系统节点；装备部件实体要素用于指定完成系统功能的系统实体。通过构建三大要素之间的三元关系，可以推断装备系统需要将什么数据（或功能）信息送到系统功能和节点之间。

每当完成一个作战需求中的作战任务，装备型号就需要完成一个或者多个的系统功能；每当完成一个系统功能，通常需要从其他系统节点完成的功能传来的数据（或功能）信息。与作战体系结构开发的信息交换需求类似，装备体系结构开发同样产生系统数据交换，定义了沿着系统接口线与系统节点上的功能之间的交换。

8.2.2 开发流程

按照武器装备型号需求生成结构化流程，将型号功能分析环节看作一个黑盒。黑盒的输入是作战能力域，也就是作战能力；黑盒的输出是系统功能相关信息，包括系统功能、系统节点、数据交互需求。根据输入和输出，构建系统功能分析黑盒的内部环节。武器装备型号系统体系结构开发流程如图 8-3 所示。

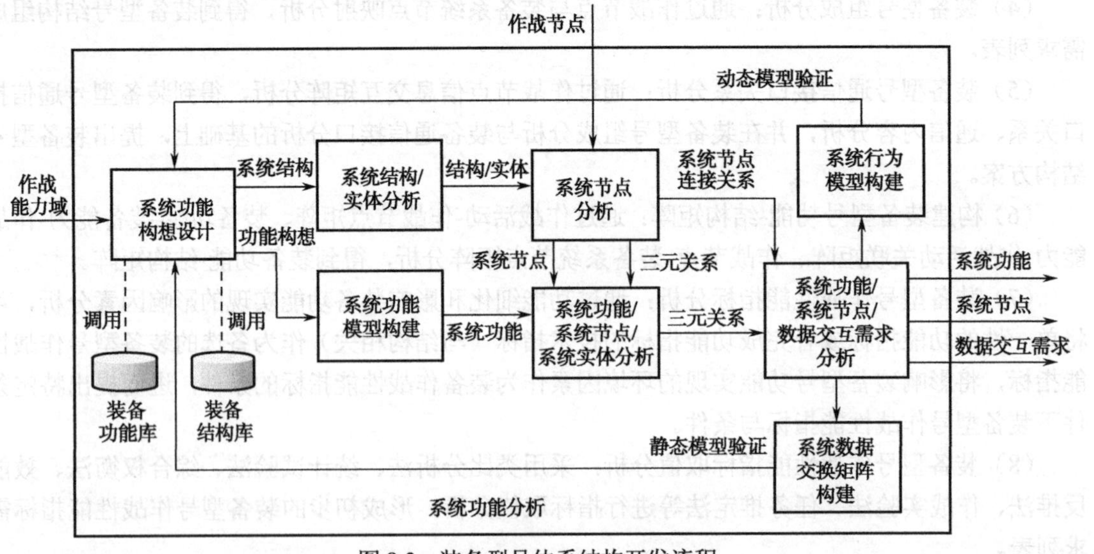

图 8-3 装备型号体系结构开发流程

在作战能力分析的基础上，得到了具体的作战能力域，为系统功能分析提供了能力输入。通过对作战能力进一步分析，提出具体的系统功能，促进装备需求的细化和量化转变，生成可映射、可追溯的系统体系结构要素，以便于为作战活动-系统功能关联、作战能力-系统实体关联提供需求分析依据。

1．型号功能构想设计

依据输入的作战能力域，对作战能力进行系统功能构想设计，重点描述装备型号在满足作战能力下的装备需求。通过系统应用构想设计、系统功能/结构提出、系统功能流程分析三大环节，得到系统功能有关信息。

根据作战能力构建装备型号的应用背景，包括应用目的、使用范围、战场环境、应用限制条件等内容。通过调用装备功能库，提出满足各种作战能力需求的系统功能；通过调用装备结构库，提出能够实现所有系统功能的系统结构。设计装备型号应用构想的系统工作流程，包括发生什么功能、功能之间的逻辑关系。

2．型号功能模型构建

系统功能模型重点描述的是系统功能、功能间的数据交换关系及分解后的组成要素。采用树状图表述系统功能及子功能的分层模型，采用数据流图表述系统功能数据流。系统功能模型构建有 3 个主要目的：一是清楚地描述每个系统输入、输出的数据流；二是确保系统功能的完整性；三是确保系统功能分解到合适的粒度。

3．型号结构/实体分析

在系统功能构想设计的前提下，参考装备结构库提出系统总体构成方案，包括系统的构成方式及系统实体概念。通过构建系统结构图，建立系统结构的总体框架及系统实体主要组成。系统结构的总体框架主要取决于系统功能构想设计中的系统应用构想设计，根据作战能力可能采取的作战方式，提出合适的系统结构构成模式，如硬结合、软结合、软硬结合等。在得到系统结构的基础上，提出装备结构布局中的主要系统实体，如情报侦查子系统、网络指挥与网络通信子系统、战场指挥子系统等。

4．型号节点分析

通过将系统节点与作战节点进行关联，为系统节点分析提供参考依据。作战节点描述的是组织、组织类型和人物角色；系统节点描述的是驻留在作战节点上（如平台、单元、功能以及位置）或者存在于支持作战节点的系统节点上的相关系统。系统节点间或系统间存在节点接口，可以使用连线表示接口间的连接路径。系统节点分析可以从 2 个方面展开：一方面是系统节点间分析，描述系统节点及其之间的接口或者驻留在系统节点上的系统；另一方面是系统节点内分析，描述单独系统内的子系统及其之间的接口。

5．系统功能/系统节点/系统实体分析

通过环节 1 和 2 可以得到功能构想/系统功能的关联关系。通过环节 1～3 可以得到系统结构/结构实体的关联关系。通过环节 3 和 4 可以得到结构实体/系统节点的关联关系。将不同环节建立的关联关系进行整合，类似作战体系结构开发中的作战活动/作战节点/角色分析，使用关联矩阵建立系统功能、在哪里完成系统功能的系统节点以及完成系统功能的系统实体之间的三元关系。系统功能/系统节点/系统实体表述了系统功能发生在系统节点，通过系统实体完成的概念。

6．系统功能/系统节点/数据交互需求

在一个系统节点上完成的一个系统功能通常需要从其他系统节点完成的系统功能传递信息给它，这个信息称为数据交互需求。数据交互需求信息流之上的两个系统节点之间的线称为系统接口线。也就是说，当一个系统节点上的一个系统功能需要从另一个系统节点上的另一个系统功能获取数据以完成作战活动时，那么目标系统节点会产生一个由源系统节点满足的数据交换需求。这个过程中，接口线被建立于两个节点之间，显示数据由一个系统节点传输给另一个系统节点。

在已经指定系统功能、功能之间的数据流、系统节点（哪里完成的）及系统实体（是谁完成了它们）的基础上，能够得到系统节点间的数据交互需求，进而建立不同系统节点之间的系统接口线。

7. 系统数据交换矩阵构建

通过构建系统数据交换矩阵，将数据交互需求的数据要素及其相关属性进行标志，包括交换了什么数据、数据是否有效、交换途径等。系统数据交换矩阵重点描述由系统自动完成的数据交换，系统数据流和系统数据内容的细节特征主要包括：

（1）接口标识：系统接口的名称和标识。

（2）数据交换标识：系统数据交换的名称和标识。

（3）系统数据描述：内容描述、格式类型、媒体类型、数据标准、度量单位等。

（4）生成者：发送系统的名称和标识、发送系统功能的名称和标识。

（5）使用者：接收系统的名称和标识、接收系统功能的名称和标识。

（6）传输特征：包括传输类型、触发事件、互操作性等级等。

（7）性能属性：包括周期、及时性、吞吐量、数据长度。

（8）信息安全保证：包括访问控制、可用性、分发控制、完整性、密级、发布版本、安全标准等。

环节 1～6 分析得到的装备型号系统数据、系统节点、数据交互需求都属于静态模型，从结构性方面强调系统体系结构的组成结构。环节 7 立足数据交互需求，判断系统节点之间的系统功能是否正确有效，实现了系统体系结构静态模型的验证。

8. 系统行为模型构建

针对装备型号作战体系结构，主要从 3 个方面进行系统行为模型的构建，分别是系统规则描述、系统状态转换描述以及系统事件时间跟踪描述。

1）系统规则描述

系统规则描述是指系统与系统功能在特定条件下的运行规则与约束，是对系统功能执行过程更详细的描述。系统规则主要分为以下 3 类：

一是结构规则，反映了体系结构的静态属性，分为实体规则和实体之间的关系规则。

二是行为规则，体现系统状态变化，约束体系结构的动态行为。

三是推演规则，是实体以及实体之间关系的推演算法。

与作战规则描述类似，系统规则描述可采用结构化语言描述行为规则，也可采用 IDEF3 方法描述。IDEF3 方法能够利用图形符号和自然语言，简单、准确地描述过程与过程之间的关系，主要包括流程图和对象转换图 2 类模型，能够有效地支持系统结构规则、行为规则和推演规则的建模。

2）系统状态转换描述

系统状态转换描述是指通过状态转移图解的方法，定义系统状态、引起状态改变的事件及状态之间的关系。对系统状态、事件、活动、状态转换进行分析，描述系统功能的执行顺序。其中事件是引起信息系统节点状态变化的原因，系统从一个状态向另一个状态转变的过程中，执行行动或活动。与作战状态转换描述类似，系统状态转换描述可以采用状态图方法。

3）系统事件时间跟踪描述

系统事件时间跟踪描述是指在特定环境中，系统节点之间或节点内部事件发生和数据交换的时间排序。通过对系统功能执行过程的细化，使得事件的时序关系以及数据交换关系更加清晰、准确。

通过系统行为模型的构建与运行，实现系统体系结构的先期概念演示验证，对系统体系结构的逻辑结构进行验证，确保系统功能构想的合理性和有效性。

8.3 功能结构映射分析

8.3.1 关联要素及其关系分析

面向作战能力应用，将装备系统的作战需求与装备需求相关联，确保体系结构开发是合理、有效的。美军军事术语词典中对能力给出定义，认为能力是指能够完成指定战斗过程的作战活动。也就是说，一个作战能力可以指一个作战活动，也可以包括一系列作战活动，并且完成每个作战活动都需要装备功能的支持。根据装备功能支持作战活动的原则，建立作战能力对装备实体的追溯矩阵 ***Z***，如图 8-4 所示。

矩阵***Z***			矩阵***X***								
			能力1		能力2				…		
			作战活动A	作战活动B	作战活动C	作战活动E	作战活动F	作战活动G	作战活动H	作战活动I	作战活动J
矩阵***Y***	系统1	系统功能A	△								
		系统功能B		☆		○				△	
		系统功能C			△			△			
		系统功能D	○						○		
	⋮	系统功能E		△			○				
		系统功能F				☆					☆

△ 表示提供部分或全部功能，但还没有实现；
○ 表示提供部分或全部功能，已经实现；
☆ 表示计划但还没有开发。

图 8-4 作战能力对装备实体的追溯矩阵

1．指派作战能力到作战活动

根据作战能力域中的作战能力与作战活动相关联，建立关联矩阵 ***X*** 指派完成作战能力所需的作战活动。

2．指派作战能力到装备实体

根据作战能力对作战活动、作战活动对系统功能、系统功能对系统映射，建立映射矩阵 ***Y*** 指派作战能力到装备实体。

矩阵 ***X*** 与矩阵 ***Y*** 进行映射构成矩阵 ***Z***，可以看出多个作战活动属于一个作战能力，多个系统功能由一个系统实体执行。其中，三角形标识表示系统功能部分或全部支持某种作战能力下的某种作战活动，但没有实现；圆圈标识表示系统功能部分或全部支持某种作战能力下的某种作战活动，已经实现；五角星标识表示系统功能不支持某种能力下的某种作战活动。

8.3.2 开发流程

通过装备型号作战体系结构开发，得到了作战活动、作战节点、组织与角色及作战信息交互需求；通过装备型号系统体系结构开发，得到了系统功能、系统节点、系统实体及系统数据交互需求。为了满足作战能力的需求，将装备型号作战体系结构与系统体系结构进行关联，建立作战能力对装备系统的映射关系。在作战任务-作战能力关联、作战能力-作战活动关联、作战活动-系统功能关联、系统功能-系统实体关联的基础上，实现作战能力-系统实体关联的目的。武器装备型号体系结构关联开发流程如图 8-5 所示。

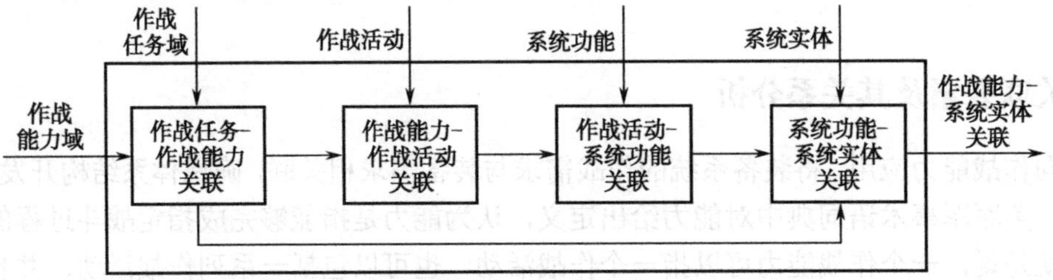

图 8-5 武器装备型号体系结构映射关联开发流程

1. 作战任务-作战能力关联

按照装备型号需求生成结构化流程，由作战任务域向作战能力域进行转化，形成了“任务源-基元任务-顶层能力-子能力”的关联关系，并对各项作战能力在作战任务域的相对价值进行打分，得到作战能力的重要度排序。

2. 作战能力-作战活动关联

由于作战能力域是根据作战活动及其属性进行能力分析得出，那么在不同的作战想定和作战模式下，会提出特定的作战能力。作战能力分析模型构建在一系列作战活动的基础上，形成了“作战活动-作战能力”的关联关系。由作战能力去冗余性得到了精简的作战能力集合，需要对原有的“作战活动-作战能力”关联关系进行修正。将作战能力域中的作战能力重新指派给作战任务域下的各项作战活动，建立“作战能力-作战活动”的关联关系，依据作战能力的重要度排序得到各项作战活动的重要度。

3. 作战活动-系统功能关联

装备型号与作战任务紧密相关，装备资源是组成作战任务分析模型的重要机制之一。通过将作战活动与系统执行的系统功能建立关联，将作战需求转换成有目的的系统执行活动，体现装备型号对作战活动的支持细节。

作战活动和系统功能之间的关系可以是“多对多”的关系，即一个作战活动可以由多个系统功能支持，或者一个系统功能可以支持多个活动的完成。通过映射分析，可以得到系统功能的重要度排序。

4. 系统功能-系统实体关联

在系统功能分析中的“系统功能/系统节点/系统实体分析”环节，已经建立了“系统功能-系统实体”的关联关系。根据系统功能重要度排序，可以进一步得出系统实体的重要度排序。

通过上述环节，实现了“作战任务-作战能力-作战活动-系统功能-系统实体”的映射关系，从而使作战能力和支持作战能力的系统实体关联起来，可以使论证人员能迅速辨认作战能力差距、“烟囱”系统、冗余/重复建设系统。作战能力-作战实体关联矩阵（如图 8-6 所示）主要存在以下几种情况：

矩阵Z			矩阵X								
			能力1			能力2			能力3		
			作战活动A	作战活动B	作战活动C	作战活动D	作战活动E	作战活动F	作战活动G	作战活动H	作战活动I
矩阵Y	系统1	系统功能A	△		△						
		系统功能B						○			
		系统功能C					△			☆	
	系统2	系统功能D				○					
		系统功能E	☆							△	
		系统功能F					○				

（1）系统功能缺失

矩阵Z			矩阵X								
			能力1			能力2			能力3		
			作战活动A	作战活动B	作战活动C	作战活动D	作战活动E	作战活动F	作战活动G	作战活动H	作战活动I
矩阵Y	系统1	系统功能A	△								
		系统功能B		○				○			
		系统功能C			△		△			☆	
	系统2	系统功能D			○						○
		系统功能E	☆			△				△	
		系统功能F		○		○					

（2）系统接口缝隙

矩阵Z			矩阵X								
			能力1			能力2			能力3		
			作战活动A	作战活动B	作战活动C	作战活动D	作战活动E	作战活动F	作战活动G	作战活动H	作战活动I
矩阵Y	系统1	系统功能A	○								
		系统功能B		○				○			
		系统功能C	○		△		△				
	系统2	系统功能D		☆				○			
		系统功能E			○					△	
		系统功能F	○								

（3）系统功能冗余

△ 表示提供部分或全部功能，但还没有实现；
○ 表示提供部分或全部功能，已经实现；
☆ 表示计划但还没有开发。

图8-6　作战能力-作战实体关联矩阵

（1）系统功能缺失。作战能力 1 下的作战活动 B 没有相应的关联项。表示装备系统对作战能力的支持存在缝隙，不能够完全支持某一作战能力下的所有作战活动。说明系统功能构想设计存在缺项，应该有针对性地补充相应的系统功能。

（2）系统接口缝隙。作战能力 1 下的作战活动 A 存在 2 个关联项，分别是系统 1 的系统功能 A 和系统 2 的系统功能 E。判断不同系统实体下系统功能之间的关系：如果系统功能 A 的实现依赖于系统功能 E，或者系统功能 E 的实现依赖于系统功能 A，则系统功能 A 与系统功能 E 之间必然存在数据交互需求。说明作战活动 A 需要系统 1 中系统功能 A 与系统 2 中系统功能 E 的协作，系统 1 与系统 2 之间必须具备相应的系统接口。

（3）系统功能冗余。作战能力 1 下的作战活动 A 存在 3 个关联项，分别是系统 1 的系统功能 A、C 和系统 2 的系统功能 F。判断不同系统实体下系统功能之间的关系：如果系统功能 A、C 的实现不依赖于系统功能 F，反之亦然，则系统功能 A、C 与系统功能 F 彼此独立。说明作战活动 A 既可以由系统 1 中系统功能 A、C 完成，也可以由系统 2 中系统功能 F 完成，系统 1 与系统 2 对作战活动 A 的支持存在冗余现象。根据实际情况，衡量是否精简系统实体下的系统功能或者保留冗余系统功能以提高系统的抗风险性。

装备型号体系结构的关联开发，促进了装备型号作战体系结构与系统体系结构的关联映射，确保了装备系统实体对作战能力的合理支持。

8.4 作战性能指标生成

针对不同的研究对象，装备型号性能指标分析的内容有所不同。这里只考虑装备型号需求生成的共性问题，而不对具体型号装备过多的讨论。结合装备型号特点，构建装备型号性能指标分析的模式，提供对普遍问题的一般解决方法。

8.4.1 装备型号系统模型

1．按类型划分

按照有关标准，武器装备型号可以大致划分为以下 21 大类：枪械、火炮、装甲战斗车辆、舰艇、军用航空器、军用航天器、核武器、化学武器、生物武器、防暴武器、弹药、制导武器、新概念武器、工程装备、三防装备、军事运输装备、作战保障装备、技术保障装备、后勤保障装备、军事训练装备及其他装备。每种类型的装备又可以向下划分为更加具体的装备型号，每种装备型号的具体模型也不尽相同。

2．按层次划分

按照装备型号层次，可以将装备型号系统模型划分为装备型号系统模型、装备型号子系统模型及装备型号部/组件模型。装备型号系统模型层次由宏观向微观层次分解，每个层次的系统模型描述方法有所不同，如表 8-1 所示。

表 8-1 装备型号模型层次

装备型号模型层次	模型构建方法	模 型 示 例
装备型号系统	体系结构、作战仿真等方法	××轮式步兵战车
装备型号子系统	ADC 模型、指标规划等方法	武器系统、防护系统、机动系统、信息系统
装备型号部/组件	数学模型、公式方程组等方法	火炮塔体、火力控制系统、弹药及供输系统

3．按内容划分

按照装备型号系统模型组成，可以将装备型号系统模型划分为装备型号系统结构模型、装备型号系统功能模型、装备型号系统性能模型。装备型号体系结构开发就是确立系统的基本组成以及构成系统的组件、组件之间、组件与环境的交互机制，将松散的结构紧密耦合。其中，装备型号系统结构、功能、性能都是装备型号体系结构的基本属性。

8.4.2　装备型号系统性能指标模型

1．按类型划分

装备型号系统性能指标可以分为通用性指标和特征性指标。通用性指标是各类装备都应具备的指标，这些指标在全军范围内都是相同的，通常包括可靠性、维修性和保障性、机动性、反应能力、伪装能力、电子防御能力、兼容性、安全性、经济性、环境适应性、人-机-环工程、尺寸、体积和质量要求、标准化要求、能源要求及其他。特征性指标是指那些直接反映某类别装备自身规律和特点的一些指标，它代表了某类别装备的基本属性和使用特征。在一定意义上讲，这种指标决定了某一型号是否能够发展和存在。如导弹装备的射程、威力、精度等，通信装备的通信距离、容量、传输速度、通信覆盖范围等。

2．按层次划分

装备型号系统性能指标可以按照装备型号系统模型层次，划分为1级性能指标、2级性能指标和多级性能指标。其中，1级性能指标用来表述系统层次模型，依据作战能力-系统实体关联关系提出满足作战能力要求的性能指标；2级指标用来表述子系统层次模型，依据系统结构及相关要素提出满足1级性能指标的2级性能指标；多级指标用来表述部/组件层次模型，依据系统部/组件有关技术特征提出满足2级性能指标的多级性能指标。装备型号系统性能指标的内容和取值将随着装备型号需求的逐步确定而不断完善。

3．武器装备型号系统性能指标分析模式

1）分析阶段

系统性能指标的分析经历了两个阶段，分别是系统性能参数的提出以及系统性能指标的确定。系统性能参数的提出是指初步确定系统性能参数内容，可以针对描述目标确定性能参数的数目和内容。在计划的早期阶段，是用作战能力指标来描述所需的系统性能。系统性能指标确定是在系统性能参数的基础上，综合权衡能力、效能、适用性、进度、技术水平和费用等因素得出的。在装备型号需求分析与评估过程中，重点考虑作战需求（作战能力、作战想定、作战使用要求）和装备需求（装备功能、结构、接口）因素，暂不考虑其他因素。

2）分析层次

通过作战体系结构开发，有助于对装备型号的作战任务、行动、要素和信息流进行分析，在特定的作战背景（任务、地形、环境等）与组织角色特征下，确定必须执行的作战序列。通过系统体系结构开发，有助于对装备型号的系统功能、结构、要素和数据流进行分析，确定完成作战能力必须执行的功能序列。通过体系结构关联开发，依据作战体系结构分析结论对系统体系结构分析结论进行验证，形成装备型号系统功能、结构、接口的规范要求。将装备型号系统体系层面的规范要求向下分配给系统、子系统与部件等层面，逐步提出并确定系统实体的性能指标。依据系统性能指标模型，系统性能指标分析应该按照1级性能指标、2级性能指标、多级性能指标的次序展开。

3）分析流程

在作战能力-系统实体的基础上，提出描述装备型号系统层次模型的 1 级性能指标；在系统体系结构有关特征的基础上，提出描述装备型号子系统层次模型的 2 级性能指标；在部/组件具体特征的基础上，提出描述装备型号部/组件层次模型的多级性能指标。武器装备型号系统性能指标分析流程如图 8-7 所示。

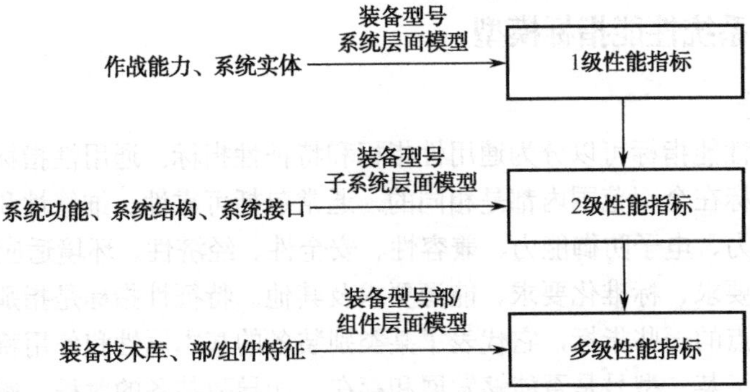

图 8-7　武器装备型号系统性能指标分析流程

（1）1 级性能指标

利用装备型号体系结构关联分析得到作战能力-系统实体关联关系，往往一种作战能力与多个系统实体相关，而多个系统实体构成了整体装备型号。那么，要实现每种作战能力，必定会有与之关系密切的系统性能参数。该系统性能参数与系统实体的具体特征关系不大，以体现实现作战能力所需的关键性能特征为目标，也就是 1 级性能参数。

1 级性能指标可以分为基本要求性能指标和目标要求性能指标，其中基本要求性能指标详述了可满足作战能力要求的最低性能数值，若低于这一数值，系统的效用就不能保证；目标要求性能指标则详述了需要性能增量才能够达到的目标能力，某些情况下，是期望达到的完全目标能力。如果没有规定具体目标，基本要求指标应同时作为目标要求指标，以表明性能超过该基本要求的增量对作战应用来讲，没有更大的意义或用处。

（2）2 级性能指标

根据系统工作过程的结构关系、控制关系、时序关系、数据交换关系等约束条件提出 2 级性能参数，其中结构关系是指系统组成要素物理上、功能上的相互关系，控制关系是指系统工作过程中的联动关系，时序关系用于描述系统的工作序列，数据交互关系是指系统内外部数据传输和接收关系。

主要从装备型号作战需求的角度确定 2 级性能指标，分析某性能发挥作用过程中所遇到目标的特性，比如作战目标种类及数量、火力运用方式、材料性能、常态作战距离、抗弹机理和结构特点等，确定其性能指标的下限能够满足最低的作战需要。

（3）多级性能指标

分析多级性能参数和指标必须考虑技术需求，分析现有该型号部/组件的性能水平，并对未来可能技术创新带来的影响做出评估。通常采取理论计算和试验统计的方法确定性能指标取值范围。理论计算是根据数学原理对系统部/组件进行模型构建，抽象为数学表达公式，进而设定作战应用背景及有关参数，计算后得出取值范围。试验统计是根据仿真系统或者样车试验，对试验结果进行统计分析，得出性能指标取值范围。

系统性能指标分析过程中，还要考虑指标之间的层次性、相关性、序贯性、分配性。层次性是指指标所处层次位置和层次之间的关系，要考虑到下层指标对上层指标的影响程度；相关性是指指标所具备的聚合形式及其它们之间的相互关系，包括性能之间的相互提高、相互制约、相互冗余；序贯性是指指标之间存在确定的顺序相关关系，前期指标的确定明显影响后续指标的确定；分配性是指以总体最优为目标函数，在上层指标的约束下，逐级进行指标分配。

4）分析方法

（1）类比法

对于具有继承性的指标可以在原有指标基础上进行提高或者改进。根据功能系统的实际运用要求和使用环境要求，采用“德尔菲”法、层次分析法、灰色评估法、模糊评估法和定性推理法等方法对其参考系统的性能指标值进行比较、分析和调整，最终形成适用于自身特点的性能指标值。

（2）权衡法

根据使用参数（装备使用部队提出的直接作战需求、总部机关提出顶层作战需求、军事研究机构提出装备详细作战需求）和合同参数（工程技术机构提出装备技术需求）进行综合权衡，在确定的作战性能、使用性能、适应性能和技术性能指标之间进行权衡匹配，以实现功能系统的综合性能最优。

（3）计算法

定义一个与系统相关的概念（系统属性），如精度、时限、吞吐率、可靠性等。再用数量化的概念以一定的公式形式定义一个或多个变量（度量指标），可以是一个数、数量区间、随机变量、二值性，实现对系统性能的量化度量，从而初步确定指标参考值。

（4）试验法

采用统计试验法确定性能指标值主要包括指标的估计和检验两部分。指标的估计主要包括指标的极大似然估计、矩估计、置信区间估计。检验主要是根据任务和环境要求对指标参数进行假设检验，通过检验，对战术技术指标是否满足要求进行决策。

（5）分配法

以总体最优为目标函数，下层指标要服从上层指标。在上层指标的约束下，逐级进行指标分配。分析多要素相互关系的方法包括有向图分析法、相关关系图分析法、矩阵分析法等；建立结构模型的方法包括解释结构模型法、消三角形法等；多目标决策方法包括最优向量法、目标规划法、逐步法、移动理想点法、多目标问题的序贯解法、基于目标间权衡的多目标决策方法、直接求非劣解法等。

8.5 装备型号需求满足度评估方法

装备型号需求评估方法也有多种，7.5 节的装备体系需求评估方法原则上对装备型号都适用。下面介绍基于能力指标的任务满足度评估方法和基于性能指标的需求满足度评估方法。

8.5.1 基于能力指标的任务满足度评估方法

基于能力指标的评估属静态评估，是指以装备系统分级分类的能力指标项为基础，以基于经验的定性判断和基于数据的量化对比为主要手段，按照自下而上、先局部后整体的思路，以指标对比的方式，逐项、逐级进行能力指标评估，工作重点是完成定性指标处理与指标权重确定。评估过程主要包括 3 步：

（1）评估指标处理。能力指标的处理是对能力指标的初步判断和筛选，目的是剔除部分不合理、冗余指标，从而提高评估效率。

① 能力指标缩减。目的是保证分析不失真的基础上减少空间规模，缩减方法包括综合指标法、方差分析法、主成分分析法及分枝定界筛选方法等。

② 不确定指标分布确定。确定一个指标的概率分布首先要确定其是何种分布，比如预先估计是均匀分布还是正态分布，然后采用矩估计法或最大似然估计法，从而确定相关分布参数。

③ 能力指标类型判断及规范量化。将各个能力指标规范到某个共同区间中，如[0,1]、[0,10]等。能力指标类型通常包括效益型、成本型、固定型、区间型、偏离型和偏离区间型。

（2）评估指标权重确定。指标权重的确定应能充分反映出被评对象的自然特点及其所处的环境，要尽可能反映出评估主体的意图和策略。方法主要包括主观赋权法和客观赋权法，主观赋权法包括德尔菲法、相对比较法、层次分析法、PATTERN 法等，其研究比较成熟，但主要依赖专家的知识和经验，主观随意性较大；客观赋权法包括熵值法、主成分分析法、逼近理想点法等，这类方法具有绝对的客观性，但容易出现"重要指标的权重系数小而不重要"的不合理现象。权重系数专家打分值，见表 8-2。

表 8-2　静态评估权重系数专家打分样表

一级能力	权　重	二级能力	权　重	……
C_1	0.15	C_{11}	0.22	……
		C_{12}	0.28	……
		C_{13}	0.5	……
……	……	……	……	……

（3）评估指标值获取。可采用 Delphi 专家评分法获取指标值，为提高评估质量，对评估过程适当改进，变匿名函评为实名研讨，按照"单个发言—共同研讨—匿名投票"的顺序进行。对比对象通常选择国内同类装备，作战能力对比打分表如表 8-3 所示。将指标权重系数叠加到各分类指标之上，进行加权和对比分析，并采用雷达图形式表示出来，最终得出分析结论。

表 8-3　作战能力对比打分表

能力表征	同类装备		新型装备		备　注
	性能特征	赋值	性能特征	赋值	
战役输送能力	适宜公路、海上运输	1	适宜公路、铁路、空中多种输送方式	2	成倍提高
……	……	……	……	……	……

将作战需求满足度作为武器装备型号指标体系评价准则，构建以使命任务满足度为目标的指标体系量化分析方法，定量分析装备完成所担负作战任务的程度，有助于支持装备型号指标体系的选择和优化。

8.5.2　基于性能指标的需求满足度评估方法

1. 总体思路

（1）明确作战需求与评估准则。应当明确装备型号的使命任务、作战样式、作战对象、作战环境等作战需求，明确各项系统性能指标的理想需求和基本需求以及达到不同层次需求对装备作战使用的影响。

（2）建立满足度评估指标体系。建立合理的评估指标体系是作战需求满足度量化分析的关键环节。将作战需求逐步分解和细化，对作战需求各因素之间的内在逻辑关系深入分析，按照独立性和完备性的原则建立评估指标体系。

（3）构建度量方法和模型。建立度量模型是作战需求满足度评估的重要内容。依据评估准则以及评估指标体系，建立评估指标体系各层次作战需求满意程度的度量方法和计算模型。

（4）参数的度量。参数的度量是作战需求满足度量化分析的准备工作之一，展开评估需要完成系统性能指标的度量。

（5）作战需求满足度分析。针对作战需求量化分析的评估指标体系，运用建立的度量方法和计算模型，逐级计算需求满足度，最终得到装备型号的使命任务满足度。

（6）量化分析评价结果。对达不到基本需求的系统性能指标，分析其对装备作战使用的影响，提出对装备指标的改进意见。

2. 指标体系

1）评估模型构建

按照“使命任务—作战能力—系统功能—系统性能”的装备型号需求分析与评估过程，作战需求满足度应该自下而上逐层进行聚合，作战需求满足度评估模型如图 8-8 所示。

（1）系统性能满足度向系统功能满足度聚合。系统在执行系统功能的过程中，会呈现出不同的系统特性。按照不同系统特性的要求，对多个相关性能参数满足度进行分析得到系统功能满足度。

（2）系统功能满足度向作战能力满足度聚合。作战能力是通过一系列作战活动实现的，作战活动又是通过一个或多个系统协调运行实现的。按照不同系统功能，对多个相关系统功能满足度进行分析得到作战能力满足度。

（3）作战能力满足度向使命任务满足度聚合。装备型号的使命任务对应若干作战能力和作战行动。按照不同作战行动，对相关多个作战能力满足度进行分析得到使命任务满足度。

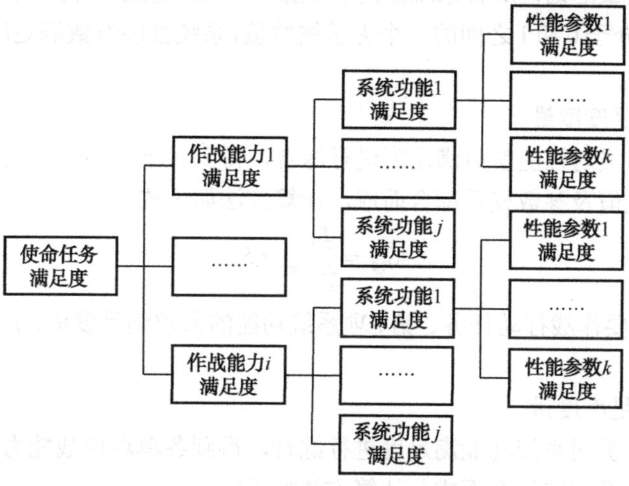

图 8-8 作战需求满足度评估模型

2）参数权重的划分

权重计算方法很多，如 QFD、AHP 等。下面介绍一种基于能力指标分类的权重计算方法。

按照作战行动、系统功能和系统性能对应的作战能力贡献度可以分为标志性能力要求、关键性能力要求和一般性能力要求。对于标志性能力要求，达不到基本需求意味着装备型号无法立项，需要重新设计或者考虑其他备选指标体系。对于关键性能力要求，达不到基本需求意味着项目存在明显的问题需要有针对性的修改和完善。对于一般性能力要求，达不到基本需求意味着装备型号研制立项存在一定问题，但仍可以接受。可以定义标志性能力要求的权重是一般性能力的4倍，关键性能力要求的权重是一般性能力的2倍。例如，系统性能参数权重计算方法为：

$$r_{ijk}=\frac{\mu_{ijk}}{\sum_{k=1}^{K}\mu_{ijk}} \tag{8-1}$$

$$\mu_{ijk}=\begin{cases}4 \text{（第}ijk\text{项性能参数为标志性能力要求参数）}\\ 2 \text{（第}ijk\text{项性能参数为关键性能力要求参数）}\\ 1 \text{（第}ijk\text{项性能参数为一般性能力要求参数）}\end{cases}$$

式（8-1）中：r_{ijk}为第i项主要作战行动任务、第j项系统功能、第k项性能参数在系统功能满足度中的权重；μ_{ijk}为第ijk项性能参数的权重对一般性能力要求参数权重的比值。

3）系统性能参数满足度度量标准

作战需求满足度评估的依据是系统性能参数指标是否达到理想或者基本需求。参数满足度度量标准为：

（1）性能参数值为理想需求值时，性能参数满足度为1。

（2）性能参数值为基本需求值时，性能参数满足度为0.3。

（3）性能参数值为理想需求值与基本需求值之间，按照数值内插法计算满足度值。

（4）性能参数值低于基本需求值时，性能参数满足度为0。

3．量化模型

1）系统性能参数满足度度量

按照系统性能度量准则，对各系统性能参数指标值进行度量，得到单项性能参数指标的满足度值。满足度值是介于0和1之间的一个无量纲数值，系统性能参数满足度度量方法如式(8-1)所示。

2）系统功能满足度度量

按照系统功能分类对性能参数满足度进行综合，得到各单项系统功能的满足度值，由相关各项性能参数满足度值及参数权重综合而成，计算方法如下式：

$$S_{ijk}=\sum_{k=1}^{K}r_{ijk}\times S_{ijk} \tag{8-2}$$

式中：S_{ij}为第i项主要作战行动任务、第j项系统功能的需求满足度值；r_{ijk}为第ijk项性能参数的权重。

3）作战能力满足度度量

按照作战行动分类对系统功能满足度进行综合，得到各单项作战能力的满足度值，由各相关系统功能满足度值及权重综合而成，计算方法如下式：

$$S_i=\sum_{j=1}^{J}r_{ij}\times S_{ij} \tag{8-3}$$

式中：S_i为第 i 项主要作战行动任务的需求满足度值；r_{ij}为第 i 项主要作战行动任务、第 j 项系统功能满足度值的权重。

4）使命任务满足度度量

按照使命任务分类对作战能力满足度进行综合，得到装备型号的使命任务满足度，由各项作战能力的满足度值及权重综合而成，计算方法如下式：

$$S = \sum_{i=1}^{I} r_i \times S_i \tag{8-4}$$

式中：S 为装备型号指标体系的作战需求满足度综合值；r_i为第 i 项主要作战行动任务的作战能力满足度值的权重。

根据作战需求满足度值的大小，对装备指标体系进行评价排序。若进一步综合考虑技术风险、研制经费、研制时间等要求，可最终形成综合权衡的装备方案评估结果。

4．应用示例

假设某型号装甲车具有 n 套备选指标体系 $B_1, B_2, \cdots, B_n$，指标体系包括作战任务、作战能力、系统功能以及性能参数或指标。

1）计算系统功能满足度

P_k 表示第 k 项性能参数或指标，F_j 表示第 j 项系统功能，ω_{jk} 表示第 k 项性能参数或指标在第 j 项系统功能中的满足度权重，S_{jk} 表示第 j 项系统功能的作战需求满足度，如表 8-4 所示。

表 8-4　系统功能满足度度量示意表

性能参数或指标（P_k）	权重（ω_{jk}）	系统功能（F_j）		
		F_1	F_2	F_3
P_1	0.1	0.3		
P_2	0.2		0.5	
P_3	0.1			0.7
P_4	0.2	0.4		
P_5	0.4		0.8	
满足度（S_{jk}）		0.11	0.42	0.07

（1）系统性能参数满足度

按照系统性能参数满足度度量标准，性能参数 P_1 的满足度为 0.3、性能参数 P_2 的满足度为 0.5、性能参数 P_3 的满足度为 0.7、性能参数 P_4 的满足度为 0.4、性能参数 P_5 的满足度为 0.8。

（2）系统性能参数满足度的权重

按照参数权重的划分标准，性能参数 P_1 的满足度权重为 0.1、性能参数 P_2 的满足度权重为 0.2、性能参数 P_3 的满足度权重为 0.1、性能参数 P_4 的满足度权重为 0.2、性能参数 P_5 的满足度权重为 0.4。

（3）系统功能满足度 S_{jk}

对于每项系统功能 F_j，满足度为相关的系统性能参数或指标满足度值与系统性能参数或指标满足度权重乘积的和值。系统功能 F_1 的作战需求满足度为 0.11（=0.3×0.1+0.4×0.2），系统功能 F_2 的作战需求满足度为 0.42，系统功能 F_3 的作战需求满足度为 0.07。

2）计算作战能力满足度

C_i表示第i项作战能力，ω_{ij}表示第j项系统功能在第i项作战能力中的满足度权重，S_{ij}表示第i项作战能力的作战需求满足度，如表8-5所示。

表 8-5 作战能力满足度度量示意表

系统功能（F_j）	权重（ω_{ij}）	作战能力（C_i）		
		C_1	C_2	C_3
F_1	0.2	0.11		
F_2	0.4		0.07	
F_3	0.4			0.42
满足度（S_{ij}）		0.22	0.028	0.168

（1）系统功能满足度的权重

按照参数权重的划分标准，系统功能F_1的满足度权重为0.2、系统功能F_2的满足度权重为0.4、系统功能F_3的满足度权重为0.4。

（2）作战能力满足度S_{ij}

对于每项作战能力C_i，满足度为相关的系统功能满足度值与系统功能满足度权重乘积的和值。作战能力C_1的作战需求满足度为0.22、作战能力C_2的作战需求满足度为0.028、作战能力C_3的作战需求满足度为0.168。

3）计算作战任务满足度

T_h表示第h项作战任务，ω_{ih}表示第i项作战能力在第h项作战任务中的满足度权重，S_{ih}表示第i项作战能力的作战需求满足度，如表8-6所示。

表 8-6 作战任务满足度度量示意表

作战能力（C_i）	权重（ω_{ih}）	作战任务（T_h）			
		T_1	T_2	T_3	T_4
C_1	0.1	0.22			
C_1	0.2				0.22
C_2	0.2		0.028		
C_2	0.4	0.028			
C_3	0.1			0.168	0.044
满足度（S_{ih}）		0.0332	0.0056	0.0168	0.044

（1）作战能力满足度的权重

按照参数权重的划分标准，作战能力C_1对于作战任务T_1的满足度权重为0.1、对于作战任务T_4的满足度权重为0.2；作战能力C_2对于作战任务T_2的满足度权重为0.2、对于作战任务T_1的满足度权重为0.4；作战能力C_1对于作战任务T_3的满足度权重为0.1。

（2）作战任务满足度S_{ih}

对于每项作战任务T_h，满足度为相关的作战能力满足度值与作战能力满足度权重乘积的和值。作战任务T_1的作战需求满足度为0.0332、作战任务T_2的作战需求满足度为0.0056、作战任

务 T_3 的作战需求满足度为 0.0168、作战任务 T_4 的作战需求满足度为 0.044。

4）计算使命满足度

M 表示顶层使命，ω 表示第 h 项作战任务在使命中的重要度权重，S 表示使命任务的作战需求满足度，如表 8-7 所示。

表 8-7 使命满足度度量示意表

作战任务（T_h）	权重（ω）	使命（M）			
T_1	0.2	0.0332			
T_2	0.1		0.0056		
T_3	0.3			0.0168	
T_4	0.4				0.044
满足度（S）		0.02984			

采用专家意见综合处理法对各作战任务在使命中的重要度进行评判。那么，对于使命，满足度为相关的作战任务满足度值与作战任务重要度权重乘积的和值。该套备选指标体系对于使命 M 的作战需求满足度值为 0.02984。同理，可以计算出其他备选指标体系对于使命 M 的作战需求满足度，并进行比较排序。

结合指标体系相应的功能清单、能力清单和任务清单进行作战需求满足度量化分析，得出不同指标体系对作战需求满足度的相对值，如表 8-8 所示。

表 8-8 某型号装甲车指标体系作战需求满足度排序示意表

序号	备选指标体系	作战需求满足度值	结果分析
1	B_3	0.07642	该套指标体系的作战需求满足度相对较高，不同层面的需求关联紧密，需求生成结果科学、合理
2	B_2	0.05385	该套指标体系的作战需求满足度一般，装备需求层面的满足度较低，需求生成成果比较合理
3	B_1	0.02984	该套指标体系的作战需求满足度较差，存在作战需求与装备需求脱节，需求生成结果不合理

参考文献

[1] 罗军，游宁，赵小松，等. 军事需求研究[M]. 北京：国防大学出版社，2011.

[2] 游光荣. 关于提高军事装备论证研究水平的思考[J]. 军事运筹与系统工程，2008，22（4）：1-4.

[3] 李明. 武器装备发展系统论证方法与应用[M]. 北京：国防工业出版社，2000.

[4] 张宝书. 陆军武器装备作战需求论证概论[M]. 北京：解放军出版社，2005.

第9章 装备技术需求分析与优化方法

EQUIPMENT DEMONSTRATION

信息化武器装备的技术含量越来越高、系统复杂性越来越强、消耗经费越来越多、研制周期越来越长，“拖进度、降指标、涨经费”的现象经常出现，严重制约和影响了装备建设的进程、质量和效益。因此，如何建立科学的武器装备技术需求分析方法，从而使装备发展在论证阶段就走上节约经费、降低风险、缩短周期、提高质量的低投入、高收益道路，已成为中央军委、总部首长和广大学者非常关注的热点、难点问题，也迫切需要从理论和方法上进行系统的研究和创新。本章简要阐述装备技术需求分析方法。

9.1 装备技术需求分析的内容

装备技术需求分析，是以装备技术需求生成、装备技术发展规律分析和装备技术需求优化为主要内容的（如图 9-1 所示）。具体地说，装备技术需求生成是从军事需求出发，经过一系列的转化映射（作战任务→作战能力→装备需求→技术需求），再经过反复迭代、逐步求精，最终得到装备技术需求的活动；装备技术发展规律分析是装备技术需求优化的前提和基础，目的是搞清楚装备技术目前所处的状态以及下一步可能的发展方向；装备技术需求的优化，是在摸清装备关键技术发展规律基础上预测技术发展趋势，并将关键技术的相关历史数据、当前现状、预测趋势共同作为模型的输入，并依此进行装备技术需求的优选和优化。

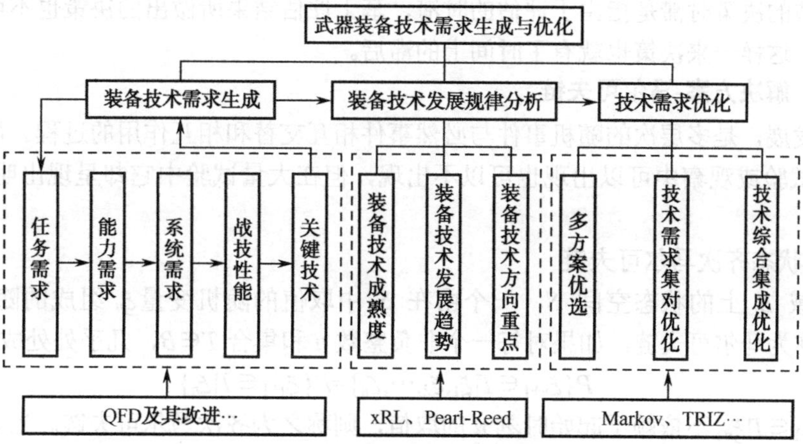

图 9-1 装备技术需求分析

装备技术需求分析是由一系列复杂的宏观并行、微观串行的活动构成的。为了提高装备技术需求分析的效率和科学性，需要确定合理的研究思路和科学的方法框架。确立合理的研究思路，需要对装备发展有一个正确的认识。制定科学的方法框架，需要在所确立的研究思路指导下，对装备技术需求分析的关键环节及各个环节所涉及的关键技术有全面了解的基础上进行。

9.2 装备技术成熟度评估方法

评估在日常生活中也扮演着重要的角色。人们经常希望通过比较不同事物的优劣以做出正确的决策。对于关键技术也是如此，成熟度评估是评价不同关键技术好坏的重要手段之一。

现代武器装备技术水平进行综合评价的目的，是要回答武器装备的先进程度如何，其简单的评价指标是先进、一般和落后。但是，由于武器装备技术是不断发展的，进行评价的参照系是随着时间的推移而不断变化的，也就是说，对武器装备的技术水平进行评价不能脱离开时间这个因素。

成熟度评估的结果经常有时滞。因此，依据评估结果所做的决策也有时间上的滞后。基于马氏链的成熟度评估方法以解决这个问题。将关键技术成熟度的评估值作为一个马尔可夫链，初始分布和转移概率矩阵可以通过统计计算得到。进一步可以通过计算得到成熟度的稳态分布。将成熟度的数学期望作为成熟度的评估值。基于初始分布、转移概率矩阵和稳态分布的计算可以分别得到成熟度的初始值、演化值和稳态值。可以通过成熟度评估次数的增加不断更新转移概率矩阵的信息从而更新成熟度的评估值以保证评估结果的准确性。

9.2.1 成熟度评估与马尔可夫链

成熟度评估存在时滞问题，针对时滞可采用马氏链方法进行解决。

9.2.1.1 时滞问题

这里所谓的时滞有两方面含义：一方面，评估结果有时滞；另一方面，决策有时滞。

（1）时间与空间无时无刻不在变化。基于这样的事实，对传统评估方法而言，当经过一系列复杂的过程得到评估结果时，被评价对象的状态已经发生改变。这样一来，评估结果就有了时间上的滞后，即评估的时滞。

（2）所谓的决策时滞是指由于评估的时滞，基于评估结果所做出的决策也不可避免地具有时滞和误差。这样一来决策也就有了时间上的滞后。

9.2.1.2 解决方案-马尔可夫链

事物的发展，是多层次的随机事件与必然事件相互交替和相互作用的过程。虽然个别随机事件在某次试验或观察中可以出现也可以不出现，但在大量试验中它却呈现出明显的规律性-频率稳定性。

1．有限状态齐次马尔可夫链

给定σ-域 B 上的状态空间 S，一个由在 S 中取值的随机变量ξ_n组成的随机过程$\{\xi_n, n=0,1,2,\cdots\}$称为马尔可夫链，如果对每一个非负整数 n 和集合 $T\in B$，几乎处处成立：

$$P\{\xi_{n+1}\in T|\xi_1,\xi_2,\cdots,\xi_n\}=P\{\xi_{n+1}\in T|\xi_n\} \tag{9-1}$$

当 $P\{\xi_{n+1}\in T|\xi_n\}$不依赖于起始时刻 n 的取值，则称之为齐次马尔可夫链。当 S 是一个有限集合时，称之为有限状态齐次马尔可夫链（马氏链），式（9-1）称为马尔可夫性（马氏性）。

2．平稳分布（不变测度）

称概率分布$\{\pi_i, i\in S\}$为马尔可夫链ξ的平稳分布，如果

$$\pi_j=\sum_i \pi_i p_{ij},\quad j\in S \tag{9-2}$$

式（9-2）可以表述为向量形式：

$$\boldsymbol{\pi}P=\boldsymbol{\pi}$$

式中，$P\{\xi_{k+1}=j|\xi_k=i\}=p_{ij}$；$\boldsymbol{\pi}=(\pi_0,\pi_1,\cdots,\pi_n)$；$P=(p_{ij})(n+1)\times(n+1)$。

3．基本假设

当对一个系统进行评估时，第 k+1 次评估的结果仅与第 k 次的有关，而与第 k 次之前的评估结果无关。换句话说，专家对每个指标的打分具有马尔可夫性。如果打分值在整数集中取值且与起始时刻无关，那么每个指标的分值组成的随机过程就是一个有限状态齐次马尔可夫链。

在如上假设条件下，马尔可夫链的相关理论就可以用来解决涉及专家打分评估的相关问题。马氏链中初始分布的概念可以用来刻画指标得分的初始出现频率。转移概率矩阵的概念可以用来描述第 k+1 次评估和第 k 次评估之间的关系。对打分结果的统计分析恰好可以描述指标权重的当前状态；借助转移概率矩阵，又可以得到指标权重的演化趋势；最后，平稳分布的概念可以用来确定权重的稳态值。

首先，初始权重可以通过计算指标打分值的频率来获得；其次，指标权重随着时间推进的演化趋势可以通过转移概率矩阵的相关运算得到；最后，各个指标最终的稳态值可以通过平稳

分布的相关计算进行确定。

根据初始权重（通常是传统方法所得到的评估结果），决策者可以像往常一样做出他们的决策；根据权重的演化趋势，决策者可以了解评估结果的变化趋势。最终，再结合稳态分步的结果，由于评估结果时滞的减小，并且系统的当前状态及演化趋势已知，决策者的决策误差也就有了相应减小的可能。

9.2.2 基于马尔可夫链的成熟度评估

建立基于马尔可夫链的成熟度评估方法，需要一些合理的假设和适当的准备工作。

9.2.2.1 基本假设

（1）假设第 k+1 次成熟度评估的结果仅与第 k 次成熟度评估的结果有关，而与之前的评估结果无关。这其实是比较符合实际的，因为假设某一技术在 k 时刻处于 TRL2，那么在 k+1 时刻，正常情况下它不依赖于之前 k−1 时刻的成熟度等级，最起码他不会回到 TRL1。这样一来，根据相关定义，TRLs 和 IRLs 就具有了马尔可夫性。

（2）某项关键技术的发展及其与其他关键技术之间的交互存在可循的规律。

正如恩格斯所指出的，表面上是偶然性再起作用的地方，这种偶然性始终是受内部隐蔽着的规律支配的，而问题只是在于发现这些规律。技术发展规律的分析思路是分析现状、趋势、对比找出不足。在假设（1）条件下，考虑到成熟度等级的有限状态（一般为 5、7 或者 9 状态）以及它的状态转移与起始时刻无关（齐次性），有限状态马尔可夫链链的相关理论可以用来描述并解决技术成熟度评估、集成成熟度评估和系统成熟度评估的问题。

9.2.2.2 准备工作

为了用马尔可夫链的相关理论来解决成熟度评估的时滞问题，需要做一些前期的准备工作。

1．确定技术成熟度和集成成熟度的状态空间

为了方便起见，将成熟度等级记为$\{m_0,m_1,\cdots,m_n\}$，这样一来，n 级的标度及组成了一个状态空间。

2．获取 TRL/IRL 的初始分布

对第 k 次和第 k+1 次成熟度评估数据进行统计分析，初始分布可以表示为

$$P_0=(p_0, p_1,\cdots p_n)=(P\{\xi(k)=_{m0}\}, P\{\xi(k)=m_1\},\cdots, P\{\xi(k)=m_n\})$$

式中，$P\{\xi(k)=m_l\}=n(m_l)/\sum n(m_l)$（$l$=0,1,⋯,$n$），即 $P\{\xi(k)=m_l\}$表示的是成熟度 m_l 在第 k 次成熟度评估中出现的频率。

3．进行进一步的统计分析以获取 TRL/IRL 的一步概率转移矩阵

计算成熟度从状态 i 到状态 j 转移的概率，作为概率转移矩阵 $\boldsymbol{P}$ 中的元素 p_{ij}，$\boldsymbol{P}=(p_{ij})(n+1)\times(n+1)$。

完成以上工作后，初始成熟度、演化成熟度既可以进行计算了。实际上，成熟度被认为是它们自身的数学期望。

初始成熟度计算如下：

$$w_0=P_0\cdot(m_0,\cdots,m_n)'$$

r 步转移后的演化成熟度计算如下：

$$w_r=P_0\cdot P^r\cdot(m_0,\cdots,m_n)'$$

为了计算稳态的成熟度，首先要得到稳态分步。稳态分步可以通过求解如下方程组得到：

$$\begin{cases}\boldsymbol{\pi}P=\boldsymbol{\pi}\\ \boldsymbol{\pi}\cdot\mathbf{1}_{n+1}=1\end{cases} \tag{9-3}$$

$$\Rightarrow\begin{cases}\boldsymbol{\pi}(P-I)=\mathbf{0}'\\ \boldsymbol{\pi}\cdot\mathbf{1}_{n+1}=1\end{cases}\Rightarrow\boldsymbol{\pi}(P-I\quad\mathbf{1}_{n+1})=(\mathbf{0}'\quad 1)\Rightarrow\boldsymbol{\pi}=(\mathbf{0}'\quad 1)\left(P-I\quad\mathbf{1}_{n+1}\right)^{+}$$

式中，$\mathbf{1}_{n+1}=(1,\cdots,1)'$；$\mathbf{0}=(0,\cdots,0)'$；$P=(p_{ij})(n+1)\times(n+1)$；$(\cdot)+$表示的是矩阵“·”的 Moore-Penrose 广义逆矩阵（因为它的存在性和唯一性）。

这样，稳态成熟度的计算式如下：

$$w=P_0\cdot\lim_{r\to\infty}P^r\cdot(m_0\quad\cdots\quad m_n)'$$

9.2.2.3 具体步骤

模型流程如图 9-2 所示。

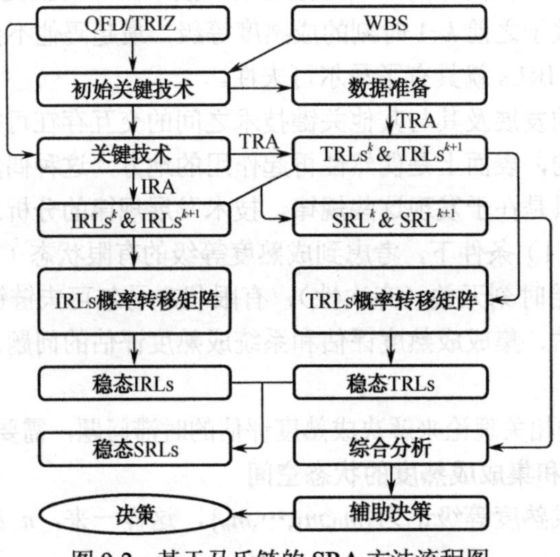

图 9-2　基于马氏链的 SRA 方法流程图

（1）关键技术 CTEs 获取。

CTEs 通过 QFD/TRIZ/WBS 进行获取。通过 WBS 可以获取初始的 CTEs，借助 QFD/TRIZ 的帮助，可以获取 CTEs 的权重。综合考虑就可以得到系统的关键技术指标 CTEs。

（2）初始 IRL/TRL 获取和初始 SRL 的计算。

邀请若干评估小组分别进行成熟度评估。记录初始的 TRL/IRL 及相应的 SRL。为了进行评估的方便，设计如图 9-3（表示 CTE_i 的技术成熟度是 TRL_i，CTE_i 和 CTE_j 的集成成熟度是 IRL_{ij}）所示的表示方式。

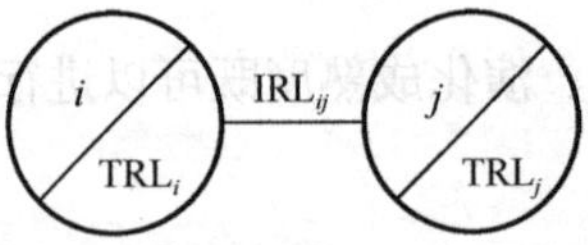

图 9-3　TRL/IRL 关系示意图

假设有 n 个 CTEs，$\mathrm{TRL}=(\mathrm{TRL}_i)_{n\times1}$，$\mathrm{IRL}=(\mathrm{IRL}_{ij})_{n\times n}$，$\mathrm{SRL}=(\mathrm{SRL})_{1\times1}$，那么 TRL/IRL/SRL 的关系可以用公式表示如下：

$$\mathrm{SRL}=(1/l_1,1/l_2,\cdots,1/l_n)\cdot\mathrm{diag}(\omega_1,\omega_2,\cdots,\omega_n)\cdot[(\mathrm{IRL}/7)\cdot(\mathrm{TRL}/9)]$$

特别地，$\omega_1=\omega_2=\cdots=\omega_n=1/n$，有

$$\begin{aligned}\text{SRL} &= (1/n,\cdots,1/n)\cdot\text{diag}(1/l_1,1/l_2,\cdots,1/l_n)\cdot[(\text{IRL}/7)\cdot(\text{TRL}/9)] \\ &= 1/n\cdot\text{diag}(1/l_1,1/l_2,\cdots,1/l_n)\cdot[(\text{IRL}/7)\cdot(\text{TRL}/9)]\end{aligned} \tag{9-4}$$

式中，l_i（i=1,2,⋯,n）表示的是和 CTE_i 有集成关系的 CTEs 的个数（包括 CTE_i 本身在内）；ω_i（i=1,2,⋯,n）表示的是 CTE_i 的权重。

根据公式（9-4）和 TRL/IRL/SRL 的初始可以获取 $\overline{\text{TRL}^0}$、$\overline{\text{IRL}^0}$ 和 $\overline{\text{SRL}^0}$。

（3）进行第 k 次成熟度评估。

邀请相同数目（尽量和之前相同）的评估小组进行第 k 次成熟度评估。将评估数据记为：$\text{TRL}^k=(\text{TRL}_i^k)_{n\times 1}$，$\text{IRL}^k=(\text{IRL}_i^k)_{n\times n}$ 和 $\text{SRL}^k=(\text{SRL}^k)_{1\times 1}$。

（4）进行第 k+1 次成熟度评估。

邀请相同数目（尽量和之前相同）的评估小组进行第 k+1 次成熟度评估。将评估数据记为：$\text{TRL}^{k+1}=(\text{TRL}_i^{k+1})_{n\times 1}$，$\text{IRL}^{k+1}=(\text{IRL}_i^{k+1})_{n\times n}$ 和 $\text{SRL}^{k+1}=(\text{SRL}^{k+1})_{1\times 1}$。

（5）获取一步转移概率矩阵。

通过对各成熟度的转移频率进行分析，分别获取 TRL 和 IRL 的一步转移概率矩阵。

（6）求解稳态分步。

通过求解方程组（9-2），可以得到 TRL 和 IRL 的稳态分布 TRLs 和 IRLs。

（7）稳态 TRL/IRL 获取与 SRL 计算。

根据公式（9-4），计算稳态 SRL。

（8）结果对比分析并作为决策支持。

将初始的、演化的和稳态的 SRL 进行对比，得出的相关分析结果可以作为决策支持。

9.2.2.4 和经典模型的比较

（1）从成熟度获取方面。基于马氏链的系统成熟度分析模型通过初始分布、转移概率矩阵和稳态分步获取 3 种形式（初始、演化、稳态）的成熟度；经典模型仅能通过简单的统计分析或数学计算获取一个成熟度数值。

（2）对时滞的处理方面。基于马氏链的模型通过转移概率矩阵和稳态分步来解决时滞问题；经典模型对时滞问题基本没有考虑。

综合起来讲，由于马氏链模型的采用从某种程度上可以降低系统设计中的风险，决策者的决策变得更加准确和科学。

（3）从短板的避免方面。对于每一项 CTE 在装备发展的不同阶段通过不同的阈值（短板的底线）来进行约束，从而避免单项技术短板的出现。同时，由于 IRL 的引入，还可以克服集成过程中可能出现的“集成短板”，这一点是传统方法不容易实现的。

9.2.2.5 向技术体系成熟度评估的推广

引入系统集成成熟度（System Integration Readiness Level，SIRL）的概念，用于衡量不同系统（System）之间集成成熟度，并用于计算技术体系成熟度（Technical System of System Readiness Level，TSoSRL）。

$$\text{TSoSRL}=(1/h_1,1/h_2,\cdots,1/h_n)\cdot\text{diag}(\mu_1,\mu_2,\cdots,\mu_n)\cdot[(\text{SIRL}/m)\cdot(\text{SRL}/1)]$$

式中，h_i（i=1,2,⋯,n）表示的是和 System_i 有集成关系的 System 的个数（包括 System_i 本身在内）；μ_i（i=1,2,⋯,n）表示的是 System_i 的权重；m 表示的是系统集成成熟度的分级；SRL/1 中的 1 是因为 SRL 是[0,1]之间的一个数。

通过类似技术成熟度到系统成熟度的步骤，就可以通过系统成熟度和系统集成成熟度获取技术体系成熟度。

9.2.3 应用示例

为了验证基于马氏链的方法的科学性和可行性性，下面给出一个基于马氏链的系统成熟度评估的例子。

(1)通过 WBS/QFD/TRIZ 过程，得到四项关键的装备技术。第 k 次和第 k+1 次评估结果（评估小组由 4 个专家组成）分别如图 9-4 和图 9-5 所示。

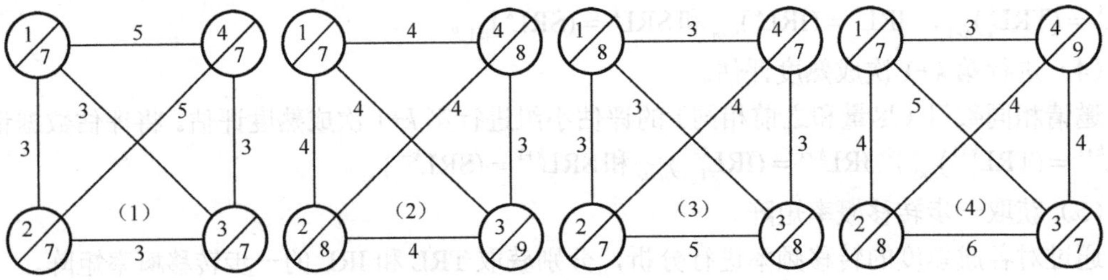

图 9-4 第 k 次评估结果

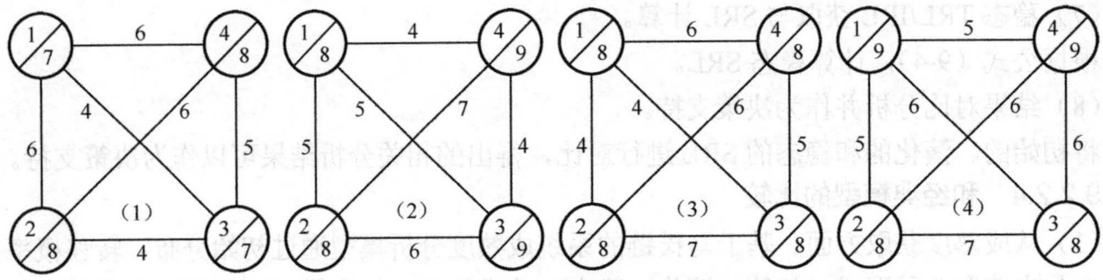

图 9-5 第 k+1 次评估结果

为了方便计算，将图 9-4 和图 9-5 转化为表格形式，如表 9-1～表 9-4 所示。

表 9-1 第 k 次评估的技术成熟度

CTE \ Group	1	2	3	4
1	7	7	8	7
2	7	8	7	8
3	7	9	8	7
4	7	8	7	9

表 9-2 第 k 次评估的集成成熟度

评估小组	1				2				3				4			
关键技术	1	2	3	4	1	2	3	4	1	2	3	4	1	2	3	4
1	7	3	3	5	7	4	4	4	7	3	3	3	7	4	5	3
2	3	7	3	5	4	7	4	4	3	7	5	4	4	7	6	4
3	3	3	7	3	4	4	7	3	3	5	7	3	5	6	7	4
4	5	5	3	7	4	4	3	7	3	4	3	7	3	4	4	7

表 9-3　第 k+1 次评估的技术成熟度

CTE \ Group	1	2	3	4
1	7	8	8	9
2	8	8	8	8
3	7	9	8	8
4	8	9	8	9

表 9-4　第 k+1 次评估的集成成熟度

评估小组	1				2				3				4			
关键技术	1	2	3	4	1	2	3	4	1	2	3	4	1	2	3	4
1	7	6	4	6	7	5	5	4	7	4	4	6	7	5	6	5
2	6	7	4	6	5	7	6	7	4	7	7	6	5	7	7	6
3	4	4	7	5	5	6	7	4	4	7	7	5	6	7	7	6
4	6	6	5	7	4	7	4	7	6	6	5	7	5	6	6	7

（2）根据马氏链相关公式进行数据分析，将一些关键结果列在下面。

$\overline{\mathrm{TRL}^0}=(29/4\quad 30/4\quad 31/4\quad 31/4)'$；$\mathrm{TRL}^S=(9\quad 9\quad 9\quad 9)'$；

$$\overline{\mathrm{IRL}^0}=\begin{pmatrix}7 & 14/4 & 15/4 & 18/4\\ 14/4 & 7 & 15/4 & 21/4\\ 15/4 & 15/4 & 7 & 13/4\\ 18/4 & 21/4 & 13/4 & 7\end{pmatrix};\quad \mathrm{IRL}^S=\begin{pmatrix}7 & 6.2016 & 6.2094 & 6.2094\\ 6.2016 & 7 & 6.1633 & 6.2266\\ 6.2094 & 6.1633 & 7 & 6.1930\\ 6.2094 & 6.2266 & 6.1930 & 7\end{pmatrix};$$

$\overline{\mathrm{SRL}^0}=1/4\cdot\mathrm{diag}(1/4,1/4,1/4,1/4)\cdot(\overline{\mathrm{IRL}^0}/7)\cdot(\overline{\mathrm{TRL}^0}/9)=0.5552$；

$\mathrm{SRL}^S=1/4\cdot\mathrm{diag}(1/4,1/4,1/4,1/4)\cdot(\mathrm{IRL}^S/7)\cdot(\mathrm{TRL}^S/9)=0.9143$。

为了更加形象地展示成熟度在不同转移步数时的状态，分别将技术成熟度、集成成熟度和系统成熟度的根据转移步数的变化规律绘制成散点图，如图 9-6～图 9-10 所示。

从图 9-6～图 9-10 可以看出，在初始阶段，$\mathrm{TRL}_1<\mathrm{TRL}_2<\mathrm{TRL}_3=\mathrm{TRL}_4$ 并且有 SRL=0.5557；在稳态阶段，$\mathrm{TRL}_1=\mathrm{TRL}_2=\mathrm{TRL}_3=\mathrm{TRL}_4$ 并且有 SRL=0.9143。从中可以看出，如果仅仅按照传统方法（即初始状态成熟度 SRL-1）进行决策，则可能会拒绝这一技术方案；但是如果参考稳态的成熟度数值（SRL-5）及到达稳态所需的转移步数（本例大约 9 步即可到达 0.9012，如图 9-10 所示），则有很大可能会接受这一方案。拒绝一个可行的方案将是十分可惜的。基于马氏链的评估方法减少了时滞对决策的影响，从而降低了决策的风险。以上示例证明，方法是科学可行的。

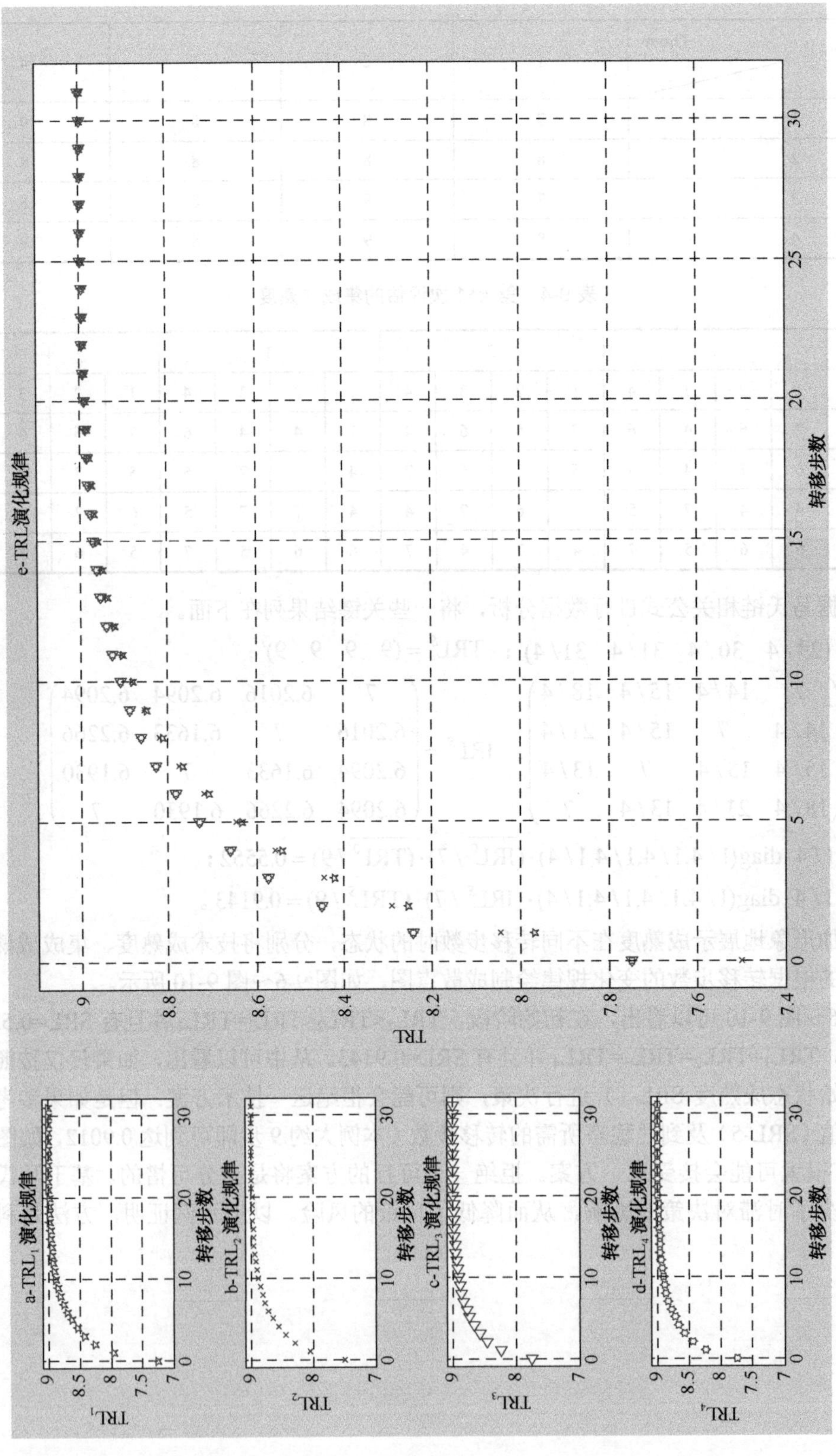

注：其中，☆—TRL_1；×—TRL_2；▽—TRL_3；✻—TRL_4。

图9-6 TRL演化规律

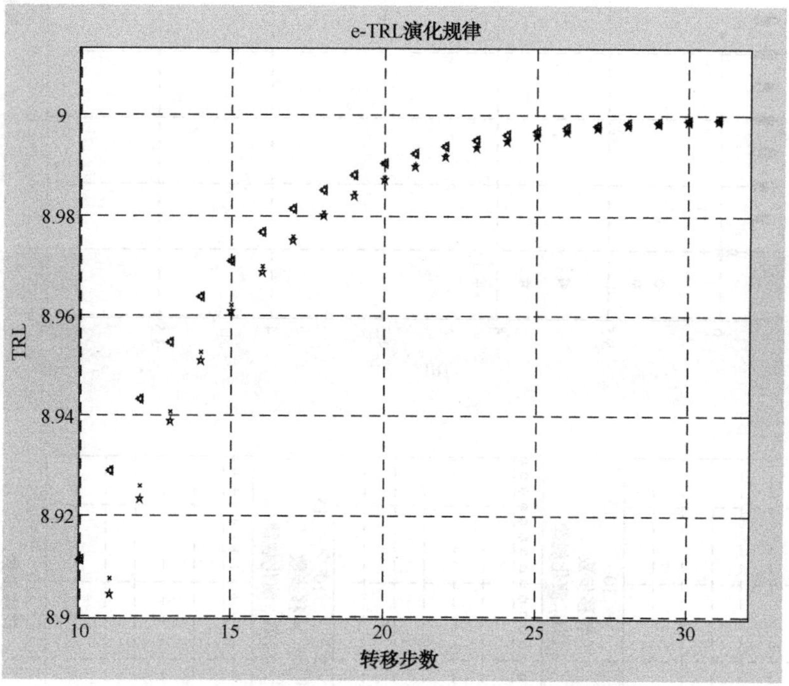

注：其中，☆—TRL_1；×—TRL_2；▽—TRL_3；❋—TRL_4。

图9-7 TRL演化规律局部放大图（第9～31步）

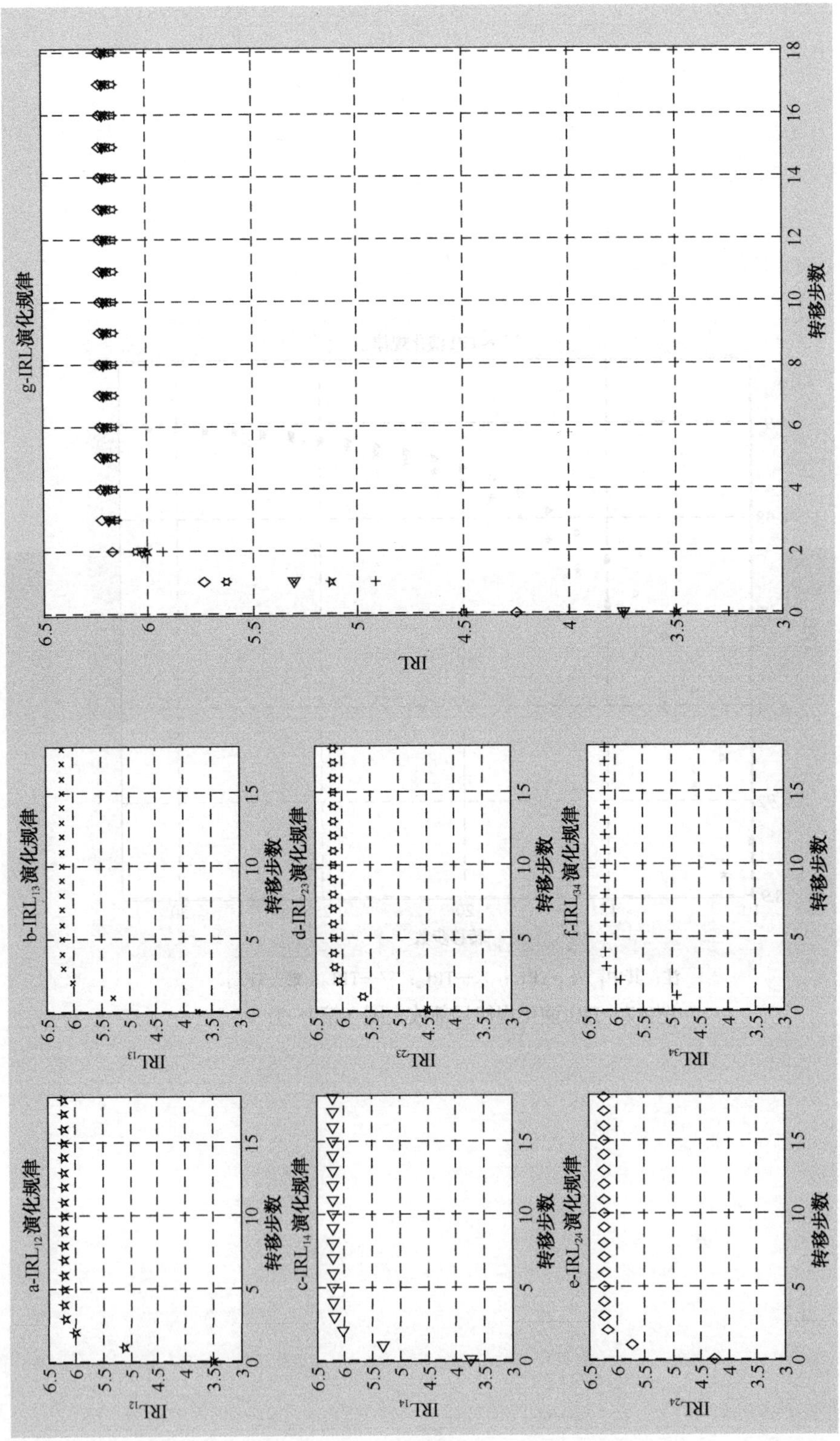

注：其中，☆—IRL_{12}；×—IRL_{13}；▽—IRL_{14}；✵—IRL_{23}；◇—IRL_{24}；+—IRL_{34}。

图9-8 IRL演化规律

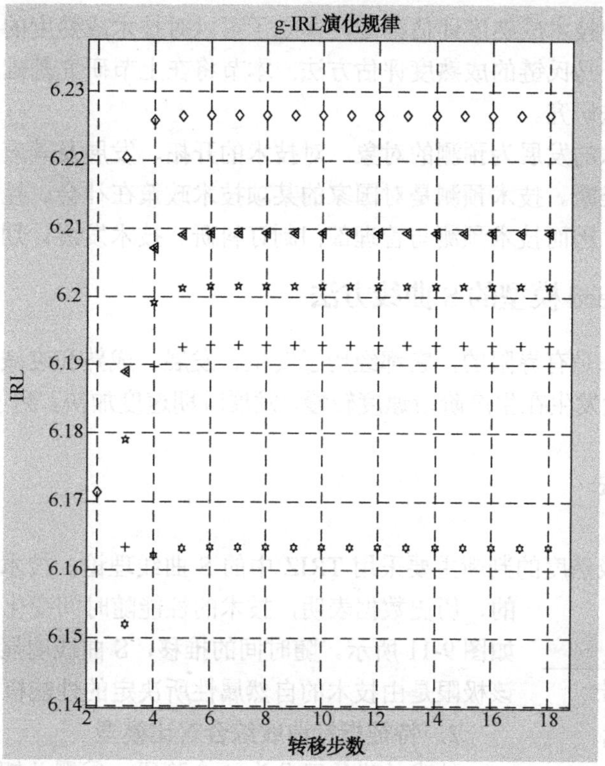

注：其中，☆—IRL_{12}；×—IRL_{13}；▽—IRL_{14}；✵—IRL_{23}；◇—IRL_{24}；+—IRL_{34}。

图9-9 IRL演化规律局部放大图（第2～18步）

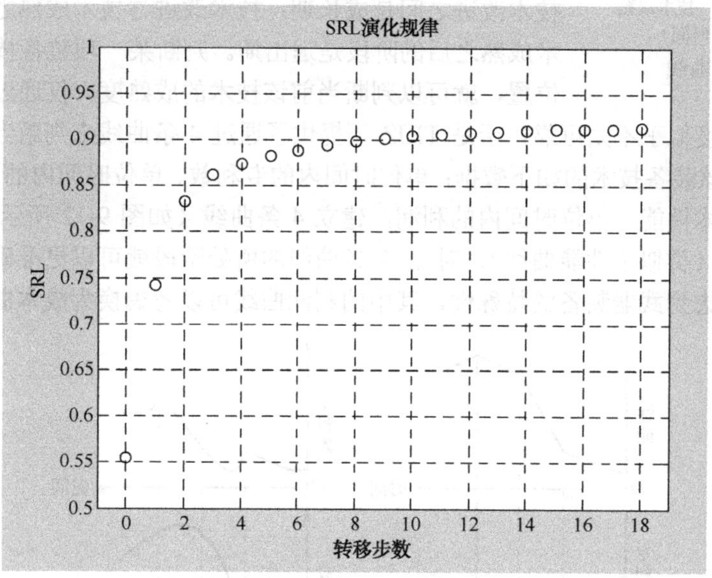

图 9-10 SRL 变化规律

9.3 装备技术趋势预测方法

装备技术发展规律的分析包括发展历史分析、当前状态分析和未来趋势预测。9.2 节介绍了利用历史数据制定的技术成熟度评估标准，建立了可以对技术成熟度的当前状态、演化趋势和稳态进行分析的基于马氏链的成熟度评估方法。本节将在上节研究基础上进行技术发展趋势和方向重点分析的方法研究。

技术预测是以技术的发展为预测的对象，对技术的开拓、发展及其应用领域以及可能产生的影响等做出科学的推断。技术预测是对国家的某项技术政策在社会、经济、生态诸方面可能达到的效果进行评价，因而技术预测与管理部门制订科研、技术发展计划密切相关。

9.3.1 基于 Pearl-Reed 模型的 S 曲线方法

任何技术的发展都是有界限的，它都经历了发生、发展、成熟和衰减 4 个阶段，每一阶段的发展速度不同。一般发生在生产阶段速度较慢，发展时期速度加快，到了成熟时期开始减慢，衰减时期继续减慢。

9.3.1.1 S 曲线法

1. S 曲线模型

当前的装备技术成熟度的判断主要采用 TRIZ 中的 S 曲线理论。技术的进化过程不是随机的，历史数据表明，技术的性能随时间变化的规律呈“S”曲线，如图 9-11 所示。随时间的推移，S 曲线明显的趋近于一条直线，该极限是由技术的自然属性所决定的性能极限。

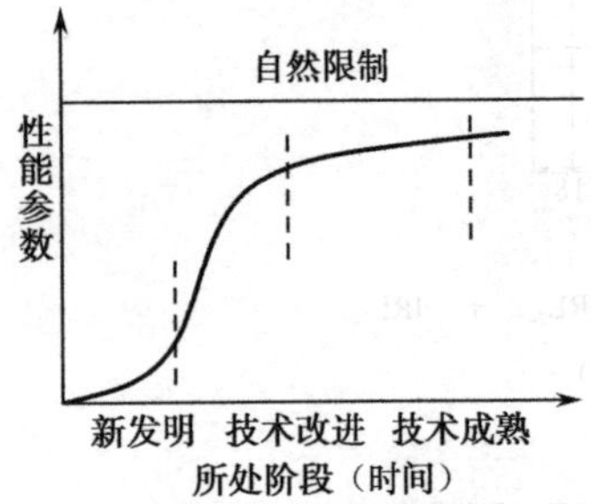

图 9-11 S 曲线

2. 特征指标曲线综合对比模型

技术的进化可分为 4 个阶段：①婴儿期；②成长期；③成熟期；④退出期。图 9-11 中新发明之前的阶段是婴儿期；新发明到技术改进之间是成长期；技术改进与技术成熟之间是成熟期；技术成熟之后的阶段是退出期。判断某一项装备技术在 S 曲线中的位置，就可以判断当前该技术的成熟度。仅通过单一的性能参数来判断技术成熟度似乎不太可靠，于是 TRIZ 还提供了通过 4 条曲线来判断当前技术成熟度的模型。收集有关该装备技术的如下数据：单位时间内的专利数、单位时间内的专利或发明级别、单位时间内的技术性能，单位时间内的利润，建立 4 条曲线（如图 9-12 所示）。4 条曲线都有自身的阶段划分（类似于性能曲线），对比 4 条曲线的所处阶段就可以更准确的判断当前装备技术成熟度。考虑到武器装备的特殊性，其中的利润曲线可以考虑换为成本曲线。

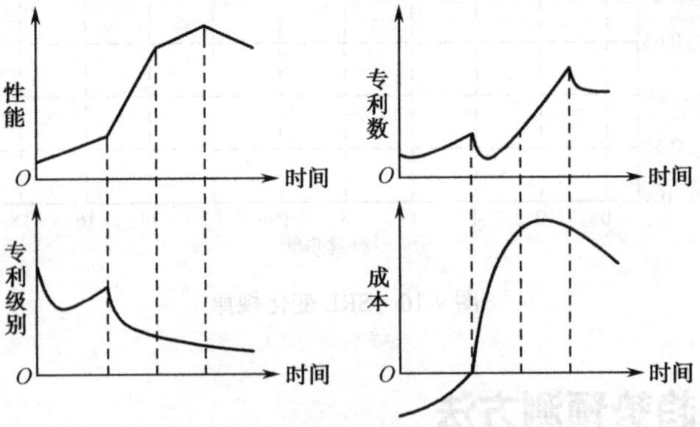

图 9-12 技术成熟度判断曲线

准确判断了技术成熟度，就可以决定该技术的取舍，是继续还是停止该技术的开发，是否需要进行技术创新。

9.3.1.2 基于 Pearl-Reed 曲线的方法

Pearl-Reed 模型的一般形式为：

$$Y=\frac{K}{1+e^{f(t)}}$$

式中，t 为时间，是自变量；K 为常数，是某种技术功能参数的上限；$f(t)$ 是 t 的多项式，即 $f(t)=a_0+a_1t+\cdots+a_mt^m$。

最常用的 Pearl-Reed 模型是 $f(t)$ 为一次多项式，且一次项系数为负值的情况，即

$$f(t)=a_0+a_1t \qquad (a_1<0)$$

或

$$Y=\frac{K}{1+e^{a_0+a_1t}}=\frac{K}{1+be^{-at}}$$

式中，$b=e^{a_0}$；$a=-a_1$。

若已知模型的几个观测值，则可以通过回归分析法、时间序列法求得模型参数 a、b 和 K，从而可以更准确判断当前技术所处阶段。相比经典的 S 曲线法，Pearl-Reed 模型法可以更加准确的分析当前技术所处的阶段，为做出正确的决策打下了良好的基础。

Pearl-Reed 曲线的参数辨识主要依靠回归分析来进行。

9.3.2 技术路线图法与技术预见法

技术路线图法是技术预见的主要手段之一，下面将分别对技术预见法和技术路线图法进行分析。

9.3.2.1 技术预见法

技术预见的定义，目前公认的是英国技术预见专家马丁（B. Mar）的观点，就是对未来较长时期内的科学、技术、经济和社会发展进行了系统研究，其目标是确定具有战略性的研究领域，以及选择哪些对经济和社会效益具有最大贡献的通用技术。

马丁指出，技术预见是“试图系统地窥探科学、技术、经济、环境和社会发展的过程，目的在于确定战略研究领域，以及可能产生巨大经济和社会收益的正在浮现中的一般性技术”。

技术预见活动的典型特征表现为：

（1）它对未来的探索过程是系统的。

（2）预见着眼于远期未来，时间跨度一般为 3~30 年。

（3）预见不仅关注未来科技的推动作用，而且着眼市场的拉动作用。既包括对科学技术机会的选择，也包括对经济、社会发展相关需求的识别。

（4）预见的主要对象是“一般性技术”。

（5）技术预见不仅关注未来科技可能产生的影响，而且关注其可能产生的社会效益和对环境的影响，是所有利益相关者共同参与所造未来社会的过程。

过分关注技术的发展规律将导致技术决定论。为了避免技术决定论，也需要充分考虑需求的牵引作用。这恰好也符合了本章研究的出发点。

技术预见基于两点基本假设，即：

（1）技术发展和社会发展相互作用决定技术发展轨迹。

（2）未来存在多种可能性，未来可以选择。

技术预见是信息占有者与相关利益人共同参与的前瞻性活动，是分析和综合过程的结合。技术预见的兴起缘于对影响技术发展轨迹的重要因素的认识，即技术发展和社会发展相互作用决定技术发展轨迹，而不只是技术发展内在逻辑起作用。因此，预见涉及的不仅仅是“推测”，更多的是对所选择的未来进行“塑造”甚至“创造”。

9.3.2.2 技术路线图法

奠基人 Robert Galvin（前 motorola 总裁）：技术路线是对某一特定领域的未来延伸的看法，该看法集中了集体的智慧和最显著技术变化驱动者的看法。

技术路线图是实现技术创新的重要创新工具：

（1）技术路线图是一套系统的技术经济分析方法。

（2）技术路线图有一套科学方法和规范程序。

（3）技术路线图是促进技术创新的重要手段。

技术路线图在促进技术创新中发挥重要作用：

（1）有利于技术经济结合。

（2）有利于产学研结合。

（3）有利于创新资源整合。

如果指定的技术路线图存在整体性系统偏差，技术发展路径选择不正确，其导向作用会对未来发展产生不良影响，错失发展良机。

技术路线图分类：按内容分，可分为产品技术路线图、产业（行业）技术路线图、破坏性技术路线图、科学路线图；按主体分，可分为企业技术路线图、产业技术路线图、国家技术路线图。

技术路线图的阶段划分如下：

第一阶段为准备活动，包括前期的调研分析、设计（确定领导者），确定范围和边界。

第二阶段为开发技术路线图、包括确定将成为路线图的主要产品，确定关键的系统要求及其目标，明确主要的技术领域，各技术推动力及其目标，确定替代技术及其时间表，推荐应该进行的替代技术，撰写技术路线图报告等。

第三阶段为后续发展阶段，包括讨论并且确认技术路线图，随时修正路线图，形成一个实施、评估和升级方案。

国家技术前瞻研究组认为：技术路线图是对未来技术、经济和社会发展进行系统研究，明确技术创新过程中知识产权的竞争态势，提出优化发展的关键技术群、主导产品（产业）及其相互关系，通过时间序列图表描述技术发展优先序，实现时间和发展路径，为有效组织技术研发、产品开发和合理配置创新资源奠定基础。

技术路线图是技术预测和发现的有效方法；是促进技术创新的重要手段；是识别关键、核心技术，实现重点跨越的工具；是整合创新资源的有效手段；有利于跨学科研究，提高研究水平；有利于组建科技型创新团队；创新参与主体思维，培养创新型人才。

技术路线图是对选定的探索领域的未来进行长期深入的考察，是由该领域中最聪明的变革推动者的集体知识构成的。总的来说，技术路线图是对某一特定技术领域的未来延伸的看法。可以将技术分为延续性或称渐进性技术和破坏性或称革命性技术两大类。沿着原有技术路线（轨道）发展的技术称作延续性技术；与原有技术发展逻辑不同，超出原有技术路线，并且对原有技术有不可逆替代作用的技术称作破坏性技术。

构建技术路线图有 4 个相互联系的步骤：利用前瞻确定未来需求；回到现实中确定所需的

能力；为了实现预期的目标能力水平，确定发展领域；在确定的发展领域中描述研究项目。利用某一领域内驱动变革的群体和个人的集体知识和想象力，技术路线图能够充分地考核该领域的未来发展趋势。技术路线图包括对理论和趋势的描述、对模型的阐述、对相关科学间和科学内关系的界定、对技术的断层和知识空白的界定以及对研究和试验的解释。技术路线图统称还包括确定解决问题所需的工具和手段以及确定哪些问题可能成为闪光点。

技术路线图可以传达各种构想，吸引企业和政府的资源，促进研究并监控进展。一个技术路线图可以成为某一特定领域的可能性清单，从而促成更有目的的研究。技术路线图的制定过程鼓励更加跨学科的网络和团队的工作。总之，技术路线图应用于技术预见领域，可以更加有效地提高技术预见活动的影响力和把握未来的能力，可以使技术预见活动更能把握技术发展中的规律性。

9.3.3 费用与周期预测

本章将装备寿命周期费用与周期的预测也作为预测一部分。费用预测包括生命周期费用预测、装备寿命各阶段费用预测和各关键技术成熟度跃迁的经费预测；周期预测包括各项工作持续时间预测、总的周期预测和各关键技术成熟度跃迁的时间预测。

9.3.3.1 费用预测

1. 总经费需求与生命周期各阶段经费

从研究对象可知，总的经费需求在本章中指的是论证与研制阶段的费用。论证与研制研制阶段的费用构成及其在全寿命周期中所处的地位如图 9-13 所示。

通过对各项关键技术的费用需求进行估算，再进行求和就可以得到论证与研制费用的估算值。同样地，通过估算图 9-13 中的底层指标值可以估算其他生命周期各阶段的经费，再进行聚合可以得到装备的寿命周期费用。

2. 每一关键技术从当前技术成熟度等级转移到更高等级的费用需求

结合历史数据，邀请领域专家对各项关键技术的成熟度转移费用需求占每项关键技术费用需求的比例进行估算。

3. 关键技术的集成成熟度从当前等级转移到更高等级的费用需求

结合历史数据，邀请领域专家对各项关键技术之间的集成成熟度转移费用需求占每项关键技术费用需求的比例进行估算。

9.3.3.2 周期预测

1. 总的周期进度

由于关键技术是通过 WBS/QFD 获取的，所以项目的工作分解结构在进行周期估算时就成为已知条件。分别对 WBS 中的各项工作进行时间估算，用关键线路法（Critical Path Method，CPM）的方法可以得到关键线路（Critical Path，CP）。

假定一个工程有 n 道工序（或任务），描述每道工序用 3 个时间参数，即“乐观时间”、“最可能时间”与“悲观时间”。每道工序所需的精确时间，并不假定已知。问如何估计整个工程工期的概率？这其实就是计划检查评审技术（Program Evaluation and Review Technique，PERT）中的三时估计法。

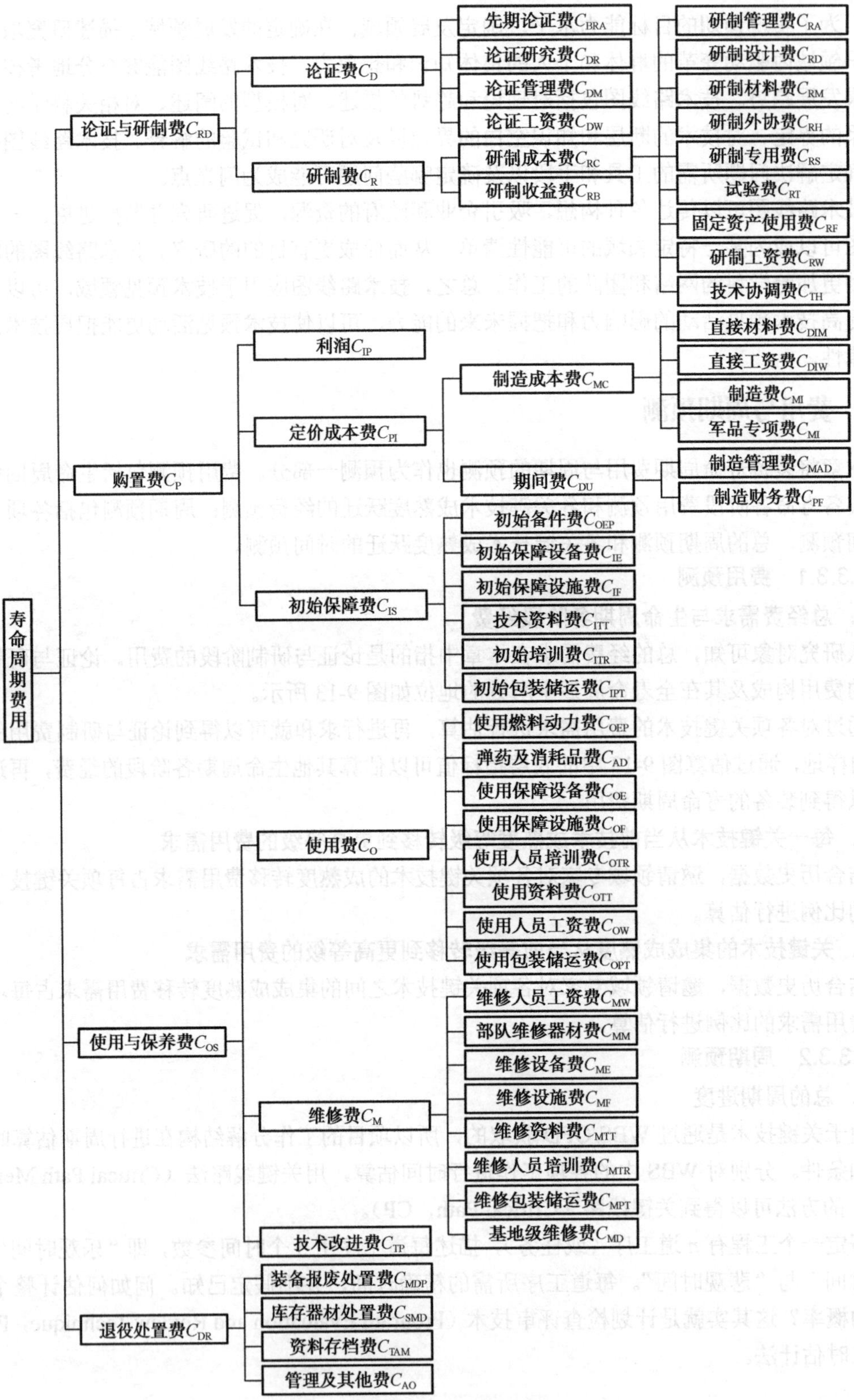

图 9-13　典型装备寿命周期费用构成

PERT 的前提是一系列统计假设，即 CP 上每道工序的工期是一个区间(t_o, t_p)上服从 Beta 分布的随机变数，其中值与方差为

$$t_e=(t_o+4t_m+t_p)/6$$

与

$$\tau_e=(t_p-t_o)^2/36$$

而工程的总工期是一个渐近地服从正态分布的随机变数，其中值为 $M(=\sum t_e)$，标准离差为 $\sigma(=(\sum\tau_e)/2)$。虽然后面的假定可以当成中心极限定理（CLT）（A. M. Ljapunoff 定理）的结论，但如何去验证 CLT 中的前提条件仍是值得探讨的问题。当然，这也不作为本章的研究内容。

2．每一关键技术从当前技术成熟度等级转移到更高等级的时间需求

结合历史数据，邀请领域专家对各项关键技术的成熟度转移时间需求占每项关键技术时间需求的比例进行估算。

3．关键技术的集成成熟度从当前等级转移到更高等级的时间需求

结合历史数据，邀请领域专家对各项关键技术之间的集成成熟度转移时间需求占每项关键技术时间需求的比例进行估算。

9.4　装备技术需求方案优化方法

将系统成熟度作为优化对象，经费、时间等作为约束条件，基于资源分配的优化模型的基本形式如式（9-5）、式（9-6）所示：

$$\max \mathrm{C\_SRL} \tag{9-5}$$

$$\text{s.t.}\quad \begin{cases} 经费 \leqslant T \\ 时间 \leqslant C \\ \quad\vdots \\ \mathrm{IRL}_{ij}(l,m)=(l,m)_{ij} \end{cases} \tag{9-6}$$

式中，T 表示经费约束；C 表示经费约束；l 表示 IRL_{ij} 的当前值；m（$\geqslant l$）表示 IRL_{ij} 的可能目标值；$\mathrm{IRL}_{ij}(l,m)$ 表示的是技术 i 和技术 j 之间的集成成熟度从 l 提升到 m 所需花费的时间、经费等资源的数量（$i,j=1,2,\cdots,n$）。

基于资源分配的优化模型中间涉及的成熟度数据根据也不可避免地存在时滞。为了解决这个问题，同样采用基于马氏链的模型。

9.4.1　资源分配模型

本节所涉及的资源分配问题主要指的是以武器装备研制周期、进度、经费为约束（资源），以系统成熟度最大（经费最少、周期最短、性能最优、效能最大）为目标的规划问题。

9.4.2　系统成熟度优化模型

这里所谓的系统成熟度优化模型是指在系统资源消耗不超过一定的费用和时间条件下的系统成熟度优化。

$$\max \mathrm{SRL}=\omega_1\mathrm{SRL}_1/l_1+\omega_2\mathrm{SRL}_2/l_2+\cdots+\omega_n\mathrm{SRL}_n/l_n$$

$$
\text{s.t.}\begin{cases}
(\text{SRL}_i)_{n\times 1}=(\text{IRL}_{ij})_{n\times n}(\text{TRL}_i)_{n\times 1}/(7\cdot 9)\\
T\_C_{\min}\leqslant\sum_{i=1}^{n}C_{ij}^{k}\leqslant T\_C_{\max}\\
T_{ij}^{k}\leqslant T\_t_{\max}\\
\text{TRL}_i\geqslant\text{TRL}_{\min}\\
\text{IRL}_{ij}\geqslant\text{IRL}_{\min}\\
\text{SRL}\geqslant\text{SRL}_{\min}\\
\vdots\\
k=1,2,\cdots,9
\end{cases}
$$

式中，C_{ij}^{k} 表示的是 CTE_i 采用技术成熟度为 k 的技术 j 时的经费需求；

T_{ij}^{k} 表示的是 CTE_i 采用技术成熟度为 k 的技术 j 时的时间需求；

TRL_{ij} 表示的是 CTE_i 所采用的技术 j 的技术成熟度；

$T\_C_{\max}$ 和 $T\_C_{\min}$ 表示的是系统费用约束的上下限；

$T\_t_{\max}$ 表示的是系统时间约束的上限；

$xRL_{\min}$ 表示的是 xRL 的阈值；

ω_i 表示的是 CTE_i 的重要度（映射过程中已获取），特殊情况是 $\omega_i=1/n$（等重要度情况）。

需要说明的是，各关键技术达到当前技术/集成成熟度的资源消耗（费用和时间消耗）已经是一个固定值。因此，将技术/集成成熟度由当前状态转移到不同等级而产生的费用、时间消耗作为资源约束条件。SRL_i/l_i 的目的是进行归一化，不会导致由于 l_i 的增大而引起的 SRL_i/l_i 趋近于 0，因为 SRL_i 是一个在区间[0，l_i]取值的数。

9.4.3 系统费用优化模型

这里所谓的系统费用最优化模型是指在保证系统成熟度达到门限阈值的前提下，寻找费用最小的方案。

$$
\min T\_C=\sum_{i=1}^{n}C_{ij}^{k_1}+\sum_{i=1}^{n}C_{ij}^{k_1k_2}
$$

$$
\text{s.t.}\begin{cases}
(\text{SRL}_i)_{n\times 1}=(\text{IRL}_{ij})_{n\times n}(\text{TRL}_i)_{n\times 1}/(7\cdot 9)\\
\text{SRL}=\omega_1\text{SRL}_1/l_1+\omega_2\text{SRL}_2/l_2+\cdots+\omega_n\text{SRL}_n/l_n\geqslant\text{SRL}_{\text{given}}\\
T\_C_{\min}\leqslant\sum_{i=1}^{n}C_{ij}^{k_1}+\sum_{i=1}^{n}C_{ij}^{k_1k_2}\leqslant T\_C_{\max},(k=1,2,\cdots,9)\\
C_{ij}^{k_1k_2}=0,(k_1=k_2)\\
T_{ij}^{k}+T_{ij}^{k_1k_2}\leqslant T\_t_{\max}\\
\text{TRL}_i\geqslant\text{TRL}_{\min}\\
\text{IRL}_{ij}\geqslant\text{IRL}_{\min}\\
\text{SRL}\geqslant\text{SRL}_{\min}\\
k_1=1,2,\cdots,9\\
k_2=1,2,\cdots,7
\end{cases}
$$

式中，$C_{ij}^{k_1}$ 表示的是 CTE_i 采用技术成熟度为 k 的技术 j 时的经费需求；

$C_{ij}^{k_1k_2}$ 表示的是 CTE_i 采用将所采用的技术成熟度为 k_1 的技术 j 改进为技术成熟度为 k_2 时的费用需求；

$T_{ij}^{k_1}$ 表示的是 CTE_i 采用技术成熟度为 k_1 的技术 j 时的时间需求；

$T_{ij}^{k_1k_2}$ 表示的是 CTE_i 采用将所采用的技术成熟度为 k_1 的技术 j 改进为技术成熟度为 k_2 时的时间需求；

TRL_{ij} 表示的是 CTE_i 所采用的技术 j 的技术成熟度；

$T\_C_{\max}$ 和 $T\_C_{\min}$ 表示的是系统经费约束的上下限；

$T\_t_{\max}$ 表示的是系统时间约束的上限；

$xRL_{\min}$ 表示的是 xRL 的阈值。

9.4.4 优化模型的求解

优化模型的求解需要建立在模型的预处理和模型参数辨识的基础上。

9.4.4.1 模型的预处理

1．0-1 化处理

考虑到如下事实：

如果 $x=k\in\{1,2,\cdots,m\}$，m 是正整数且 $m\geqslant 2$，则有

$$x=k\cdot\delta(k,k)=x\cdot\delta(x,k)=\sum_{i=1}^{m}x\cdot\delta(x,i)=\sum_{i=1}^{m}k\cdot\delta(k,i)=\sum_{i=1}^{m}k\cdot\delta_{k,i}$$

或

$$x=k\cdot\delta(k,k)=x\cdot\delta(x,k)=\sum_{k=1}^{m}x\cdot\delta(x,k)=\sum_{i=1}^{m}x\cdot\delta_{x,k}$$

式中，δ 是 kronecker 符号，即

$$\delta(u,v)=\delta_{u,v}=\begin{cases}1 & ,u=v\\ 0 & ,u\neq v\end{cases}$$

这样一来，若 $\mathrm{TRL}_i=k_1\in\{1,2,\cdots,m_1\}$ 和 $\mathrm{IRL}_{ij}=k_2\in\{1,2,\cdots,m_2\}$，则有

$$\mathrm{TRL}_i=k_1=\sum_{k_1=1}^{9}k_1\cdot\delta(\mathrm{TRL}_i,k_1)=\sum_{k_1=1}^{9}\mathrm{TRL}_i\cdot\delta(\mathrm{TRL}_i,k_1)$$

$$\mathrm{IRL}_{ij}=k_2=\sum_{k_2=1}^{7}k_2\cdot\delta(\mathrm{IRL}_{ij},k_2)=\sum_{k_2=1}^{7}\mathrm{IRL}_{ij}\cdot\delta(\mathrm{IRL}_{ij},k_2)$$

经过变换，基于资源分配的整数规划问题转化成为了基于资源分配的 0-1 规划问题。

$$\mathrm{SRL}=\mathrm{diag}(\omega_1/l_1\quad \omega_2/l_2\quad\cdots\quad \omega_n/l_n)\begin{pmatrix}\mathrm{IRL}_{11}&\mathrm{IRL}_{12}&\cdots&\mathrm{IRL}_{1n}\\ \mathrm{IRL}_{21}&\mathrm{IRL}_{22}&\cdots&\mathrm{IRL}_{2n}\\ \vdots&\vdots&\ddots&\vdots\\ \mathrm{IRL}_{n1}&\mathrm{IRL}_{n2}&\cdots&\mathrm{IRL}_{nn}\end{pmatrix}\begin{pmatrix}\mathrm{TRL}_1\\ \mathrm{TRL}_2\\ \vdots\\ \mathrm{TRL}_n\end{pmatrix}/(m_{\mathrm{TRL}}\times m_{\mathrm{IRL}})$$

$$= \frac{\mathrm{diag}(\omega_1/l_1,\cdots,\omega_n/l_n)}{7\times 9}\begin{pmatrix} \sum_{k=1}^{7} k\cdot\delta(\mathrm{IRL}_{11},k) & \cdots & \sum_{k=1}^{7}k\cdot\delta(\mathrm{IRL}_{1n},k)\\ \vdots & \ddots & \vdots \\ \sum_{k=1}^{7} k\cdot\delta(\mathrm{IRL}_{n1},k) & \cdots & \sum_{k=1}^{7}k\cdot\delta(\mathrm{IRL}_{nn},k) \end{pmatrix}\begin{pmatrix}\sum_{k=1}^{9} k\cdot\delta(\mathrm{TRL}_1,k)\\ \sum_{k=1}^{9} k\cdot\delta(\mathrm{TRL}_2,k)\\ \vdots \\ \sum_{k=1}^{9} k\cdot\delta(\mathrm{TRL}_n,k)\end{pmatrix}$$

式中，$\sum_{i=1}^{n}\omega_i=1$（$\omega_i>0$，$i=1,2,\cdots,n$），$l_i=\sum_{j=1}^{n}[1-\delta(\mathrm{IRL}_{ij},0)]$（$i=1,2,\cdots,n$）。

2．矩阵化处理

设$\varepsilon_l=(\underbrace{0,\cdots,\overset{(l)}{1},0\cdots,0}_{9-\mathrm{TRL}_i^0+1})$、$\eta_m=(\underbrace{0,\cdots,\overset{(m)}{1},0\cdots,0}_{7-\mathrm{IRL}_{ij}^0+1})$分别是（$9-\mathrm{TRL}_i^0+1$）维欧式空间$R^{9-\mathrm{TRL}_i^0+1}$和（$7-\mathrm{IRL}_{ij}^0+1$）维欧式空间$R^{7-\mathrm{IRL}_{ij}^0+1}$的一个标准正交基，则有

$$\mathrm{TRL}_i=\mathrm{TRL}_i^0+l-1=\varepsilon_l\cdot(\mathrm{TRL}_i^0,\cdots,9)'，（l=0,\cdots,9-\mathrm{TRL}_i^0+1）$$

$$\mathrm{IRL}_{ij}=\mathrm{IRL}_{ij}^0+m-1=\eta_m\cdot(\mathrm{IRL}_{ij}^0,\cdots,7)'，（m=0,\cdots,7-\mathrm{IRL}_{ij}^0+1）$$

注意到$\varepsilon_l=(\underbrace{0,\cdots,\overset{(l)}{1},0\cdots,0}_{9-\mathrm{TRL}_i^0+1})$、$\eta_m=(\underbrace{0,\cdots,\overset{(m)}{1},0\cdots,0}_{7-\mathrm{IRL}_{ij}^0+1})$分别对应着单位阵$\boldsymbol{E}_{9-\mathrm{TRL}_i^0+1}$的第$l$行（或列）和单位阵$\boldsymbol{E}_{7-\mathrm{IRL}_{ij}^0+1}$的第$m$行（或列），这一点在编程求解中将用到。

模型的预处理方式（1）和（2），都可以将模型约束矩阵化表示，从而便于进行模型求解。

9.4.4.2　模型参数辨识

模型主要参数及其辨识方法如图9-14所示。

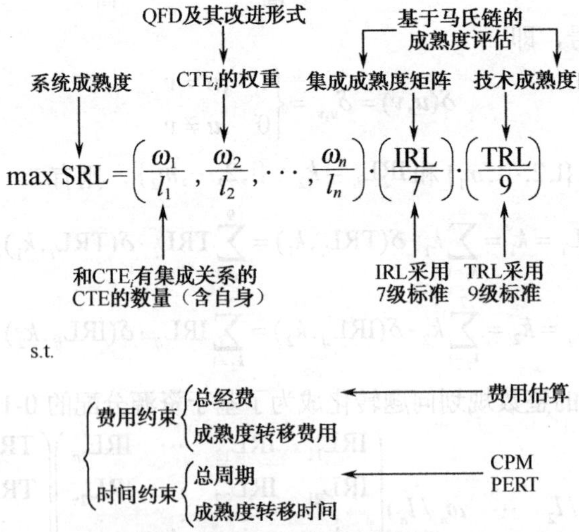

图9-14　模型主要参数及其辨识方法

1．成熟度可能的演化过程及稳态值的辨识

采用基于马氏链的成熟度评估方法获取初始成熟度、演化成熟度及稳态成熟度。初始成熟度是成熟度的下限；稳态成熟度就是成熟度的上限。这在后续的讨论中将用得到。

2．与费用相关的参数辨识

与经费相关参数主要包括：

（1）总的经费需求。

（2）每一关键技术从当前技术成熟度等级转移到更高等级的经费需求。

（3）关键技术的集成成熟度从当前等级转移到更高等级的经费需求。

3．与周期相关的参数辨识

与周期相关参数主要包括：

（1）总的周期进度。

（2）每一关键技术从当前技术成熟度等级转移到更高等级的时间需求。

（3）关键技术的集成成熟度从当前等级转移到更高等级的时间需求。

4．关键技术重要度的获取

关键技术的重要度通过基于 QFD 或其改进形式的装备技术需求映射方法获取。

9.4.5 向技术体系需求成熟度优化的推广

类比TRL到SRL过渡时引入IRL的思路，引入系统集成成熟度（System Integration Readiness Level，SIRL）的概念，用来度量体系中系统间集成的成熟程度，并最终通过类似 SRL 的计算获取技术体系成熟度（Technical System of System Readiness Level，TSoSRL）。

1．技术体系成熟度优化模型

$$\max \mathrm{TSoSRL} = \begin{pmatrix} 1/h_1 & 1/h_2 & \cdots & 1/h_n \end{pmatrix} \cdot \mathrm{diag}(\mu_1, \mu_2, \cdots, \mu_n) \cdot [(\mathrm{SIRL}/m) \cdot (\mathrm{SRL}/1)]$$

$$\text{s.t.}\begin{cases} (\mathrm{SRL}_i)_{n\times 1} = (\mathrm{IRL}_{ij})_{n\times n}(\mathrm{TRL}_i)_{n\times 1}/(7\cdot 9) \\ (\mathrm{TSoSRL})_{n\times 1} = (\mathrm{SIRL}_{ij})_{n\times n}(\mathrm{SRL}^i)_{n\times 1}/(m\cdot 1) \\ \text{费用消耗} < \text{成本预算} \\ \text{时间消耗} < \text{周期计划} \\ \text{消耗} = \text{固有消耗} + \text{成熟度转移消耗} \end{cases}$$

2．技术体系费用优化模型

$$\min \mathrm{Total\_Cost}$$

$$\text{s.t.}\begin{cases} (\mathrm{SRL}_i)_{n\times 1} = (\mathrm{IRL}_{ij})_{n\times n}(\mathrm{TRL}_i)_{n\times 1}/(7\cdot 9) \\ \mathrm{SRL} = \omega_1\mathrm{SRL}_1/l_1 + \omega_2\mathrm{SRL}_2/l_2 + \cdots + \omega_n\mathrm{SRL}_n/l_n \geqslant \mathrm{SRL}_{\mathrm{given}} \\ (\mathrm{TSoSRL})_{n\times 1} = (\mathrm{SIRL}_{ij})_{n\times n}(\mathrm{SRL}^i)_{n\times 1}/(m\cdot 1) \\ \mathrm{TSoSRL} = \mu_1\mathrm{TSoSRL}_1/h_1 + \mu_2\mathrm{TSoSRL}_2/h_2 + \cdots + \mu_n\mathrm{TSoSRL}_n/h_n \geqslant \mathrm{TSoSRL}_{\mathrm{given}} \\ \text{费用消耗} < \text{成本预算} \\ \text{时间消耗} < \text{周期计划} \\ \text{消耗} = \text{固有消耗} + \text{成熟度转移消耗} \end{cases}$$

参考文献

[1] LI Liang，GUO Qi-sheng，LI Qiao-li，et al. Quality Function Deployment Based on Cloud

Model[C]. IEEE ISM'2008. Dalian：2008.10.

[2] Brain Sauser，Jose Ramirez-Marquez，Dinesh Verma，et al. From TRL to SRL：The Concept of Systems Readiness Levels[C]. Conference on Systems Engineering Research. Los Angeles，CA，April 7-8，2006：1—10.

[3] Brain Sauser，Jose Ramirez-Marquez，Dinesh Verma，et al. A System Maturity Index for Decision Support in Life Cycle Aquisition[C]. AFRL Technology Maturity Conference，Virginia，VA，September 11-13，2007.

[4] Brain Sauser，Jose Ramirez-Marquez，Romulo Magnaye，et al. A Systems Approach to Expanding the Technology Readiness Level within Defense Acquisition [J]. International Journal of Defense Acquisition Management，2008（1）：39—58.

[5] Brain Sauser，Jose Ramirez-Marquez，Romulo Magnaye，et al. System Maturity Indices for Decision Support in the Defense Aquisition Process[C]. The 5th Annual Acquisition Research Symposium，Monterey，CA，May 14-15，2008：127—140.

[6] Jose Ramirez-Marquez，Brain Sauser. System Development Planning via System Maturity Optimization [J]. Transactions on Engineering Management，2009，56（03）：533—548.

[7] Romulo Magnaye，Brain Sauser，Jose Ramirez-Marquez. System Development Planning Using Readiness Levels in a Cost of Development Minimization Model[J]. System Engineering，2010，13（04）：311—323.

[8] 李亮. 武器装备技术需求生成与优化方法研究[D]. 装甲兵工程学院论文，2012.

[9] 王汉功，甘茂治，陈学楚，等. 装备全系统全寿命管理[M]. 北京：国防工业出版社，2003.

EQUIPMENT DEMONSTRATION

第10章 装备需求论证工具及配套资源

装备需求论证作为一个涉及面广、涵盖领域多的复杂系统问题，需要对其中诸多要素以及要素之间的关系进行仔细的分析，这种分析和判断远远超出了个人自身智力的范围，需要借助一定的软件工具，集成多人的智力来进行。因此，就当前及今后装备需求论证工作需要，以及论证手段建设和论证技术发展的趋势来看，采用体系结构框架技术和综合集成方法，构建较为完备的装备需求论证软件工具和数据资源体系，为装备需求论证人员提供全过程支持是十分必要的。

10.1 概述

介绍装备需求论证工具及配套资源的需求与要求。

10.1.1 装备需求论证工具及配套资源的需求

装备需求论证是一项涉及作战理论、装备理论、系统工程、信息技术和管理科学等多个领域，涵盖作战概念分析、作战任务分析、作战能力分析、装备功能分析、装备作战性能分析、装备技术分析和装备需求方案拟制管理等多环节的复杂的系统工程，结构复杂、种类繁多、内容丰富，需要以庞大的资源数据作为基础。因此，根据对装备需求论证流程的分析，工具软件和数据资源需求主要集中在作战概念分析、作战体系建模、能力需求分析、装备需求分析、需求验证评估等5个基本环节，外围扩展需求包括需求管理、综合集成研讨、数据资源管理与建模、应用集成和数据库等多个方面，从而形成全过程软件工具支撑和数据资源配套，为实现装备需求论证定量化提供技术支撑。

（1）作战概念分析类工具。主要软件模块需求包括高层作战概念图构建软件、作战想定编辑与仿真软件、作战任务管理软件、任务清单生成软件、能力清单生成软件、作战环境定量分析软件、作战编成编制管理软件、作战活动定量分析软件等，主要数据资源需求包括军事战略、法规政策、军事理论、任务清单、概念模型库、军语字典、作战想定库等，主要目的是分析形成清晰完整的作战概念，定量化分析使命任务、作战活动及作战条件，实现基本作战概念结构化、条目化。

（2）作战体系建模类工具。主要软件模块需求包括 OV1～OV5 视图产品构建软件、OV6a\b\c 视图构建并仿真验证软件、作战活动集成管理软件等，主要数据资源需求包括任务活动清单、战场环境库、作战条件库、编制编成库、装备清单、元数据库、战技术指标库、作战规则库等，主要是构建装备体系的作战视图，进行数据校验，并提取主要作战活动。

（3）能力需求分析类工具。主要软件模块需求包括能力构想软件、能力指标需求分析软件、能力差距分析软件等，用来分析作战活动与作战能力间的差距，主要数据资源包括能力清单、战场环境库、装备清单、元数据库、概念模型库、战技术指标库、军语字典等，形成确定的装备能力需求。

（4）系统需求分析类工具。主要软件模块包括装备型号需求分析、装备体系需求分析、技术需求分析等三个部分，软件模块需求包括 SV1～SV5 视图产品构建软件、系统功能集成软件、功能－能力差距分析软件、战技术指标分析软件、装备技术成熟度分析软件等，主要数据资源包括装备功能清单、战技术指标库、装备性能库、元数据库、计算机（仿真）模型库、关键技术清单、先进技术数据库等，通过目标能力、装备功能和战技术指标之间的对比迭代，形成最终的装备（技术）方案。

（5）需求验证评估类工具。主要软件模块需求包括流程结构仿真软件、离散事件仿真软件、作战体系对抗仿真软件、满足度评估软件、结构力评估软件、效能评估软件等，主要数据资源需求包括装备战技术指标库、装备编制编成库、技术清单、作战想定库、仿真模型库等，满足装备需求分析全过程仿真评估需要。

（6）数据资源管理与建模工具。主要需求包括数据库管理软件、信息管理系统软件、元模型管理软件和数据字典软件等，主要建设基本知识数据库体系，包括联合作战基础、军兵种知识、军事装备知识库、法规政策库、国军标库、军语字典、外军数据库、通用数据字典、术语字典等，收集各自领域的各类数据信息，进行数据建模，形成统一的资源数据库，并实施各项管理功能。

（7）综合集成研讨环境。主要软件需求包括综合集成研讨厅软硬件、群体决策软件、专家意见处理软件、仿真评估接口软件、知识库接口软件等，主要数据资源需求是装备需求论证的知识体系，包括了所有涉及的数据库，另外还特别需要一个领域专家库。

（8）需求管理工具。主要需求包括需求方案描述、需求追踪、需求变更等，它贯穿整个需求开发周期，能体现需求的不稳定对需求开发过程的影响，通过变更预测、变更管理和变更的影响分析评估与及时处理，保证开发过程中需求的一致性。

（9）应用集成框架与数据库。集成平台还需求一个适当的应用集成框架，选择一个实用、便捷的数据库，负责各软件模块调度、数据调度、数据交互等。

10.1.2 装备需求论证工具及配套资源的要求

装备需求论证对工具软件与数据资源的要求包括：

（1）开放兼容性。主要表现在两个方面：一是装备需求论证涉及环节繁杂，需要在不断完善的过程中为系统增加新的模块，要求具备系统结构的开放性；二是论证中包含的各种数据会随着时间的发展不断地更新、完善，要保证数据资源与工具软件的相对独立性。

（2）分布协同性。工具软件涉及不同领域专家，需要满足不同专业类型人员分布、协同进行论证；涉及的数据资源种类繁多、体量庞大，很多数据相对独立，密级层次也不尽相同，数据资源很难集中存储在一个服务器上，因此软件应具备对数据资源的异地调度能力。

（3）系统稳定性。装备需求论证过程长、数据大，对系统的稳定性提出了较高的要求，主要是包括系统论证模型运行的稳定性和数据库的稳定性。

（4）数据一致性。装备需求论证过程涉及不同领域、不同层次类别的多类人员，不同人员对数据的理解需要有统一的概念。

（5）综合集成。装备需求论证是一项复杂的软件工程，难度高、工作量巨大，要求在工具软件和数据资源的建设过程中讲究一定的策略，宜采取选用改造、全新开发相结合的模式进行。对于目前有相对成熟的工具软件可采取选用改造的方式，比如体系结构建模软件目前品种比较多、应用比较广泛，可以直接选取 SA、UPDM 或 TD-CAP 等，但需对其输入输出的接口进行适当的调整，使其能够与其他软件模块进行数据通信；对于目前还没有工具软件支撑的环节，则需采取全新开发的模式。

10.2 装备需求论证主要软件工具

目前，美军在国防装备系统从需求获取到装备生产使用的六个核心环节均有软件系统作支撑，国内还没有全过程支撑方面的软件，但是在体系结构建模、体系对抗仿真与评估、装备论证知识管理、需求管理、综合集成研讨厅等方面已有较大的进展。

10.2.1 美军联合能力集成与开发系统

美国国防部关于武器装备全寿命周期的 6 个核心决策支持过程包括：联合能力集成与开发系统（Joint Capabilities Integration and Development System，JCIDS）、美国国防采办系统（DAS）、规划计划预算与执行过程（PPBE）、系统工程（SE）/体系工程（SoSE）、能力投资组合管理（CPM）、作战规划。装备需求论证主体工作主要体现在联合能力集成与开发系统中，部分内容分布在其他 5 个过程中。下面主要对联合能力集成与开发系统（JCIDS）进行介绍。

10.2.1.1 概念与方法

联合能力集成与开发系统是美国国防部为支持国家军事战略实施和国防武装力量转型而开发的一种基于能力的需求分析制度，是美军转型过程中美国国防部的主要决策支持制度之一。它要求由顶层战略指导开发联合作战概念，并开展自顶向下的能力需求分析，通过权衡各政府部门、工业界和学术机构专家意见，确认对现有能力的提高和新能力的开发，推动非装备改革和装备采办。

JCIDS过程的首要目标是确保作战人员具有为成功完成赋予他们的使命所需的能力。JCIDS定义了一个协作的过程。该过程利用联合概念和集成体系结构描述来确定能力上的各种不足及其优先次序，确定联合条令、体制编制、训练、装备、领导力和教育、人员和设施（Doctrine，Organization，Training，Material，Leadership，Personality，Facility，DOTMLPF）以及政策方面（装备的和非装备的）综合的解决办法，以填补差距。JCIDS 实施了一种集成的、协作的过程，通过对 DOTMLPF 和政策的综合变革，来指导新能力的开发。

JCIDS 采用自顶向下的需求确认过程（见图 10-1），主要包括 4 部分内容：

（1）基于战略的一体化联合作战概念生成。以国家安全战略和国防部战略指南基础，开发向向未来的作战概念和联合作战概念集，从而指导军队转型和作战能力开发。

（2）基于联合概念的能力需求分析。在联合概念的指导下开发一体化联合作战能力需求体系，同时依据国家战略和指导方针、能力差距以及风险分析结果排定联合作战能力需求的优先顺序以便于集中力量重点攻关。

（3）基于能力的需求方案分析评估。根据能力需求分析确定当前存在的能力差距、重叠或冗余，确定解决这些问题的潜在非装备解决方案和装备解决方案。

（4）面向能力发展需求的方案集成与实施。根据一体化作战能力发展需求，通过分析确定装备解决方案或非装备解决方案以及两者的结合方案。

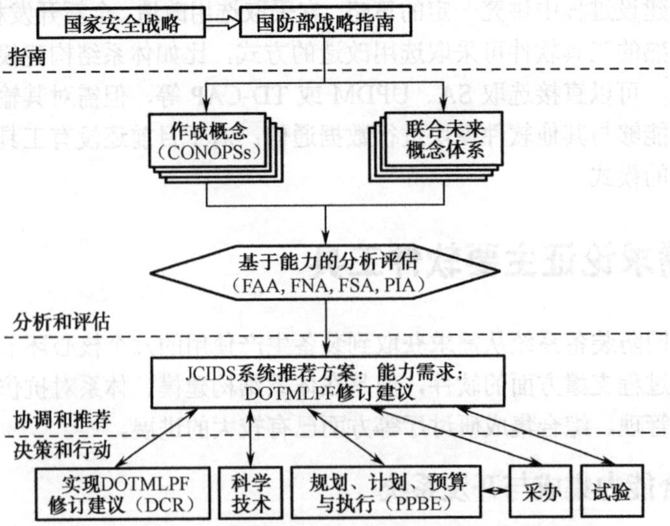

图 10-1　JCIDS 自顶向下的能力需求确认过程

总之，美军 JCDIS 通过近十年的发展，在面向未来联合作战的装备采办需求分析方面已几近成熟，基本实现了分析过程的规范化、文档的规范化、文档处理流程的规范化和可剪裁、数据的标准化，实现了分析文档之间的可追溯，能够根据分析的需要提取相关数据、快速、流畅地完成分析任务，并确保了分析结果的有源、有理、有据、可追溯、可控制、可验证。然而，目前 JCIDS 主要用于中长期的装备项目，不适用于短期或应急性项目，对于较短时间内要采办并交付部队的武器装备，应用此方法从时间上很难得到保障。

10.2.1.2 联合作战概念生成过程

JCIDS 的整个运作流程是在一系列美国国防部顶层战略的指导下完成的，包括国家安全战略以及由国防战略和国家军事战略等组成的国防部战略指南。顶层概念的制定以上述国防部顶层战略为依据，并将其细化，详细规划了美军未来所要具备的能力，旨在指导一体化联合作战能力的形成，同时也是开展联合能力集成与开发系统分析流程的概念指导。这些顶层概念包括：作战概念和联合作战概念体系。

概括地讲，作战概念是一种用文字或图形说明联合作战司令官对于一次军事行动或一系列军事行动设想或意图的概念，它通常包含在军事行动计划和作战计划中，为美军的作战行动提供了一幅作战全图。这种作战概念描述了联合部队司令官在一段时期内（美军通常认为是 7 年）如何组织并运用兵力来解决现有的或刚出现的军事问题。它们提供了作战环境，确认了现有的能力，并用于检验新能力或推荐能力。作战概念中确定的能力将编写进联合能力文件中，通过“知识管理/决策支持”工具（KM/DS）（联合参谋部使用的一种自动化工具，有传输、存储文件等功能）提交到联合参谋部 J-8 局。

联合作战概念体系由联合作战顶层概念及其下属的联合行动概念、联合功能概念和联合集成概念组成（见图 10-2），其涉及的时间范围涵盖了未来年份国防计划以外的未来 8 到 20 年。它为作战方式的改革确定了存在的问题，并推荐解决办法，提高部队在现有性能标准下执行任务的能力；同时还使得未来战争可视化，描述了作战司令官如何通过运用军事艺术和科学来使用各种能力，以面对未来的军事挑战。从理论上讲，联合作战概念体系将生成多种军事能力。这些能力将用于联合能力集成与开发系统的分析过程，以确定能力差距、重复及其潜在的作战理论、编制体制、部队训练、武器装备、指挥管理、人员设施与政策解决方案。

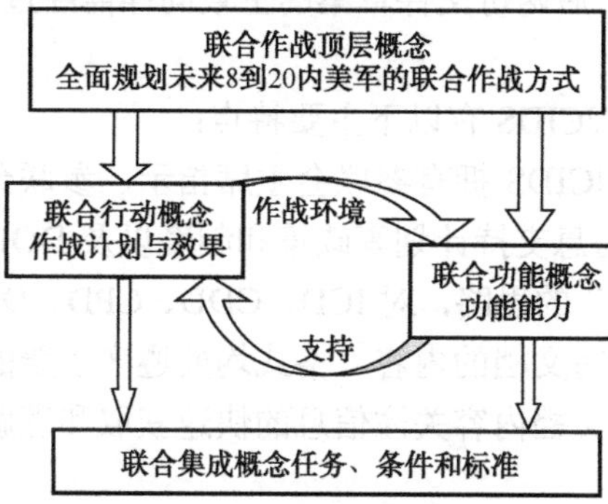

图 10-2 联合作战概念体系框架

10.2.1.3 分析评估过程

JCIDS 主要采用基于能力的分析评估方法。分析过程分 4 个步骤：功能领域分析（FAA）、功能需求分析（FNA）、功能方案分析（FSA）以及后续独立分析（PIA），如图 10-3 所示。其中，前 3 个为主要步骤，第 4 项在最近的文件中已经删除。

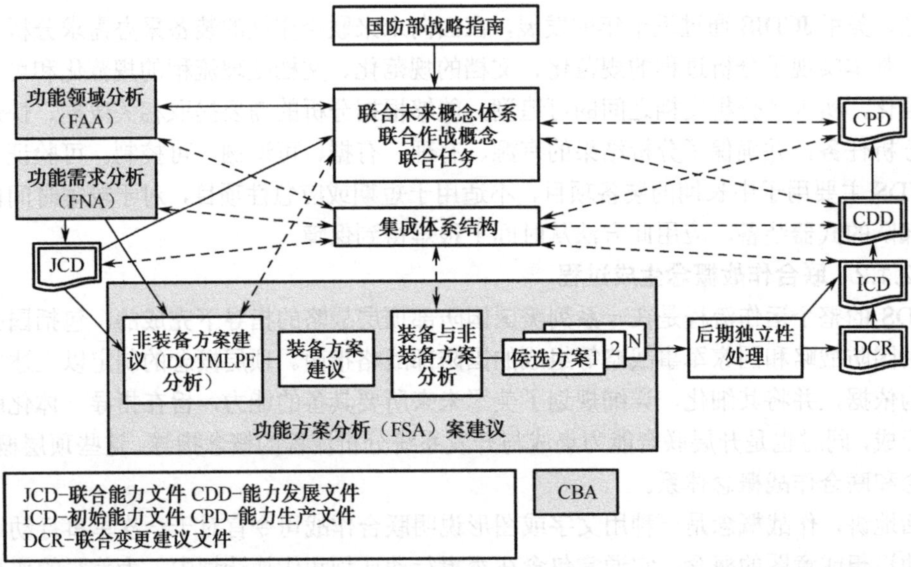

图 10-3　JCIDS 的分析评估过程

（1）功能领域分析，以国家战略、联合概念作战体系和作战概念等为分析依据，旨在确定达成预期军事目标的所要执行的作战任务、作战任务条件和标准。为实现军事目标所需的能力及其相关的任务、条件和标准。

（2）功能需求分析，以功能领域分析中确定的能力及其任务为主要依据，在给定的条件和标准下，通过评估现有的和计划的作战系统能力，完成能力差距、重叠或冗余问题分析、能力差距原因分析、风险评估和能力差距优先级排序，明确弥补能力差距的时间安排。

（3）功能方案分析，以上一步确定的一种或多种能力差距为依据，综合考虑非装备因素和装备因素，对消除功能需求分析阶段得出的能力差距的装备解决方案和综合 DOTMLPF 与政策方案进行分析、评估，最终确定解决能力差距的最佳方案组合，以弥补能力差距。

分析流程结束后，需求发起者随即生成第一份需求文件草案——初始能力文件（ICD）草案。该草案经评估后生效，成为正式文件，并成为后续能力发展文件（CDD）和能力生产文件（CPD）草案形成的主要依据。后两份文件草案的生效同样需经过评估流程。

10.2.1.4　特点与启示

根据以上分析，可以看到 JCIDS 有以下主要特点：

（1）在制度与规范方面，JCIDS 拥有参联会主席指示、参联会主席手册、采办管理制度、计划/规划/预算与执行制度、信息支持计划等政策和制度以及 DODAF；它按照“作战概念—预期能力—能力差距—系统能力”的思路，对 ICD、CDD、CPD、DCR 各文档的内容和格式进行了规范化，要求分析过程中编写文档的内容、格式均要遵守手册的相关规定，每个文档都有与之相关联的文档列表，确保了文档内容关注信息的快速获取和理解，并方便文档的追溯以及文档变更的影响分析。

（2）在工具支撑方面，JCIDS 基本形成了科学的定量需求分析方法和手段。JCIDS 全过程开发运用了辅助分析工具（如 SA、TAU 等）、需求管理工具（如 DOORS）、文档管理工具（如 KM/DS 工具）进行需求分析，需求变更控制、需求跟踪和版本控制等需求管理以及批准需求文档的管理；在验证手段上，通过联合试验、快速原型、先期技术演示验证和先期概念演示验证等多种手段和过程辅助能力需求分析、文档编写、审查和确认。

（3）在资源数据方面，开发了多种联合作战概念、联合功能概念，并逐渐积累了大量的基础数据，包括通用联合任务清单、能力列表、关键性能属性和相关的体系结构产品，涵盖了从作战概念、使命、任务、能力到系统的各类基础数据；对能力列表、作战任务和关键性能属性等基础数据进行了规范化和标准化，能力、任务、关键性能属性均有权威定义；在基础数据标准化的基础上，建立能力与任务的映射、能力与作战活动的映射关系，方便基础数据的重用。

（4）在管理制度方面，由国防部统筹，设置了专门的监督、管理、评审、确认和批准权力机构，规定了详细的分析过程，文档审查、确认和批准流程，加大了控制和管理的实施力度，有效地促进了各部门之间的协调，避免了各自为政、树烟囱；在分析过程中，综合考虑来自国防部机构、工业界和学术界不同机构和部门的专家意见，对能力进行综合分析评估，提出能力发展建议并辅助进行能力需求文档的审查、确认和批准；在分析过程中，要求作战部门、功能能力委员会和发起者要与其他部门（涉及国防部机构、工业部门、学术团体及国外部门和机构）之间的广泛协作，搞好部门间、军兵种间、国防部与国外部门等之间的协调与合作；处理流程更加活，尽力缩短文档审查、确认和批准周期，提高后期装备改革和采办的效率，同时流程为其他需求文档的处理提供了灵活的接日，其他需求文档可根据其需求文档的内容和状态随时接入相对应的处理流程。

随着武器装备或系统逐渐走向网络中心化，其复杂性将明显加大，满足未来联合作战需要的难度越来越大，为了科学高效地生成武器装备需求，我军在加大装备需求论证体制机制建设的同时，更要大力加强装备需求论证实施过程中面向工程化的应用研究，最终目的是形成一套严格、灵活的需求论证模式与管理机制，构建一个规范化、可组合的需求论证流程和模型体系，完善系列化、标准化的论证文档，开发一整套强大、支持全过程的论证支撑工具，建立一个完整、可重用的数据资源库。

10.2.2 体系结构设计工具

体系结构设计工具以一定的体系结构设计方法为基础，为设计、维护和管理体系结构产品及数据提供软件支撑环境。体系结构包含大量信息，要全面表示、维护这些信息，体系结构设计工具必须具有很强的功能，如支持多种建模方法、提供灵活可定制的用户界面、具备数据库支持以及能与其他工具互操作等。在没有建模工具的情况下，使用绘图工具也可以实现部分体系结构产品的设计，例如我们经常使用的 Microsoft Office Visio 工具。但是绘图工具仅能实现体系结构产品图形的设计，与建模工具的最大区别在于没有数据检验功能，无法保证体系结构数据的相关性、一致性与完备性。美国国防部体系结构框架中规范的体系结构产品数量众多，1.5 版本中有 26 种，2.0 版本中有 52 种。产品之间是紧耦合的关系，它们互相关联、互相约束，如果没有体系结构建模工具支持体系结构的复杂开发过程，工作量是难以想象的。

在装备需求论证工具化体系中，体系结构设计工具主要用于作战体系结构、系统体系结构的设计与建模，目前来说，这一类成熟的工具较多，也是最完善的，以下介绍常用的几种。

10.2.2.1 System Architect 体系结构设计工具

目前，工程中常用的体系结构设计工具是 IBM 公司的 System Architect，简称 SA。SA 是一款体系（System of Systems）建模与分析评价工具，不仅能够对体系建模，还能够进行流程仿真。该工具利用对目标综合系统进行分析、评估提供定量化的依据，从而可以找到现有体系不足和待建系统对已有体系的贡献。

SA 为开发企业体系结构提供了集成环境，支持 DoDAF、MoDAF、NAF、TOGAF，Zachman

等多种企业体系结构框架和 IDEF、UML、BPMN（Business Process Modeling Notation）等多种建模语言，将业务流程建模（BPM）、基于 UML 的对象建模、数据建模、结构化分析和设计等多种建模方法集成在一个工具中，是开发复杂大系统的有力的支撑工具。该工具主要包括系统体系结构、需求分解、体系结构仿真（SA Simulator）、XML 体系平台（XML Architect）、DoDAF 体系结构（System Architect's DoDAF）5 个模块，实现作战需求分解、系统体系的建模与仿真、C4ISR 体系结构描述等功能。SA 软件的主界面如图 10-4 所示。

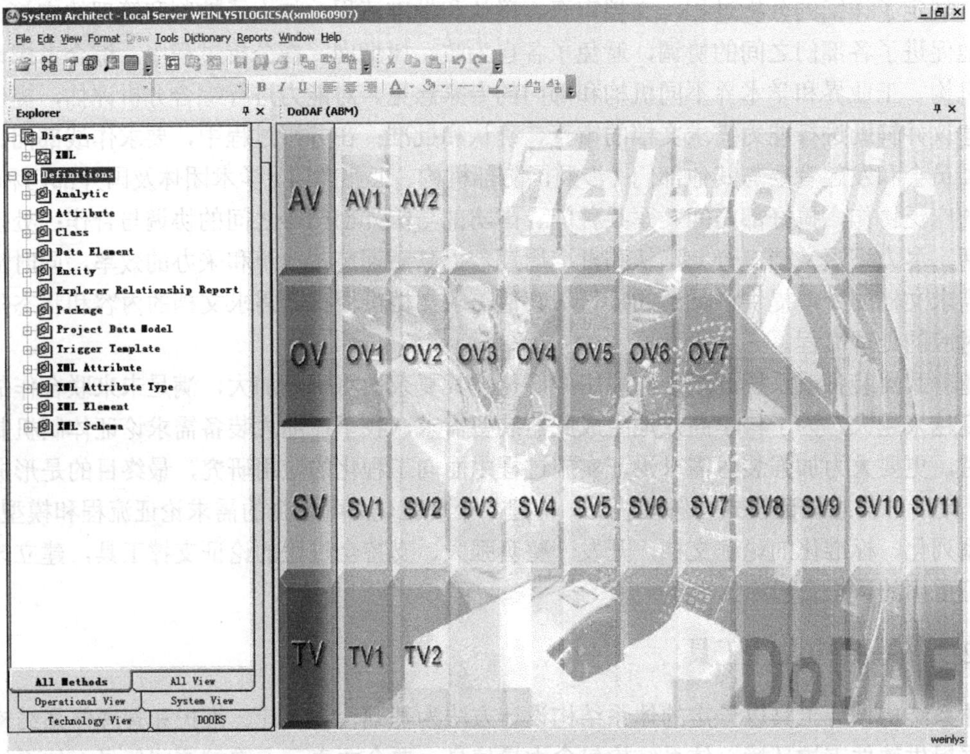

图 10-4 SA 软件的主界面

主界面的左边为建模方法浏览器，主要有数据建模、业务建模、结构化建模、组织建模、技术建模以及部署建模等，用户可以通过 SA 提供的选项来设置这些建模方法。

主界面的右边为所选建模方法的绘图区域。利用工具栏提供的各种按钮，用户可以在绘图区绘制建模方法的图符，利用鼠标调整图符的大小、移动图符的位置、编辑图符的各种属性，这些属性包括图符的线型、线宽、填充颜色、填充模式等。

利用 SA 设计的体系结构产品表现为绘图区域中的图，图主要由图符和定义组成，图、图符以及定义的信息存储在 SA 的知识库中，存储在知识库中的体系结构数据统称为 Encyclopedia SA 的知识库采用 SQL Server 数据库，除了存储体系结构产品数据外，该知识库还提供各种接口，如 COM、XML、CSV 等，以便与其他工具交换数据，如图 10-5 所示。

SA 有两种运行模式：独立运行和网络运行。SA 在网络运行时，支持数据库共享，设计师可以共享同一体系结构项目的开发，每一个 SA 客户端开发同一个项目的不同部分，实现多用户协同开发。

SA 通过元模型机制提供强大的自定义和模型扩展功能。元模型机制可以定义模型元素之间的关系，这样就可以扩展建模方法和模型元素，从而支持不同的建模方法，达到支持体系结构产品建模的目的。SA 的元模型决定了体系结构数据的存储形式。

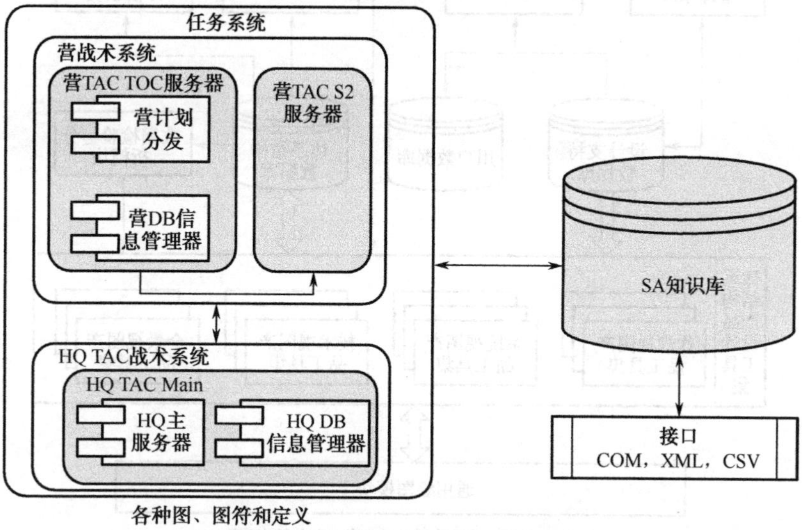

图 10-5 System Architect 的知识库

此外，SA 还具有全面的报表生成功能，可以生成 XML、HTML 以及 Word 等格式的报表。

SA 是一个综合多种建模方法的工具，集成了业务流程建模、数据建模、对象建模以及业务流程仿真等多种功能，在国防领域和军工部门中有大量的成功应用案例。该工具的主要优势如下：

（1）支持 Zachman、TOGAF、DoDAF、MODAF、NAF 等多种企业体系结构框架。

（2）支持 IDEF、UML、BPMN 等多种建模语言。

（3）支持结构化分析方法和面向对象的描述方式。

（4）通过业务流程仿真，为体系分析、评价提供定量依据。

（5）能够与需求管理工具 DOORS 集成，建立模型和需求条目之间的跟踪关系，从而方便需求条目和模型之间的双向跟踪、追溯。

（6）SA 的 UML 建模部分可以和 TAU 集成，从 TAU 中可以直接打开 SA 数据库中的文件，并将 TAU 的工程数据保存到 SA 数据库中。

（7）可与 Change 集成，记录 SA 数据的变更情况。

（8）可以与 DocExpress 集成，提供自定制发布 SA 数据报告的功能。

（9）提供 VBA 编辑器，可进行部分功能的定制开发。

10.2.2.2 C^{4}ISR 系统体系结构设计工具集

国防科技大学开发了 C^{4}ISR 系统体系结构设计工具集（KD-ArchTool）。该软件包括体系结构产品设计工具集、体系结构产品数据管理工具、体系结构设计参考资源和体系结构集成支持系统等，突出体现了以数据为中心的设计思想。该工具可以完成 DoDAF 大多数产品的设计。

按照设计功能要求，体系结构开发环境包括通用绘图模块、体系结构产品设计工具集、数据检验与分析模块、数据管理模块、系统管理模块、设计参考资源管理模块以及体系结构验证评估系统等主要模块，如图 10-6 所示。

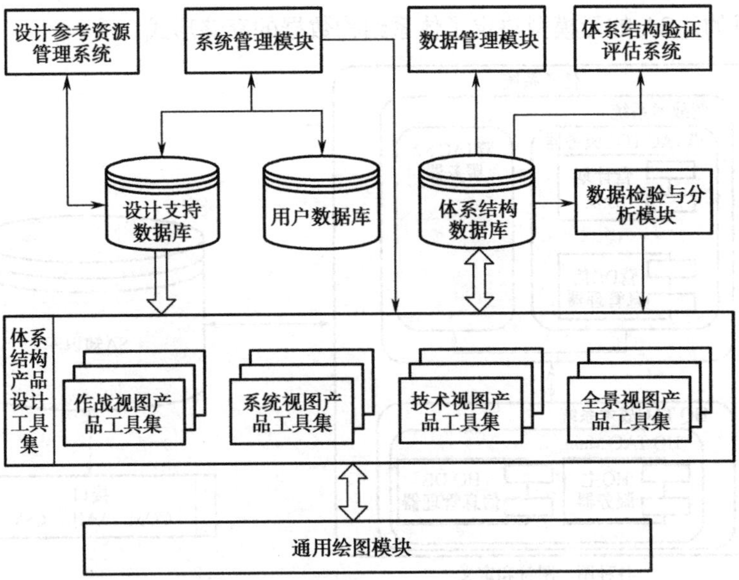

图 10-6　体系结构开发环境的组成

10.2.2.3　军事综合电子信息系统体系结构设计环境

中国电子科学研究院开发了军事综合电子信息系统体系结构设计环境（MISADE）。该软件是基于数据的体系结构设计开发方法，是一种更加规范、数据重用性更好、开发效率更高、具有完整自主知识产权的体系结构设计辅助工具。可以完成 DoDAF 大多数产品的设计。

体系结构工具软件各功能模块的组成和层次关系如图 10-7 所示。在分析体系结构产品共性功能要求和每个产品特性要求的基础上，提出了一个包含应用界面层、功能处理层、数据处理层和存储层的四层软件框架结构。图中所描述的体系结构工具框架结构是用于进行以数据为中心的体系结构工具软件的开发和集成的基本框架。

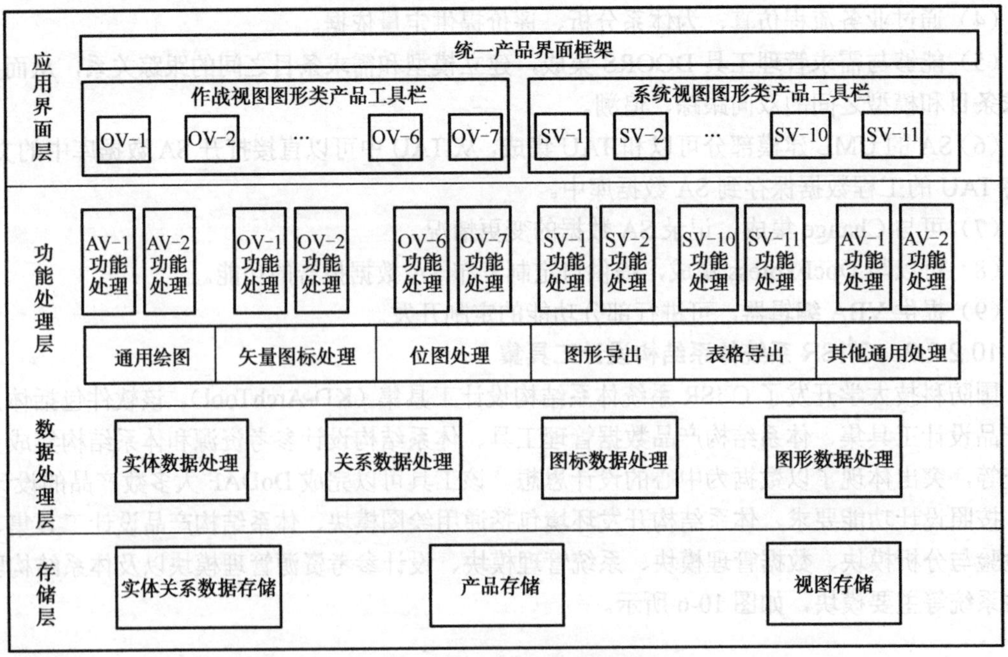

图 10-7　体系结构工具框架结构

10.2.2.4 应用总结

美军在系统工程方法学的指导下，以 DoDAF 为标准建立了一整套实用化的系统工程技术，形成了配套的支撑工具、软件平台，并取得了许多实践经验。DoDAF 只规范了体系结构设计的方法，核心是内在的数据，外在表现是应用产品，为确保体系结构描述的严谨和无二义性，最终形成体系结构产品要依靠体系结构工具，即相关软件来完成。美军为了提高体系结构设计水平，降低设计成本，积极鼓励采用商用体系结构工具。但是由于体系结构描述包含的产品众多，形式差别巨大，很难用单一工具完美地设计所有产品；因此，除 System Architect 软件、UML 开发工具、netViz 软件、Visio 软件等辅助设计工具外，也结合使用传统的 Word、PowerPoint、Excel 等 Office 软件。例如：美国国防部、美国陆军、美国海军、美国海岸自卫队、美国空军在一些大项目中，应用支持美国国防部体系架构框架 DoDAF 的 IBM 公司的商用软件 SYSTEM ARCHITECT、TAU G2 作为需求分析支撑工具平台；美军《GIG 体系结构》2.0 版也是使用该软件进行建模开发的。此外，还要重视的是用于描述及建立体系结构信息的逻辑数据模型等共用参考资源的建设，用于存储供体系结构设计用的体系结构数据、产品的体系结构知识库的建设，以提高体系结构设计的开发效率和水平。

10.2.3 需求验证工具

目前，国内装备需求论证任务主要依托职能性研究机构来完成，主要使用的方法是：先采用比较借鉴和定性分析的方法生成初步需求方案，然后采用体系对抗仿真和效能评估的方法来验证评估需求方案，因此，传统论证方法中仿真评估工具是需求论证定量化分析的主要手段。

目前，陆、海、空、火、天、电等多个军兵种论证职能机构，都建有以各自军兵种专业为背景的装备体系对抗仿真系统，这种论证方法目前使用得最多，也是比较成熟的一类方法。这些系统通常以分布交互式仿真为主要试验手段，主要功能是通过构建武器装备体系的仿真模型、行为模型、交互模型等仿真模型，并在虚拟的战场环境中运行，评估武器装备体系的多方面作战效能、检验武器装备战技性能指标的合理性和有效性，从而为武器装备体系的建设及体系中重点装备型号的发展提供验证环境和技术支撑。这些系统主要为论证工作提供的服务有：装备体系论证、装备型号论证、装备战技指标论证、装备体系效能评估、装备编配研究、装备作战运用研究等工作。它们通常以上级部门下达的研究任务或关注的重点问题为出发点，以作战想定、效能评估指标体系为输入，以人在回路的仿真、半实物仿真和计算机仿真等为主要实验手段，在虚拟的作战场景中综合评估装备体系的效能，最终得出从定性定量两方面描述的评估报告作为结论。

10.2.4 需求管理软件

DOORS（Dynamic Object Oriented Requirements System，DOORS）是动态面向对象的需求管理系统，是全球领先的需求管理工具，目前在全球已有超过 5 万个用户和 1 千多家公司在使用，是欧美主要国家国防军工行业的标准。

10.2.4.1 概述

DOORS 以面向对象数据库为核心，用于捕获、跟踪与管理用户需求及需求变化，以确保实施的工程与需求规格说明和标准相一致。

DOORS 将所有需求信息从文档管理细化到条目管理，精确跟踪用户需求细节，提供流程与结构化的方法来沟通项目的需求，高效地实现需求甄别、分析管理和变更影响分析等。

DOORS 对需求进行捕获、链接、跟踪、分析和管理，能够对变更历史进行记录，创建需求基线，具有需求管理过程定制能力，支持多平台操作，提供完整的需求变更建议、审批系统。支持远程用户临时访问并使用它的所有功能，然后离线工作，提供远程用户对本地数据库的更新功能，便于分布式团队开发的沟通与协作。

DOORS 采用面向对象的方式来组织从需求开始的所有信息，把信息处理为小的离散“对象”，而不是作为连续的信息流。每个对象具有自己的特性，可以被查询与排序。把对象组织成一致的集合对于管理大量的需求管理信息很重要。一个集合中的对象共享同样的属性，但是可以根据不同的属性值进行排序与选择，集合中的对象可以相互继承彼此的属性。

在层次化的集合中，信息只需要表达一次就可以被“子”节点所继承。集合之间的链接可以显示关系而不是重复信息，但具有复杂的组织方式。DOORS 允许用户使用各种技术来组织与展示信息。它允许在两个结构化的需求集合之间建立链接，或者在结构化与非结构化集合之间建立链接。

10.2.4.2 主要功能

1．需求创建

DOORS 按项目（Project）和文件夹（Folder）来组织需求，对需求按条目进行管理，每个条目下又可分为若干子条目，形成需求的层次关系。

2．属性定制

DOORS 对需求条目提供了许多通用的属性，如创建者、创建时间等，同时还提供属性定制机制，满足项目的特殊需要。对某个需求项目，可以根据项目需要，通过插入列来定制需求条目的属性，如优先级、实现阶段等。

3．对象嵌入

DOORS 能够嵌入 OLE 对象，支持多种图形，并把它们作为需求对象。

4．导入/导出

DOORS 提供与 MS WORD 的双向导入/导出功能，也支持其他几种文档的导入/导出，如 RTF、HTML 等。

5．需求基线

用 DOORS 的基线控制模块可以实现需求的控制功能，有效的对需求进行过程控制，保证需求分析和管理的可靠性

6．需求共享

DOORS 需求数据共享模块实现需求数据共享的功能，DOORS 也使产品用户与开发人员之间的数据可以共享，这使他们可以共同讨论同一份需求文档及其变更。同时 DOORS 还用来保证需求与设计的一致性。

7．需求跟踪

DOORS 提供链接功能，实现需求跟踪，DOORS 能使用户为每个需求分配一个拥有者以便高效地跟踪变更。

8．需求变更影响分析

DOORS 提供自动化的手段，快速地获得全部相关需求的全局视图，对需求变更所造成的影响进行分析。而传统的基于文档的管理模式最大的问题是这种方式没有为需求提供一个“全局视图”，没有一种方式来评估变更一个需求会对项目其他需求产生什么影响。

9. 权限管理

DOORS 支持角色和权限的机制，来给用户分组。根据开发人员和管理人员承担任务，按照需要对每个工程和需求条目分配使用和操作权限，权限分为读取、修改、创建、删除等。

10. 电子签名

为了明确责任，DOORS 为基线文本提供电子签名功能。权限控制可以决定谁可以在基线上签名，并把签名与属性相关联，表达“批准”或“拒绝”等含义。可以在线审阅签名，或在有基线的打印页中包括签名。

11. 变更建议

DOORS 内置变更建议系统，支持用户标识变更或向文档审查机构提供建议，杜绝由于不正确的解释或书写而影响需求的准确性。状态（如：提出、分析、执行、解决等）变化时，自动地发送 Email 通知相关人员。

12. 需求建模

DOORS/Analyst 提供基于 UML 的需求建模功能，可在 DOORS 内绘制模型、图片和图表。文字描述和模型自动保持同步，存储在一起，保证模型与需求的一致性。需求分析师们使用需求模型对文字需求进行补充，维护模型和需求的可跟踪性。

10.2.4.3 特点和优势

DOORS 不仅具备一般商业需求管理工具共有的功能，还有以下一些优点：

（1）DOORS 是基于面向对象的数据库，支持各种类型的对象，可以将对象组织为列表或层次结构，用各种类型的联系链将它们连接为一个网络，对象和联系链可以用一系列的属性来描述。这种特征十分适合基于对象-关系的需求管理技术应用。

（2）DOORS 提供了无限制关系的、多级的、可自定制的跟踪能力，例如：需求到测试、需求到设计、设计到代码、需求到任务和项目计划到角色。

（3）DOORS 以 DXL 引擎的形式提供内置的扩展机制。应用 DXL 语言，可以直接开发具有各种功能的组件，并可以直接对 DOORS 数据库中数据进行各种操作，为对 DOORS 进行扩展与改进提供了便利。

（4）DOORS 具有强大的可伸缩的管理能力，支持多平台操作。

DOORS 在国防、军工部门有大量的成功案例，主要优势如下：

（1）沟通。DOORS 直观的用户界面，方便多用户通过网络并行访问，并且能够维护大量的管理对象（需求和关联信息）和连接。提供鱼眼和微软 Windows 资源管理器两种图形方式来管理视图，鱼眼视图可以突出重点地显示，也可以用色彩表达属性的优先级或试验结果。每一个用户都可以方便地定制他们想要看到的需求信息，使用图形和颜色方便可靠地标识需求信息。DOORS 提供电子表格风格的面向文档数据视图，能与微软 Word 和 Excel 很好地集成。

（2）协同。DOORS 包括一套完整的变更建议流程和审核系统，用户可以提交需求变更建议，包括理由。内部的项目连接允许多个项目共享需求、设计和测试，提高需求跟踪的能力。讨论机制支持用户针对一个意见进行合作交流，以加快意见或想法的确立、执行、转换和实现。分布数据管理（DDM）支持远程用户临时访问和使用 DOORS 的所有功能，然后再离线工作，并且远程用户可以将数据更新到主数据库中——这使得那些异地的团队成员和子承包商可以方便地合作开发和沟通。DOORS 支持多用户并行工作，提供管理大型复杂项目的能力。

（3）跟踪。DOORS 为用户提供了无限制关系的、多级的、用户可自定制的跟踪能力，例如：需求到测试、需求到设计、设计到代码、需求到任务和项目计划到角色。

10.2.4.4 主要应用

DOORS 武器系统需求开发中有大量的成功案例，军方主要用户包括：美国国防部、美国陆军、美国海军、美国海岸自卫队、美国空军、加拿大国防部、英国国防部、澳大利亚国防部、Aerospatiale、Airbus、BMW、Lockheed Martin、Matra Marconi Space、Boeing 等。

在一些大型项目中，DOORS 被作为标准的需求管理平台，如联合攻击战斗机 JSF 项目的主要承包商 Lockheed-Martin Northrop-Grumman、BAE 都采用了 DOORS。欧洲伽利略 GPS 项目的承包商 ESA、Skyne（英国军事卫星通信）项目的承包商 EADS/Astrium、美国导弹防御项目、联合作战无线项目等，也都使用 DOORS 作为需求管理平台。

对于军方项目来说，需求比民用项目要严格而且复杂得多。在一个英国国防项目（BOWMAN）中，有超过 2500 个性能需求，其中包括培训与支持需求；1100 个鉴定需求，其中包括可互换性与技术标准的符合性，要保证项目能够满足每项需求是难以想象的。需求最初是用 WORD 表格方式定义的，有几千页之多。虽然这种方式也可以存储所有的军方需求，但是却无法有效地管理。英国国防部已经把 DOORS 作为需求管理解决方案的当然之选，许多参与项目的供应商，如 Thales、General Dynamics 等公司，都是 DOORS 的用户。

雷神（Raytheon）导弹系统公司使用 DOORS 作为达到 CMM 5 级的关键工具。通过 DOORS，雷神建立了完整定义的、可重复的流程，使得由变更所引起的错误减少到最小，并可以向客户展示他们能够满足客户需求的能力。

10.2.5 论证知识管理软件

为了加强装备需求生成过程的辅助决策，大部分军兵种职能论证研究所和很多军兵种院校都建立论证决策支持系统、论证数据辅助系统等，本质上来说还是一个论证知识的管理系统，部分具备了一定的分析功能。目前主要有以下几种：

（1）武器装备论证决策支持系统。实现了各类与决策相关的人员、系统、资源等多种要素的综合集成与广泛共享、协同，能实现计算机网络环境下各类异构资源要素面向应用需求的服务综合集成；支持人、机、系统间的协同；可以支持不同层次武器装备论证决策应用。

（2）武器装备发展论证智能决策支持系统。包括作战需求分析专家系统、装备发展辅助决策系统、发展计划评价系统、数据库管理系统和模型库管理系统。

（3）防空兵武器装备发展论证专家系统。其具体任务是通过装备发展战略分析、作战任务分析、装备发展制约因素分析和主要作战对象装备预测，做出装备发展决策。

（4）装甲装备决策支持系统和装甲车辆环境适应性论证与试验决策支持系统、基于 HLA 的装甲装备发展论证仿真实验平台、装备论证管理系统等以装备数据、参数、资料等存储管理为主，为武器装备需求论证积累了部分原始资源。

10.2.6 综合集成研讨厅

装备需求论证是一个定性与定量相结合的工程，它很好地融合了“从定性到定量的综合集成法”强调的专家体系、计算机及软件体系和知识数据体系等三大体系，其中，软件工具是实现从定性到定量过程机器体系——软件的核心；数据资源即为知识体系；专家体系作为主观定性分析主体贯穿装备需求论证全过程。可以说，“从定性到定量的综合集成法”是武器装备需求论证的指导理论和方法论。

10.2.6.1 综合集成研讨厅发展概述

20世纪80年代末至90年代初，钱学森先后提出“从定性到定量综合集成方法”和“从定性到定量综合集成研讨厅体系”，它起源于系统工程，是以综合集成方法论为指导的、以研究“开放的复杂巨系统”和解决复杂问题为目的的决策支持系统。它由专家体系、计算机及软件体系和知识数据体系3个部分构成。

综合集成研讨厅的基本工作原理是：“专家体系在信息技术的支持下，以人为主，人机结合，在讨论问题时互相启发、互相激活，并充分利用信息技术不受时空限制，把大量的各种信息与知识（包括经验知识）及千百万人的聪明才智和古人的智慧（通过书本的记载或知识工程中的专家系统）综合集成起来，从而得到科学的认识与结论”。从定性到定量综合集成法是一种指导分析复杂巨系统问题的总体规划、分步实施的方法和策略。从定性到定量综合集成研讨厅就是要把人脑中的知识同系统中的数据库、模型库和知识库等有关信息结合起来。系统提供分布式的专家研讨环境，专家可在不同的用户终端上发表见解，对其他专家的意见进行评价；还可在用户终端进行必要的数据信息查询，以获得问题的背景信息；并可利用研讨厅提供的统一的公用数据和模型，对参加研讨人的决策后果进行评价或判断。

10.2.6.2 综合集成研讨厅构成

按照上述概念，综合集成研讨厅体系是一个由专家体系、机器体系、知识体系三者共同构成的一个工作空间。一方面专家的智慧、经验、头脑风暴及由专家群体互相交流、学习而涌现出来的群体智慧在解决复杂问题中起着主导作用，另一方面机器体系的数据存储、分析、计算以及辅助建模、模型测算等功能是对人心智的一种补充，在问题求解中也起着重要作用，知识体系则可以集成不在场的专家以及前人的经验知识、相关的领域知识、有关问题求解的知识等，还可以由这些现有知识经过提炼和演化，形成新的知识，使得研讨厅成为知识的生产和服务体系。其主要体系框架如图10-8所示。

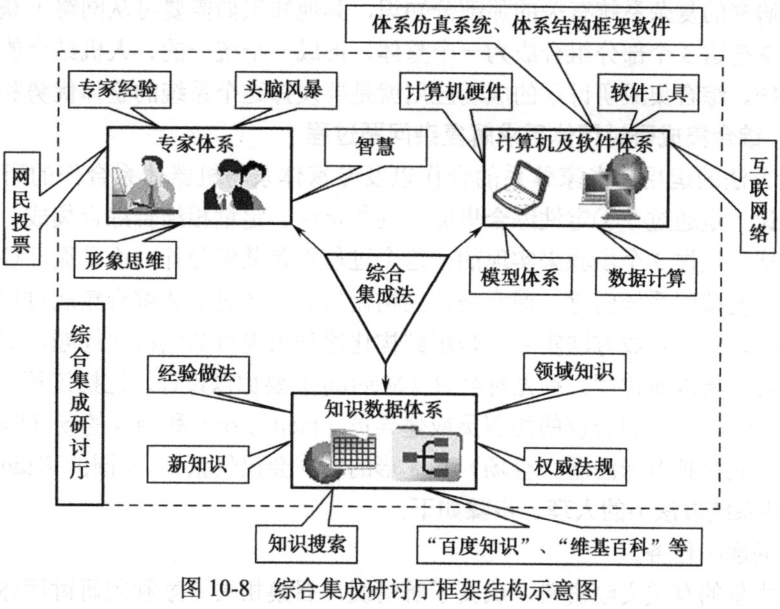

图10-8 综合集成研讨厅框架结构示意图

1. 专家体系

复杂系统或复杂巨系统的研究通常是跨学科、跨领域的交叉性和综合性研究。这个专家体系需要由不同学科、不同领域的专家组成，它是研讨厅的主体，是复杂问题求解任务的主要承担者，其中主持人的作用尤为重要。在实际应用中，专家体系还要考虑到部门结构、年龄结构等问题。专家体系作用的发挥主要体现在各个专家智慧、经验的运用上，尤其是其中的“性智”，是计算机所不具备的，但其是问题求解的关键所在。因此，专家体系的整体水平和素质对研讨问题非常重要。由于研究的复杂系统或复杂巨系统不同，专家体系的结构也不一样，因此专家体系的结构是动态变化的。

2. 计算机及软件体系

以计算机软、硬件和网络等现代信息技术的集成与融合所构成的机器体系，是研讨厅的重要组成部分。从总体上来说，机器体系结构与功能的设计应结合所要研究的复杂系统或复杂巨系统的实际，以综合集成的思想和方法为指导来进行系统设计。在网络环境下，研讨厅应具有开放性，机器体系以及与其联网的网上资源是支持复杂系统或复杂巨系统研讨所需要的各种资源基础。如数据和信息资源、知识资源、模型体系、方法与算法体系等。特别是，在人、机交互过程中，机器体系应具有更强的动态支持能力，如实时建模和模型集成。这样的机器体系和专家体系结合起来，形成“人帮机、机帮人”的和谐工作状态。这也是研讨厅不同于一般的MIS和DSS的一个重要特点。人工虚拟现实技术的运用，就不仅是人、机结合，而是人、机融合，这就大大增强了机器体系的功能。

还应该强调的是，计算机及软件体系不仅是开放系统，同时也是个动态发展和进化的系统。随着以计算机为主的现代信息技术的迅速发展，许多涌现出来的高新技术，将不断地集成到机器体系之中，使得机器体系结构不断进化，功能不断加强，人、机交互能力也越来越强。

3. 知识数据体系

知识信息体系则由各种形式的信息和知识组成，它包括与问题相关的领域知识信息，问题求解知识信息等，专家体系和机器体系是这些信息和知识的载体。研讨厅所存储的知识资源可能是直接与所研究的复杂系统有关的那部分知识，其他知识如需要可从网络上获取。

综合集成法把这3个部分组合成为一个整体，形成一个统一的、人机结合的巨型智能系统和问题求解系统。综合集成研讨厅的成功应用就是要发挥这个系统的整体优势和综合优势。

10.2.6.3 综合集成研讨厅体系求解复杂问题过程

综合集成方法的运用是专家体系的合作以及专家体系与机器体系合作的研究方式与工作方式。具体地说，是通过“①定性综合集成，到②定性、定量相结合综合集成，再到③从定性到定量综合集成”这样3个步骤来实现的。这个过程不是截然分开，而是循环往复、逐次逼近的。复杂系统与复杂巨系统问题，通常是非结构化问题。通过上述综合集成过程可以看出，在逐次逼近过程中，综合集成方法实际上是用结构化序列去逼近非结构化问题，如图10-9所示。

要运用好综合集成研讨厅，首先对会议（Meeting）要加以设计，包括议程、邀请专家名单（知识和利益背景）、主席和会议的协调员或建导员（facilitator）和会议的场（Ba）。Ba是日本学者提出来的，它包括有形的场（会场）和无形的场（会议气氛），英国的Kidd认为Ba就是物理-事理-人理系统方法中的人理。步骤如下：

（1）明确问题和任务。

（2）搜集大量的有关文献资料，认真了解情况，召集相关专家利用研讨厅体系的软硬件平台对问题进行研讨。

（3）通过研讨，结合专家自己的经验和直觉，获得对问题的初步认识。

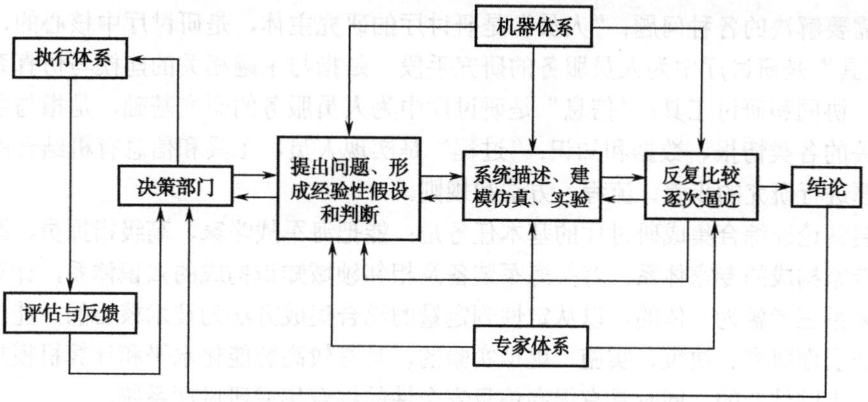

图 10-9 综合集成研讨厅体系求解流程

（4）依靠专家的经验和形象思维，在问题求解知识的帮助下，提出对复杂问题结构进行分析的方案。

（5）根据复杂问题结构的特点，结合领域知识和前人经验，把问题分析逐步或者逐级定量化。

（6）在定量化或者半定量化的情况下，（在计算机上）建立问题的局部模型或者全局模型，这些模型既是对相关数据规律的一种验证，也包含了专家们的智慧和经验。

（7）在局部模型和全局模型基本上得到专家群体的认可后，讨论如何合成这些模型以生成系统模型。

（8）系统模型建立后，通过计算机的测算和专家群体的评价验证模型的可靠性，如果群体对模型不满意，那么需要重复上述的（3）～（8），或者其中的某几个步骤，直到专家群体基本满意，建模过程才能结束。

这个方法综合了许多专家的意见和大量书本资料的内容，不是某一个专家的意见，而是专家群体的意见，是把定性的、不全面的感性认识加以综合集成。这样，综合集成研讨厅体系就明确地将综合集成法中的个体智慧上升为群体智慧。按照此思路构建的综合集成研讨厅体系，将是一个综合了专家体系、计算机体系和知识信息体系的人机结合的巨型智能系统。

随着研究的进展，以及构建综合集成研讨厅实用系统的实践，近年来，又获得了对该方法论的进一步表述，那就是针对某一类 OCGS 对于与其有关的问题，也就是复杂问题，构建一个智能工程系统，作为可操作的工作平台，组织相关专家使用这个平台，对复杂问题进行研究和处理。对于属于该复杂巨系统的同一类问题，则更换与平台有关的专家及数据即可处理。这一表述指明了研讨厅体系具体化、实用化的方向，清晰概括了综合集成研讨厅构建的原则和实质。

从定性到定量的综合集成法和人机结合、从定性到定量的综合集成研讨厅体系，是复杂性科学界第一个明确提出的研究系统复杂性的方法论，它从思维科学（认知科学）的高度，阐述、归纳了如何发挥专家群体智慧、计算机的高性能以及知识、信息的作用，以提高人的认识能力，处理那些采用传统方法无法处理的、极其复杂的问题的方法。是我国科学家对发展复杂性科学的又一重大贡献。目前实际的研讨厅系统已经成功构建，表明这一理论框架已经基本上具体化、实用化。

10.2.6.4 海军装备论证综合集成研讨厅示例

海军装备论证综合集成研讨厅，是以海军装备体系建设与发展研究为主题，以人为主、人和工具相结合，运用相关的信息，依据一定的过程，实现从定性到定量综合集成的论证研究环境。它包括主题、人员、工具、信息和过程五大基本要素。“主题”是研讨厅的研究对象，是指研讨厅需要解决的各种问题；“人员”是研讨厅的研究主体，是研讨厅中核心的、决定性的因素；“工具”是研讨厅中为人员服务的研究手段，是指与主题相关的建模与仿真系统，以及各类管理、协同和研讨工具；“信息”是研讨厅中为人员服务的研究基础，是指与主题、人员和工具相关的各类情报、数据和知识；“过程”是实现人员、工具和信息有机结合的纽带，是指围绕主题进行研究的步骤、流程、方法和规则。

海军装备论证综合集成研讨厅的基本任务是：能把海军战略家、高级指挥员、海军装备各层次有关专家构成的专家体系，有关海军装备及相邻领域知识构成的知识体系，计算机与高速通讯网络体系三者融为一体的，以从定性到定量的综合集成方法为技术核心的，能支持我国海军装备论证层面研究、决策、实施、虚拟实验的，具有较高智能化水平和计算机模拟功能的，人机结合、人网结合的，同时具有很高信息安全性的综合集成研讨厅系统。

该系统能支持完成如下工作：

（1）海军武器装备体系顶层设计。

（2）海军武器装备型号综合论证评估。

（3）预研重大背景项目和国防关键技术综合论证评估。

（4）海军新军事需求与新概念装备分析研究。

海军装备论证综合集成研讨厅系统提供友好的人机界面，主要由以下 3 个了系统，即研讨论证子系统、海军武器装备多 agent 对抗仿真子系统、研讨厅维护服务子系统。

（1）研讨论证子系统。系统的研讨论证子系统按任务区分为 4 个模块，它们是：海军武器装备体系、顶层设计论证研讨模块；海军武器装备型号综合论证评估模块；预研重大背景项目和国防关键技术综合论证评估模块；海军新军事需求与新概念装备分析研究论证模块。这 4 个模块都是在数据库、知识库、模型库的支持下在研讨白板内进行讨论，然后将研讨结果传入模拟仿真模块进行实验，实验结果反馈后再次研讨，形成最佳方案。

（2）海军武器装备多 agent 对抗模拟仿真于系统。“海军武器装备多 agent 对抗模拟仿真”这一子功能是海军装备论证综合集成研讨厅的核心功能之一，分为 3 个层次：①单件武器装备的仿真模拟。单件武器装备的各个主要组成部分分别是独立的 agent，这多个 agent 总合构成了该武器装备，模拟出该武器装备使用性能；②战役层面，即多 agent 对抗。即将设定的 agent 放入作战模拟平台，研究其作战效能；③体系间对抗的模拟。这是该模拟对抗系统的最高层次，也是最复杂的部分。模拟的是整个装备体系，通过模拟，找出现有体系的不足，并制定出发展改进计划。

（3）研讨厅维护服务子系统。包括：①系统信息安全模块；②系统软、硬件维护模块。

10.2.7 差距分析

新理论、新方法的研究和运用，要求与之相适应的工具软件做支撑，构建包括装备需求论证框架平台、需求分析验证软件、需求论证资源管理系统等辅助系统，是实现装备需求论证新理论新方法的重要手段。目前，国内装备需求论证从定性化向定量化转型的探索刚刚启动，虽然在不同研究领域对构建装备需求论证软件框架的相关内容进行了研究，但还没有提出一个完整的综合集成论证环境的构建方案；在装备需求论证辅助工具软件开发方面，与国外的差距较大，自动化程度高、适用范围广、实用性强的需求论证工具软件严重缺乏。这些因素严重制约具有中国特色的装备需求论证模式建设，具有自主知识产权的、科学有效的装备需求论证工具软件集已经成为装备论证工作发展的瓶颈。

总体上看，国内需求论证软件及工程实践与国外相比还有较大差距，关键在于现有标准与我军实际相差较大，缺乏顶层规范和设计等于。其存在的主要差距是：

（1）没有顶层设计标准和规范指导。美国、英国和北约等体系结构软件发展比较好的国家或地区，都有顶层的标准规范作为软件设计的指南，目前国内还没有一个统一的机构来开展这项工作，因此认识上难以达成一致，各类软件均是各自为战，很难有后续发展的支撑。

（2）理解和描述的不一致。由于国内外思维方法、文化理解的差异，对国外体系结构技术和需求生成理论方法存在理解和认识上的差距，由其对软件实现中某些细节描述问题的不规范，导致对同一设计对象的表现和理解却是不一致的，使得体系结构理论方法难以有效指导系统设计实践。

（3）对需求变更、重用技术研究不够。体系结构是针对系统需求而设计的建设蓝图。随着武器装备信息化、体系化的发展，装备需求来自多个方面，组成和关系也越来越复杂，当作战任务发生变化时，需求也将随之发生变化，但是由于需求变更、重用技术的缺乏，须对体系结构进行重新设计来满足新需求，这将极大地增加开发风险和成本，同时影响开发的效率。因此，要加大对需求设计模块化、变更跟踪的研究，使需求变得可扩展，核心模块可重用，以适应需求论证设计发展需要。

（4）数据一致性问题。现有的体系结构框架大多采用多视图结构，各视图产品代表了不同的关注点，但描述的对象是相同的，因此组成它们的体系结构数据要素应该唯一地被定义，以确保不同视图之间数据的一致性。在需求分析过程中，对相同内容的描述产生了不同的数据，导致不同产品和视图之间的数据不能正确反映体系结构的本质特性，使得体系结构数据难以有机地集成，反而增加了系统开发的复杂度，降低了效率。因此，要注重数据模型的研究，在需求开发过程中要有统一的数据模型、底层数据库作为支撑，形成对体系结构数据完整的描述，以指导系统开发。

10.3 装备需求论证典型配套资源

装备需求论证运行过程不仅需要复杂的工具软件支撑，还需要丰富的配套数据资源。美军在数据资源积累方面已经做了很多工作，国内装备论证数据工程则刚刚起步。

10.3.1 美国国防部资源数据管理的主要做法

美国国防部信息资源内容丰富，基本涵盖了装备论证需要的所有资源。并且它们十分注重资源数据的收集管理，经历了数据管理、信息资产管理、信息管理和知识管理等发展阶段，其主要做法是：

（1）制定系列政策法规，为各级信息资源管理确定框架。政策法规既是信息资源管理的指导性纲领，又是信息资源管理的主要内容之一。美国国防部信息资源管理遵循的政策法规分为国家和国防部层面的政策法规和战略规划，这些法规和规划逐步覆盖信息资源管理的范畴，确保信息资源管理能够解决复杂性难题，成体系推进。

（2）建立首席信息官制度，加强信息资源的正规化管理。美军建立了首席信息官制度，使信息资源管理从复杂局势中沿着以信息为主导的主线有条不紊地开展，使美国国防部信息资源管理有序化，并逐步成为一项专门业务，走向了正规化化的道路。

（3）确立信息共享战略，创新信息共享机制。美军提出将信息当作战略资产，将创新信息共享文化放在工作重点的首要位置，大力宣传信息环境能够产生信息优势的优点，解决互相信任与信息共享方面的障碍，引导网络中心信息环境的构建，以确保任何层级的用户既可以“获取他所需要的信息”，又可以“贡献出他所知道的信息”。

（4）建设信息基础设施，确保信息资源管理精确高效。信息基础设施是信息资源管理的物质基础，也是信息资源管理的重要内容之一。对美军来说，要想实现信息资源管理的高效，首先需要有一个具有通信、传输和计算能力的、动态且可互操作的模块化、可伸缩且能在各种不同环境下安全运行的信息基础设施，通过综合运用全球连通性和计算能力，使整个国防部及其合作伙伴能够实现高效的信息共享，充分利用信息的力量。

10.3.2 DoDAF2.0 的参考资源框架

美国国防部体系结构框架参考资源就是在体系结构设计时，必须遵循的数据、过程、结构等方面的规范，它们在体系结构开发过程中无需开发但必须引用。这些参考资源的主要作用是从内容上约束和规范体系结构，使与系统设计有关的军事人员、设计人员和管理人员等对体系结构能够达成一致理解，促进体系结构的综合集成和互操作。具体地说，比如通过合理使用设计参考资源，可以规范体系结构中采用的名词术语，使得所有人员对该名词术语有相同的理解；再如指导并规范在同一领域或体系内系统的实现技术采用统一的标准和协议，使得系统能够有机地集成，实现互联、互通、互操作。

美国国防部在 DoDAF2.0 中给出了 11 种参考资源，它们中有些是基准资源，体系结构设计中必须参考。表 10-1 中给出了这 11 种资源的简要情况。

表 10-1 DoDAF2.0 参考资源

资源名称	资源描述	资源应用
国防部信息企业体系结构（DoD Information Enterprise Architecture，DoD IEA）	对适用的国防部各项目，不管是项目组件还是项目组合，确定了必须遵守的重要原则、规则、限定条件和最佳实践，以实现灵活、协作的网络中心行动	DoD IEA 提供了架构师开发体系结构时必须牢记的指导方针和规则
国防部体系结构注册系统（DoD Architecture Registry System，DARS）	DARS 是构成联邦国防部企业体系结构的国防部部门级和解决方案级体系结构的注册处和存储库	用于发现已有的或可能正在开发的体系结构。根据自己所开发的体系结构的目的和范围，架构师可以搜索和发现范围和用途上与其重叠的体系结构。 注册与正在开发的或现有的体系结构有关的元数据
国防部信息技术组合库（DoD Information Technology Portfolio Repository，DITPR）	国防部官方非密数据源，提供《联邦信息安全管理法案》（FISMA）、电子认证、组合管理、隐私影响评估、MC/ME/MS 系统详细目录等信息。它还是国防部指令 5000.2 中规定的各系统的注册处	来自体系结构系统元数据可为 DITPR 组装新的或更新的信息。DITPR 也能组装体系结构的系统元数据，特别是那些与在体系结构中描述的系统有接口的系统，但它们并不在体系结构范围内
国防部信息技术标准和概要注册库（DoD Information Technology Standards and Profile Registry，DISR）	在线的存储库，是以商业 IT 标准为主的一个最小集合	可用 DISR 填充体系结构的标准模型（StdV-1 和 StdV-2）。反过来，标准模型能识别出需加入 DISR 的附加的或新的标准

续表

资源名称	资源描述	资源应用
联合 C^4I 项目评估工具（Joint C^4I Program Assessment Tool，JCPAT）	为验证联合参谋人员互操作性需求，正式评估各系统和能力文件（初始能力文件、能力开发文件和能力产品文件），还是信息技术/国家安全系统（ITS/NSS）的生命周期库和存档处	初始能力文档（ICD）、能力开发文档（CDD）和能力产品文档（CPD）含有体系结构信息。随着体系结构开发的进行，采集到体系结构信息可被提取出来，并纳入 ICD、CDD 和 CPD。另外，体系结构信息可纳入增强型信息可纳入增强型信息支持计划（E-ISP）工具中。该工具是 JCPAT 工具包的一部分
联合通用系统功能清单（Joint Common System Function List，JCSFL）	一种通用词典，描述为联合能力提供支持的各系统/服务的功能特性。JCSFL 的目的是将功能映射到相应的被支持的各种活动、系统或服务。参联会主席指令（CJCSI）6212.01E 规定在为体系结构开发制定一套通用的词汇时需使用 JCSFL	在开发中的体系结构内，使用分类法调整或扩展系统功能
知识管理/决策支持（KnowLedge Management/Decision Support，KM/DS）	国防部下属部门将使用 KM/DS 工具向上校级（0-6）和降级评审提交各种文件和意见，搜寻历史信息，跟踪文件的状态	里程碑决策所必须的文件，含有体系结构信息，可为 JCIDS 审批过程提供支持。随着体系结构开发的进行，采集到的体系结构信息可被提取出来，并纳入规定的文件中
元数据注册库	国防部元数据注册库和交换中心使得软件开发人员能够访问各种数据技术，以支持国防部的使命应用。通过元数据注册库和交换中心，软件开发人员可访问注册的 XML 数据和元数据构件、数据库段、参考数据表和相关的元数据信息	可用来自体系结构的各种资源流和物理模式组装元数据注册库
服务注册库	服务注册库提供对整个企业的深入了解，控制和充分利用某个组织机构的各种服务。它有各种服务描述，并使它们可在一个集中管理的、可靠的、可搜索的位置被发现	在开发解决方案的过程中，来自体系结构工作成果的服务元数据可用来组装服务注册库
通用联合任务清单（Universal Joint Task List，UJTL）	来自参联会主席手册（CJCSM）3500.04C 的通用联合任务清单是各联合部队指挥官、作战保障局、作战计划人员、作战开发人员和培训人员在沟通使命需求时所采用的一种语言和通用参照系统。它是开发联合使命基本任务清单（JMETL）或业务局使命基本任务清单（AMETL）的基本语言。这些清单确定了成功完成使命所需的各种能力	在开发的体系结构时，使用分类法调整或扩展各种作战活动

续表

资源名称	资源描述	资源应用
海军体系结构要素参考指南（Naval Architecture Elements Reference Guide，NAERG）	海军和海军陆战队的参考标准术语。体系结构要素代表集成体系结构所需的一致和标准化的关键分类法。它们构成了用于三类体系结构框架视图，即作战视图（OV）、系统视图（SV）和技术标准视图（TV）的词汇	使用关键分类法是确保巨系统中各系统集成，保证信息技术（IT）的功能特性与使命和作战需求一致的一项措施。体系结构清单的每个要素所包含的数据都将用于整个体系结构框架制定、各种有计划的研究、开发和采办活动，以及相关的集成、互操作性与能力评估。经过评审，数据将会得到更新，以便为海军部（DoN）的项目目标备忘录（POM）工作提供支持，并反映国防部规定的变更、技术的改进和其他因素

10.3.3 美军通用联合任务清单

为规范联合作战行动以及相互关系，美国联合参谋部于1993年10月颁布了首版《通用联合任务清单（UJTL）》（即MCM-146-93，UJTL 1.0）；2005年8月，美军颁布了最新的CJCSM 3500.04D，即《通用联合任务清单（UJTL）》（5.0版）。

10.3.3.1 组成与结构

UJTL 5.0中将战争划分为4个级别：SN（国家战略级）、ST（地区战略级）、OP（战役级）和TA（战术级）。对应这4个战争级别，UJTL 5.0清单中的任务被划分为4个层次：国家战略（即SN任务，383个）、地区战略（即ST任务，253个）、战役（即OP任务，285个）和战术（即TA任务，39个），如图10-10所示。各个层次的任务还进行了逐级分解，此外，美三军还分别制定了AUTL（陆军通用任务清单）、UNTL（通用海军任务清单）、AFTL（空军任务清单），对各军种特有的作战任务进行划分，为UJTL提供补充。

战争通常可以分为战略、战役和战术3个层次。在战略层次上，一个国家常常要确定国家或多国（联盟或临时联盟）的安全目标和指导方针，确定优先顺序，界定使用军事及其他国家力量工具的限度并评估其风险，制订达成这些目标的全球计划或战区作战计划，以及根据战略计划需提供的军事力量和其他能力。在通用联合任务清单中，将战略层分为国家战略（国防部/军种/跨机构）层和战区战略（作战司令部）层。

战役层的活动将战术层与战略层联系起来，主要确立完成战略目标所必须达到的战役目标，安排实现战役目标所需执行行动的顺序，确保战术部队的后勤与行政支援，并提供利用战术效果达到战略目标的方法和途径。

战术层主要为战术单位或特遣部队达成军事目标，计划和实施交战行动。这一层次上的活动聚焦于各战斗部队的有序部署与机动。

在通用联合任务清单中，每项任务都有各自的编码，以反映它在层次结构中的位置。代码的编制方式如下：

（1）战略层次——国家军事任务（前缀SN）。

（2）战略层次——战区任务（前缀ST）。

（3）战役层次任务（前缀OP）。

（4）战术层次任务（前缀TA），包括联合/互操作战术任务和适用的军种任务。

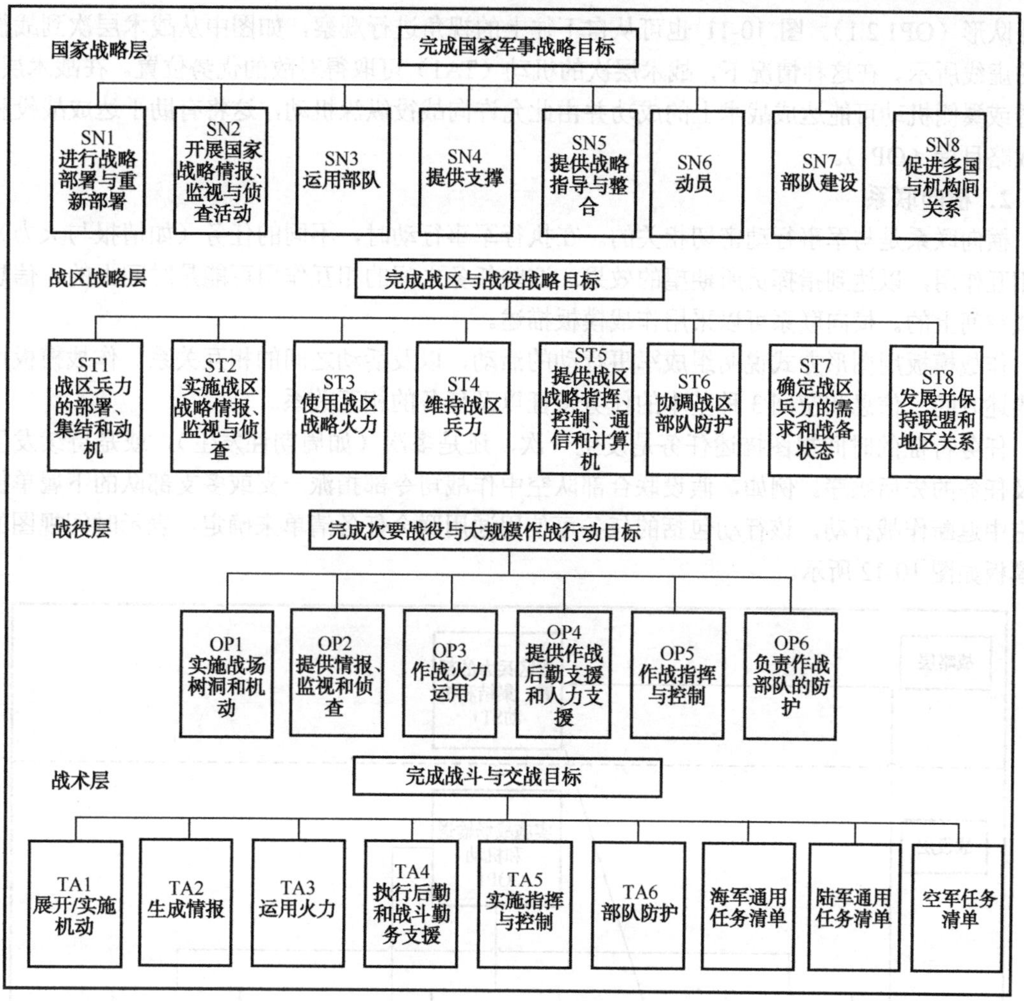

图 10-10　通用联合任务清单基本结构

10.3.3.2　任务联系

在通用联合任务清单中，任务之间存在横向和纵向的联系。纵向联系描述不同战争层次中相关任务的关系。横向联系描述同一战争层次上不同任务的关系。

1．纵向联系

纵向联系建立跨越战略、战役和战术 3 个战争层次任务的联系。例如情报，尽管战略、战役和战术情报的一般要素是相似的，但在不同的战争层次上，其任务、目标、范围和执行机构的类型有所不同。在战略层次上，使用国家手段收集、分析、评估和准备情报，并向战区指挥员、战术单位用户分发情报。相反的，在战术层次上，收集的信息与情报要由战术指挥员通过相同的渠道上传给国家级指挥机构，由它们对这些信息与情报进行比较、分析和评估，以掌握世界范围的情报态势。

图 10-11 以机动任务为例，说明了通用联合任务清单中的纵向联系。作为最早采取的行动之一，部队可能要根据联合部队司令的要求，进行战区战略调动与机动（ST1：部署、集结和机动战区部队）。一旦进入作战区域或联合作战区域，这些部队可能还需要进一步部署（OP1.1.2）到适当阵位，以应对战场态势的变化。同时，联合作战区的联合部队也可以进行机动（OP1；OP1.3），以进入适当阵位，由此可以进行部署和战术机动（TA1）。这其中还包括将部队转换成

战斗队形（OP1.2.1）。图 10-11 也可从自下往上的视角进行观察，如图中从战术层次到战役层次的虚线所示。在这种情况下，战术层次的机动（TA1）可取得对敌的优势位置。在战术层次，渗透或翼侧机动可能达成战术上的成功并由此允许向战役纵深机动，这将有助于达成战役和战区战略目标（OP1）。

2．横向联系

横向联系是与军事行动密切相关的。在执行军事行动时，不同的任务（如情报与火力）彼此相互作用，以达到指挥员所期望的效果。这些任务之间的相互作用可能是时间上的、信息上的或空间上的。横向联系可以采用作战模板描述。

作战模板用图形方式说明组成军事行动的活动，以及活动之间的相互关系。作战模板可分别描述时间、信息和空间 3 种基本的任务特征以及任务的相互关系。

任务特征的时间视图描述任务是发生一次，还是多次（如周期性发生），或是持续发生，以及任务的先后顺序。例如，假设联合部队空中作战司令部指派一支或多支部队的下属单位执行空中遮断作战行动，该行动包括的任务可使用通用联合任务清单来确定，表示时间视图的作战模板如图 10-12 所示。

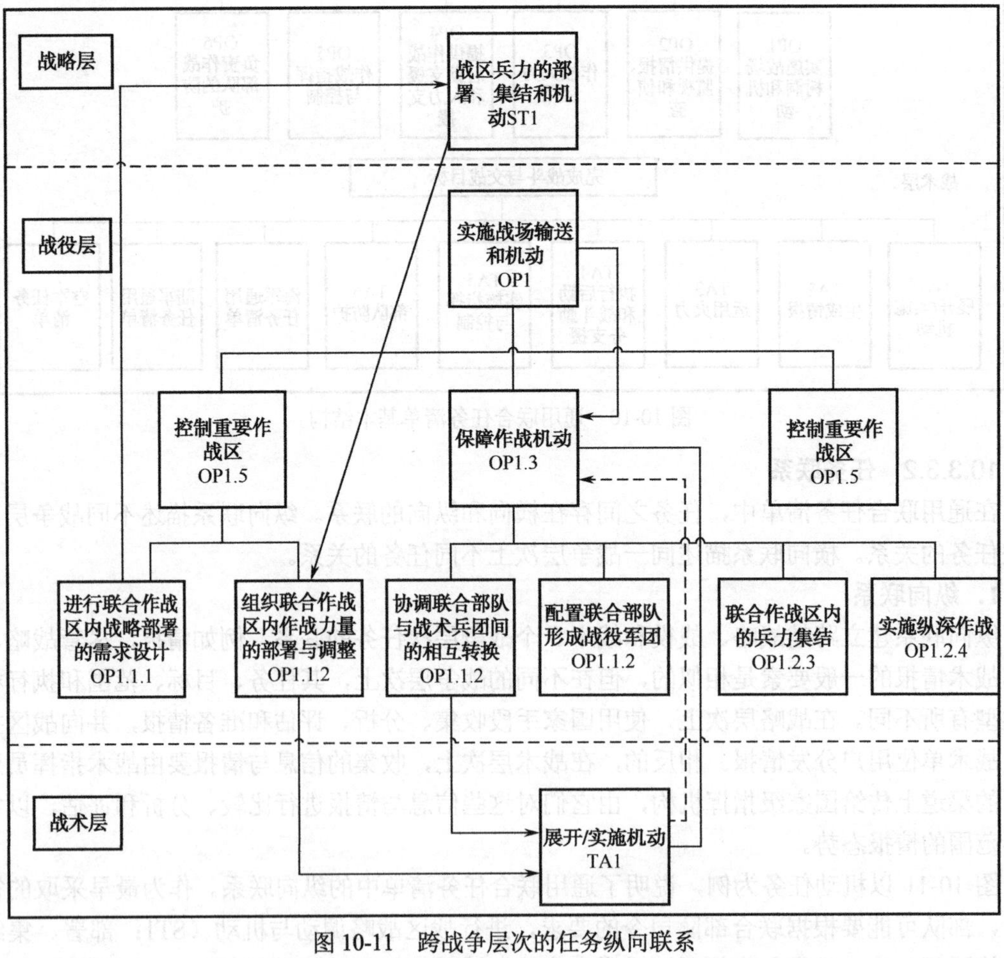

图 10-11 跨战争层次的任务纵向联系

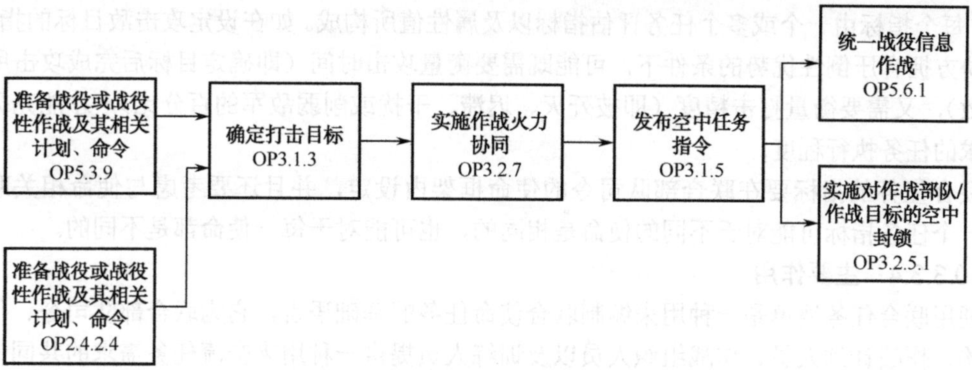

图 10-12　空中遮断行动时间视图的作战模板

信息视图体现一项军事行动所包含任务之间的信息输入与输出关系。任务特征的信息视图描述执行任务的信息需求（例如选择攻击目标这项任务需要的情报数据）、执行任务期间信息类型的转换（例如选择攻击目标时，将原始情报与目标数据转换成目标清单），以及任务执行后的信息输出（例如选择攻击目标所生成的目标清单）。执行空中遮断作战行动的信息视图如图 10-13 所示。

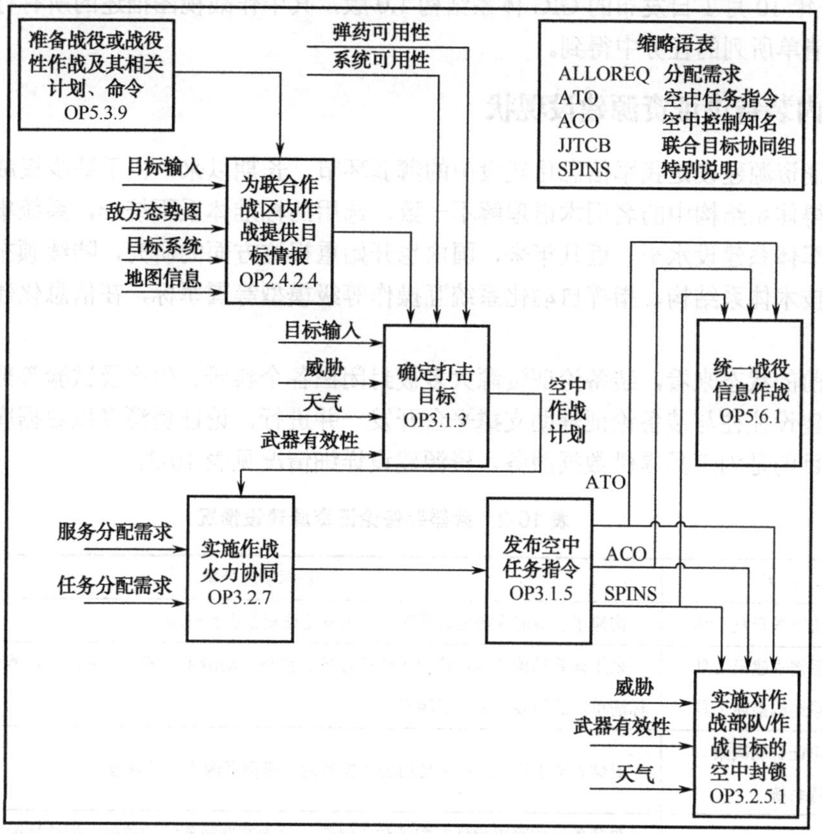

图 10-13　空中遮断行动信息视图的作战模板

10.3.3.3　任务指标

通用联合任务清单中的另一个重要内容就是定义任务的评估指标与属性值。这些指标及其属性值描述在一组特定的条件下，联合作战组织或部队在执行联合任务时，必须达到的水平或能力。每个指标由一个或多个任务评估指标以及属性值所构成。如在设定攻击敌目标的指标时，在威胁方拥有压倒性优势的条件下，可能既需要衡量攻击时间（即确定目标后完成攻击所用的分钟数），又需要衡量打击精度（即被歼灭、迟滞、干扰或削弱敌军的百分比），才能充分评估所要求的任务执行程度。

联合任务的指标要在联合部队司令的使命框架内设定，并且还要考虑与使命相关联的条件。一个任务指标可能对于不同的使命是相同的，也可能对于每一使命都是不同的。

10.3.3.4 主要作用

通用联合任务清单是一种用来编制联合使命任务的基础语言，它为联合部队司令、作战支援机构、作战计划人员、作战组织人员以及训练人员提供一种用来交流任务需求的共同语言。

通用联合任务清单可以为美国联合军事力量提供执行任务的分级列表，以及任务、子任务的定义，提供科学和有针对性的联合作战任务规范，以帮助指挥员确立正确作战思想和行动指南；可以为指挥员、参谋人员提供一种通用、科学的描述联合作战任务的语言和参考标准，可对联合作战部队所执行的不同作战任务进行逐级分解，并用易于理解的分级列表表示出来。

在美军体系结构设计中，作战视图中对作战任务、作战活动的设计基础就是通用联合任务清单。按照通用联合任务清单定义的任务列表以及相互关系，可以建立相关的体系结构产品，如美军1999年10月1日发布的GIG体系结构1.0版，其中作战视图描述的所有行动都是从通用联合任务清单所列的任务中得到。

10.3.4 国内装备论证资源建设现状

装备论证资源建设是我军信息化建设中的薄弱环节。长期以来，由于缺少权威的参考资源的指导，使得体系结构中的名词术语理解不一致，选用的标准体系不统一，系统集成困难，严重制约着我军体系建设水平。近几年来，国内也开始重视这方面的研究，陆续颁布了军事信息系统一体化技术体系结构、指挥自动化系统互操作等级模型等国军标，在信息化建设中发挥了重要作用。

但从目前的状态来看，装备论证资源大多被封闭在各个科研、生产及试验等部门相对比较分散，资源建设往往与装备论证辅助支撑平台开发一并进行，论证资源多以数据库的形式开发建设，主要目的是为工具提供数据服务，资源建设详细情况见表10-2。

表10-2 武器装备论证资源建设情况

工具名称	资源情况分析
电子信息系统需求开发工具	构建了装备需求描述数据库，对装备论证资源进行管理
武器装备体系需求建模工具 武器装备体系结构描述工具	采用体系结构技术，构建了作战任务、作战活动清单、能力清单、装备类别清单、战技指标清单等武器装备论证资源库
装备发展论证智能决策支持系统	对装备需求论证过程中使用的数据资源、模型资源进行了规范
装备论证管理系统	对装备作战需求论证资源进行了分类，分为武器装备性能数据、战场环境数据、部队编制数据、外军数据、作战使用数据及计算分析数据，实现了装备作战需求论证信息的查询、添加、删除、修改等操作
基于HLA的装甲装备发展论证仿真实验平台	建立了包括论证资料库、军事知识库、仿真模型库、装备数据库、地理信息库，以及数据库管理系统和模型库管理系统

续表

工具名称	资源情况分析
防空兵装备发展论证专家系统	重点将专家提供的知识和思考、解决问题的方法，以知识资源的形式存储在计算机中
装甲装备决策支持系统	将传统的装甲装备过程、方法及资源计算机化，重点将国内外主要装甲装备信息和技术指标进行规范，为装备需求论证决策提供一定资源支撑
装甲车辆环境适应性论证与试验决策支持系统	实现了论证相关的人才、知识、方法、模型、数据等资源的管理

10.3.5 存在的问题

存在的问题如下：

（1）武器装备论证资源建设缺乏顶层设计。武器装备论证资源涉及武器装备发展战略、装备体制、体系结构、作战使命、战技指标、综合集成、装备信息等方方面面的内容，包含了陆军、海军、空军和二炮领域的各军兵种专业知识，种类繁多、结构复杂、内容丰富。我军目前还没有对武器装备论证资源建设进行长远规划的顶层设计，缺乏武器装备论证资源建设全局性研究，武器装备论证资源建设的战略目标、发展路线图等内容还未形成明确思路，严重制约了我军武器装备论证资源建设发展进程。

（2）各军兵种武器装备论证资源建设缺乏规范化和标准化。由于我军多年来各军兵种武器装备论证缺乏联合论证体制，造成各军兵种武器装备论证资源建设各成体系，描述多样化、格式不统一、标准不一致、数据不兼容，没有严格的规范和标准，使得各资源库之间兼容性差，始终没有建成服务于全军的规范化和标准化武器装备论证资源数据库。

（3）缺乏开放式管理和共享机制。由于部门利益、安全保密、技术体制等诸多原因，已建成的一些资源库，大多都没有建立配套的开放式管理办法和共享机制，只能单纯地服务于所在单位甚至是更小的科研团队，而领域专家长期积累的工程经验，由于没有资源存储管理手段，往往只能“储存”在专家大脑里，极大地降低数据使用率，造成了大量的重复投资和重复研究。

装备论证资源建设是一项基础性、保障性工程，需要联合、规范的资源建设、使用、管理和保障等长效机制作保障，同时还需要需求论证人员长期不断的努力才能实现。

10.4 装备需求论证集成环境构建

10.4.1 工具软件集成设计

10.4.1.1 功能需求分析

装备需求论证系列工具面向军事院校、科研所和军工集团等装备承研承制单位，主要任务是辅助实现从高层作战概念到装备系统方案间各个层次的使命任务分析、能力需求分析、装备需求分析、需求验证、需求管理、数据挖掘管理、资源管理、综合集成研讨等活动，为需求论证工作人员提供系列化的以定量计算为主、定性分析为辅的需求论证工具，辅助完成需求论证各个环节的工作。其主要功能包括以下 8 个方面：

（1）使命任务分析功能。主要实现高层作战概念的定性化描述到作战任务分解量化模型过程转化，在 SA 软件能力视图构建模块和作战任务清单资源基础上，实现作战高层概念描述、作战构想设计、作战活动分解、作战节点分析、作战信息交互分析等全过程软件辅助支持。

（2）能力需求分析功能。主要实现作战任务到作战能力的映射，在 SA 软件能力视图构建模块和作战能力清单资源基础上，实现作战能力需求分析、作战能力差距分析、装备能力需求分析等过程软件辅助支持。

（3）系统需求分析功能。采用统一的可视化系统描述和系统分析方法，由作战体系结构导出武器装备系统需求，实现自顶向下的系统工程开发流程，主要包括作装备型号需求分析、装备体系需求分析两个模块。根据工具化的发展需要具备装备发展战略需求分析、装备体制发展需求分析等功能模块。

（4）装备需求评估功能。主要内容包括需求一致性验证、作战能力评估、作战效能评估、费效评估、风险评估、可行性评估功能。这些基本验证评估功能可单独或组合使用，既可以对本系统论证的方案进行反馈验证、优化方案，也可以对其他系统生成的需求进行评估、择优录取，是需求论证的重要环节，也是难点工程。

（5）技术需求分析功能。结合资源库系统，实现先进技术管理功能；在 SA 软件技术标准视图基础上，实现技术标准配置预测；集成 TRIZ（发明问题的解决理论）软件功能，实现技术创新推演、技术发展规律分析和技术需求优化分析功能。

（6）需求管理功能。主要包括需求工程项目管理、需求追踪变更、需求报告生成和数据模型管理等功能，能够使武器装备需求按规定程序生成和运行，并提高需求论证的质量和效率。

（7）资源数据管理功能。主要实现对核心数据模型和资源库管理的功能，解决体系中多系统数据理解、相互支持等问题，保体系内不同系统之间数据的一致性。需要具备资源库的规范化输入、管理、定制输出等功能。

（8）综合集成研讨功能。主要包括人机交互、结构化分析、定量化描述等功能，集成研讨采用结构化、定量化方法描述定性化思想、语言的有效工具，其实质是专家经验、数据资料和计算机技术三者有机结合，构成一个以人为主的高度智能化的“人-机”结合系统，发挥系统整体优势来解决问题。

10.4.1.2 体系结构设计

装备需求论证工具以体系工程思想为指导，遵循新一代体系结构标准，融合 IDEF0、UML 和 SysML 等先进的系统工程开发标准、描述手段和方法，由军事概念、规范、知识、数据、模型、方法和软件系统等综合集成，是装备需求论证工程化的集中体现，是支撑武器装备需求分析、评估和管理的主要环境。

装备需求论证工具化软件（见图 10-14）主要分为基础层、系统层、数据层、支撑层和应用层。其中：基础层是平台运行的环境基础，主要包括硬件环境和操作软件环境，该层软硬件环境与工具软件本身没有隶属关系，是必需的外部支持；系统层是平台的系统级模块和通用标准、规范和协议，主要包括平台的总体框架，其他模块都挂接到系统总联框架上；数据层是工具软件集的公共数据源，是数据一致性设计的重要基础，也是资源化的主要载体，其主要包括核心数据模型和装备需求论证配套资源库；支撑层主要包括基础支撑和应用支撑，基础支撑以系统集成应用的异构软件为主，应用支撑是在异构软件数据库和自行设计的模型基础上，通过集成开发形成的专用构件；应用层直接面向用户，是用户直接使用的软件模块，要求界面友好。

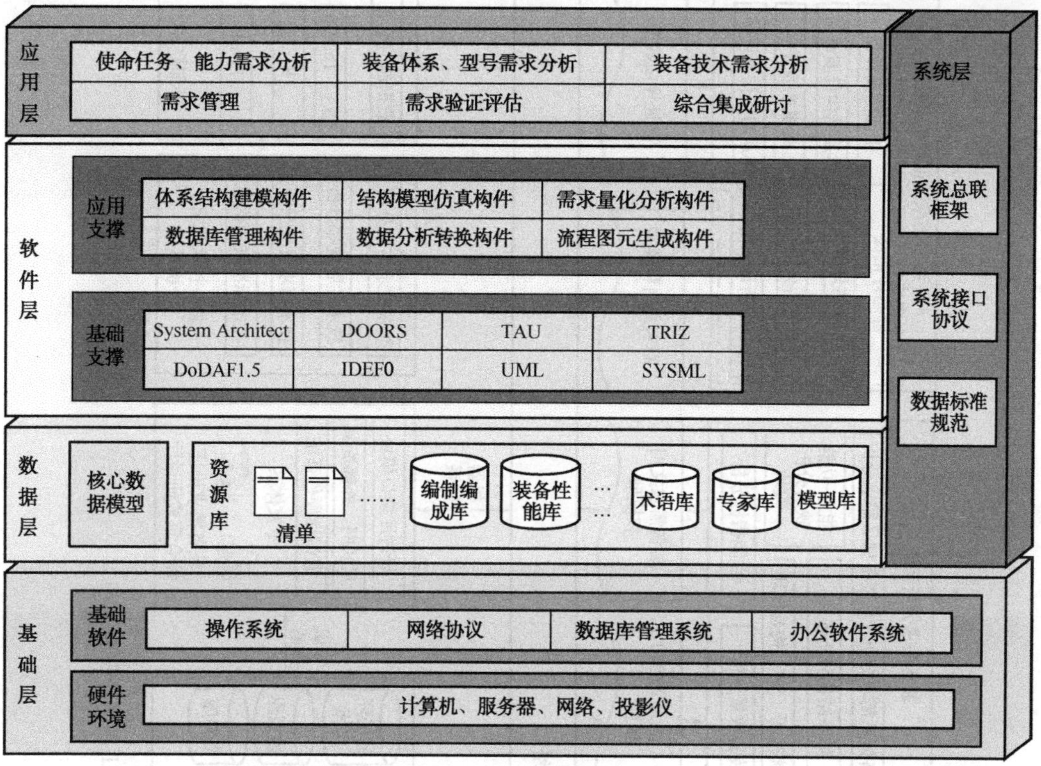

图 10-14 系统体系结构

这种基于模块化思想的体系结构框架设计，既满足了平台综合集成、柔性拓展、灵活组合的设计要求，而且层次清晰，条理清楚，为平台的实现奠定了较好的基础。武器装备需求论证支撑平台力图实现从高层作战需求到武器装备需求的各个层次的需求获取、需求分析、需求建模、需求验证、需求挖掘、需求管理、需求跟踪、需求变更等功能，是装备需求论证理论和方法研究的结晶和展现平台，是装备需求论证工程化实现的有效途径。

10.4.1.3 工具平台架构

按照工具平台的功能需求，在应用层面装备需求论证工具集主要包括使命任务分析系统、能力需求分析系统、装备需求分析系统、装备需求验证评估系统、装备需求管理系统、配套资源库、综合集成研讨系统、装备技术需求分析系统和部分相关外部异构软件等，这些工具软件通过装备需求论证工具平台总联框架和 HLA 网络协议集成在一起，其工具平台功能框架如图 10-15 所示。

10.4.2 配套数据资源建设

10.4.2.1 资源的分类

对装备需求论证资源进行分类的目的是，使用户在面对海量的论证资源时，能够快速、方便、准确地查找出所需资源，以达到节约时间、提高质量的目的。比如，有的文献将军事电子信息文档分为法规文件、技术标准、专业教材、词典字典、规划计划、作战想定、建设方案和研究成果等 8 类。在装备需求论证工程化中，按照资源的存储和使用形式，可以将配套资源分为知识类资源、结构化资源、模型库资源和通用型资源 4 种类型，如图 10-16 所示。

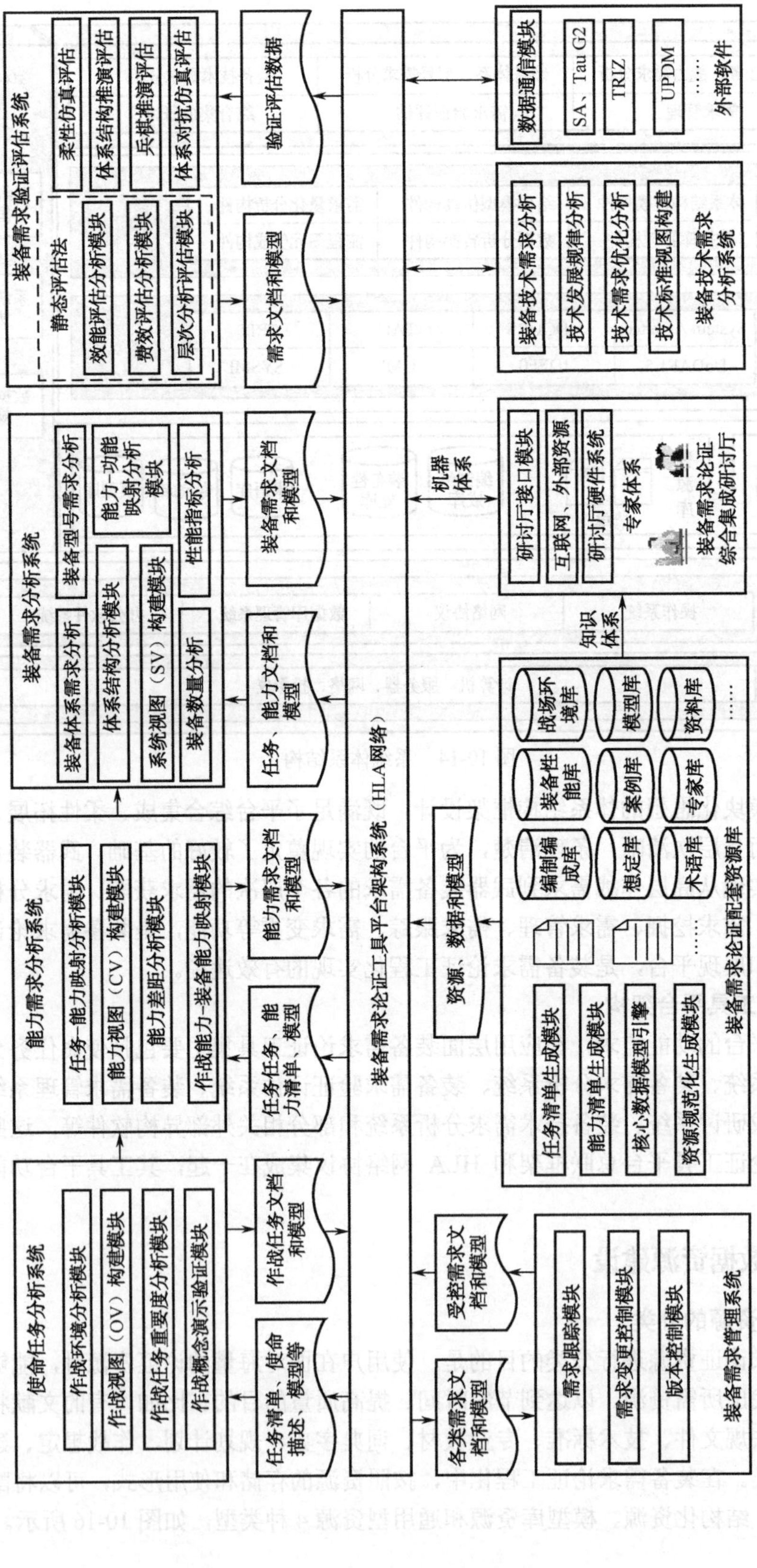

图10-15 工具平台功能架构

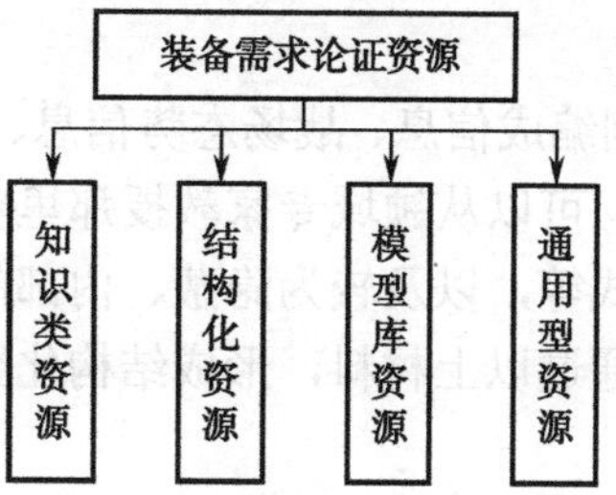

图 10-16 装备需求论证资源分类

1．知识类资源

知识类资源主要指原始的文本资源、经验性资源，以及一些难以结构化的资源，主要包括基本知识、扩展知识和法规文件。基本知识指的是对装备需求论证工程化过程起到支撑和辅助作用的相关学科领域知识，比如联合作战理论、军事装备理论、军兵种知识、国家军事战略等；扩展知识是指与装备需求论证相关的，可能使用到的知识，比如相关的技术资料、文档资料、作战想定、外军知识等；法规文件是对装备论证领域相关工作和活动的政策、法规、制度、规范、标准的统称，是装备需求论证工程化重要的权威数据源，比如军语、相关国军标、DoDAF系列标准等。

2．结构化资源

结构化资源主要指可以被数据库以结构化的方式识别、读取和使用的数据。主要包括各类清单类数据、装备性能数据、编制编成数据、战场环境数据、作战规则数据、关键技术数据等。例如，武器装备性能数据是用来描述在装备需求论证过程中使用的武器装备的性能和特征的数据，主要包括为机动性能、侦查性能、火力性能和防护性能。机动性能数据包括单位功率、发动机类型、最大速度、公路平均速度、加速时间、最小转向半径、制动距离、单位压力、平均最大单位压力、最大侧倾行驶速度、过垂直墙高度、越壕宽、履带形式、车底距地高、最大行程和涉水深等；侦查数据包括观察距离、可视面积、搜索时间等；火力性能数据包括射击反应时间、射击速度、最大射程、高低射界、有效射程、直射距离和最小射击距离等；防护性能数据包括装甲厚度、防电磁脉冲强度等。

3．模型库资源

模型库资源主要指数据以模型的方式存在与数据库中，其与结构化资源最大的区别是，结构化资源的数据关系是固定列化的，而模型数据的数据关系是千变万化的。装备需求论证工程化模型数据主要包括两大类，一是元数据模型，另一个是计算机（仿真）模型。其具体的存储方法这里不做赘述。

4．通用型资源

通用型数据其实是结构化数据的一部分，之所以独立分类，主要是因为它也是模型库数据的重要组成部分，尤其是元数据模型库中大量使用了通用数据型资源。

10.4.2.2 资源来源渠道

装备需求论证资源来源渠道广泛、形式多样、结构复杂，其主要获取途径包括以下 6 个方面：

（1）收集相关政策法规文件。各类政策法规对装备的发展提出了要求，为装备需求论证指明了方向，是权威数据源。

（2）收集相关理论著作、学术/学位论文。各类有关装备需求论证的书籍著作、论文等中收集装备需求论证的知识资源。

（3）梳理作战想定。包括编制编成信息、战场态势信息、情报侦察信息、指挥控制信息等。

（4）咨询相关专家学者经验。可以从领域专家教授那里获取经验性和规则性知识信息，包括最新的装备需求论证方法、模式等，以及较为隐蔽、内部的经验材料等。

（5）总结归纳和改造新增。通过以上材料，形成结构化数据，比如作战任务清单、作战能力清单、作战条件清单等。

（6）改造构建各类模型。比如，装备体系结构的组成元素数量众多，类型多样，主要有描述武器装备体系结构组成元素的名称、数量、性能参数、战技指标和行为属性等。

装备需求论证资源存在的形式多种多样，还可以根据资源性质把装备需求论证资源分为显性资源和隐性资源，其中显性资源通常能够实实在在看得到，而隐性知识主要存储在人的大脑中，难以提取，可通过非正式交流、学术会议、个人交流、调研、总结等形式显性化。

10.4.2.3 资源体系框架

装备需求论证工程化可以分为使命任务分析、能力需求分析、装备型号/体系分析、装备需求评估等四个阶段，往下还可以继续分成 20 多个环节，每个环节都有模型和工具支撑，其使用的数据资源各不相同。那么到底需要哪些资源，这些资源怎么组织呢。按照装备需求论证资源的四大类，分析得到了装备需求论证资源体系框架如图 10-17 所示。

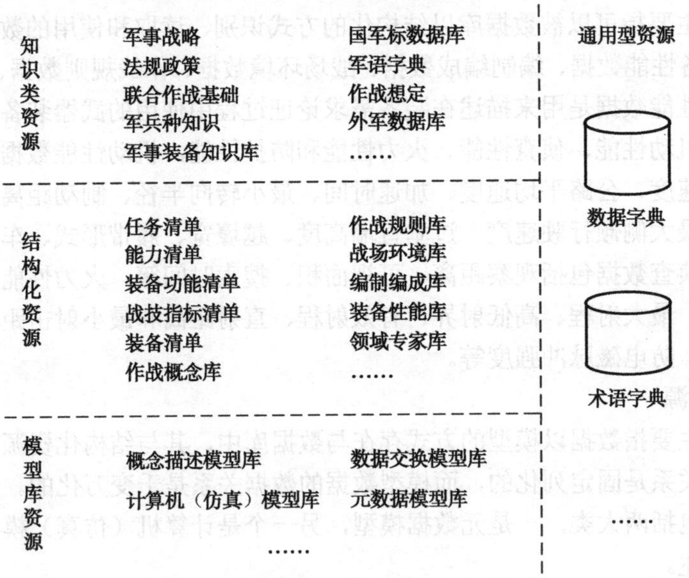

图 10-17 装备需求论证资源体系框架

知识类资源，主要包括军事战略、法规政策、联合作战理论、军事装备理论、军兵种知识、国军标数据库、军语字典、作战想定文件、外军数据文件、图片、音频/视频流文件等。这些资源主要以文本、图片、流文件的形式存储在数据库中，资源库负责信息管理，具有编辑、修改、查询浏览等功能。知识类资源的主要使用对象是人，使用的方法是文本、图片浏览等方式。

结构化资源，主要包括任务清单、能力清单、装备功能清单、战技指标清单、装备清单、装备性能库、关键技术清单、作战概念库、作战规则库、战场环境库、编制编成库、领域专家库等。这些资源主要以条目化的形式存在数据库中，计算机可以读取、识别和使用，主要用来规范装备需求论证集成平台中相关术语，以保持数据的一致性。

模型库资源，主要是元数据模型和计算机仿真模型，也包括其他的模型，比如概念描述模型、数据交换模型，但是对于集成平台的使用来说，主要还是元数据模型和计算机数据模型。

通用型资源，主要包括术语字典和通用数据字典，为上述三类资源所共用。

10.4.2.4 资源的管理与应用

装备需求论证资源库管理功能如下：

（1）用户和权限管理功能。资源库涉及信息多而复杂，要求有较高的安全性。因此，根据不同的用户系统提供浏览、修改/增加/删除、下载、系统管理等功能。资源库的功能权限分为普通用户、高级用户（系统架构师/论证领域人员）、系统管理员（系统开发人员），设定用户权限进行用户管理，对不同的用户赋予不同等级权限。其中，系统管理员拥有全部的操作权限，论证人员可以浏览、增加、修改、删除和下载，一般人员只能进行浏览，不能进行其他有关操作。

（2）数据库管理功能。具备一般数据库具有的录入、上传、下载、编辑、删除、查询、统计、审核等功能。

（3）系统管理功能。实现对资源库的维护，保证资源库的稳定性、扩展性及对并发访问的支持，包括资源库的初始化、清空、备份和恢复等功能。

（4）数据模板功能。根据数据模板，规范数据形式。

（5）结构化数据管理功能。包括作战任务清单、作战能力清单等清单类数据的编辑、生成和管理功能。

（6）元数据模型管理功能。资源库提供对元数据模型的编辑、组织和管理功能。

（7）模型调度功能。提供计算机（仿真）模型的出入库调度

（8）二次开发功能。资源库应该提供应用程序接口（API），以便其他兼容软件的调用，如装备需求论证工程化集成平台。

装备需求论证资源的应用架构纵向上可分为支撑层、资源层、中间件层和应用层等 4 层次，横向上包括资源的获取和使用两个通道，如图 10-18 所示。支撑层主要指支撑资源库存储使用的软硬件环境，包括硬件系统、数据库管理软件、办公管理软件等；资源层是在支撑层的基础上存储的各类数据库，知识类数据、结构化数据、模型数据和通用型数据均包含在这一层；中间件层主要是操作资源库的软件模块，资源获取和使用的两个通道主要在这一层体现，左侧中间件层通过应用层获取数据存储于资源层，右侧中间件层从资源库提取数据共应用层使用；应用层主要包括资源的使用对象，主要包括各类相关人员、综合集成研讨厅、装备需求论证工程化流层软件，以及一些外部建模软件、仿真评估类软件。

10.4.3 关键技术分析

装备需求论证集成环境实现过程中用到了很多先进技术，下面简要介绍元数据模型技术和软件综合集成技术等 3 项核心技术。

10.4.3.1 元模型技术

装备需求论证是一项复杂的系统工程，包括需求分解、参数计算、目标优化、方案权衡等内容，工作量巨大，涉及 DoDAF、SysML、SA 等不同的标准、语言和软件，协调复杂，通信困难。建立统一的数据模型，从根本上解决数据通信、二义性等问题，是需求论证工具化最重要的工作之一。

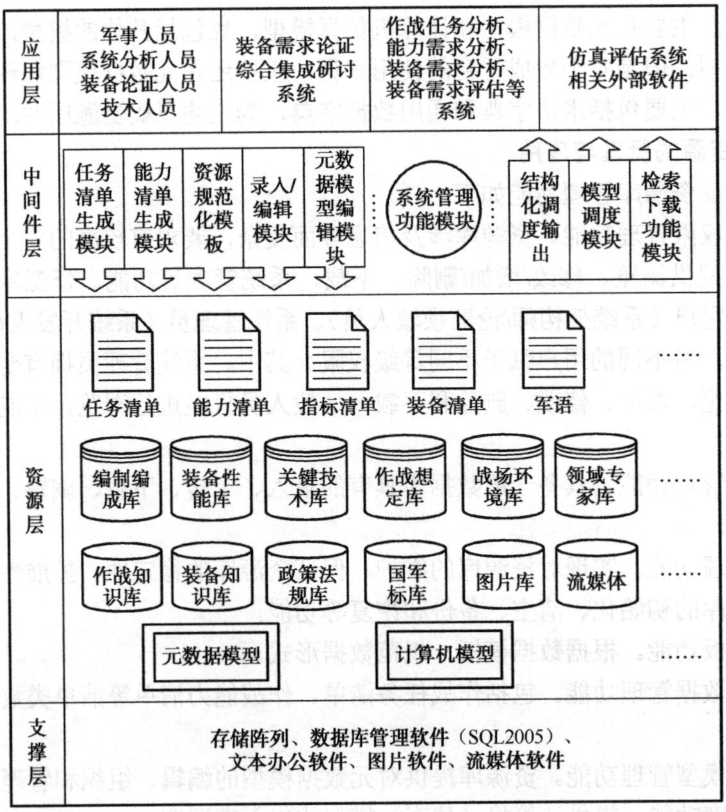

图 10-18　资源应用架构

元模型是描述模型的模型。体系结构框架元模型定义了体系结构描述中采用的体系结构元素类型以及这些元素之间的关系，这些数据元素需要分类、组织和存储。美国国防部不同时期有不同版本的分类、组织和存储方法，大致可以归纳为以下两类：第一类是支持早期 DoDAF 版本的核心体系结构数据模型（CADM）；第二类是体系结构框架元模型和数据组，主要有美国国防部开发的 DoDAF 元模型（DoDAF Meta Modal，DM2）、英国国防部开发的 MoDAF 元模型（MoDAF Meta Modal，M3）和北大西洋公约组织开发的 NAF 元模型（NAF Meta Modal，NMM）。

1．元模型概念

元建模和元模型的概念最早来源于软件工程领域，是伴随着通用建模语言 UML 的出现和 MDA（Model Driven Architecture）的出现而提出的，以提供对 UML 和 MDA 的支持。到目前为止，为了不同的目的，已经定义了很多元模型，例如早期有 EIA（电子工业协会）定义的 CDIF（CASE Data Interchange Format）元模型，精确 UML 社区（Precise UML，pUML）和范德贝尔特大学（Vanderbilt University）的 MetaGME。随着 OMG（对象管理组织）的 MDA 技术的推出，MOF（Meta Object Facility）和类似 MOF 的研究成为元建模语言研究的热点。按照 MOF 标准，它的 4 层元建模架构提供一组建模元素以及使用这些元素的规则。这些层次分别为用户对象层 M0，模型层 M1，元模型层 M2，元元模型层 M3，如表 10-3 所示。

表 10-3 元建模 4 层架构

层 次	描 述
M3：元元模型（Meta-Metamodel）	元模型建模的支撑系统，定义了描述元模型的语言
M2：元模型（Metamodel）	元元模型的一个实例，定义了详细说明模型的语言
M1：模型（Model）	元模型的一个实例，定义了描述信息领域的语言
M0：用户对象（User objects）	模型的一个实例，定义了详细说明信息领域的语言

元模型建模和其他学科一样，有自己的术语。下面给出元建模学科中一些被通常使用的定义及其相关概念，以区别于在其他学科中的小同用法。

（1）模型（Model），在系统（特别是软件系统）建模的过程中，一些人为定义的信息集合。例如，属性（Attribute）、方法（Method）等。

（2）元模型（Metamodel），能够表达建模中信息的信息模型。元模型的相关概念有元类（MetaClass）、元过程（MetaPro-cess）、元方法（MetaMethod）、元赋值（MetaAssignment）等。

（3）元元模型（Meta-metamodel），这是人们看问题的起点，但实际上是非常简单的：为了创建一个元模型，人们需要一种能够表达这种元模型的语言，元元模型就是这种语言。之所以取这个名字，是因为元元模型和元模型之间的关系与元模型和模型之间的关系是类似的，就像我们熟悉的对象类和它的实例之间的关系一样，是抽象和具体的关系。

（4）元类（MetaClass），类似于一般建模中的类，但是用于元模型。

（5）元实体（MetaEntity），实际上是元类的同义词。

（6）元关系（MetaRelationship），类似于一般建模中的关系，但是用于元模型。

（7）元属性（MetaAttribute），类似于一般建模中的属性但是用于元模型。

（8）元对象，经常作为组成元模型建模语言的所有事物（"things"）的通用术语，例如，元类、元关系、元属性。通常，和完全成熟的模型的信息建模语言相比，元元模型（元模型建模语言）提供的元对象的数量是相当少的。

（9）元对象实例（MetaObject Instance），当用户利用元模型提供的概念创建一个模型时，元模型才被实例化。例如，类"Customer"是元类"Class"的一个实例。类似地，可以理解元关系和元属性的实例。

2．元模型的分级模型

按照标准数据模型的习惯，DM^2 模型可划分为 3 个层级，如图 10-19 所示。

（1）概念数据模型（Conceptual Data Model，CDM）定义了高层数据结构，采用易于理解的语言和非技术术语建立体系结构，描述数据结构间的关系，使各个级别的主管和管理人员易于理解体系结构的数据基础。

（2）逻辑数据模型（Logical Data Model，LDM）是在概念数据模型上增加技术信息，它使用体系结构的数据定义，而无需考虑执行细节和产品细节问题，其另一目的是提供一种通用数据定义词典，确保逻辑层数据无论处于结构的何处，都能始终如一地表示同一概念。

（3）物理数据模型也称为物理交换规范（Physical Exchange Specification，PES），它是在逻辑数据模型上增加特定的一般数据类型和执行属性而形成的，最终形式化表达为 XSD 文件。

DM^2 的数据条目如表 10-4 所列。

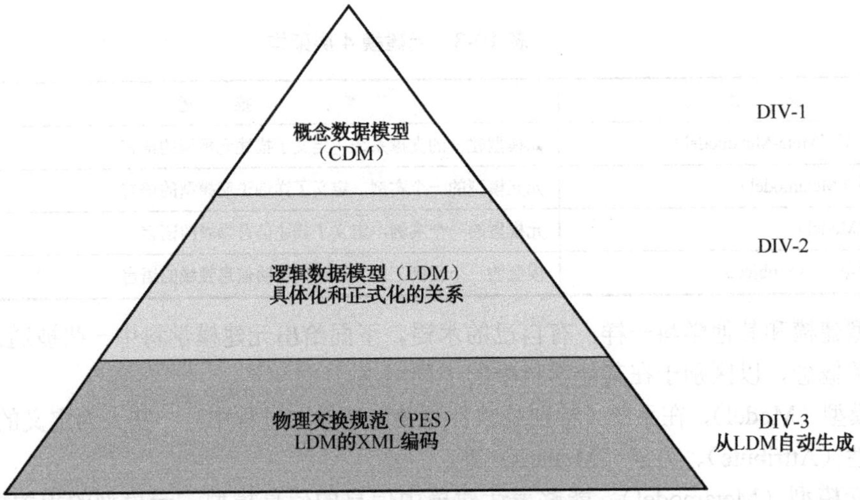

图 10-19　DM^2 的 3 个级别

表 10-4　DM^2 的数据条目

	模式文件	定义和别名	描述文件
CDM	无		CDM 描述 项目经理和核心过程参与人对 DM^2 的指南
LDM	利用 IDEAS 配置文件产生的 UML 和 XMI 文件	MS　Excel文件	LDM 描述 架构师的指南
PES	XSD		物理交换规范 集成商、数据分析人员和开发人员指南

3．CDM、LDM 和 PES 之间的关系

（1）概念数据模型中的信息表示方式与逻辑数据模型中的数据表示方式有 3 种关系：彼此相同、由前者分解成后者或前者的分解因子是后者。概念数据模型中的信息表示方式的详细程度范围很宽：从概念列表到结构列表（即整体–部分，超–子类型）再到内部关系概念。在概念数据模型这个层次上，任何关系都只做简单描述，但在逻辑数据模型层次上，这些关系都将明确地表示，并赋予属性。换句话说，属性（或附加关系）被加到逻辑数据模型的层次上。

（2）物理数据模型执行和实施的结果，通常会导致对逻辑数据模型进行标准化修改，这样能够快速、直接地进行追溯。因此，从逻辑数据模型到物理数据模型不需要引入新的语义。

数据和信息视角模型用途。数据和信息视角的 DoDAF 描述模型提供了一种手段，确保只把对组织机构作战和业务重要的信息项作为企业的一部分而进行管理。这些信息项是与不同的体系结构相关方进行讨论的基础，包括与决策支持者、架构师和开发者进行讨论的基础。上述体系结构相关方需要详细程度不同的信息来支持他们在企业中承担的任务。

当用结构化分析方法创建体系结构时，可从与组织机构活动有关的输入和输出中导出作为数据模型一部分而收集的信息项。利用这种方式创建的数据模型，将把体系结构内部管理的数据与需要这些数据的活动联系起来。这样就提供了一种有价值的构建方式，使信息可以追溯到该体系结构的战略驱动因素。这样也能使数据运用到将服务和系统映射到业务运行的表述中。当与概念层的执行决策人和有关人员讨论追溯性时，概念数据模型是一个很好的工具。

逻辑数据模型在概念层和物理层间架起一座桥梁。逻辑数据模型引入属性和结构化规则，结构化规则形成了数据结构。逻辑数据模型与概念数据模型相比，它提供了更多的细节，能够与架构师、系统分析人员等体系结构相关方进行深入的交流。逻辑数据模型是一种能起能桥梁作用的模型，在体系结构开发和系统开发之间架起桥梁。逻辑数据模型为生成需求和测试服务与系统运行程序，提供了一种有用的工具。

（3）物理数据模型是数据库的实际数据模式具体体现，数据库为服务提供了数据，并提供了应用采用的数据。这种模式通常是为满足绩效参数而进行优化后的一种非规范数据结构。物理数据模型通常由定义良好的逻辑数据模型产生，然后被数据库开发者、系统开发人员使用；或是独立于逻辑数据模型而开发（这不是最优的开发方法），然后由数据库和系统开发人员进行优化。物理数据模型可用来开发 XML 信息集合和其他物理交换规范，使体系结构信息能够相互交换。

用来创建数据和信息模型的元数据组。前面论述的 DoDAF 描述模型特别关注 DoDAF 元模型中的某些特定领域，从这些领域可以提取模型的大部分信息。例如，能力视角的各个描述模型大部分是由从能力元数据组中提取的数据组成的，计划视角、服务视角和其他视角也是如此。但是，对数据和信息视角的描述模型则有些不同。

数据和信息视角的各个描述模型包含从所有元数据组中提取出来的信息。因此，组织机构正在利用的任何企业体系结构管理信息，都应在数据和信息模型中获取。如前所述，不是所有模型都包含详细的信息，例如，概念数据模型通常不像逻辑模型和物理模型那样也包含属性，但是，信息项本身（如能力、活动、服务）应在所有模型中都予以表示。这3类模型结合在一起将能够在用做需求论证的体系结构与用来支持系统工程的体系结构之间架起连接的桥梁。

4. 元模型的应用

按照 DM^2 的组织原则，不管采用何款体系结构开发工具（支持 DoDAF2.0）开发视图模型，如果交换体系结构数据，PES 就是交换的规范。PES 提供了一个有效、标准的方法，以确保在一个与工具集无关、与方法无关的环境中能够共享数据。需求论证工具开发中使用可扩展标记语言（XML）范式定义（XSD），通过电子数据表或其他方法记录体系结构数据和信息，并且将数据和经过组织的信息存储到数据库，这些均由于采用了PES所达成的共识而变得更加容易。装备需求论证系列工具与其他配套软件之间的数据耦合如图 10-20 所示。

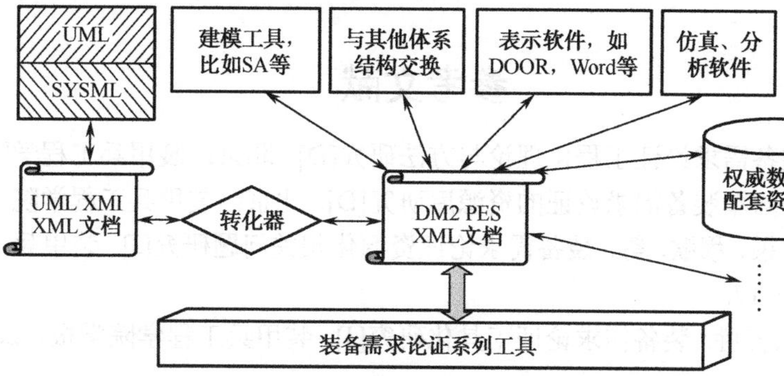

图 10-20　装备需求论证系列工具与其他软件数据关系

10.4.3.2　SA 软件集成技术

由于目前的体系结构分析软件大多不具备二次开发功能，因此，要在这些软件基础上进行综合集成开发的难度很大。装备需求论证系列化工具中选用了 SA 作为体系结构生成工具，解决与 SA 软件的功能集成和数据通信是需要突破的主要关键点。

1．使用脚本语言进行功能扩展

SA 软件通过使用脚本语言扩展元数据定义文件达成扩展和定制功能，SA 中提供了元模型，由元数据负责存储模型库，SA 的对象模型是建立在其元模型基础之上的，对元数据进行扩展，就能对 SA 的模型库进行扩展。SA 提供的 2 个元模型数据文件为：系统文件 saprops.cfg 和用户扩展定义文件 usrprops.txt，均存储在 SA 可执行文件夹中。当 SA 载入某个体系结构产品时，首先读入 saprops.cfg 文件，然后读入 usrprops.txt，两者结合生成 saprops.bin 文件，按照载入顺序，usrprops.txt 文件将对 saprops.cfg 文件进行覆盖，从而实现用户定制与扩展 SA 元模型模板功能。对 usrprops.txt 文件进行编辑控制时，每个条目必须以 LIST、RENAME、DIAGRAM、SYMBOL 或 DEFINITION 等描述语句开头。usrprops.txt 文件覆盖到 saprops.cfg 文件时，其条目都附加在 saprops.cfg 文件相关条目的末尾，但是包含 CHAPTER 命令时，usrprops.txt 各条目附加在相关对话框的末尾。如果 saprops.cfg 文件中已有相同的 CHAPTER 或 GROUP 命令段，则 usrprops.txt 文件中相同的命令段下的条目将附加于末尾。按照以上方法对 usrprops.txt 文件的控制，即可完成对 SA 元数据模型的扩展和定制，从而实现装备需求论证工具对 SA 视图产品的无缝连接。

2．VBA 接口与功能扩展

VBA 是新一代标准宏语言，是基于 Visual Basic for Windows 发展而来的。它与传统的宏语言不同，传统的宏语言不具有高级语言的特征，没有面向对象的程序设计概念和方法。而 VBA 提供了面向对象的程序设计方法，提供了相当完整的程序设计语言。但是，VBA 开发的程序必须依赖于它的父应用程序（也称宿主软件），通常 VBA 作为 Microsoft Office 自带的二次开发工具，可为日常办公带来极大的便利。

SA 也具有 VBA 接口，提供 VBA 编辑器。SA 进行部分功能的定制开发，进行功能扩展。VBA 扩展功能使高级 SA 用户创建运行在 SA 上的脚本，并在用户调用时运行该脚本。SA 内部提供了 VBA 集成开发环境（IDE），用于创建、编辑 VBA 脚本。另外，VBA 编辑器提供了一个对象浏览器（Object Browse），以帮助浏览 VBA 中所有可用的对象。SA 提供了《VBA 扩展指南》以供参考，其中最重要的对象库是 SA2001。

参考文献

[1] 董志明. 装备需求论证工程化理论与方法研究[D]. 北京：装甲兵工程学院，2013.

[2] 李果. 面向陆军装备需求论证的资源库研究[D]. 北京：装甲兵工程学院，2012.

[3] 郭齐胜，李果，穆歌，等. 装备需求论证资源化相关问题研究[J]. 装甲兵工程学院学报，2012，26（5）：12—17.

[4] 董志明，郭齐胜. 装备需求论证工具化研究[J]. 装甲兵工程学院学报，2012，26（6）：6—9.

[5] DoD Architecture Framework Working Group. DoD Architecture Framework Version 2.0 Volume1: Introduction, Overview, and Concepts Manager’s Guide[S].28 May 2009.

[6] Universal Joint Task List. CJCSM 3500 04D 1 August 2005.

[7] 国防科学技术大学信息系统与管理学院. 体系结构研究[M]. 北京：军事科学出版社，2010.

[8] 马张华. 信息组织[M]. 北京：清华大学出版社，2003.

[9] 詹武，张小京. 基于 DoDAF 与 SA 的信息系统体系结构设计实践研究[C]. 第五届全军武器装备体系研究研讨会论文集. 北京：国防工业出版社，2010.

[10] 张宝书. 陆军武器装备作战需求论证概论[M]. 北京：解放军出版社，2005.

[11] 王书敏，刘俊友，金江. 作战任务的规范化描述方法初探[J]. 军事运筹与系统工程，2006，20（3）：27—30.

[12] 冯钧，唐志贤，黄如春，等. 水利信息资源元数据管理方法研究[J]. 水利信息化，2011，（5）：1—5.

[13] 冯志勇，李文杰，李晓红. 本体论工程及其应用[M]. 北京：清华大学出版社，2007.

[14] 薛惠锋，张骏. 现代系统工程导论[M]. 北京：国防工业出版社，2006.

[15] 吴坚. 面向装备需求论证的任务体系生成技术研究[D]. 北京：装甲兵工程学院，2012.

第11章 装备需求论证应用

EQUIPMENT DEMONSTRATION

装备需求论证工具软件和数据资源建设的主要目的是解决装备需求论证理论和方法实用化的问题，为装备需求论证工作提供科学高效的方法手段支撑。本章以特混舰队体系作战和某型轮式装甲车需求论证为例，从装备体系和装备型号两个方面，对以上提出的装备需求论证理论与方法进行应用实践。由于装备需求论证集成开发环境还不尽成熟，故本章示例中仅利用其中的部分模块。

11.1 装备需求论证集成环境应用模式

装备需求论证集成环境是装备需求论证工程化——“规范化、模型化、工具化、资源化”技术路线面向用户的交互窗口，集成环境应用模式实际就是装备需求论证工程化的基本过程。按照总体设计思路，集成环境首先应该满足装备需求论证全过程工具支撑的要求。另外，它也应当能够按照特定功能需求进行组合开发，完成特殊的开发需求，比如，作战行动建模、任务清单定制等。

11.1.1 全流程应用模式

按照装备需求论证工程化的总体思路，集成环境全流程应用模式是指使用工具软件的所有模块，从使命任务分析开始到形成装备系统需求方案的全过程应用模式，如图 11-1 所示。

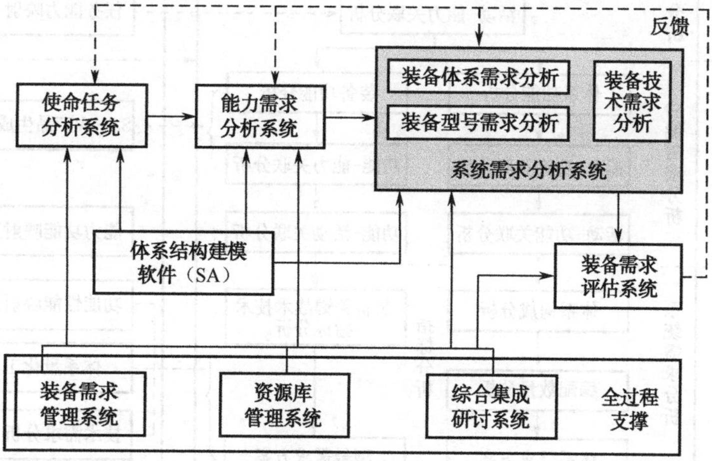

图 11-1 装备需求论证集成环境应用流程

按照工程化流程对应工具模块的思路进一步细化，装备需求论证集成开发环境对装备体系和装备型号需求论证全过程工具软件支持如图 11-2 所示。

11.1.2 按需组合应用模式

集成环境在支撑装备需求论证全过程的同时，也可以根据需要组合，定制专题应用模式。下面以作战行动建模和作战任务清单制作为例，介绍应用过程。

1．作战行动建模应用模式

需要验证一个作战概念时，仅需进行“作战概念分析－作战行动建模”两个步骤即可，如图 11-3 所示。

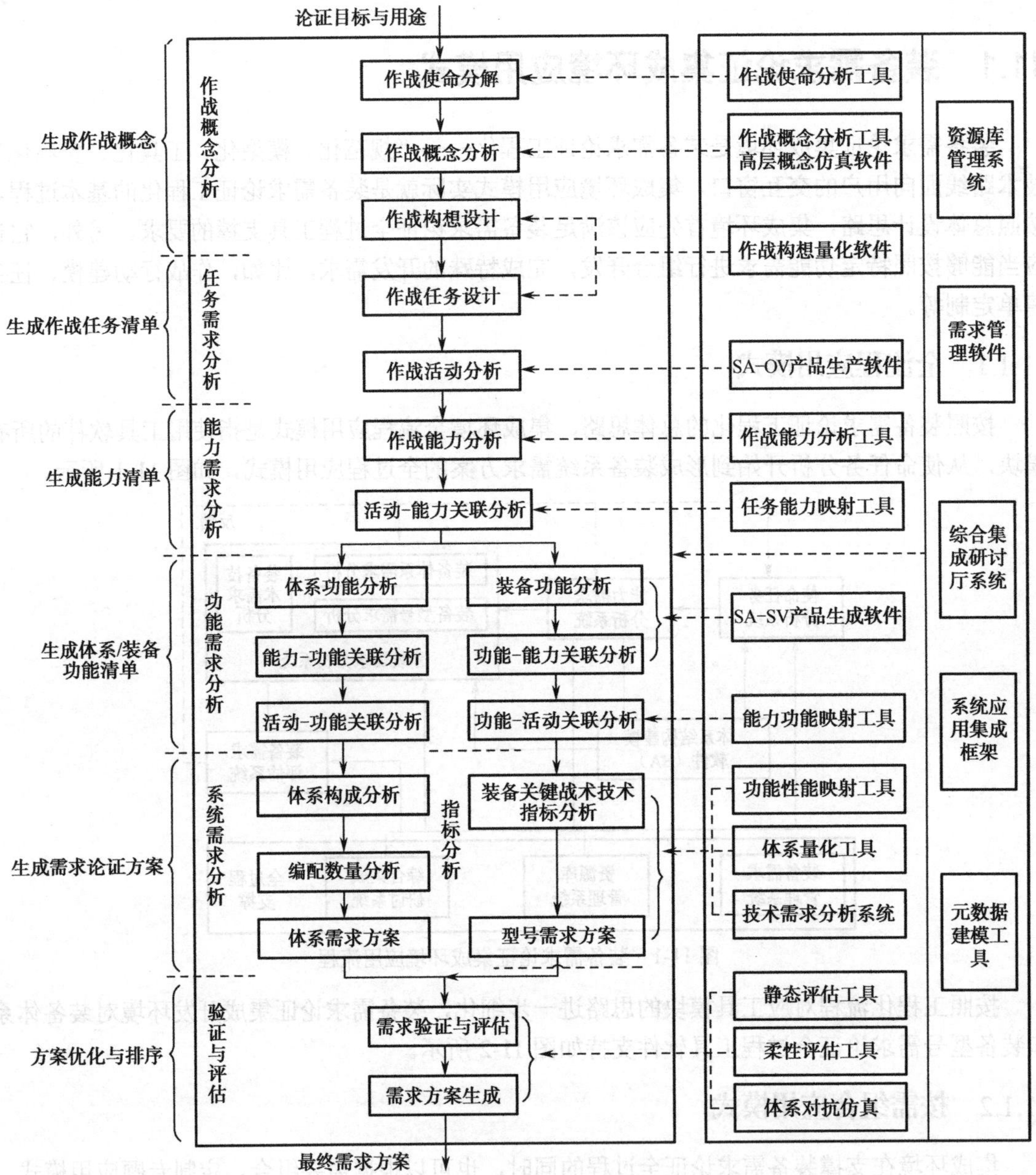

图 11-2　工具软件与流程环节的对应关系

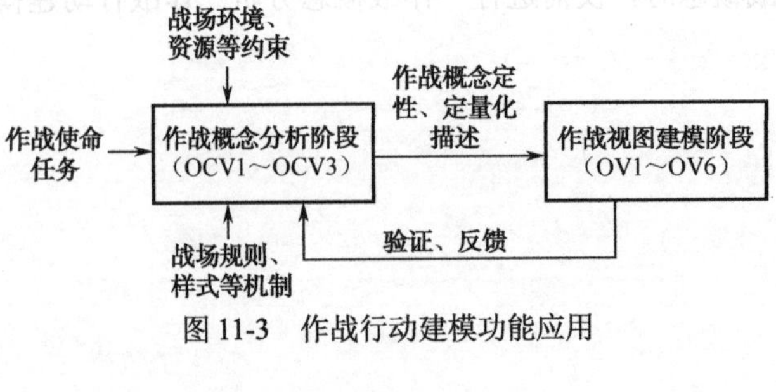

图 11-3　作战行动建模功能应用

2．作战任务清单制作应用模式

需要制作一个作战任务清单时，组合资源库系统和综合集成研讨厅两个系统可以完成该项功能，如图 11-4 所示。

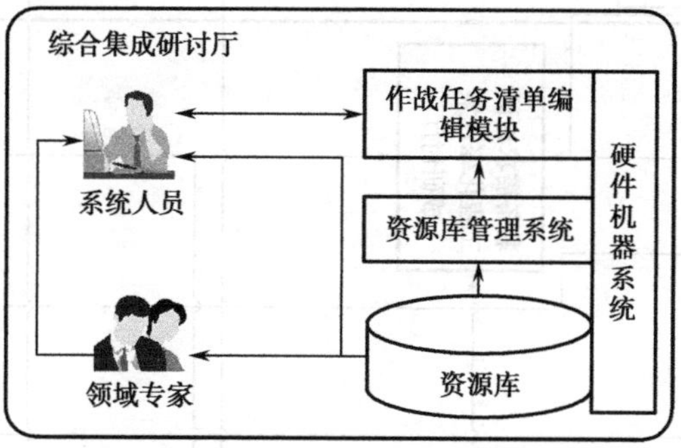

图 11-4 作战任务清单制作功能应用

11.1.3 专题式应用模式

围绕装备需求论证中的某些专门问题，依托装备需求论证集成环境，按照专题式应用的功能模块组合需求，形成面向专门问题的论证应用环境。典型的装备需求论证专题如图 11-5 所示。

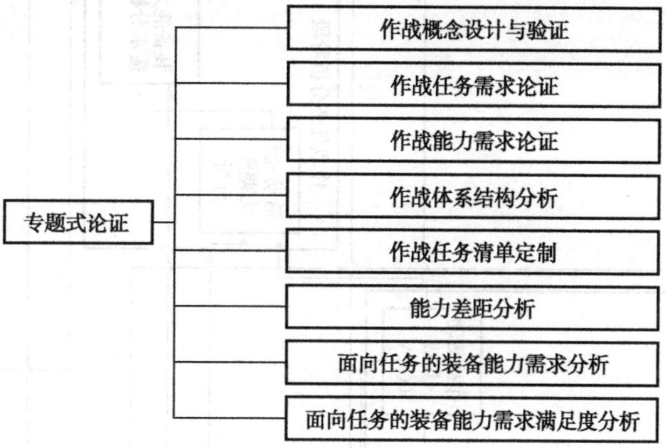

图 11-5 装备需求论证集成环境支持的典型论证专题

11.1.4 配套数据资源体系应用模式

根据装备需求论证资源的分类，其使用对象主要有 3 类：一是参与装备论证的各类人员，主要使用知识类资源，该类资源由文字、图片和视频等构成，便于论证人员理解和使用；二是装备需求论证工程化流程环节软件（模块），主要使用结构化资源和元数据模型资源，其中论证人员参与的部分也需要适当的知识类资源支持；三是仿真评估软件，主要使用计算机模型，一般地直接调用软件模块或是仿真程序。

按照资源使用情况的分析，结合装备需求论证工程化过程，主要资源使用调度如图 11-6 所示。

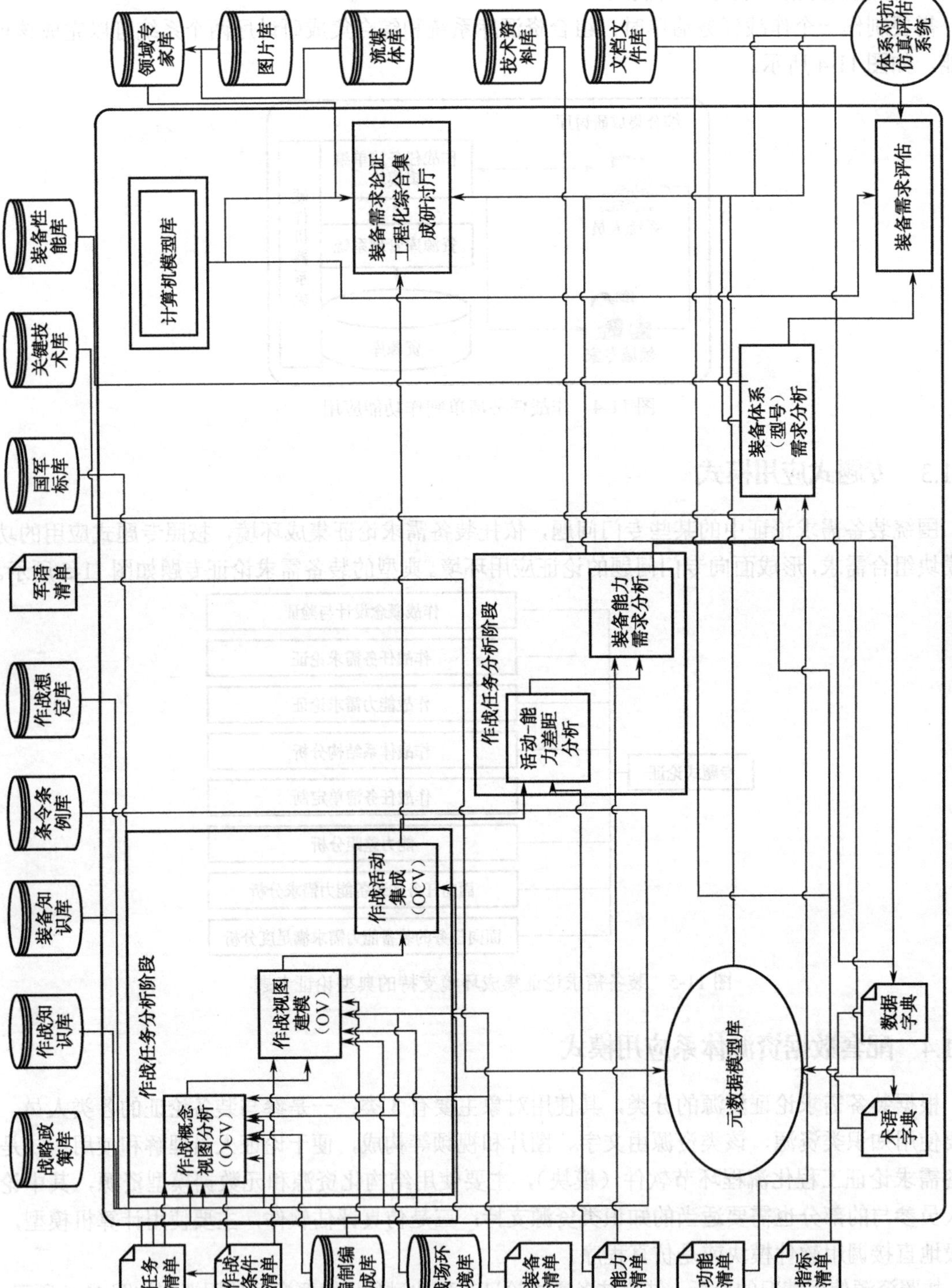

图11-6 装备需求论证数据资源应用调度图

11.2　面向按需组合模式的特混舰队综合电子信息系统需求论证

本节以外军特混舰队综合电子信息系统需求论证为研究对象，应用装备需求论证工程化理论与方法，以装备需求论证工程化支撑平台为依托，采用按需组织模式，分析特混舰队的作战概念、作战任务需求、综合电子系统需求，重点研究需求之间的映射关系。因特混舰队综合电子信息系统涉及装备类型多、数量大，符合装备体系的基本特征，因此可视作装备体系。具体分析流程如图 11-7 所示。

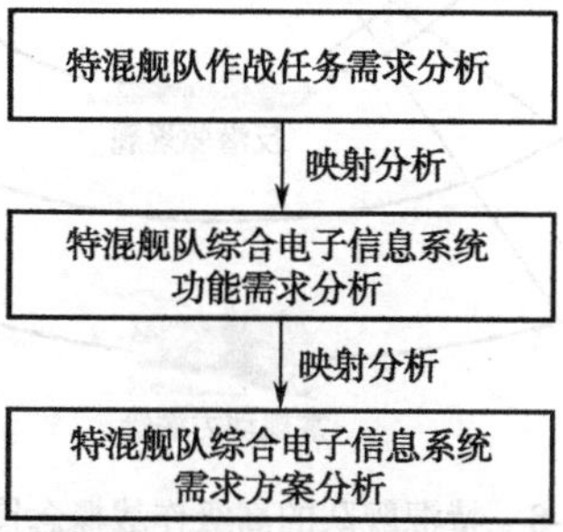

图 11-7　特混舰队综合电子系统需求论证流程

11.2.1　特混舰队作战任务需求分析

按照作战任务需求分析的要求，基于装备需求论证工具集成平台，采用基于 ABM 的武器装备系统作战需求分析方法，开展特混舰队使命任务需求分析，具体过程如下：

（1）特混舰队作战概念分析。建立高级作战概念图 OV-1，宏观、概要地描述特混舰队要执行的作战概念或使命任务，概括地描述作战环境、作战方式、参与作战单元、主要作战活动和要达到的效果，可采用文字、图形或用文字和图形相结合的方式将一个作战概念或作战任务相对简略地描述出来。高级作战概念图 OV-1 是后续作战任务模型和作战节点模型开发的依据。特混舰队的高级作战概念示例图，如图 11-8 所示。主要内容是特混舰队前往攻击敌陆地目标途中，遭遇敌人用飞机、导弹快艇、潜艇联合进攻，我舰队防护和反击的过程。

（2）作战任务层次化分解。根据高级作战概念图 OV-1 描述的特混舰队的作战概念或使命任务，采用使命-任务-活动的逐层分解方法，按照 IDEF0 方法采用树状结构方式建立特混舰队活动层次化树状模型（OV-5 Node Tree）。特混舰队作战活动树状模型示例，如图 11-9 所示。

（3）作战活动的信息流分析。根据特混舰队作战活动树状模型中确立的作战活动集，分析完成作战任务的各个作战活动之间的信息需求，采用 IDEF0 描述作战活动之间关系，重点是活动之间的信息流，建立作战活动流程模型（OV-5 Activity Model），将作战活动通过信息流形成完整的作战过程。特混舰队的作战活动流程模型示例如图 11-10 所示。

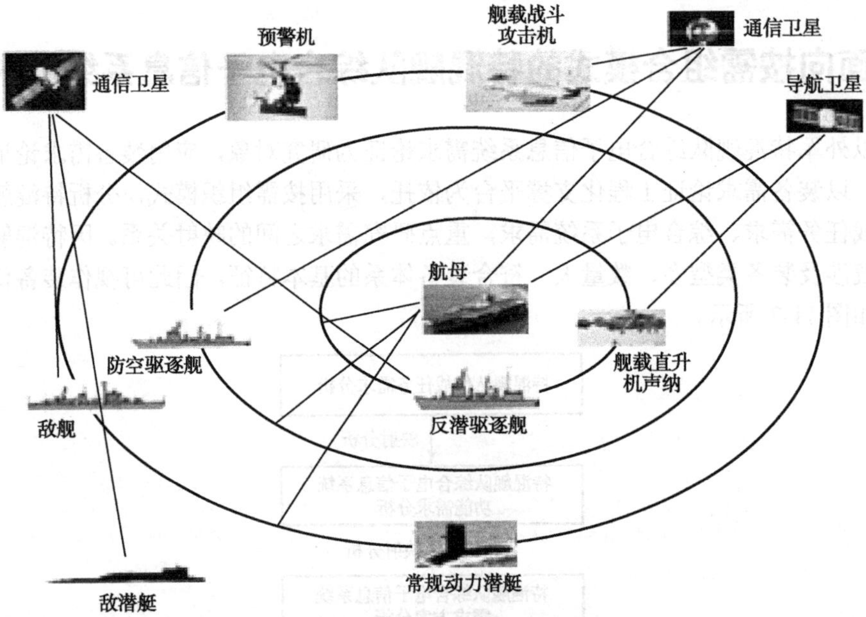

图 11-8　特混舰队的高级作战概念图示例

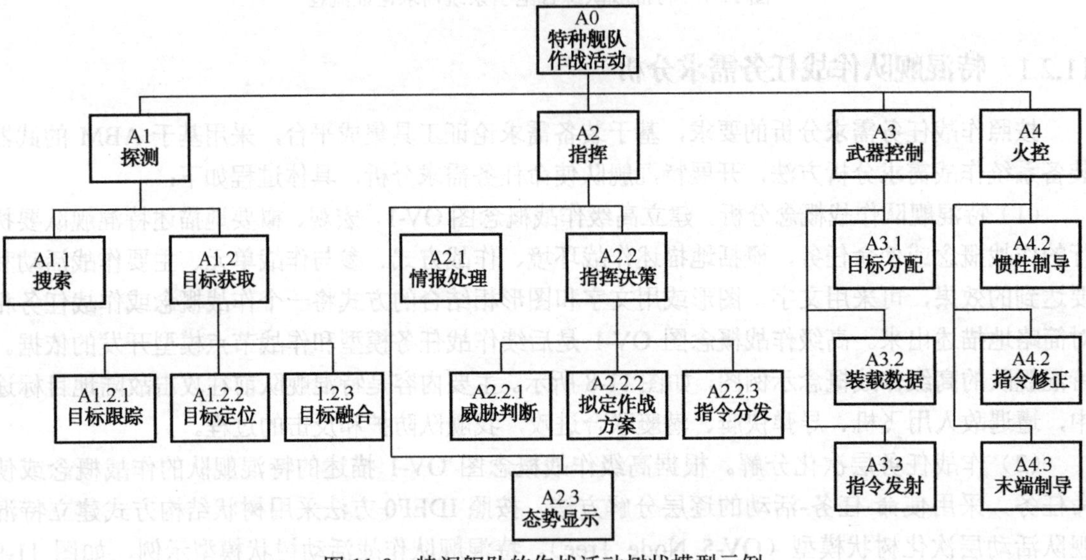

图 11-9　特混舰队的作战活动树状模型示例

（4）作战信息数据格式分析。根据作战活动模型作战信息需求，分析信息的数据模型及相互之间的关系，建立特混舰队的逻辑数据模型（OV-7），确立作战信息的数据格式及其相互关系。逻辑数据模型在后续的视图产品开发中将根据信息数据的需求进行不断的完善，信息交换矩阵 OV-3 中的所有交换的信息必须都 OV-7 中定义其数据模型。特混舰队的逻辑数据模型如图 11-11 所示。

（5）组织结构分析。根据特混舰队作战的编成情况，建立执行作战活动所需角色的组织关系模型（OV-4），确立完成作战活动的特混舰队的组织关系。第一次建立特混舰队的组织关系时，如果是已有的特混舰队，则组织关系模型描述的是已有特混舰队的组织关系现状；如果是未来特混舰队则是对待论证特混舰队组织关系的构想。组织关系模型在后续的分析中需要逐步的完善，不是一次性就能建成的。特混舰队作战的组织关系模型示例，如图 11-12 所示。

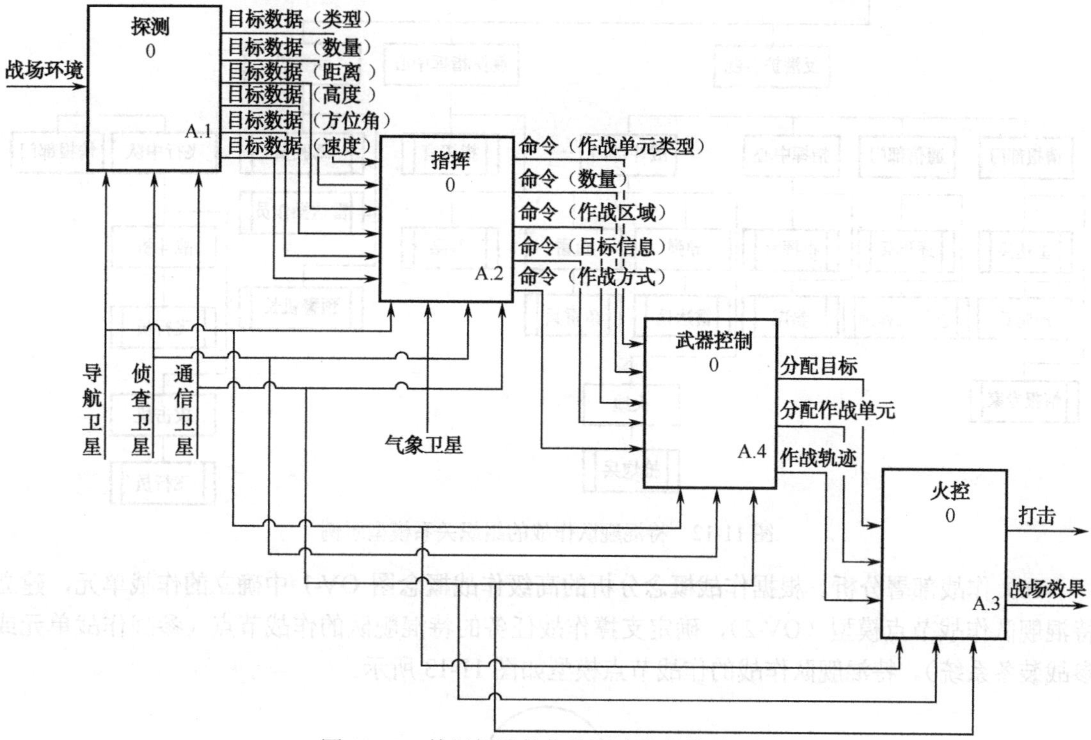

图 11-10　特混舰队的作战活动流程模型示例

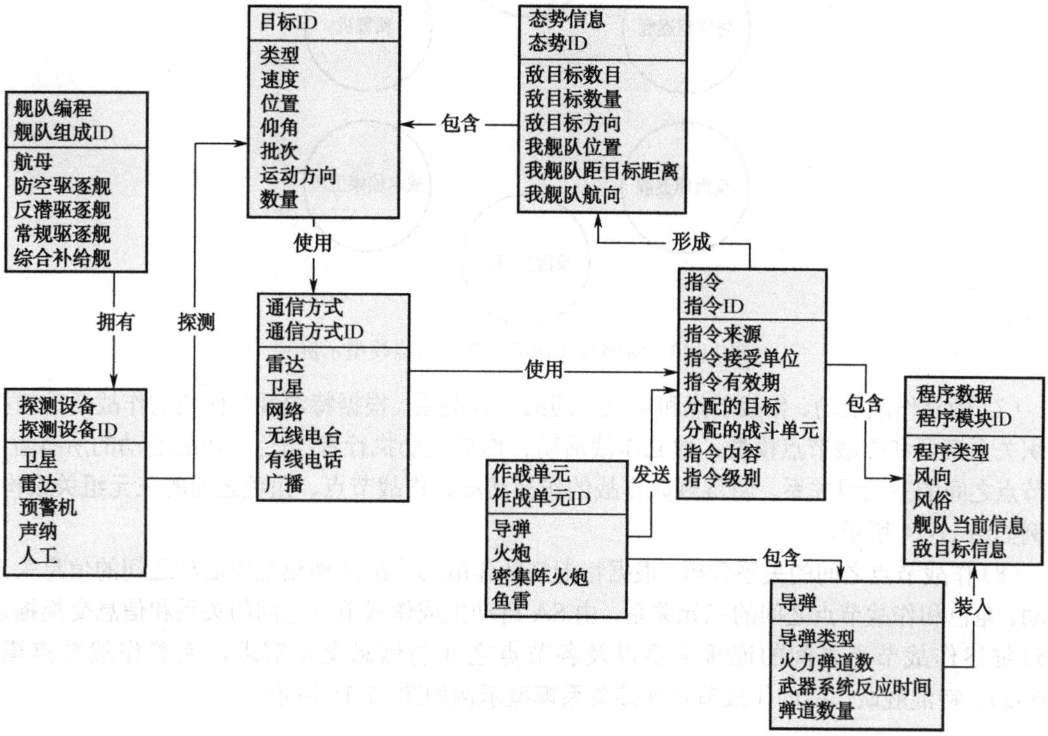

图 11-11　特混舰队的逻辑数据模型示例

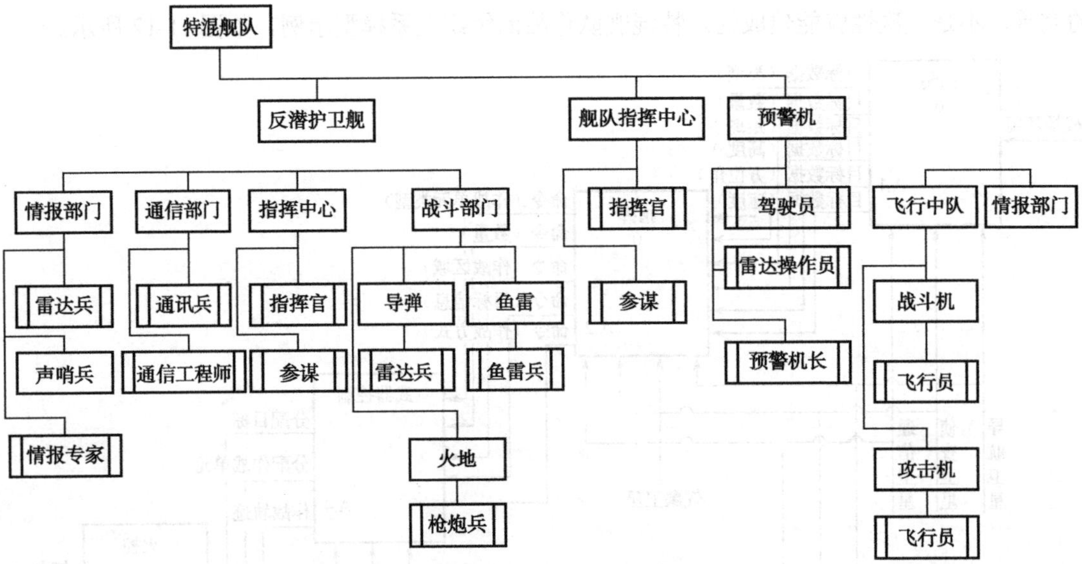

图 11-12　特混舰队作战的组织关系模型示例

（6）作战部署分析。根据作战概念分析的高级作战概念图 OV-1 中确立的作战单元，建立特混舰队作战节点模型（OV-2），确定支撑作战任务的特混舰队的作战节点（参战作战单元或参战装备系统）。特混舰队作战的作战节点模型如图 11-13 所示。

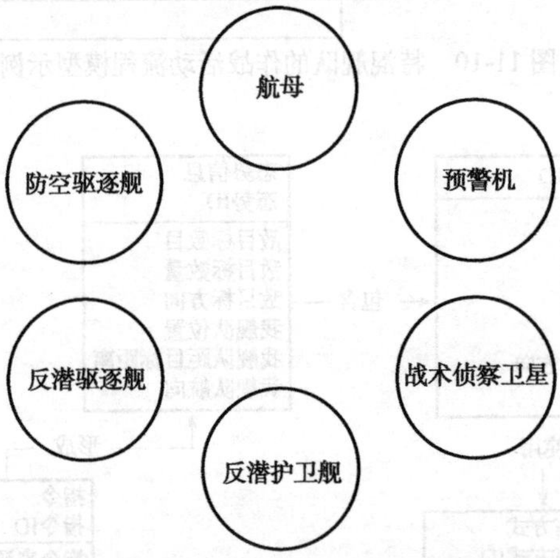

图 11-13　特混舰队作战的作战节点模型示例

（7）确立作战活动、作战节点和角色之间的三元关系。根据特混舰队作战的作战活动模型、组织关系模型和作战节点模型，建立作战活动、作战活动执行者-角色、作战活动的所有者-作战节点之间的三元组关系。特混舰队作战的作战活动、作战节点、角色之间的三元组关系构建示例如图 11-14 所示。

（8）作战节点之间的关系分析。根据特混舰队作战的作战活动模型中活动之间的信息关系、活动、角色和作战节点之间的三元关系，由 SA 自动生成作战节点之间的关系和信息交换描述，通过描述作战节点之间的连接关系以及各节点之间的信息交换需求，完善作战节点模型（OV-2）。特混舰队作战的作战节点连接关系模型示例如图 11-15 所示。

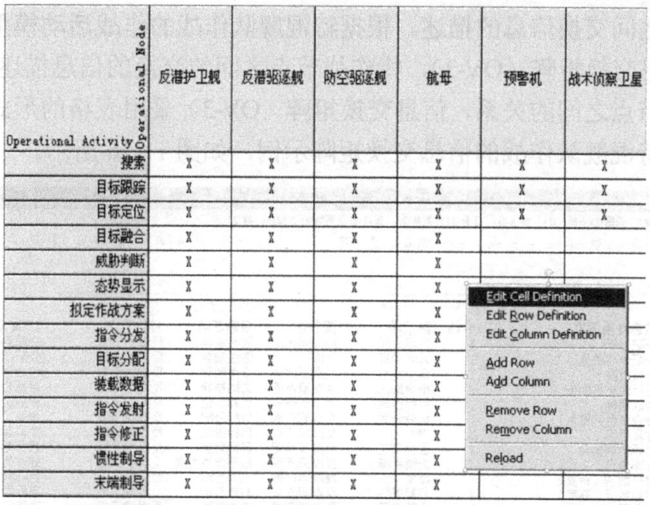

Operational Activity \ Operational Node	反潜护卫舰	反潜驱逐舰	防空驱逐舰	航母	预警机	战术侦察卫星
搜索	X	X	X	X	X	X
目标跟踪	X	X	X	X	X	X
目标定位	X	X	X	X	X	X
目标融合	X	X	X	X		
威胁判断	X	X	X	X		
态势显示	X	X	X	X		
拟定作战方案	X	X	X	X		
指令分发	X	X	X	X		
目标分配	X	X	X	X		
装载数据	X	X	X	X		
指令发射	X	X	X	X		
指令修正	X	X	X	X		
惯性制导	X	X	X	X		
末端制导	X	X	X	X		

图 11-14 特混舰队作战的作战活动、作战节点、角色之间的三元组关系构建示例

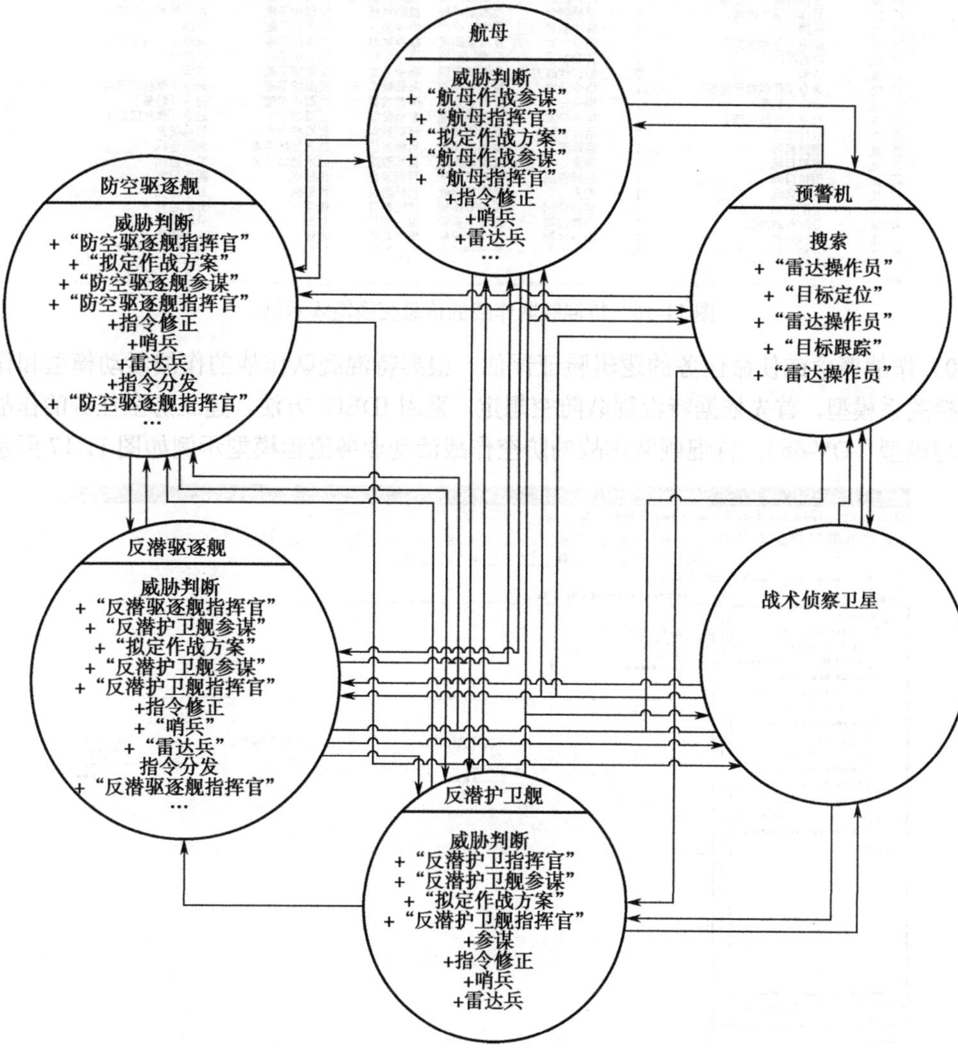

图 11-15 特混舰队作战节点连接关系模型示例

（9）作战节点之间交换信息的描述。根据特混舰队作战的作战活动模型和作战节点与链接关系模型，利用信息交换矩阵（OV-3），将作战节点之间的交换的信息描述出来。OV-2 使用节点之间的连线表明节点之间的关系，信息交换矩阵（OV-3）采用表格的形式清晰的描述出节点之间交换的信息。特混舰队作战的信息交换矩阵示例，如图 11-16 所示。

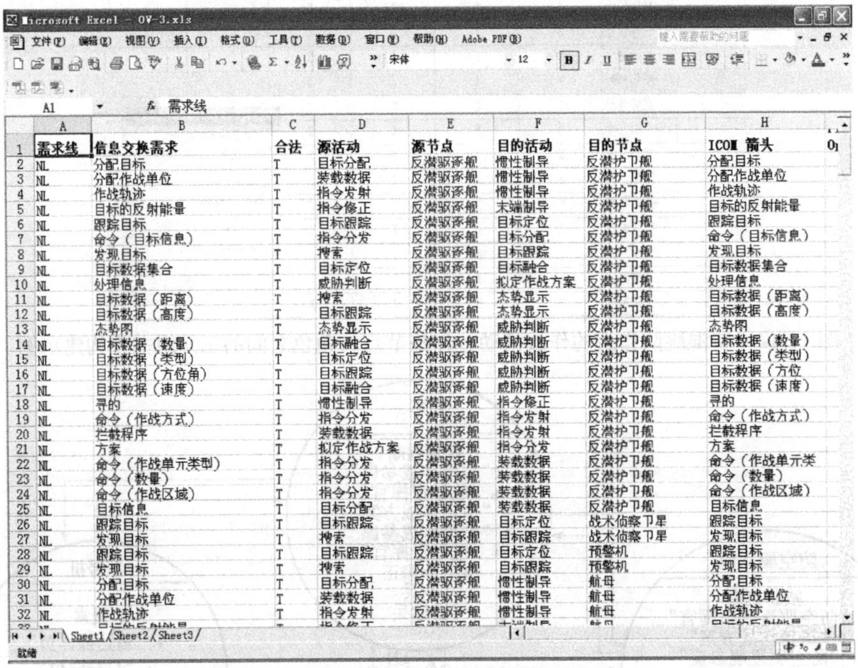

需求线	信息交换需求	合法	源活动	源节点	目的活动	目的节点	ICOM 箭头
NL	分配目标	T	目标分配	反潜驱逐舰	惯性制导	反潜护卫舰	分配目标
NL	分配作战单位	T	装载数据	反潜驱逐舰	惯性制导	反潜护卫舰	分配作战单位
NL	作战轨迹	T	指令发射	反潜驱逐舰	惯性制导	反潜护卫舰	作战轨迹
NL	目标的反射能量	T	指令修正	反潜驱逐舰	末端制导	反潜护卫舰	目标的反射能量
NL	跟踪目标	T	目标跟踪	反潜驱逐舰	目标定位	反潜护卫舰	跟踪目标
NL	命令（目标信息）	T	指令分发	反潜驱逐舰	目标分配	反潜护卫舰	命令（目标信息）
NL	发现目标	T	搜索	反潜驱逐舰	目标跟踪	反潜护卫舰	发现目标
NL	目标数据集合	T	目标定位	反潜驱逐舰	目标融合	反潜护卫舰	目标数据集合
NL	处理信息	T	威胁判断	反潜驱逐舰	拟定作战方案	反潜护卫舰	处理信息
NL	目标数据（距离）	T	搜索	反潜驱逐舰	态势显示	反潜护卫舰	目标数据（距离）
NL	目标数据（高度）	T	目标跟踪	反潜驱逐舰	态势显示	反潜护卫舰	目标数据（高度）
NL	态势图	T	态势显示	反潜驱逐舰	威胁判断	反潜护卫舰	态势图
NL	目标数据（数量）	T	目标融合	反潜驱逐舰	威胁判断	反潜护卫舰	目标数据（数量）
NL	目标数据（类型）	T	目标定位	反潜驱逐舰	威胁判断	反潜护卫舰	目标数据（类型）
NL	目标数据（方位角）	T	目标跟踪	反潜驱逐舰	威胁判断	反潜护卫舰	目标数据（方位
NL	目标数据（速度）	T	目标融合	反潜驱逐舰	威胁判断	反潜护卫舰	目标数据（速度）
NL	寻的	T	惯性制导	反潜驱逐舰	指令修正	反潜护卫舰	寻的
NL	命令（作战方式）	T	指令分发	反潜驱逐舰	指令发射	反潜护卫舰	命令（作战方式）
NL	拦截程序	T	装载数据	反潜驱逐舰	指令发射	反潜护卫舰	拦截程序
NL	方案	T	拟定作战方案	反潜驱逐舰	指令分发	反潜护卫舰	方案
NL	命令（作战单元类型）	T	指令分发	反潜驱逐舰	装载数据	反潜护卫舰	命令（作战单元类
NL	命令（数量）	T	指令分发	反潜驱逐舰	装载数据	反潜护卫舰	命令（数量）
NL	命令（作战区域）	T	指令分发	反潜驱逐舰	装载数据	反潜护卫舰	命令（作战区域）
NL	目标信息	T	目标分配	反潜驱逐舰	装载数据	反潜护卫舰	目标信息
NL	跟踪目标	T	目标跟踪	反潜驱逐舰	目标定位	战术侦察卫星	跟踪目标
NL	发现目标	T	搜索	反潜驱逐舰	目标跟踪	战术侦察卫星	发现目标
NL	跟踪目标	T	目标跟踪	反潜驱逐舰	目标定位	预警机	跟踪目标
NL	发现目标	T	搜索	反潜驱逐舰	目标跟踪	预警机	发现目标
NL	分配目标	T	目标分配	反潜驱逐舰	惯性制导	航母	分配目标
NL	分配作战单位	T	装载数据	反潜驱逐舰	惯性制导	航母	分配作战单位
NL	作战轨迹	T	指令发射	反潜驱逐舰	惯性制导	航母	作战轨迹

图 11-16　特混舰队作战的信息交换矩阵示例

（10）作战概念或使命任务的逻辑验证评估。根据特混舰队作战的作战活动模型和作战节点与链接关系模型，首先依据特混舰队防空想定，采用 IDEF3 方法，建立防空任务的作战活动业务流程模型（OV-6b）。特混舰队作战的防空作战活动业务流程模型示例如图 11-17 所示。

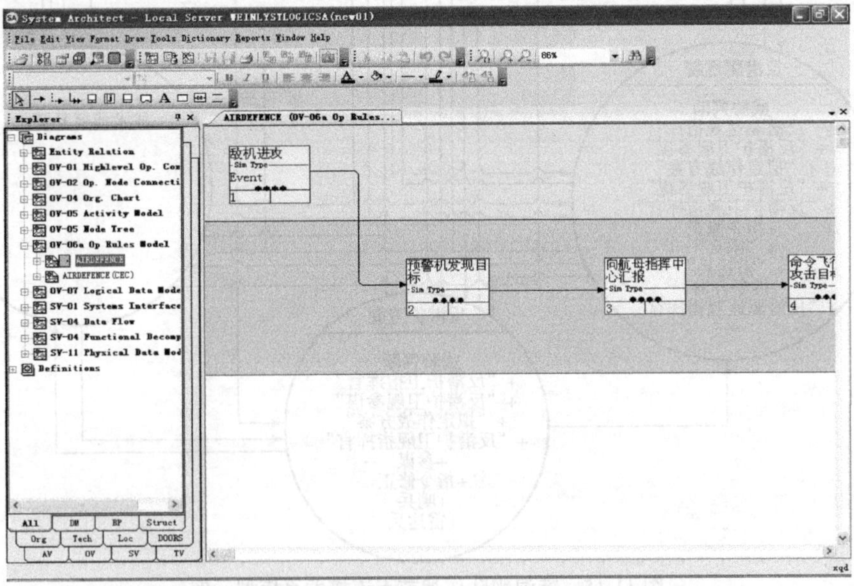

图 11-17　特混舰队作战的防空作战活动业务流程模型示例

其次，利用 Telelogic 公司的 Simulator II 仿真分析工具，读取特混舰队作战的防空作战活动业务流程模型，进行逻辑仿真验证。特混舰队作战的防空作战任务的逻辑仿真验证示例如图 11-18 所示。

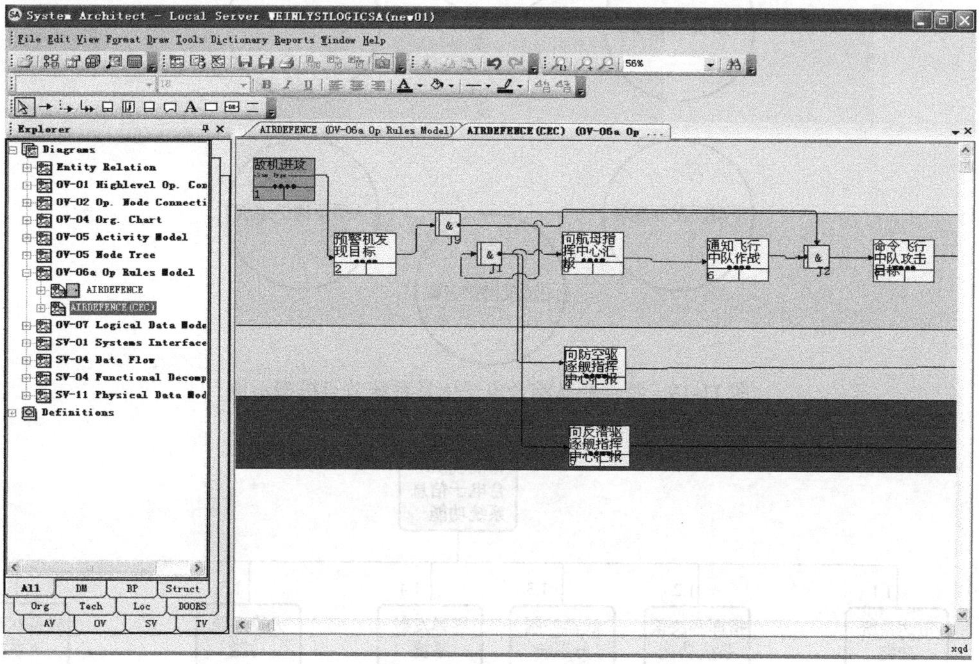

图 11-18　特混舰队防空作战任务的逻辑仿真验证示例

11.2.2　特混舰队综合电子信息系统功能需求分析

按照 DODAF 标准，使用基于 ABM 的武器装备系统需求分析方法和基于 QFD 的武器装备系统需求映射方法，进行特混舰队综合电子信息系统功能需求分析，具体过程如下：

（1）特混舰队综合电子信息系统组成分析。根据作战任务需求分析建立的作战节点连接关系模型，分析支持作战任务特混舰队的系统节点和系统节点中的具体装备系统，即描述综合电子信息系统组成的系统节点模型 SV-1。第一次的分析实际上是特混舰队综合电子信息系统装备体系组成的初始设定，在后续的分析中会逐步的迭代完善这种初始设定，直至符合要求为止。特混舰队的系统节点模型示例，如图 11-19 所示。

（2）特混舰队综合电子信息系统功能分析。按照 IDEF0 方法采用树状结构方式建立特混舰队综合电子信息系统功能的层次化树状的功能分解模型（SV-4 Functional Decomposition），描述未来特混舰队综合电子信息系统功能的构想。这里的分析实际上装备系统功能的初始设定，类似非线性问题迭代分析中的参变量的设定初始值。在后续的分析中会逐步的迭代完善这种初始设定，直至符合要求为止。特混舰队综合电子信息系统功能模型示例，如图 11-20 所示。

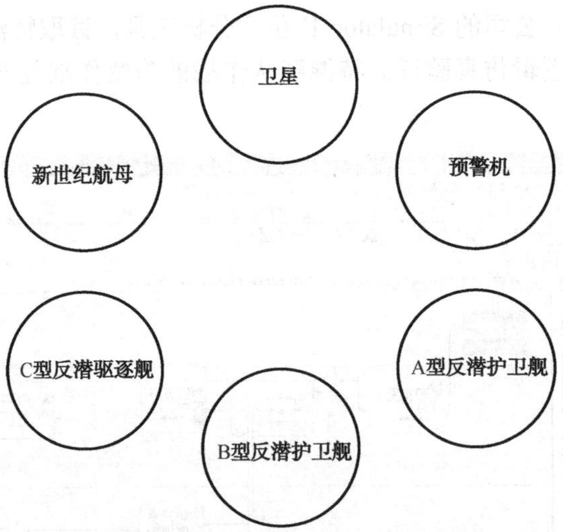

图 11-19　特混舰队综合电子信息系统节点模型示例

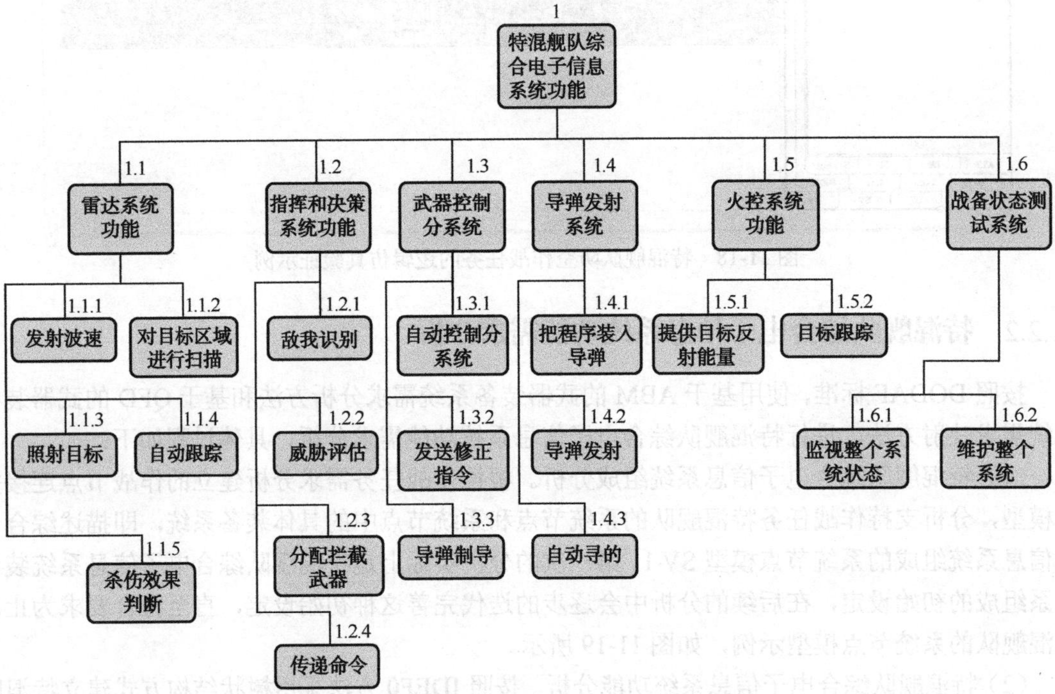

图 11-20　特混舰队综合电子信息系统功能模型示例

（3）任务-功能之间的层级映射分析。根据根据作战活动模型、系统功能分解模型，通过ABM 方法中的作战活动-系统功能转换追踪矩阵（SV-5），分析初始设定的特混舰队综合电子信息系统功能的完备性，实现作战活动向体系系统功能的有效映射，查找特混舰队综合电子信息系统装备体系的功能缝隙与差距，完善功能分解模型。特混舰队作战的作战活动-系统功能转换追踪矩阵示，如图 11-21 所示。

（4）特混舰队综合电子信息系统功能功能数据流分析。根据作战活动-体系系统功能之间的映射分析后的完善的特混舰队综合电子信息系统功能功能模型 SV-4，采用 IDEF0 描述系统功能之间关系，重点是系统功能之间的数据流，建立系统功能的数据流模型（SV-4 Data Flow），将系统功能通过数据流形成完整的特混舰队综合电子信息系统功能运行过程。特混舰队综合电子信息系统功能数据流模型示例如图 11-22 所示。

System Function \ Operational Activity	惯性制导	末端制导	目标定位	目标分配	目标跟踪	目标融合	拟定作战方案	情报处理	搜索	态势显示	威胁判断	指令发射	指令分发	指令修正	装载数据
把程序装入导弹												X			
传送命令													X	X	
导弹发射															
导弹制导		X												X	
敌我识别						X	X								
对目标区域进行扫描								X							
发射波速			X		X				X						
发送修正指令														X	
分配拦截武器				X										X	
雷达开机															
目标跟踪			X		X										
提供目标反射能量															
威胁评估										X	X				
照射目标	X														
自动编制拦截程序		X												X	
自动跟踪	X														X
自动寻的		X													

图 11-21　特混舰队作战活动-系统功能转化追踪矩阵示例

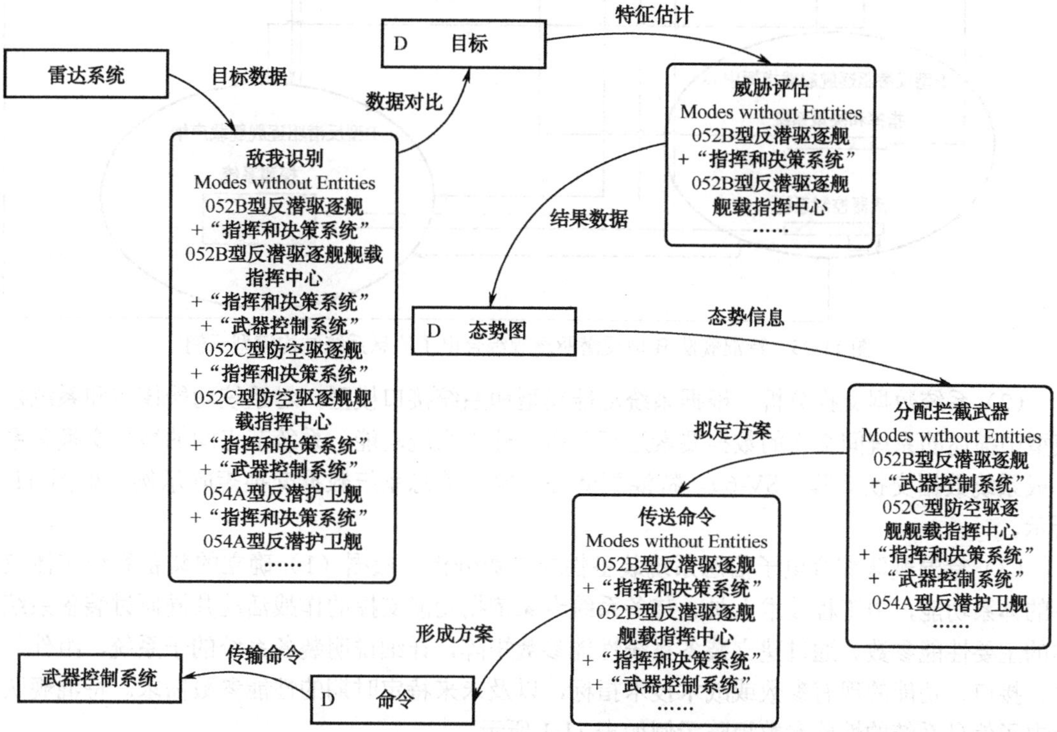

图 11-22　特混舰队综合电子信息系统功能数据流模型示例

11.2.3　特混舰队综合电子信息系统需求方案分析

本示例中装备体系需求方案主要是特混舰队综合电子信息系统中装备体系的结构和主要装备的关键性能指标。

（1）特混舰队综合电子信息系统中装备体系结构分析。根据系统功能模型中系统功能之间的数据流关系，系统功能、系统和系统节点之间的三元关系，生成数据交换，分析系统节点之间的接口关系和数据交换描述，建立特混舰队综合电子信息系统装备体系各组成系统之间的接口关系描述模型（SV-1），确立特混舰队综合电子信息系统装备体系的节点、节点内的装备系统实体，以及节点内和节点间装备系统之间的连接关系。特混舰队综合电子信息系统接口关系描述示例如图 11-23 所示。

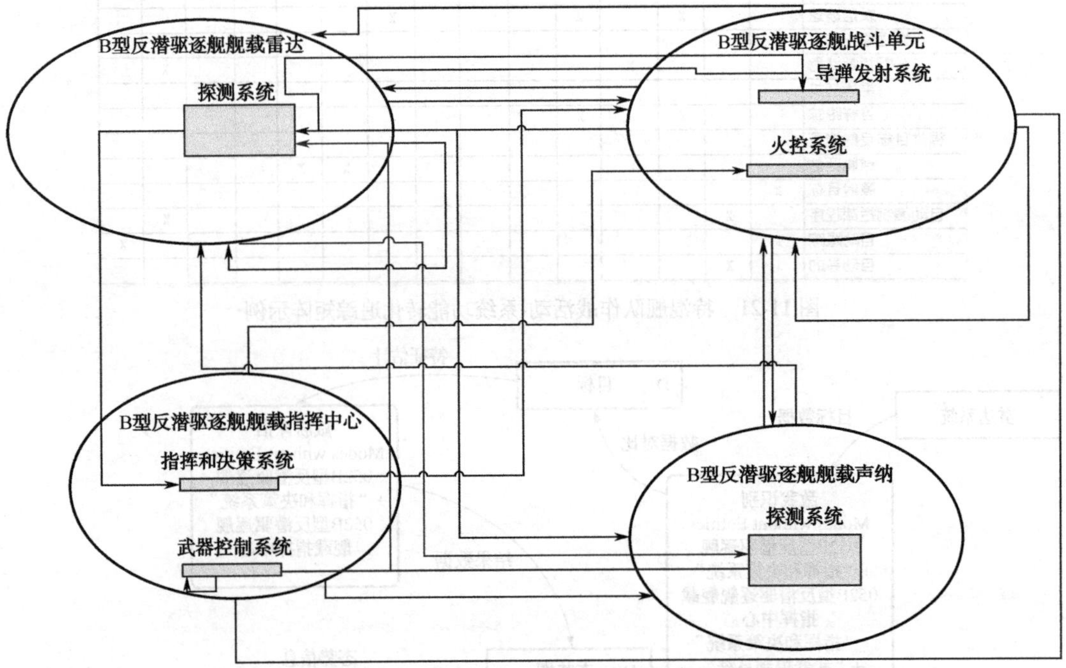

图 11-23　特混舰队 B 型反潜驱逐舰综合电子信息系统结构模型示例

（2）系统数据交换分析。根据系统功能模型和系统接口模型，对系统功能模型和系统接口模型中描述的系统间交换的数据要素进行分析，建立系统功能、系统节点间的数据交换关系，生成系统数据交换矩阵（SV-6）。特混舰队综合电子信息系统数据交换矩阵示例，如图 11-24 所示。

（3）特混舰队综合电子信息系统装备性能参数分析。根据（1）确立的装备系统实体应具备的体系功能，由工程技术人员、装备系统专家依据功能支撑的作战活动共同研讨装备系统实体的主要性能参数。通过建立装备系统性能参数矩阵，详细说明装备系统的子系统、组件、软件、接口、功能的现有参数或战术技术指标，以及未来特定时期的性能参数需求。特混舰队综合电子信息系统的性能参数矩阵示例如表 11-1 所示。

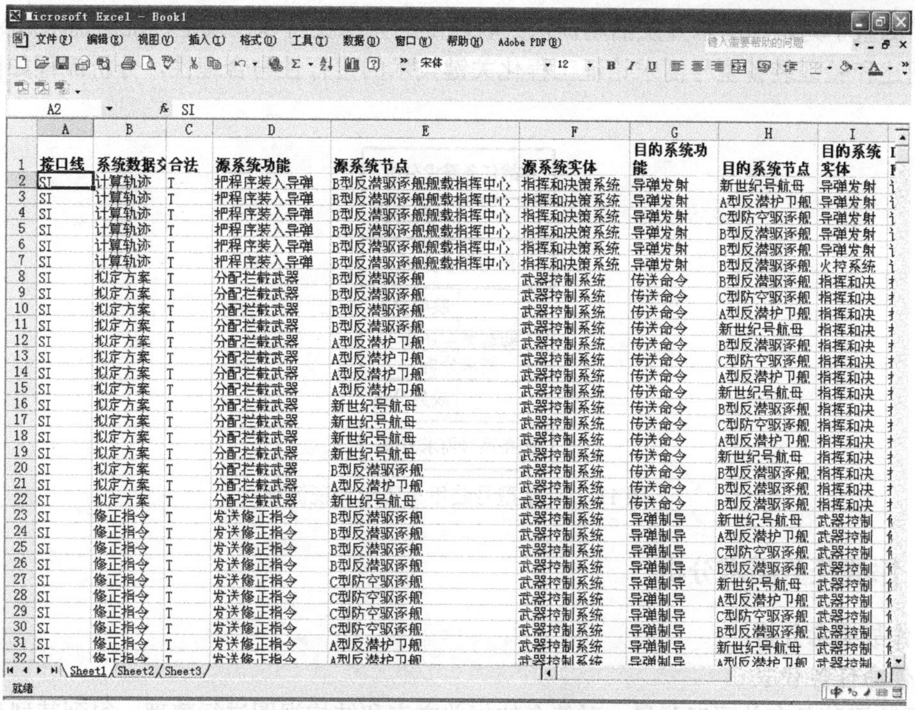

	A	B	C	D	E	F	G	H	I
1	接口线	系统数据交	合法	源系统功能	源系统节点	源系统实体	目的系统功能	目的系统节点	目的系统实体
2	SI	计算轨迹	T	把程序装入导弹	B型反潜驱逐舰舰载指挥中心	指挥和决策系统	导弹发射	新世纪号航母	导弹发射
3	SI	计算轨迹	T	把程序装入导弹	B型反潜驱逐舰舰载指挥中心	指挥和决策系统	导弹发射	A型反潜护卫舰	导弹发射
4	SI	计算轨迹	T	把程序装入导弹	B型反潜驱逐舰舰载指挥中心	指挥和决策系统	导弹发射	C型防空驱逐舰	导弹发射
5	SI	计算轨迹	T	把程序装入导弹	B型反潜驱逐舰舰载指挥中心	指挥和决策系统	导弹发射	B型反潜驱逐舰	导弹发射
6	SI	计算轨迹	T	把程序装入导弹	B型反潜驱逐舰舰载指挥中心	指挥和决策系统	导弹发射	B型反潜驱逐舰	导弹发射
7	SI	计算轨迹	T	把程序装入导弹	B型反潜驱逐舰舰载指挥中心	指挥和决策系统	导弹发射	B型反潜驱逐舰	火控系统
8	SI	拟定方案	T	分配拦截武器	B型反潜驱逐舰	武器控制系统	传送命令	B型反潜驱逐舰	指挥和决
9	SI	拟定方案	T	分配拦截武器	B型反潜驱逐舰	武器控制系统	传送命令	C型防空驱逐舰	指挥和决
10	SI	拟定方案	T	分配拦截武器	B型反潜驱逐舰	武器控制系统	传送命令	A型反潜护卫舰	指挥和决
11	SI	拟定方案	T	分配拦截武器	B型反潜驱逐舰	武器控制系统	传送命令	新世纪号航母	指挥和决
12	SI	拟定方案	T	分配拦截武器	A型反潜护卫舰	武器控制系统	传送命令	B型反潜驱逐舰	指挥和决
13	SI	拟定方案	T	分配拦截武器	A型反潜护卫舰	武器控制系统	传送命令	C型防空驱逐舰	指挥和决
14	SI	拟定方案	T	分配拦截武器	A型反潜护卫舰	武器控制系统	传送命令	A型反潜护卫舰	指挥和决
15	SI	拟定方案	T	分配拦截武器	A型反潜护卫舰	武器控制系统	传送命令	新世纪号航母	指挥和决
16	SI	拟定方案	T	分配拦截武器	新世纪号航母	武器控制系统	传送命令	B型反潜驱逐舰	指挥和决
17	SI	拟定方案	T	分配拦截武器	新世纪号航母	武器控制系统	传送命令	C型防空驱逐舰	指挥和决
18	SI	拟定方案	T	分配拦截武器	新世纪号航母	武器控制系统	传送命令	A型反潜护卫舰	指挥和决
19	SI	拟定方案	T	分配拦截武器	新世纪号航母	武器控制系统	传送命令	新世纪号航母	指挥和决
20	SI	拟定方案	T	分配拦截武器	B型反潜驱逐舰	武器控制系统	传送命令	B型反潜驱逐舰	指挥和决
21	SI	拟定方案	T	分配拦截武器	A型反潜护卫舰	武器控制系统	传送命令	B型反潜驱逐舰	指挥和决
22	SI	拟定方案	T	分配拦截武器	新世纪号航母	武器控制系统	传送命令	B型反潜驱逐舰	指挥和决
23	SI	修正指令	T	发送修正指令	B型反潜驱逐舰	武器控制系统	导弹制导	新世纪号航母	武器控制
24	SI	修正指令	T	发送修正指令	B型反潜驱逐舰	武器控制系统	导弹制导	A型反潜护卫舰	武器控制
25	SI	修正指令	T	发送修正指令	B型反潜驱逐舰	武器控制系统	导弹制导	C型防空驱逐舰	武器控制
26	SI	修正指令	T	发送修正指令	B型反潜驱逐舰	武器控制系统	导弹制导	B型反潜驱逐舰	武器控制
27	SI	修正指令	T	发送修正指令	C型防空驱逐舰	武器控制系统	导弹制导	新世纪号航母	武器控制
28	SI	修正指令	T	发送修正指令	C型防空驱逐舰	武器控制系统	导弹制导	A型反潜护卫舰	武器控制
29	SI	修正指令	T	发送修正指令	C型防空驱逐舰	武器控制系统	导弹制导	C型防空驱逐舰	武器控制
30	SI	修正指令	T	发送修正指令	C型防空驱逐舰	武器控制系统	导弹制导	B型反潜驱逐舰	武器控制
31	SI	修正指令	T	发送修正指令	A型反潜护卫舰	武器控制系统	导弹制导	新世纪号航母	武器控制
32	SI	修正指令	T	发送修正指令	A型反潜护卫舰	武器控制系统	导弹制导	A型反潜护卫舰	武器控制

图 11-24 特混舰队综合电子信息系统数据交换矩阵示例

表 11-1 特混舰队综合电子信息系统的性能参数矩阵示例

B 型反潜驱逐舰	Time 0（Baseline）	Time 1（Current）	Time N（Objective）
1．舰载雷达：			
（1）探测系统	2008.11.20	××	××
2．战斗单元：			
（1）集成激光测距装备	2008.11.20	××	××
（2）火控系统	2008.11.20	××	××
3．舰载指挥中心：			
（1）指挥和决策系统	2008.11.20	××	××
（2）武器控制系统	2008.11.20	××	××
4．舰载声呐：			
（1）探测系统	2008.11.20	××	××

通过以上步骤，分析了特混舰队综合电子信息系统装备体系的组成要素（系统节点及系统实体）、要素之间的相互关系（系统节点连接描述和系统通信描述），以及组成要素的性能特征（系统性能参数矩阵），确立了特混舰队综合电子信息系统装备体系需求方案。

11.3 面向全流程模式的某型轮式装甲车需求论证

本节应用装备需求论证工程化全过程支撑模式，结合某型轮式装甲车特点展开需求生成应用研究，侧重于为每项需求开发活动提供关联匹配的方法支持以及规范标准的需求成果描述样式，以阐述和验证装备型号需求论证工程化关键技术的可行性与合理性，分析流程如图 11-25 所示。

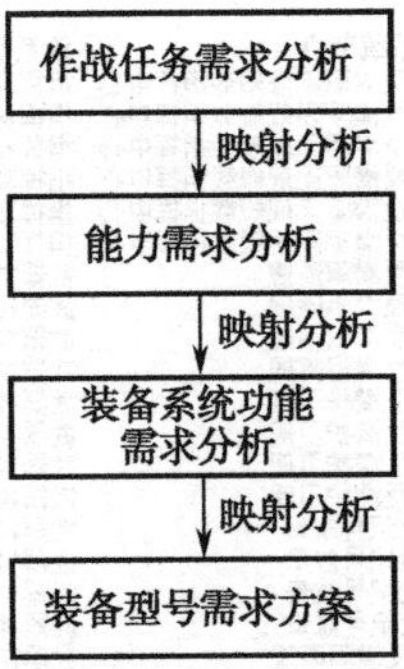

图 11-25　某型号装甲车需求论证流程

11.3.1　作战任务需求分析

1．作战概念分析

1）使命任务获取

根据装甲装备有关研究背景，对使命的相关文字和结构视图进行整理，得到某型号装甲车的作战使命：某型号轮式装甲车是主要装备轻型机械化部队，用于遂行快速部署、应急机动、空降突击、火力侦察、特种作战等多种作战任务，也可用于遂行反恐、维和、防爆等作战任务；对任务源的相关文字和结构视图进行整理，选取应急机动作战任务源、岛屿进攻作战任务源、边境反击作战任务源、反恐维稳作战任务源进行描述，如表 11-2 所示。

表 11-2　某型号轮式装甲车作战使命和作战任务源描述示意表

使命综述				
某型号装甲车主要装备于轻型机械化部队，用于遂行快速部署、应急机动、空降突击、火力侦察、特种作战等多种作战任务，也可用于遂行反恐、维和、防爆等作战任务。				
任务源				
任务名称	任务内容	任务类型	任务环境	任务要求
边境反击作战	实施远程战略、战役机动、快速部署、空降突击、迟滞地方进攻任务	边境要地防卫作战行动	高原山地；热带丛林；丘陵；平原；沙漠；戈壁	长途奔袭；快速机动
……	……	……	……	……

2）某型号轮式装甲车作战行动构想

（1）实施冲击突破任务的实施背景设想

敌方背景：当面防御之敌系 M 军机步连，配置在前××（××、××）、××（××、××）高地，其防御前沿位于××、××一线，前沿前设有防坦克、防步兵混合雷场、蛇腹形铁丝网和阻绝壕。在其防御过程中会得到武装直升机、步战车、单兵导弹、掷弹筒的火力支援。

我方背景：×连×排×装甲步兵班是连第一梯队突击分队，编组为三个战斗小组，由班长统一指挥，分别由班长、副班长、小组长直接指挥。进攻过程中会受到连长、排长指挥，以及与友邻班协同动作和工兵保障组的破障支援。

（2）实施冲击突破任务的作战过程设计

在连集结地列队上车后，在连开进队列中向所属步战车发射阵地机动，占领步战车发射阵地。战斗小组下车，在上级火力准备实施后，战斗小组在步战车的火力支援下实施冲击，并在工兵班的支援下，引导步战车通过敌前沿障碍区，对敌防御高地实施协同冲击，如图 11-26 所示。

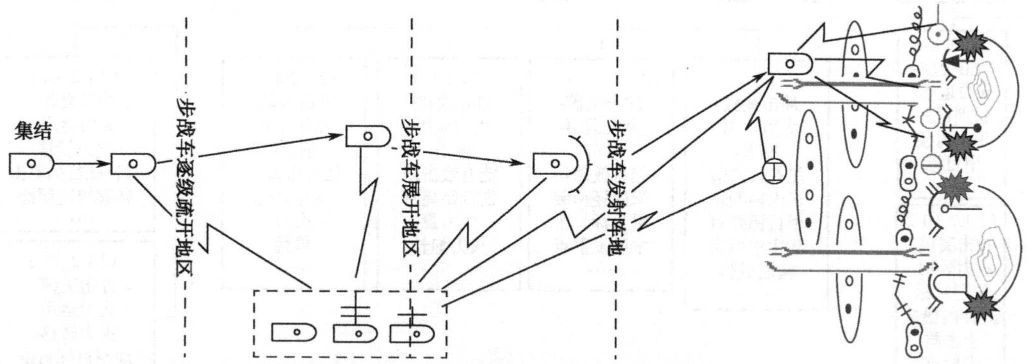

图 11-26 冲击突破任务的构想示意图

（3）作战行动的作战阶段分析

根据冲击突破的作战过程涉及，主要作战阶段划分包括：集结、疏开、展开、占领冲击阵地和步车协同冲击，如图 11-27 所示。

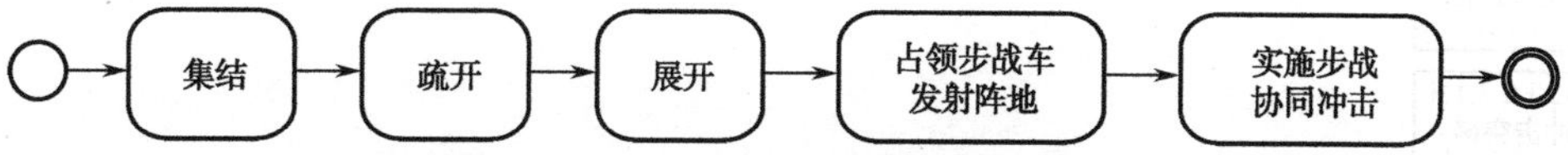

图 11-27 冲击突破行动的阶段划分示意图

（4）作战行动中作战实体的作战流程分析

通过分析某型号装甲车在冲击突破任务中的各个作战阶段中的可能遇到的军事问题，能够获得其在该作战行动中的作战流程和子行动构成。通过专家研讨，将若干子行动集成整合，得到 6 个主要作战活动，即乘车战斗、敌火下运动、行进间发起冲击、火力运用、下车战斗、克服人工障碍。

2. 作战活动层次模型

根据作战行动构想，进一步细化作战活动，构建作战活动层次图。以冲击突破为例，可以分解为发起冲击（行进间发起冲击、占领展开地区发起冲击）、敌火下运动（机动、防护）、下车战斗（步兵快速上下车、步车协同作战）、火力运用（识别目标、瞄准跟踪、射击、毁伤评估、火力转移）。其中，火力运用子活动的作战活动层次图如图 11-28 所示。

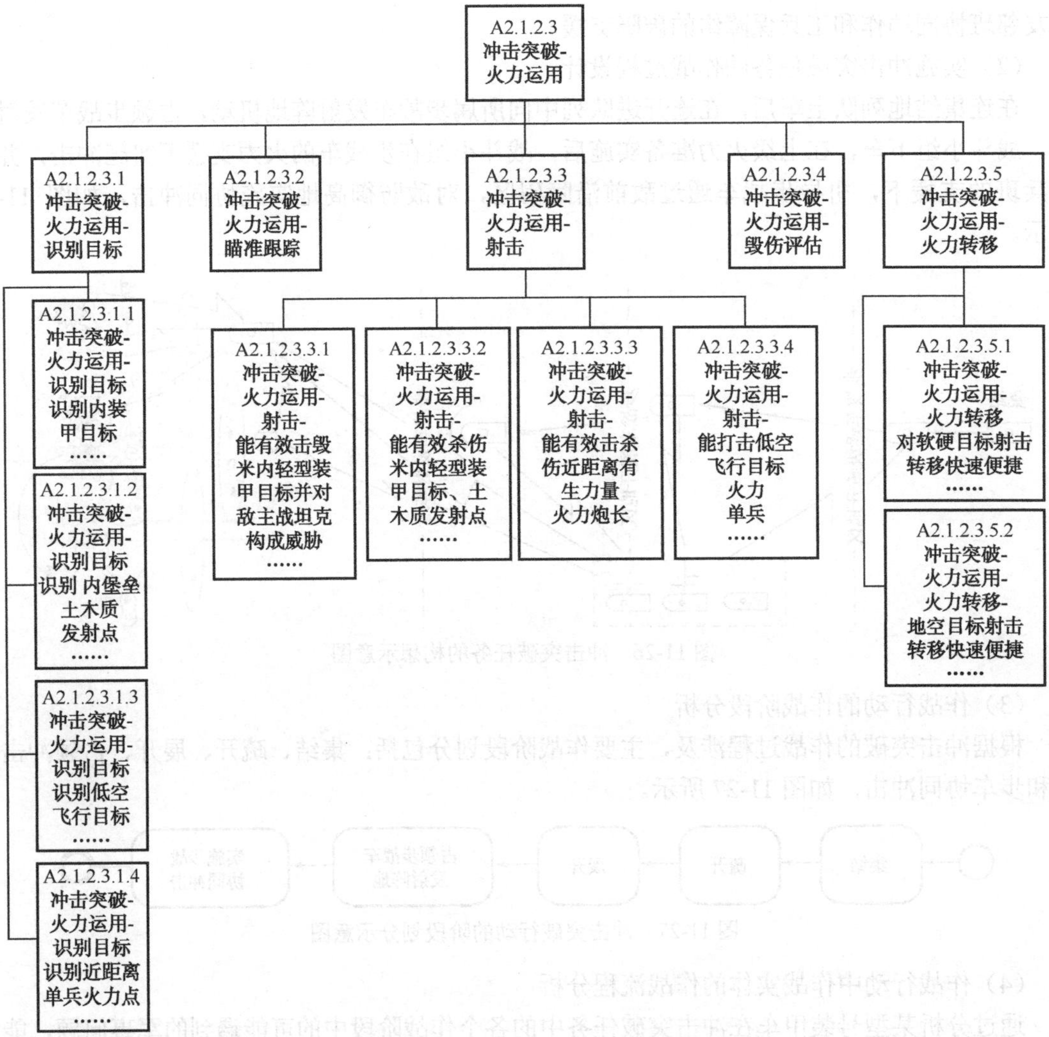

图 11-28　火力运用子活动层次示意图

3. 作战活动流程模型

根据作战行动构想，进一步细化作战活动，构建作战活动流程图。冲击突破活动的作战活动流程图如图 11-29 所示。对冲击突破的一系列作战子活动构建流程模型，以战场态势、友邻信息、战场环境信息作为输入信息，以上级命令、作战规则、车长命令作为控制信息，将各类战场态势作为各个子活动之间的作战活动信息。

每个活动下又包含子活动，子活动之间也建立流程模型。例如，冲击突破-发起冲击-行进间发起冲击的子活动流程模型如图 11-30 所示。接收下达指令子活动的输入是战场态势、友邻信息、战场环境信息，控制是发起冲击命令，输出是战场态势和观察命令；观察子活动的输入是观察命令以及战场环境信息，输出是各类目标信息（低空武装直升机目标、装甲目标、路线目标、下死界信息等）；以地形允许的最大速度冲击的输入是观察子活动的输出信息，输出是冲击效果。

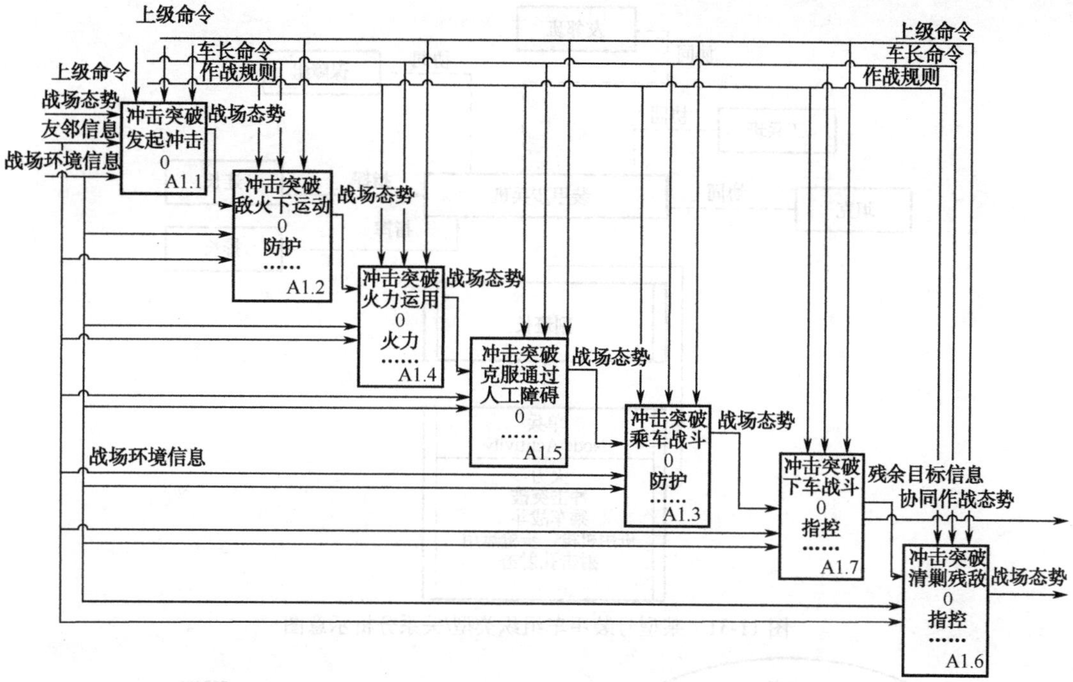

图 11-29 冲击突破行动下的作战活动流程示意图

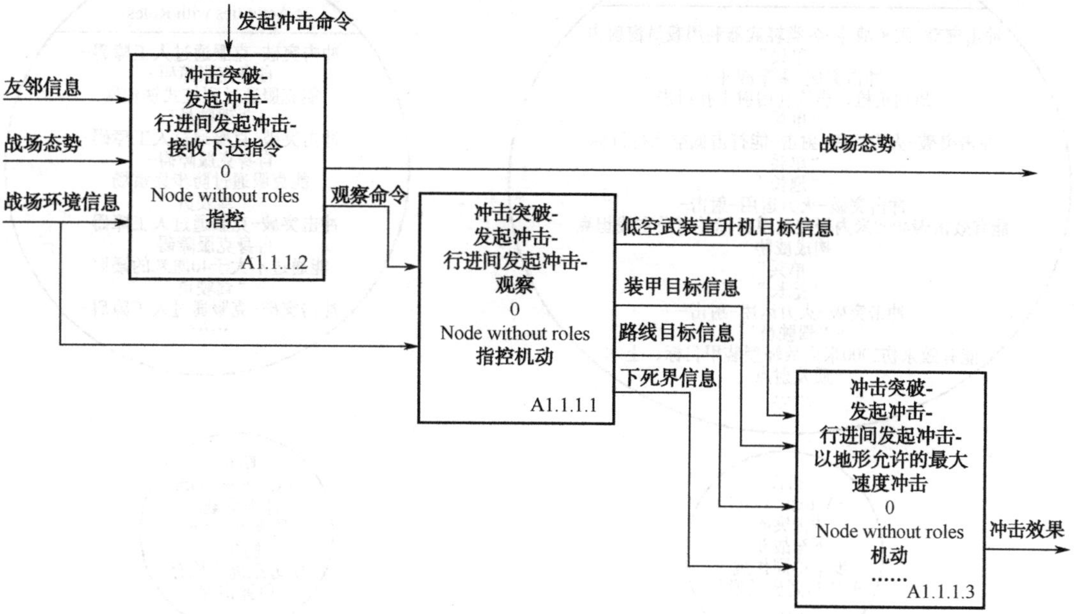

图 11-30 冲击突破-发起冲击-行进间发起冲击子活动的流程示意图

4. 某型号装甲车组织类型/关系分析

根据作战阶段中重要的参与人员及其职能角色，分析装甲车相关的组织关系，由组织关系下的不同角色操作装备车的具体设备，如图 11-31 所示。装甲步兵班作为重要组织，角色包括班长、副班长、单兵等参与人员。

5. 某型号装甲车作战节点分析

根据组织角色关系和作战活动功能类型，可以分为火力节点、指挥节点、控制节点、感知节点、机动节点、防护节点，部分作战节点如图 11-32 所示。

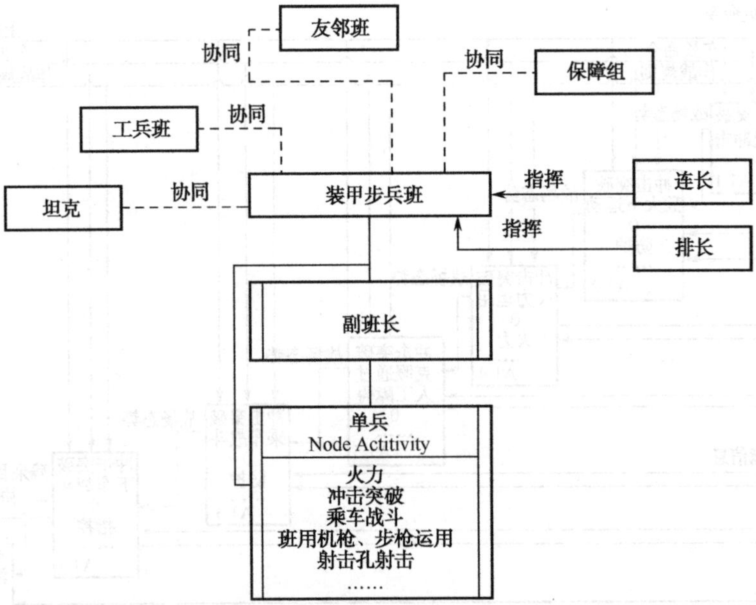

图 11-31　某型号装甲车组织类型/关系分析示意图

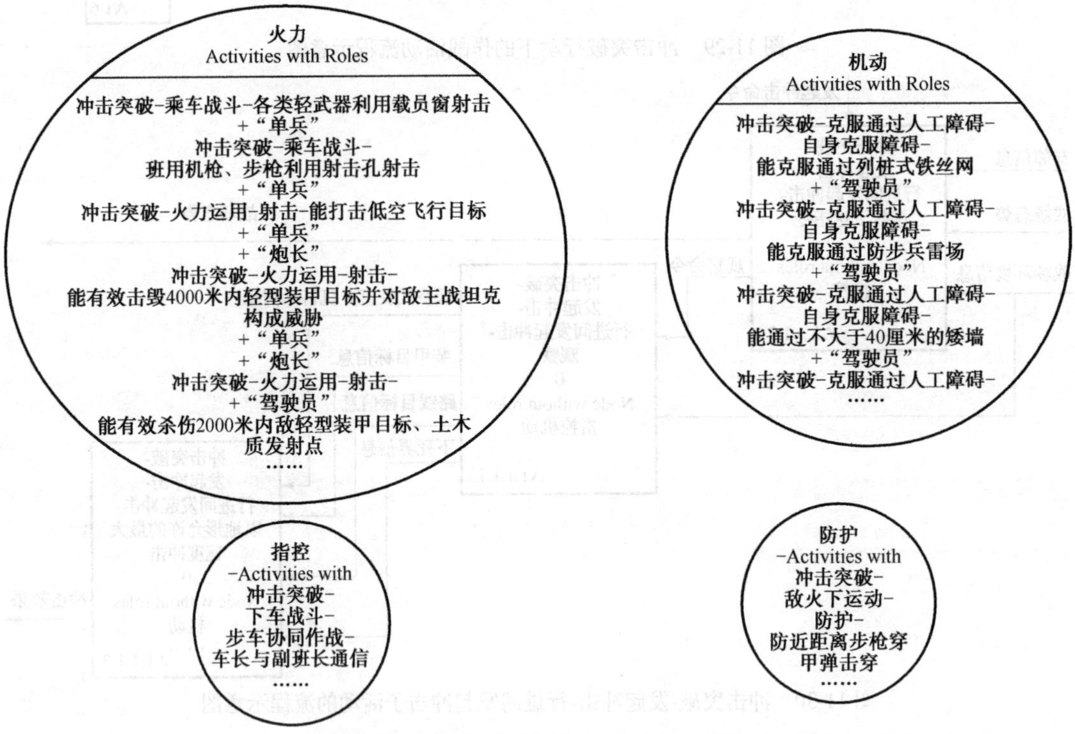

图 11-32　某型号装甲车作战节点示意图

6. 作战活动/作战节点/角色分析

作战活动需要在作战节点上的角色协作完成，建立三者的关联矩阵。对冲击突破及其子活动在防护节点、火力节点、机动节点和指控节点展开的所需的不同角色关系进行分析，如图 11-33 所示。

7. 作战活动/作战节点/信息交互需求

根据已建立的作战活动模型和作战节点，构建各个作战节点之间的作战活动交换信息。防护节点、火力节点、机动节点和指控节点之间的需求线如图 11-34 所示。

Operational Activity \ Operational Node	防护	火力	机动	指控
冲击突破-乘车战斗	X	X	X	X
冲击突破-乘车战斗-班用机枪、步枪利用射击孔射击		X		
冲击突破-乘车战斗-各类轻武器利用载员窗射击		X		
冲击突破-敌火下运动	X		X	
冲击突破-敌火下运动-防护	X			
冲击突破-敌火下运动-防护-防近距离步枪穿甲弹击穿	X			
冲击突破-敌火下运动-防护-防榴弹碎片击穿	X			
冲击突破-敌火下运动-防护-具备敌我识别能力	X			X
冲击突破-敌火下运动-防护-具备烟雾释放能力	X			
冲击突破-敌火下运动-防护-能预警来袭制导导弹	X			X
冲击突破-敌火下运动-防护-正、侧面防 敌机枪穿甲弹击穿	X			
冲击突破-敌火下运动-机动			X	X
冲击突破-敌火下运动-机动-具备快速规避行驶能力			X	
冲击突破-敌火下运动-机动-具备灵活变速行驶能力			X	
冲击突破-敌火下运动-机动-能有效利用地形、地物			X	
冲击突破-发起冲击-行进间发起冲击	X		X	X
冲击突破-发起冲击-行进间发起冲击-观察			X	X

图 11-33 某型号装甲车作战活动/作战节点/角色分析示意图

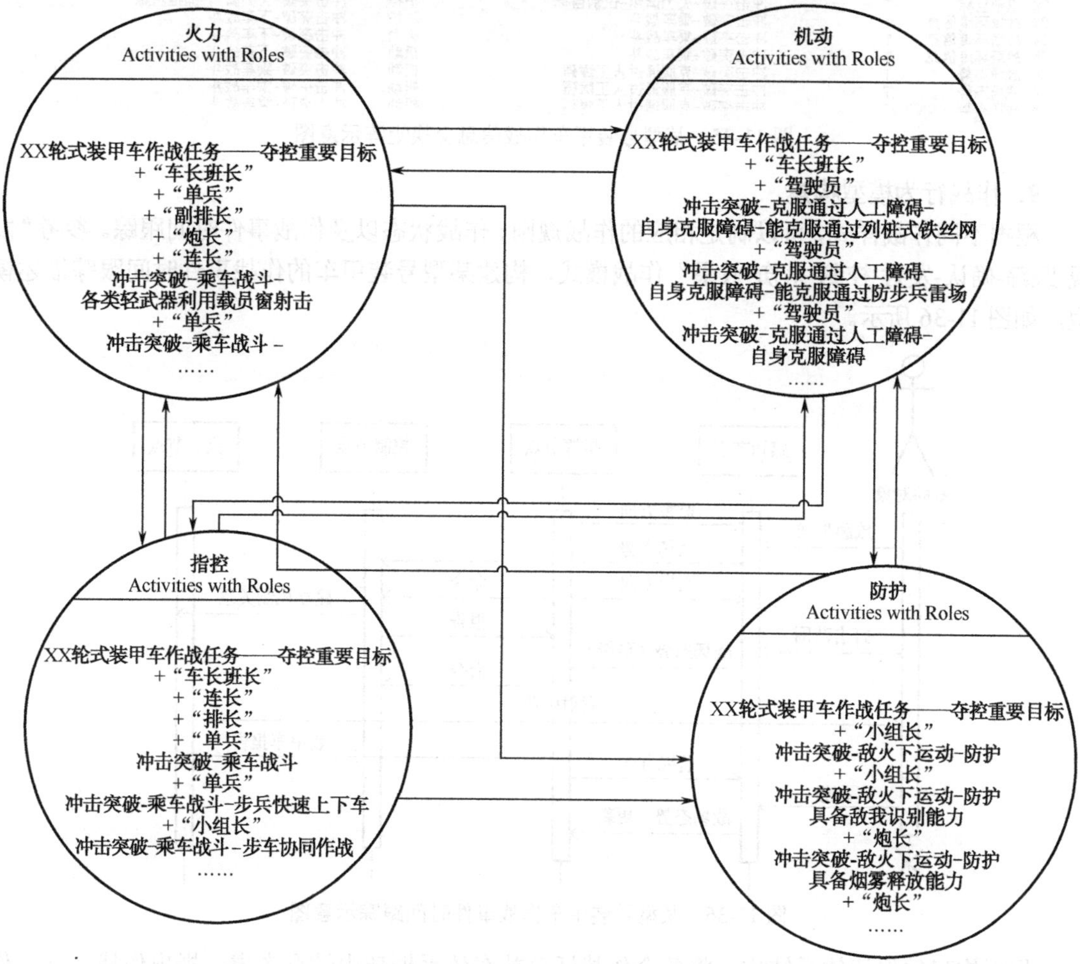

图 11-34 某型号装甲车作战节点连接关系示意图

8．作战信息交换矩阵构建

利用 SA 将前期构建的各种模型进行集成分析，自动生成作战信息交换矩阵，检验作战活动之间进行交换的作战信息是否有效，如图 11-35 所示。

	A	B	C	D	E
1	IER	Valid	From Activity	From Node	To Activity
2	观察命令	T	冲击突破-发起冲击-行进间发起冲击-接收下达	指挥	冲击突破-发起冲击-行进间发起冲击-观察
3	观察命令	T	冲击突破-发起冲击-行进间发起冲击-接收下达	指挥	冲击突破-发起冲击-行进间发起冲击-观察
4	观察命令	T	冲击突破-发起冲击-行进间发起冲击-接收下达	指挥	冲击突破-发起冲击-行进间发起冲击-观察
5	瞄准跟踪目标	T	冲击突破-火力运用-瞄准跟踪	指挥	冲击突破-火力运用-射击
6	瞄准跟踪目标	T	冲击突破-火力运用-瞄准跟踪	火力	冲击突破-火力运用-射击
7	瞄准跟踪目标	T	冲击突破-火力运用-瞄准跟踪	机动	冲击突破-火力运用-射击
8	瞄准跟踪目标	T	冲击突破-火力运用-瞄准跟踪	机动	冲击突破-火力运用-射击
9	目标、地形信息	T	冲击突破-发起冲击-行进间发起冲击-观察	指挥	冲击突破-发起冲击-行进间发起冲击-以地形
10	目标、地形信息	T	冲击突破-发起冲击-行进间发起冲击-观察	指挥	冲击突破-发起冲击-行进间发起冲击-以地形
11	目标、地形信息	T	冲击突破-发起冲击-行进间发起冲击-观察	火力	冲击突破-发起冲击-行进间发起冲击-以地形
12	目标、地形信息	T	冲击突破-发起冲击-行进间发起冲击-观察	火力	冲击突破-发起冲击-行进间发起冲击-以地形
13	目标、地形信息	T	冲击突破-发起冲击-行进间发起冲击-观察	防护	冲击突破-发起冲击-行进间发起冲击-以地形
14	目标、地形信息	T	冲击突破-发起冲击-行进间发起冲击-观察	机动	冲击突破-发起冲击-行进间发起冲击-以地形
15	射击效果	T	冲击突破-火力运用-毁伤评估	指挥	冲击突破-火力运用-火力转移
16	射击效果	T	冲击突破-火力运用-毁伤评估	防护	冲击突破-火力运用-火力转移
17	射击效果	T	冲击突破-火力运用-毁伤评估	防护	冲击突破-火力运用-火力转移
18	射击信息	T	冲击突破-火力运用-射击	火力	冲击突破-火力运用-毁伤评估
19	射击信息	T	冲击突破-火力运用-射击	火力	冲击突破-火力运用-毁伤评估
20	射击信息	T	冲击突破-火力运用-射击	指挥	冲击突破-火力运用-毁伤评估
21	识别目标	T	冲击突破-火力运用-识别目标	指挥	冲击突破-火力运用-瞄准跟踪
22	识别目标	T	冲击突破-火力运用-识别目标	指挥	冲击突破-火力运用-瞄准跟踪
23	战场环境信息	T	冲击突破-乘车战斗	防护	冲击突破-下车战斗
24	战场环境信息	T	冲击突破-乘车战斗	火力	冲击突破-下车战斗
25	战场环境信息	T	冲击突破-乘车战斗	机动	冲击突破-下车战斗
26	战场态势	T	冲击突破-克服通过人工障碍	机动	冲击突破-乘车战斗
27	战场态势	T	冲击突破-克服通过人工障碍	机动	冲击突破-乘车战斗
28	战场态势	T	冲击突破-克服通过人工障碍	机动	冲击突破-乘车战斗

图 11-35　某型号装甲车作战信息交换矩阵示意图

9．作战行为模型构建

根据不同作战样式，可以制定相应的作战规则、作战状态以及作战事件时间跟踪。参考“发现-跟踪-确认-发射-控制-杀伤-效果”作战模式，构建某型号装甲车的作战事件时间跟踪描述模型，如图 11-36 所示。

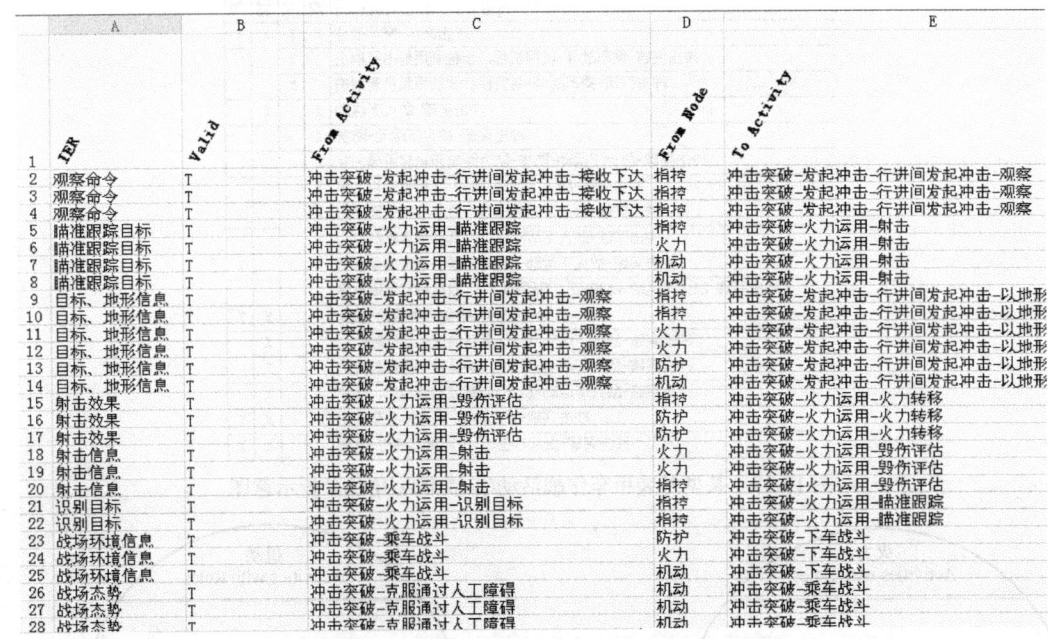

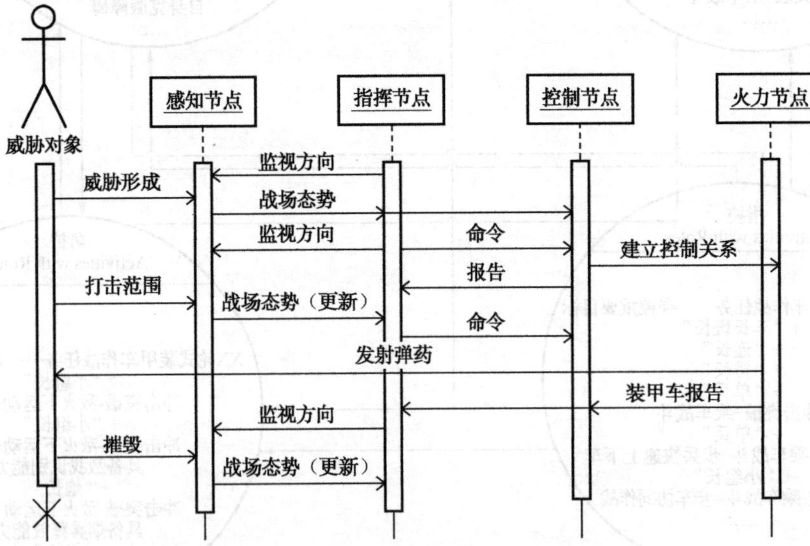

图 11-36　某型号装甲车作战事件时间跟踪示意图

根据构建的作战体系结构，将各个作战活动放在体系框架内综合考虑，提出作战活动、作战子活动及其作战性能要求，如表 11-3 所示。

表 11-3　某型号装甲车作战活动及作战使用性能描述示意表

活动名称	活动层 1	活动层 2	作战使用性能要求
冲击突破	乘车战斗	班用机枪、步枪利用射击孔射击	能观测××角度内单兵目标；能有效打击××射界内有生力量
		各类轻武器利用载员窗射击	能观测××角度内目标；能有效打击××射界内目标
	敌火下运动	敌火防护	防榴弹碎片击穿；正、侧面防××米敌机枪穿甲弹击穿；近距离步枪、穿甲弹击穿；……
		敌火下机动	能灵活变速行驶；能快速规避行驶；能有效利用地形、地物
	行进间发起冲击	观察	能观察××米处低空武装直升机；能有效观察××米处敌装甲目标；能有效观察冲击路线；侧、后观察下死界不小于×××
		接收下达命令	平均传达速度达到××秒；单元主体响应时间不超过××秒；命令信息传递完好率达到××%
		地形允许的最大速度冲击	最大机动速度不低于××米/秒；平均克服障碍时间不低于××秒
		能迅速由停止状态转为高速冲击状态	最低起动速度不低于××米/秒；平均机动速度不低于××米/秒
	火力运用	瞄准跟踪	略
		射击	能有效杀伤××米内敌轻型装甲目标、土木质发射点；能有效杀伤近距离内有生力量；能打击地空飞行目标；识别××米内装甲目标
		识别目标	识别××米内碉堡、土木质发射点；识别地空飞行目标；识别近距离单兵火力点
		毁伤评估	直接毁伤发生率不低于××%；间接毁伤发生率不低于××%
		火力转移	对软硬目标设计转移快速便捷；地空目标射击转移快速便捷
	下车战斗	步兵快速上下车	步兵与步兵通信
		步车协同作战	略
	克服突破人工障碍	自身克服障碍	能克服通过火障；能顺利通过不大于××厘米的壕沟；能通过不大于××厘米的矮墙；能克服通过防步兵雷场；能克服通过列桩式铁丝网
		请求资源克服障碍	能快速请求支援；能快速通过车撤桥、标识路

11.3.2　作战能力需求分析

1．作战能力需求分析

某型轮式装甲车作战能力需求可用能力需求分解树来表示，如图 11-37 所示。

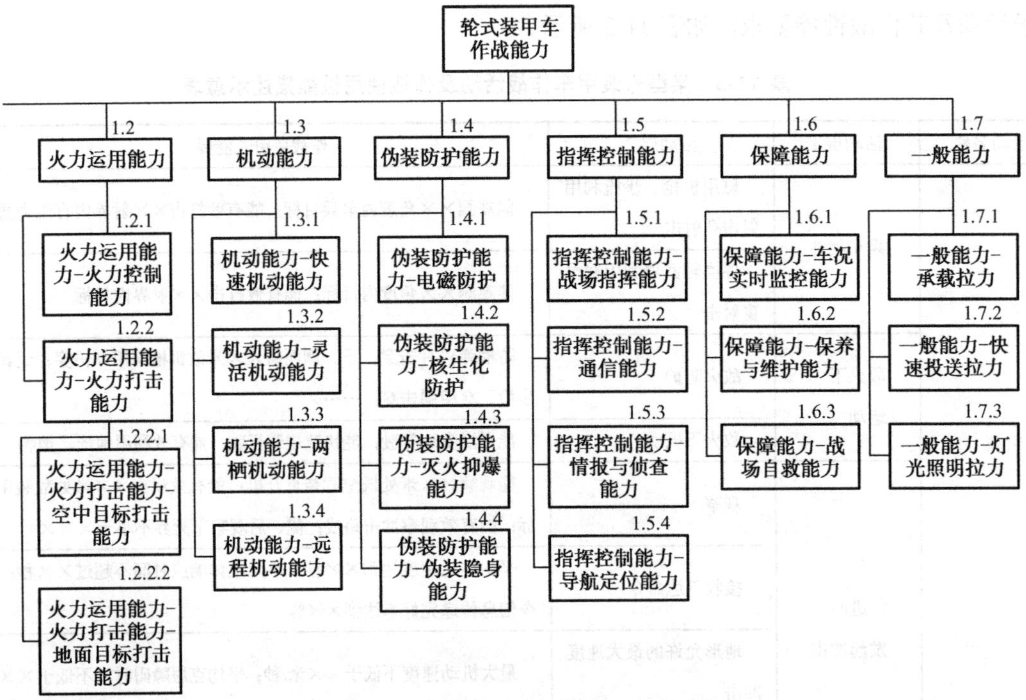

图 11-37　某型装甲车作战能力需求分解

2．作战能力差距分析

以某型号装甲车边境反击作战任务源下的冲击突破基元任务为分析对象，构建冲击突破与打击能力、防护能力、机动能力、信息能力及其子能力间的关系，如表 11-4 所示。将冲进突破任务进一步分解，比较完成各个子任务与子能力的差距分析，此部分内容由于数据原因，本书省略。

表 11-4　某型号装甲车任务与作战能力关系描述表

任务源	基元任务	顶层能力	子能力	能力指标
边境反击作战	冲击突破	打击能力	反坦克导弹打击能力	对坦克毁伤概率（%）；射程（km）；范围（km²）；完成任务时间（min）
			小口径炮打击能力	对装甲目标毁伤概率（%）；对有生目标毁伤概率（%）；射速（m/s）；最大射程（km）
			高射机枪打击能力	对武装直升机毁伤概率（%）；射速（m/s）；射高（km）
			炮射导弹打击能力	对武装直升机毁伤概率（%）；对装甲目标毁伤概率（%）；射速（m/s）
		防护能力	对常规反坦克武器的防护能力	被探测概率（%）；被命中概率（%）；被毁伤概率（%）；距离（km）
			防护常规打击种类能力	
			防核、生、化袭击能力	人员生存概率（%）；持续时间（min）
		机动能力	通过预定地域概率	单位概率（%）；最大公路速度（km/h）；最大行程（km）；灵活性（%）；通过性（%）；运输适应性（%）；起动性（%）
			通过预定地域平均速度	

续表

任务源	基元任务	顶层能力	子能力	能力指标
边境反击作战	冲击突破	信息能力	探测能力	发现目标概率（%）；识别目标概率（%）；最大探测距离（km）；视场角（°）
			通信能力	通信距离（km）；通信业务种类（种）；通信容量（Kb/次）；通信速率（Kb/s）；正确传输信息概率（%）

3．装备能力需求确定

根据上述作战能力差距分析，排除非装备因素，可确定出某型号装甲车能力需求，可用能力清单来表示，如表 11-5 所示。

表 11-5 某型号装甲车能力清单示意表

能力清单						
能力编号	能力名称	能力-任务	能力模块	重要度	能力指标	
					门限值	目标值
Q1.1	反坦克导弹打击能力	反坦克导弹打击能力-冲击突破任务；反坦克导弹打击能力-区域占领；……	战场感知；火力打击；精确打击；火力支援；装备保障	$C_{反坦克导弹}$	火力打击范围××米；毁伤目标程度××%；完成任务时间××分钟；……	火力打击范围××米；毁伤目标程度××；完成任务时间××分钟；……

11.3.3 功能需求分析

1．系统功能构想

根据作战能力域，某型号装甲车必须具备以下作战能力：战场感知能力（目标探测能力、目标识别能力、目标跟踪能力）、火力运用能力（火力控制能力、火力打击能力）、机动能力（快速机动能力、灵活机动能力、两栖机动能力、远程机动能力、越野通行能力）、伪装防护能力（电磁防护能力、核生化防护能力、灭火抑爆能力、伪装隐身能力、主动防护能力、装甲防护能力）、指挥控制能力（战场指挥能力、通信能力、情报与侦查能力、导航定位能力）、保障能力（车况实时监控能力、保养与维护能力、战场自救能力）、一般能力（承载能力、快速投送能力、灯光照明能力）。

1）系统应用构想设计

面向以上作战能力，某型号装甲车主要装备于担负应急机动作战任务或战区处突任务的机械化步兵部队，用于搭载步兵，协同主战装备作战，也可遂行独立作战任务。步兵既可乘车战斗，也可下车战斗。在下车战斗时可得到车载武器的火力支援。

2）系统功能/结构提出

通过调用装备功能库和结构库，提出某型号装甲车应该具备以下系统功能，包括火力运用、战场感知、指挥控制、战场机动、技术保障、防护伪装、一般功能；选择平台中心化体系结构，主要采用以发射平台为中心的体系结构，这种结构具有成本低、通信线路总长短、软件简单、系统易于实现等优点。

3）系统功能流程分析

根据系统应用构想，某型号装甲车的主要系统功能流程包括探测、指挥、执行，如图 11-38 所示。

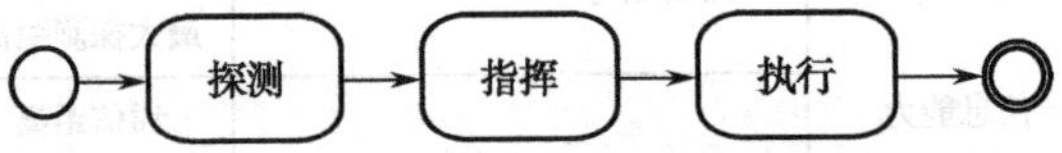

图 11-38　某型号装甲车系统功能流程示意图

2．系统功能模型构建

根据系统功能构想，进一步细化系统功能，构建某型号装甲车的系统功能层次图（见图 11-39）和系统功能数据流图（见图 11-40）。

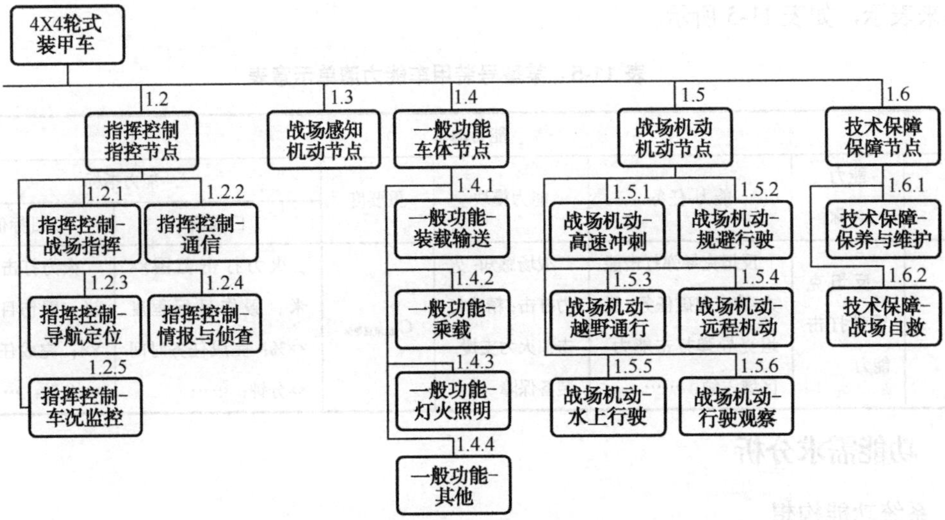

图 11-39　某型号装甲车系统功能层次示意图

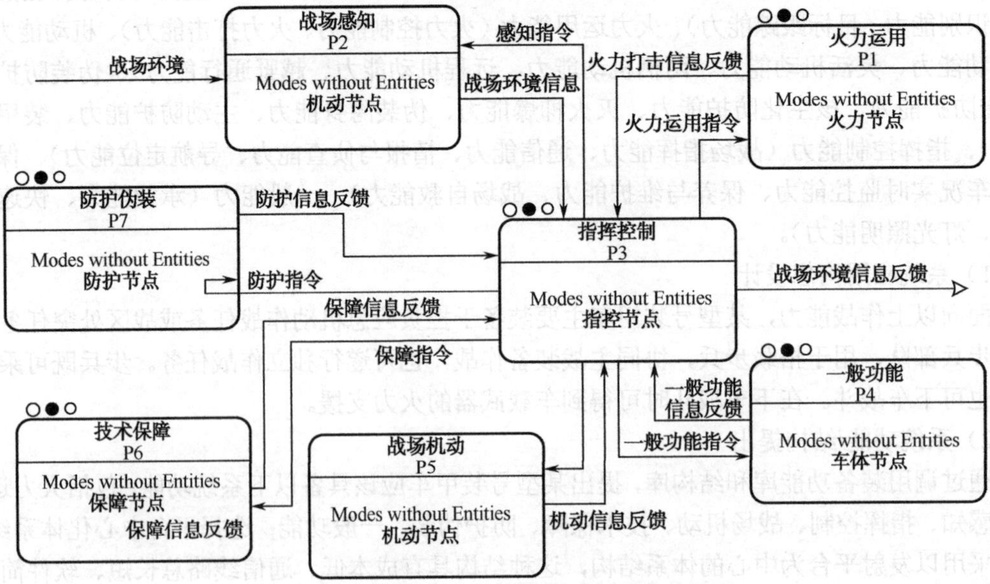

图 11-40　某型号装甲车系统功能数据流示意图

火力运用功能包括火力控制、火力打击、观察瞄准；战场感知功能包括探测识别装甲目标、空中目标、一般目标；指挥控制功能包括战场指挥、通信、导航定位；防护伪装功能包括电磁防护、灭火抑爆、核生化防护、装甲防护、伪装隐身、主动防护；战场机动功能包括高速冲击、规避行驶、越野通行、远程机动、水上行驶、行驶观察；技术保障功能包括保养与维修、战场自救；一般功能包括装载运输、乘载、灯光照明、其他。

3. 系统结构/实体分析

根据系统功能和结构，进一步提出某型号装甲车的系统实体概念，分别是指挥控制系统、防护系统、机动系统、打击系统。

4. 系统节点分析

将某型号装甲车的系统节点划分为火力节点、防护节点、机动节点、指控节点。

5. 系统功能/系统节点/系统实体分析

系统功能需要系统节点上的系统实体协作完成，每个系统实体又包含子系统实体和部件实体。某型号装甲车的子系统实体和部件实体包含车体、承载装置/操纵、动力组/驾驶员训练、辅助自动装置、炮塔安装、火控武器、车身/驾驶室、自动装填、自动/遥控操纵、核、生、化特殊装备、导航通信等，如图 11-41 所示。

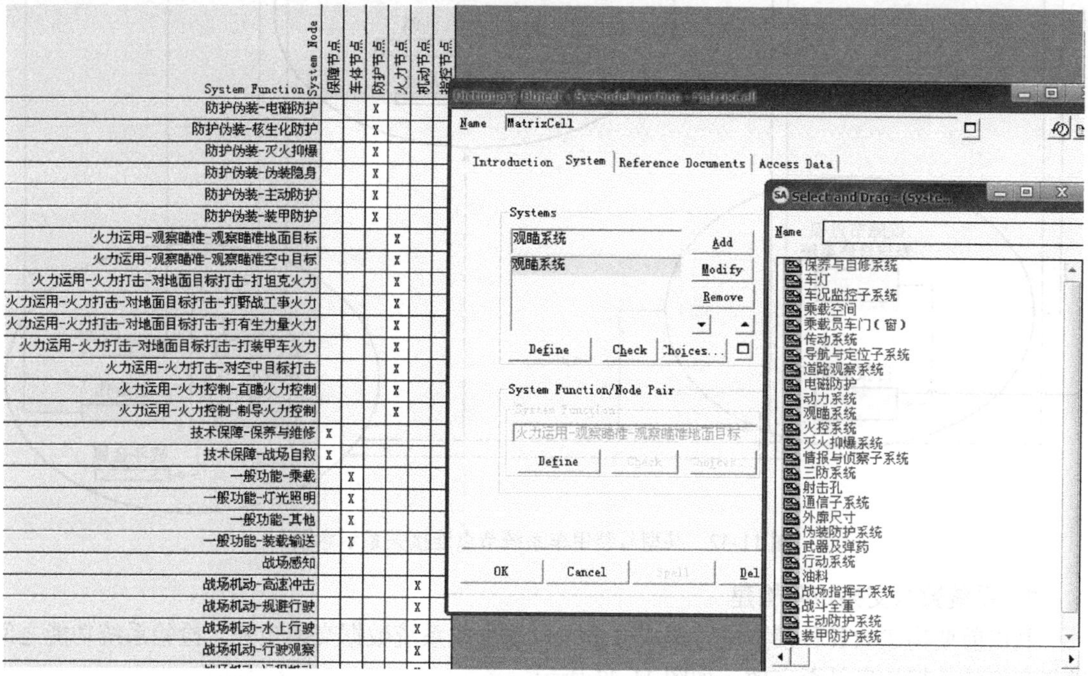

图 11-41 某型号装甲车系统功能/系统节点/系统实体分析示意图

6. 系统功能/系统节点/数据交互需求

根据已建立的系统功能模型和系统节点，构建各个系统节点之间的系统功能数据交换信息。指控节点、火力节点、机动节点、防护节点之间的需求线如图 11-42 所示。

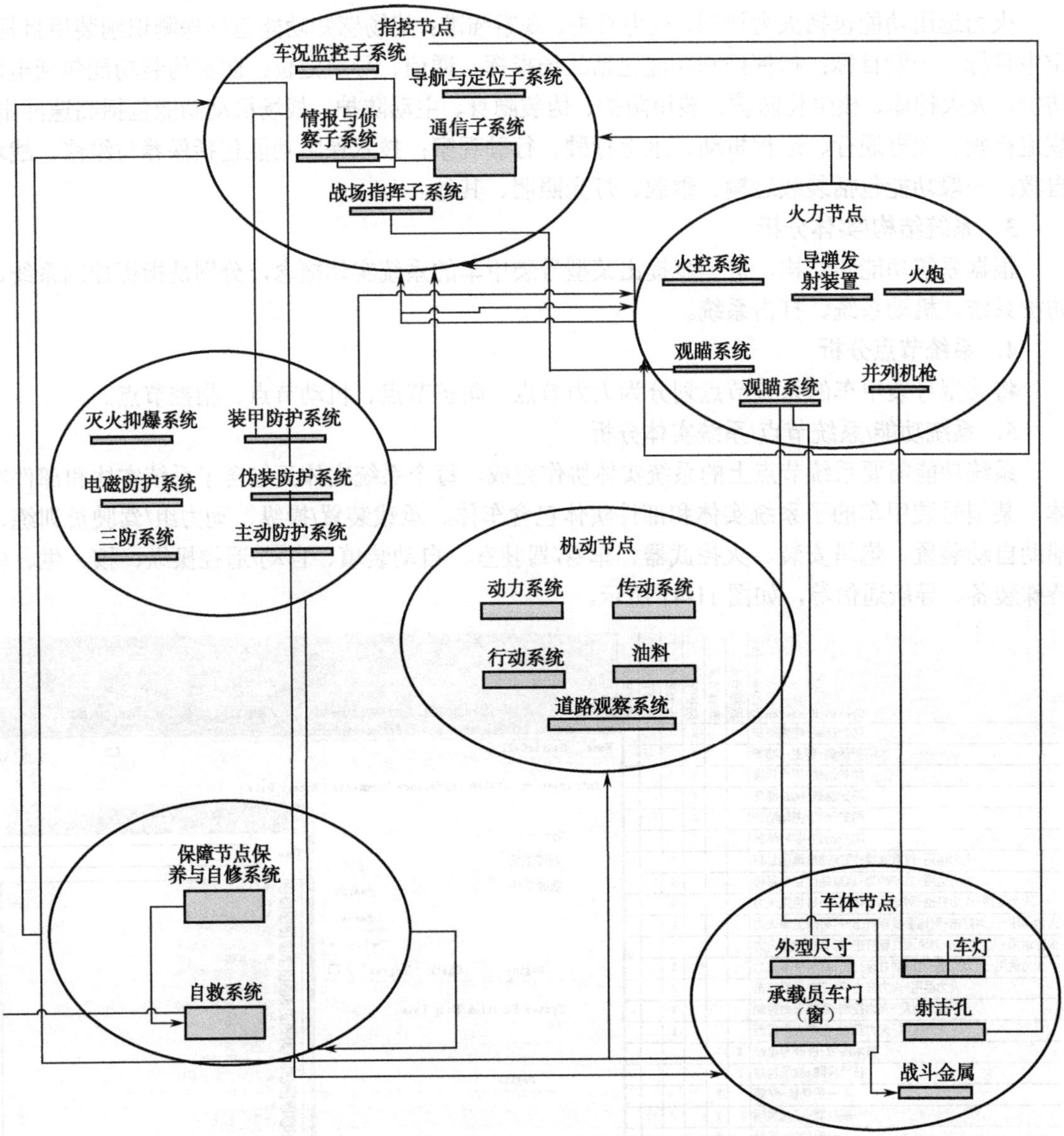

图 11-42　某型号装甲车系统节点连接关系示意图

7．系统数据交换矩阵构建

利用前期构建的各种模型进行集成分析，自动生成系统数据交换矩阵，检验系统功能之间进行交换的数据信息是否有效，如图 11-43 所示。

8．系统行为模型构建

根据不同的系统功能原理，可以制定相应的系统规则、系统状态以及系统事件时间跟踪。根据系统功能及其数据流程，构建某型号装甲车的系统状态转移示意图，如图 11-44 所示。

	A	B	C	D	E	F	G	H	I
1	SDX	Valid	From System Function	From System Node	To System Function	To System Node	From System Entity	To System Entity	Data Flow
2	保养与维修信息	T	技术保障-	保障节点	技术保障-	保障节点	保养与自	自救系统	保养与维
3	保障信息反馈	T	技术保障-	保障节点	指挥控制-	指控节点	自救系统	车况监控	保障信息
4	车况信息	T	指挥控制-	指控节点	指挥控制-	指控节点	车况监控	通信子系	车况信息
5	导航定位信息	T	指挥控制-	指控节点	指挥控制-	指控节点	导航与定	通信子系	导航定位
6	防护信息反馈	T	防护伪装-	防护节点	指挥控制-	指控节点	主动防护	车况监控	防护信息
7	观察地面	T	火力运用-	火力节点	火力运用-	火力节点	观瞄系统	观瞄系统	观察地面
8	火力打击信息反馈	T	火力运用-	火力节点	指挥控制-	指控节点	武器及弹	情报与侦	火力打击
9	火力打击信息反馈	T	火力运用-	火力节点	指挥控制-	指控节点	导弹发射	情报与侦	火力打击
10	火力控制	T	火力运用-	火力节点	火力运用-	火力节点	火控系统	观瞄系统	火力控制
11	其他	T	一般功能-	车体节点	一般功能-	车体节点	车灯	乘载员车	其他
12	其他	T	一般功能-	车体节点	一般功能-	车体节点	车灯	射击孔	其他
13	情报与侦察信息	T	指挥控制-	指控节点	指挥控制-	指控节点	情报与侦	通信子系	情报与侦
14	一般功能信息反馈	T	一般功能-	车体节点	指挥控制-	指控节点	乘载员车	车况监控	一般功能
15	一般功能信息反馈	T	一般功能-	车体节点	指挥控制-	指控节点	射击孔	车况监控	一般功能
16	运输	T	一般功能-	车体节点	一般功能-	车体节点	外廓尺寸	乘载空间	运输
17	运输	T	一般功能-	车体节点	一般功能-	车体节点	战斗全重	乘载空间	运输
18	照明	T	一般功能-	车体节点	一般功能-	车体节点	乘载空间	车灯	照明
19	指挥信息	T	指挥控制-	指控节点	指挥控制-	指控节点	战场指挥	通信子系	指挥信息
20	制导火力控制	T	火力运用-	火力节点	火力运用-	火力节点	火控系统	火控系统	制导火力

图 11-43　某型号装甲车系统数据交换矩阵示意图

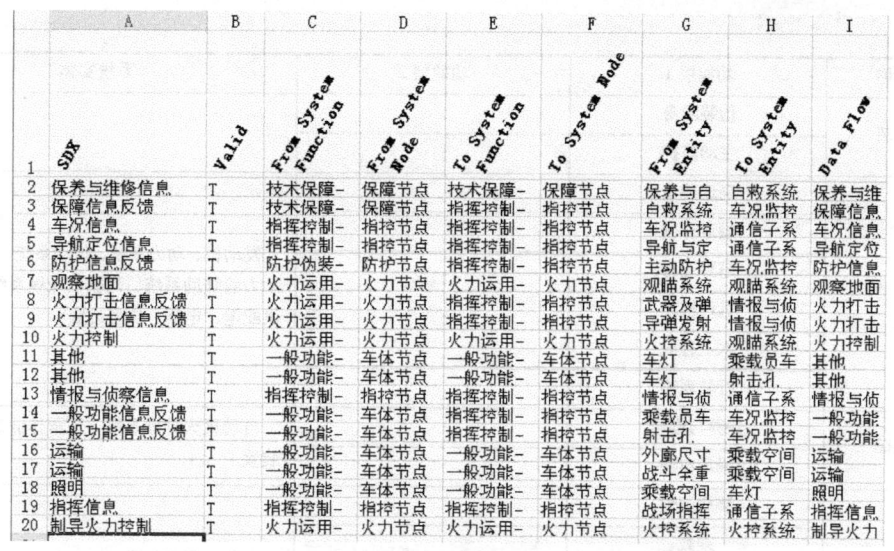

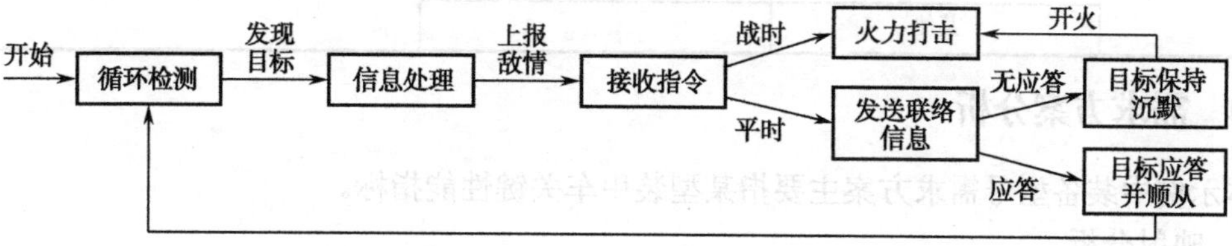

图 11-44　某型号装甲车系统状态转移示意图

根据构建的系统体系结构，将各个系统功能和系统实体放在体系框架内综合考虑，提出系统功能、系统子功能及其相关的系统实体，如表 11-6 所示。

表 11-6　某型号装甲车系统功能及系统实体描述示意表

功能名称	功能层 1	功能层 2	系统实体
火力运用	火力控制	直瞄火力控制	火炮塔体、武器安装、主要武器、辅助武器、火力控制与炮塔驱动系统、观察、指挥、通信系统、弹药及供输弹系统、辅助观察装置
		制导火力控制	
	火力打击	对地面目标打击	
		对空中目标打击	
	观察瞄准	观察瞄准空中目标	
		观察瞄准地面目标	
战场感知	探测识别装甲目标		传感器组、分系统及部件控制单元、数据总线及总线连接器
	探测识别空中目标		
	探测识别一般目标		
指挥控制	战场指挥		指挥分系统、控制分系统、通信分系统、情报分系统
	通信		
	导航定位		
防护伪装	电磁防护		主动防护与被动防护系统、隐身、伪装、欺骗装置、光电对抗装置、敌我识别装置
	灭火抑爆		
	核生化防护		
	装甲防护		

续表

功能名称	功能层 1	功能层 2	系统实体
防护伪装	伪装隐身		
	主动防护		
战场机动	高速冲击		发动机、动力系统、传动系统、悬挂系统、动力舱辅助系统、驾驶员操纵系统、电源、供配电、电器、仪表装置
	规避行驶		
	越野通行		
	远程机动		
	水上行驶		
	行驶观察		
技术保障	保养与维修		自动灭火抑爆系统、工程作业装置、电器装置
	战场自救		
一般功能	装载运输		车体、照明装置
	乘载		
	灯光照明		
	其他		

11.3.4 需求方案分析

本示例中装备型号需求方案主要指某型装甲车关键性能指标。

1．映射分析

在作战任务域向作战能力域转化过程中，建立作战任务-作战能力关联关系；在作战能力域生成过程中，建立作战能力-作战活动关联关系；在作战体系结构和系统体系结构的基础上，建立作战活动-系统功能关联关系，如图 11-45 所示；在系统体系结构开发过程中，建立系统功能-系统实体关联关系；利用 QFD、关联矩阵等方法将以上关联关系进行映射转化，构建作战能力-系统实体关联关系，如图 11-46 所示。

System Function / Operational Activity	冲击突破-敌火下运动-机动-能有效利用地形、地物	冲击突破-发起冲击	冲击突破-发起冲击-行进间发起冲击	冲击突破-发起冲击-行进间发起冲击-观察	冲击突破-发起冲击-行进间发起冲击-观察-侧、后观察下死界不小于xxxx	冲击突破-发起冲击-行进间发起冲击-观察-能观察××米处低空武装直升机	冲击突破-发起冲击-行进间发起冲击-观察-能有效观察××千米处敌装甲目标	冲击突破-发起冲击-行进间发起冲击-观察-能有效观察冲击路线	冲击突破-发起冲击-行进间发起冲击-接收下达指令	冲击突破-发起冲击-行进间发起冲击-接收下达指令-接收连长指令	冲击突破-发起冲击-行进间发起冲击-接收下达指令-下达指令	冲击突破-发起冲击-行进间发起冲击-以地形允许的最大速度冲击	冲击突破-发起冲击-占领展开地区发起冲击	冲击突破-发起冲击-占领展开地区发起冲击-能迅速的由停止状态转为高速冲击状态	冲击突破-火力运用	冲击突破-火力运用-观察搜索	冲击突破-火力运用-毁伤评估	冲击突破-火力运用-火力转移	冲击突破-火力运用-火力转移-	冲击突破-火力运用-火力转移-地空目标射击转移快速便捷	冲击突破-火力运用-火力转移-对软硬目标射击转移快速便捷	冲击突破-火力运用-瞄准跟踪	冲击突破-火力运用-瞄准跟踪-静止状态下自动瞄准跟踪坦克	冲击突破-火力运用-瞄准跟踪-瞄准跟踪低空飞行目标	冲击突破-火力运用-瞄准跟踪-瞄准跟踪近距离的机动车辆、碉堡、土木发点和单兵	冲击突破-火力运用-瞄准跟踪-运动状态下自动瞄准跟踪装甲车及其他机动车辆	冲击突破-火力运用-射击	冲击突破-火力运用-射击-能打击低空飞行目标	冲击突破-火力运用-射击-能有效击毁××米内轻型装甲目标并对敌主战坦克构成威胁	冲击突破-火力运用-射击-能有效杀伤××米内敌轻型装甲目标、土木质发射点	冲击突破-火力运用-射击-能有效杀伤近距离有生力量	冲击突破-火力运用-识别目标	冲击突破-火力运用-识别目标-识别××米内碉堡、土木质发射点	冲击突破-火力运用-识别目标-识别××米内装甲目标
指挥控制-情报与侦察						X	X	X								X	X																X	X
指挥控制-通信										X	X																							
指挥控制-战场指挥										X	X																							

图 11-45 某型号装甲车作战活动-系统功能关联示意图

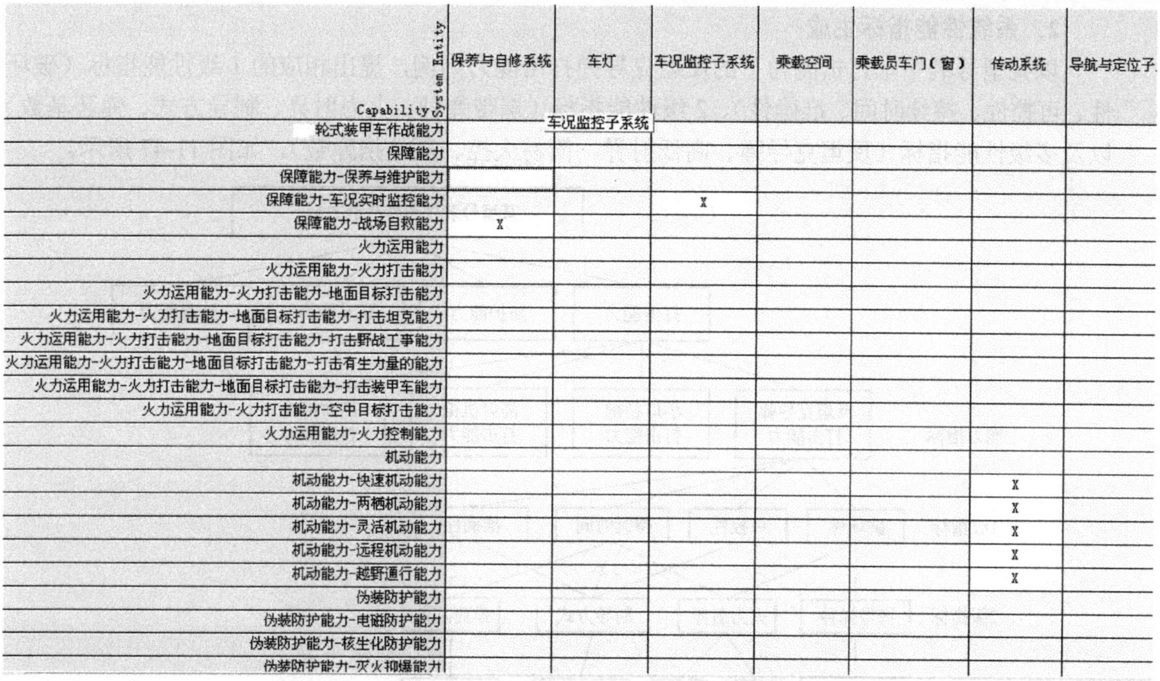

Capability \ System Entity	保养与自修系统	车灯	车况监控子系统	乘载空间	乘载员车门（窗）	传动系统	导航与定位子
轮式装甲车作战能力							
保障能力							
保障能力-保养与维护能力							
保障能力-车况实时监控能力			X				
保障能力-战场自救能力	X						
火力运用能力							
火力运用能力-火力打击能力							
火力运用能力-火力打击能力-地面目标打击能力							
火力运用能力-火力打击能力-地面目标打击能力-打击坦克能力							
火力运用能力-火力打击能力-地面目标打击能力-打击野战工事能力							
火力运用能力-火力打击能力-地面目标打击能力-打击有生力量的能力							
火力运用能力-火力打击能力-地面目标打击能力-打击装甲车能力							
火力运用能力-火力打击能力-空中目标打击能力							
火力运用能力-火力控制能力							
机动能力							
机动能力-快速机动能力						X	
机动能力-两栖机动能力						X	
机动能力-灵活机动能力						X	
机动能力-远程机动能力						X	
机动能力-越野通行能力						X	
伪装防护能力							
伪装防护能力-电磁防护能力							
伪装防护能力-核生化防护能力							
伪装防护能力-灭火抑爆能力							

图 11-46 某型号装甲车作战能力-系统实体关联示意图

在某型号装甲车作战能力-系统实体关联矩阵的基础上，对关联矩阵的内容进行检查并修正，进一步完善作战能力与系统实体的关联关系，如表 11-7 所示。

表 11-7 某型号装甲车作战能力与系统实体关系描述表

作战能力	子能力	系统	子系统及部件
打击能力	反坦克导弹打击能力	打击系统；指控系统	导航与定位子系统；导弹发射装置
	小口径炮打击能力	打击系统；指控系统	情报与侦查子系统；观瞄系统；火炮系统
	高射机枪打击能力	打击系统；指控系统	观瞄子系统；并列机枪装置
	炮射导弹打击能力	打击系统；指控系统	导航与定位子系统；导弹发射装置
防护能力	对常规反坦克武器的防护能力	防护系统；指控系统	装甲防护子系统；主动防护子系统；车况监测子系统
	防护常规打击种类能力	防护系统；指控系统	灭火抑爆装置；电磁防护子系统；伪装防护子系统；车况监测子系统
	防核、生、化袭击能力	防护系统；指控系统	三防子系统；车况监测子系统
机动能力	通过预定地域概率	机动系统；指控系统	动力子系统；观察子系统；传动子系统；油料装置
	通过预定地域平均速度	机动系统；指控系统	动力子系统；观察子系统；传动子系统；油料装置
信息能力	探测能力	指控系统	情报与侦查子系统
	通信能力	指控系统	通信子系统

2．系统性能指标生成

以某型号装甲车打击能力下的反坦克导弹打击能力为例，提出相应的1级性能指标（破坏性、可控性、持续时间、准确性）、2级性能指标（携带弹种、火力射界、制导方式、弹药基数）以及多级性能指标（反坦克导弹、高低射界、简易火控、具体携弹数），如图11-47所示。

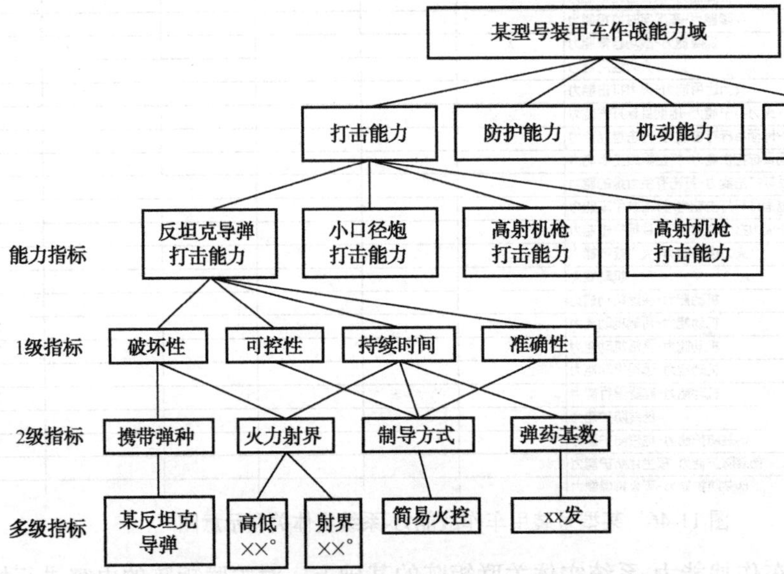

图11-47　某型号装甲车反坦克导弹打击能力的性能指标生成

其中，1级性能指标的提出要符合系统功能对作战能力的满足度；2级指标的提出要符合系统性能对系统功能的满足度；多级指标的提出要符合系统、子系统、部件递接分解的要求。在确定性能指标影响因素的基础上，采用定性分析、定量计算以及定性定量结合方式，运用类比法、权衡法、综合运筹法等方法，初步确定指标参考值，再对相关指标之间的关系进行分析并修正初定的指标数值，最后根据现有技术水平确定指标要求形成系统性能指标体系。将某型号装甲车的作战使用性能转化为系统性能指标体系，如表11-8所示。

表11-8　某型号装甲车系统性能指标体系示意表

指标层1	指标层2	指标层3	指标范围	相关技术
1基本要求	战斗全重		≤××t	涂装、冲压、装焊、装配
	承/载员		××	
	外廓尺寸	1.3.1 车长	≤××mm	
		1.3.2 车宽	≤××mm	
		1.3.3 车高	≤××mm	
	驱动形式		轮式	
2机动性能	单位功率			发动机电控共轨技术、AT、AMT、高机动悬架转向技术、TCS、ADM
	最大速度			
	平均速度			
	最大行程			
	水上最大航速			
	浮力储备			

续表

指标层 1	指标层 2	指标层 3	指标范围	相关技术
2 机动性能	最小转弯直径			轮胎中央充气、电驱动与新能源技术
	车底距地高			
	制动距离			
	最大爬坡度			
	通过垂直障碍高			
	越壕宽			
	空运空投要求			
3 火力性能	武器系统			火力打击网络信息化、自动化技术、武器共架发射技术、综合火力控制技术、火控系统组网技术
	弹药基数	某燃烧弹		
		某穿甲弹		
		某导弹		
		某机枪弹		
	武器射界	高低		
		射界		
	观瞄形式			
	夜间作战能力			
4 防护性能	4.1 装甲防护	4.1.1 正面		隐身、装甲防护、防红外侦破技术
		4.1.2 其他面		
	4.2 其他防护			
5 指控通信性能	5.1 电台与通话器	5.1.1 话音通信距离		动中通天线技术、抗干扰与抗截获技术、软件无线电技术
		5.1.2 数据通信距离		
	5.2 卫星导航系统	卫星定位精度		

以火力打击功能为例，完善功能编号、功能名称、功能-实体、功能模块、重要度、性能指标，形成了较为详细的功能需求形式化描述，如表 11-9 所示。

表 11-9　某型号装甲车功能清单示意表

功能清单					
功能编号	功能名称	功能-实体	功能模块	重要度	性能指标
F1.1	火力打击功能	火力打击-火炮塔体；火力打击-辅助武器…	打击功能模块	C 火力打击功能	车载某自动炮/某反坦克导弹/某并列机枪；某燃烧弹≥××发；某穿甲弹≥××发；某导弹≥××枚；某机枪弹≥××发；高低××；射界××；采用模块化设计…

续表

功能关系图
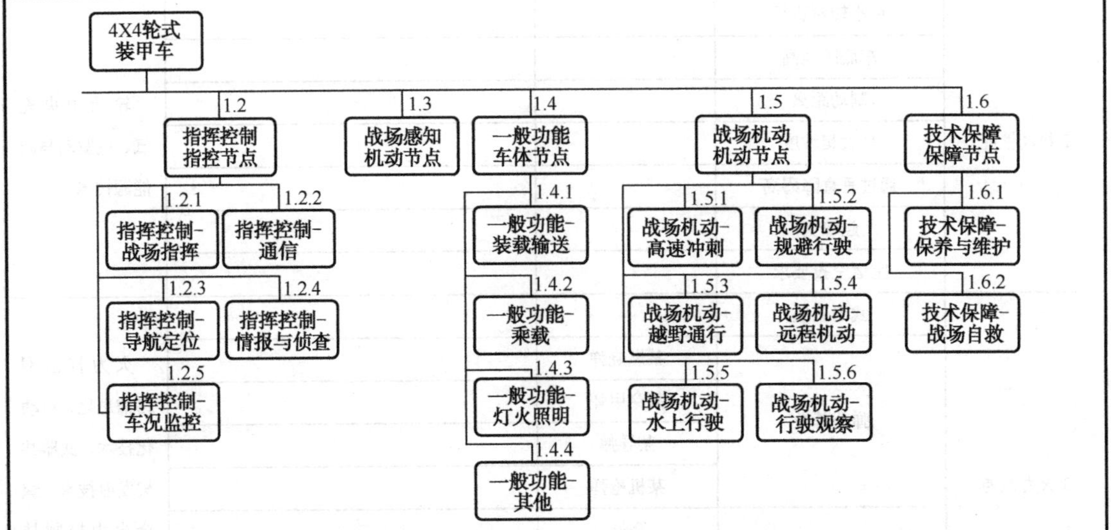 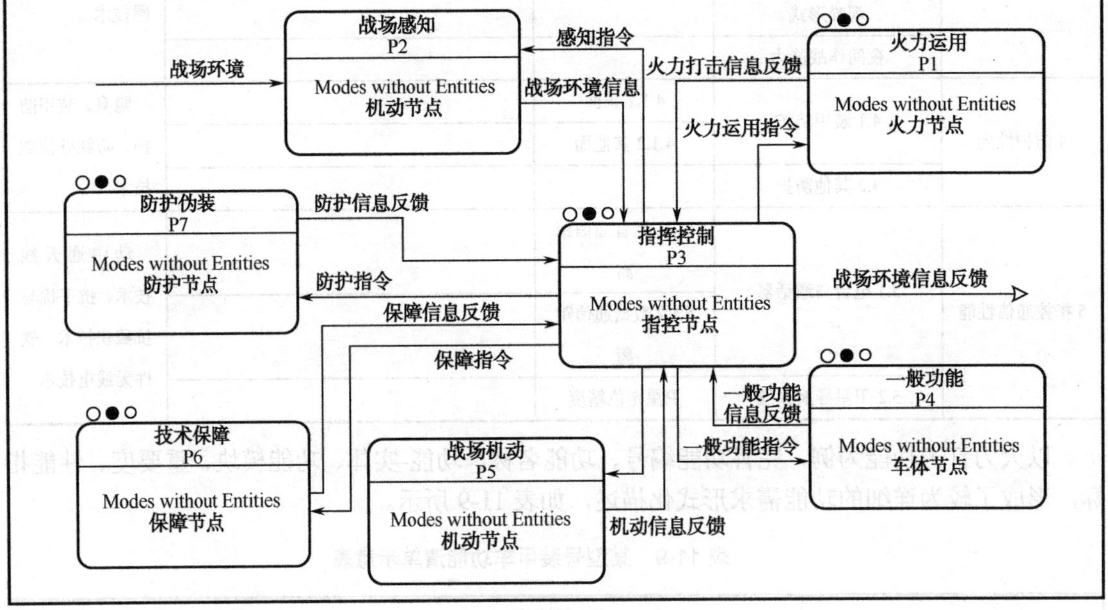

11.4 面向专题模式的作战任务需求分析

下面以集成平台的作战任务分析系统支撑作战任务分析过程为例，对作战任务分析系统的应用流程进行分析。

11.4.1 功能定位及阶段划分

作战任务分析，主要根据所研发装备的总体作战使命，提出以该装备（或体系）为基础（或核心）的作战体系构成及其作战运用；着眼于武器装备体系对抗，分析该作战体系可能的作战环境和潜在的作战对手，进而提出作战体系的具体行动构想方案；并从作战节点、作战节点信息交互、作战组织、作战活动、作战规则和作战过程时序关系等几个方面进行详细分析，从而生成以任务清单、作战节点集、作战节点信息交互矩阵等为核心的武器装备军事需求。

作战任务分析的主要对象领域是作战域，涉及的内容是以作战任务分解、作战力量运用和作战任务协同为核心的军队作战指挥和控制知识，要求进行使命任务分析的人员必须具备扎实的军事基础知识、作战指挥理论知识和装备运用知识，并能够熟悉使用使命任务分析的相关方法进行使命任务具体内容的分析。

作战任务分析系统主要包括作战概念视图分析、作战视图建模和作战活动集成 3 个阶段，如图 11-48 所示。

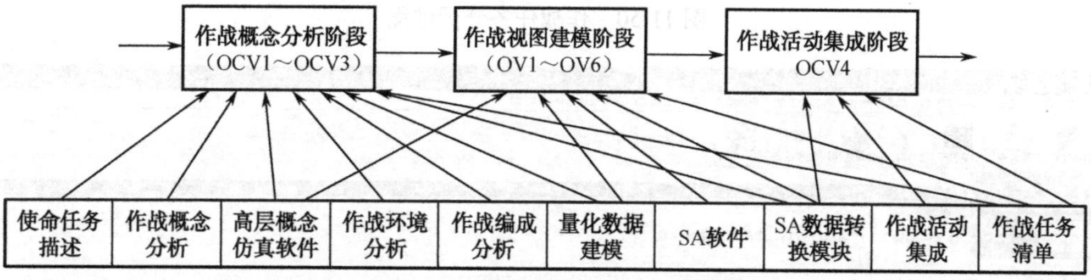

图 11-48 作战概念视图分析步骤

11.4.2 作战概念视图分析

使命任务分析，是装备需求论证的第一步，其输入包括某型装备的研发使命、国家军事战略、军队作战理论、军事力量组成和武器装备体系等内容，经过使命任务分析，输出以该型装备为主体的作战体系的节点组成、节点信息交互矩阵、作战任务清单，作战活动集成清单等内容，其主要步骤如图 11-49 所示。

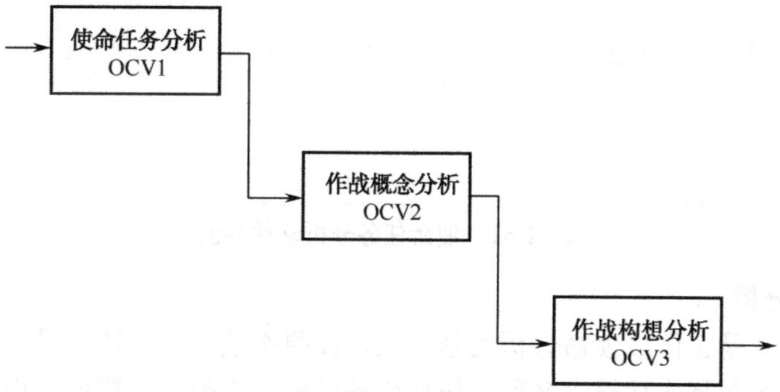

图 11-49 作战概念视图分析步骤

1．使命任务分析

作战使命分析是对装备总体使命的顶层设计，将模糊的装备使命进行细致的分解和描述，并以形式化的方式表现出来，其分析过程如 11-50 所示。

其主要功能是对装备体系和装备型号，进行的宏观、概述性的任务描述，并细化装备的作战使命，明确装备使用的作战样式、作战规模和作战力量结构，为进行作战概念设计提供依据。软件界面如图 11-51 所示。

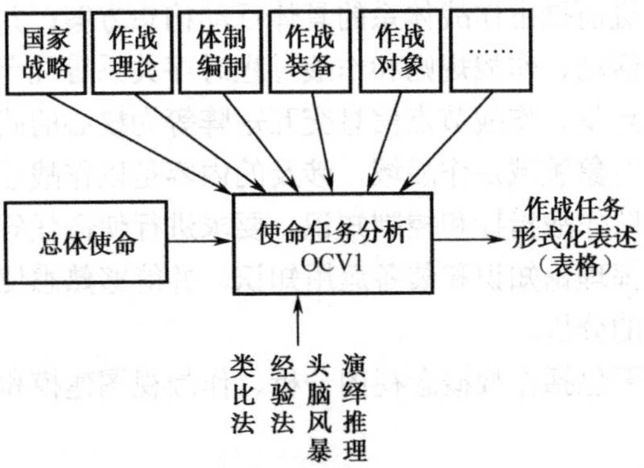

图 11-50　作战任务分析过程

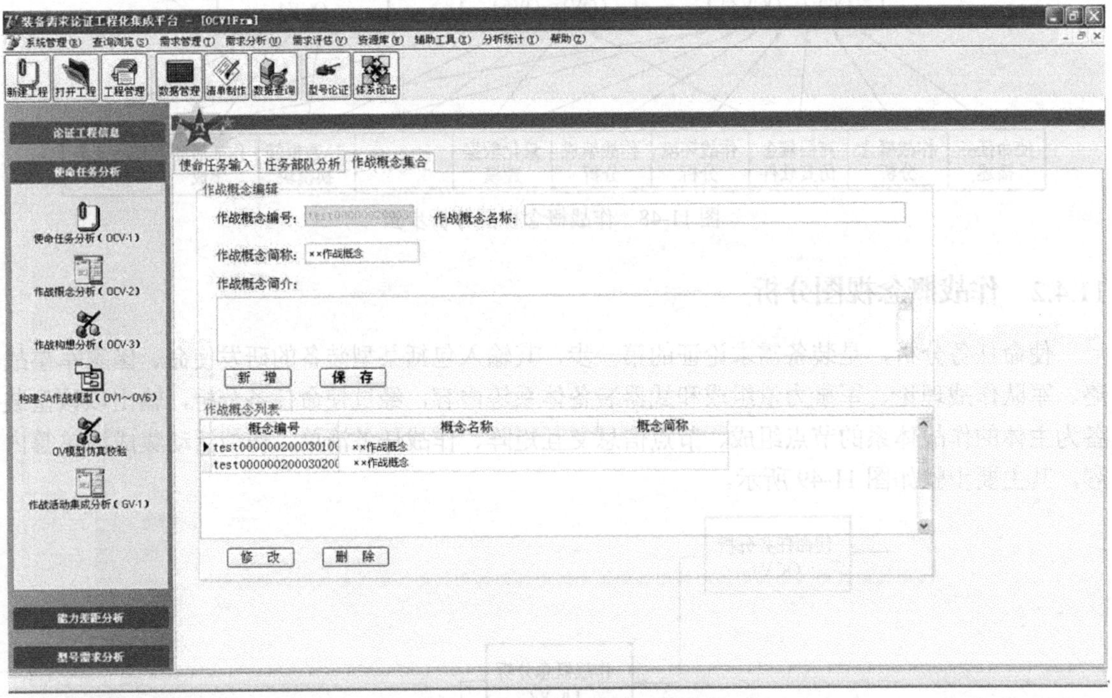

图 11-51　使命任务分析软件界面

2．作战概念分析

作战概念分析，是在作战使命分析的基础上，按照作战样式，依次设计不同作战样式下的作战概念，主要内容包括作战概念名称、作战任务区分、作战力量构成、作战对手假定、典型作战活动、作战节点及其关系等。作战概念分析，是对以该装备为主体的作战体系的宏观、概略性描述，通过作战概念分析，可以简明扼要地说明该装备的部分或全部作战使命。其基本过程如 11-52 所示，软件界面如图 11-53 所示。

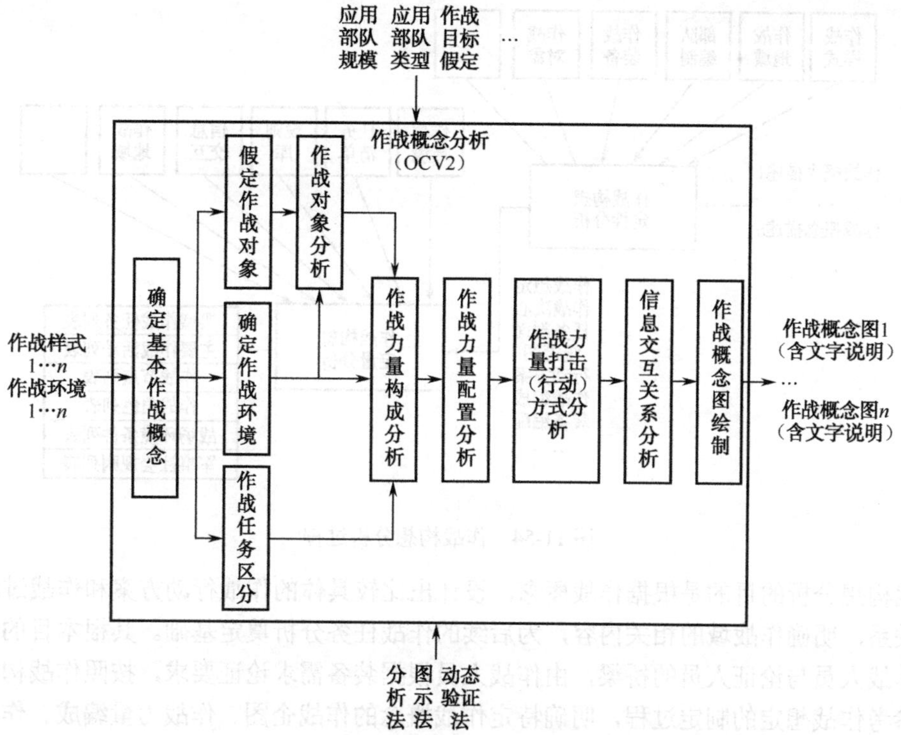

图 11-52　作战概念分析过程

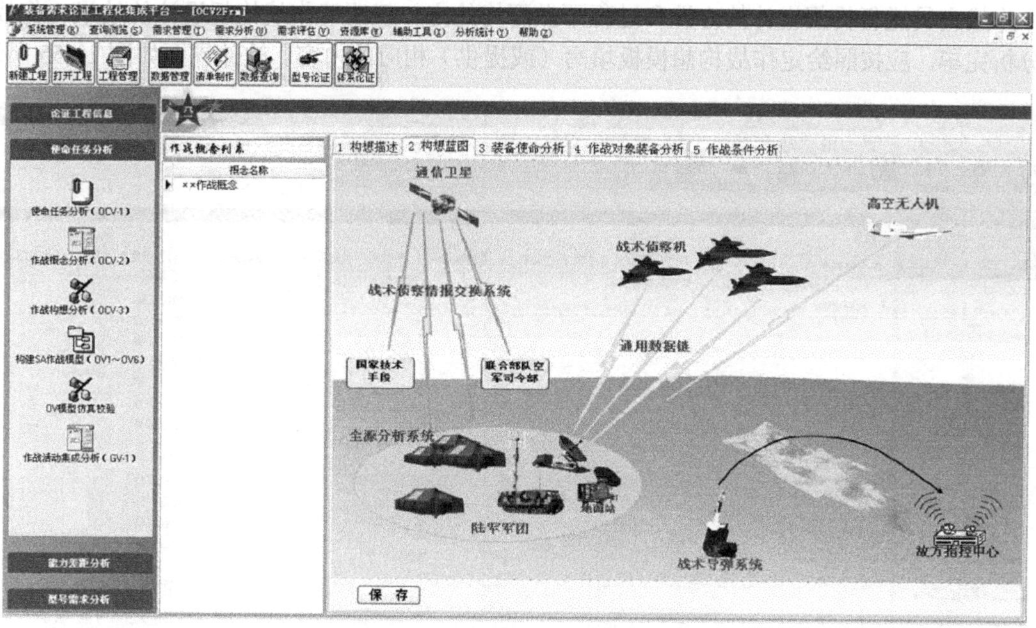

图 11-53　作战概念分析软件界面

3．作战构想分析

根据高级作战概念，设计具体的作战对抗构想方案，首先根据使命任务、作战概念明确任务区分、任务类型、任务剖面，统筹作战行动方案，提出作战力量编成、部署建议和作战决心、作战想定，而后对作战条件、作战编成、作战活动、作战节点和作战角色等概念进行结构性量化，过程如图 11-54 所示。

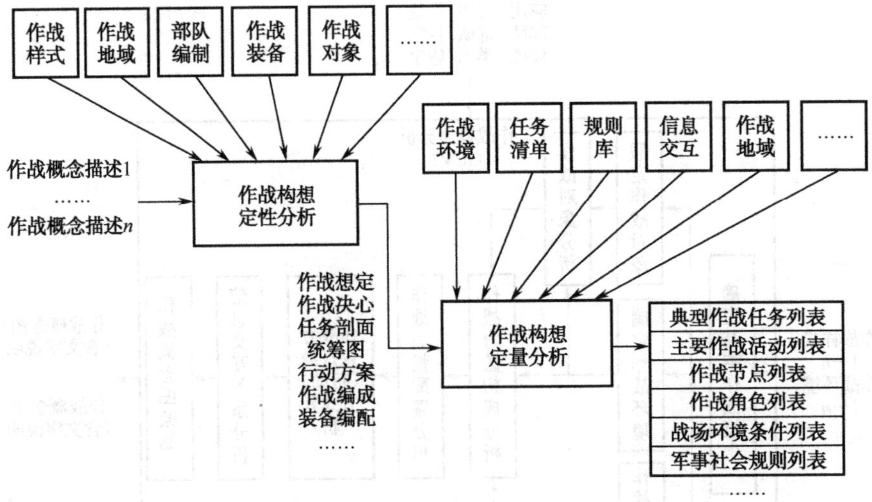

图 11-54　作战构想分析过程

作战构想分析的目的是根据作战概念，设计出比较具体的作战行动方案和作战过程中的信息交互关系，明确作战域的相关内容，为后续的作战任务分析奠定基础。其根本目的是搭建一条连接作战人员与论证人员的桥梁，由作战人员根据装备需求论证要求，按照作战构想的相关方法，参考作战想定的制定过程，明确特定作战概念的作战企图、作战力量编成、作战行动和作战协同等内容，解决论证人员难以科学、合理描述作战过程的难题。因此，在作战构想分析中，作战人员进行构想设计的方法和过程不做严格约定，仅明确作战构想设计的结果。作战人员分析完毕，应按照给定作战构想模板填写（或提供）相应的内容。软件界面如图 11-55 所示。

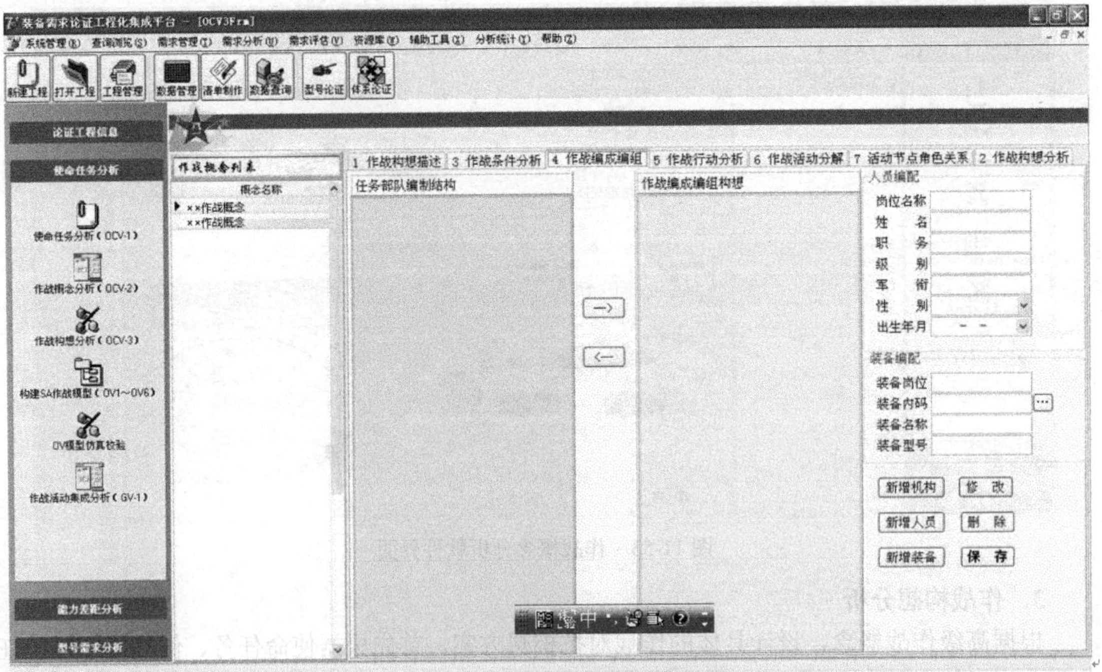

图 11-55　作战构想分析软件界面

11.4.3 作战视图建模

根据作战概念分析和作战活动、作战节点、作战条件等量化结果，利用 SA 软件构建作战视图模型，可通过以下 9 个步骤的分析和分解来实现，建模流程如图 11-56 所示。该阶段主要依托 SA 软件 OV1～OV6 等 9 个视图来完成，软件界面如图 11-57 所示。

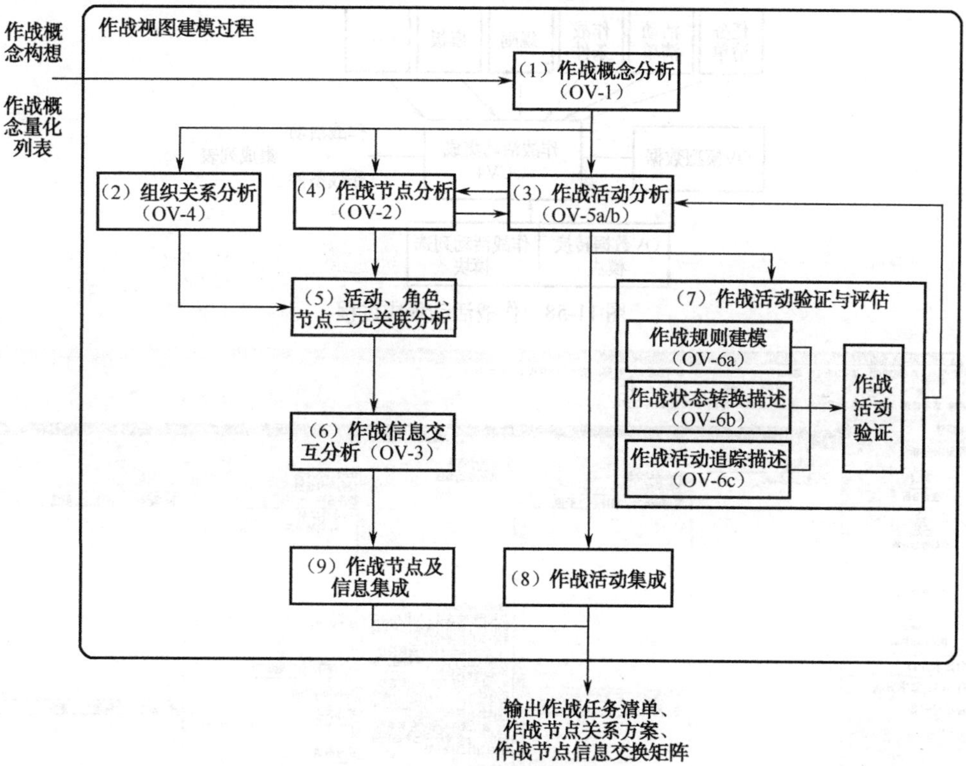

图 11-56 作战视图建模过程

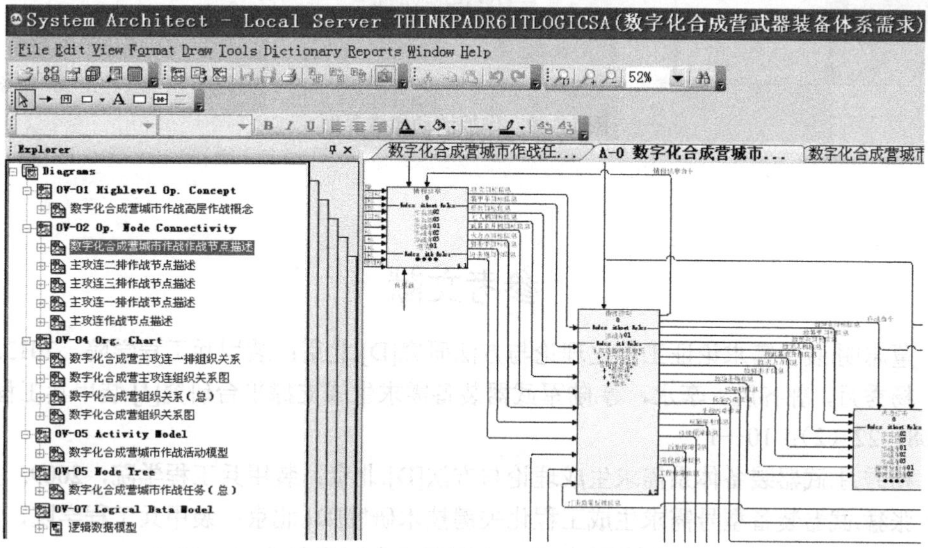

图 11-57 SA 构建作战视图模型软件界面

11.4.4 作战活动集成

作战活动集成阶段主要完成从作战视图模型中提取作战活动数据，保留主要的、剔除重复的，并对其重要程度进行分析，其形成的结果将作为能力需求分析的输入，作战活动集成过程如图 11-58 所示。作战活动集成软件界面如图 11-59 所示。

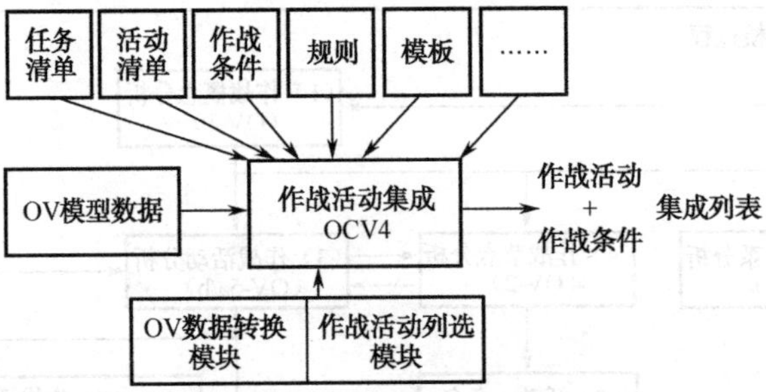

图 11-58　作战活动集成过程

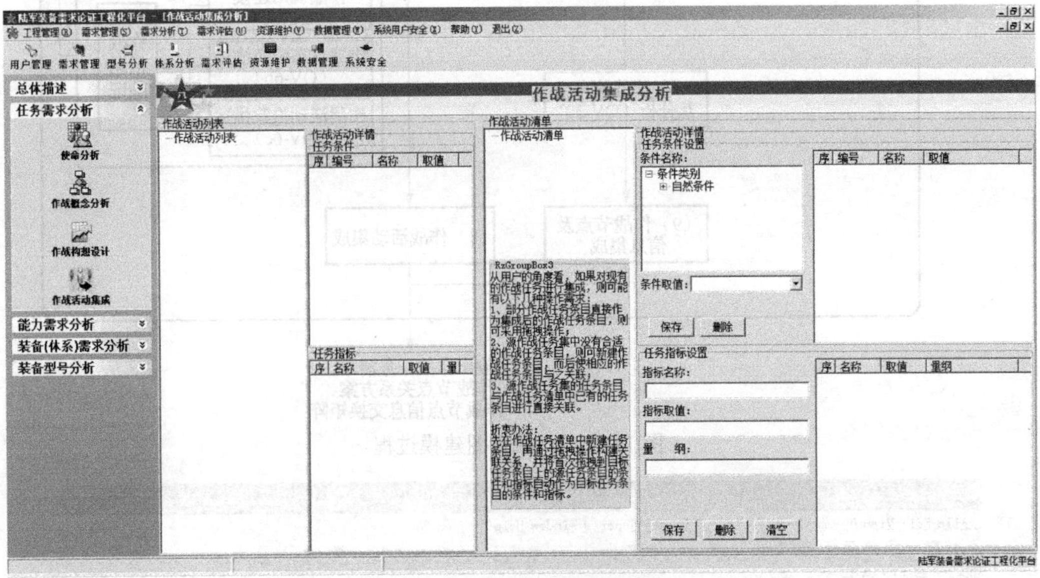

图 11-59　作战活动集成界面

参考文献

[1] 董志明.装备需求论证工程化理论与方法研究[D].北京：装甲兵工程学院，2013.

[2] 杨秀月，郭齐胜，李永，等.陆军武器装备需求生成支撑平台研究[J].装甲兵工程学院学报，2008，22（2）：10—13.

[3] 杨秀月.武器装备体系需求生成理论与方法[D].北京：装甲兵工程学院，2009.

[4] 张猛.武器装备型号需求生成工程化关键技术研究[D].北京：装甲兵工程学院，2012.

[5] 邓辉.TDCAP 软件说明书[R].北京：凌瑞智同有限责任公司，2012.

反侵权盗版声明